ITALIENER

Ducati
Morini
Moto Guzzi
Laverda

Wartung, Pflege und Reparatur von italienischen Youngtimern

In Zusammenarbeit mit der Zeitschrift

MOTORRAD

Europas größte Motorradzeitschrift

bucheli verlag

Impressum

Impressum

ISBN 978-3-7168-2087-2

Motorrad-Reparaturanleitung
Technik-Sonderband 6006

Redaktion und Gestaltung: Büro Schermer, D-70469 Stuttgart
Texte: Franz Josef Schermer, Helmut Städele, Helmut Strauß, Gerfried Vogt (Markenhistorie, Marken- und Modelltabellen)
Fotos: Sandra Hauber, Axel und F. J. Schermer, Gerfried Vogt
Zeichnungen: Daniel Horvat, Wolf Kurz

Für diese Motorrad-Reparaturanleitung wurden auch Bilder, Zeichnungen und Texte aus den Archiven der Zeitschrift MOTORRAD, dem Motorbuch-Verlag sowie privater Sammlungen verwendet.

Mit einem ganz speziellen »Danke, Mann!« überschütten wir: Jörg Bohnenstiel (Bremsenspezialist), Werner »Mini« Koch (Fachredakteur für alle Fälle beim MOTORRAD), Stefan Leibfritz (erfahrener Fuchs beim Besorgen alter Italiener), Hans-Joachim Mai (Technik-Legende aus alten Zeiten von »Das MOTORRAD« und »PS«), Giro Santaniello (dessen Pizzen aus dem holzbefeuerten Steinofen uns nicht nur während der langen italienischen Schraubernächte über den toten Punkt hinweg halfen), Markus Schließ (grundsätzlich glücklicher Besitzer einer heftig umgebauten Ducati 750 S), Dr. Marcel Schoch (Schreiberling, Buchautor und Guzzi-Spezialist), Herbert Siepen (Schrauberkönig in einer Rentnergang im Ruhrpott), Dirk Zimmermann (Lagerspezialist bei Unmüssig) – und allen anderen, die uns über die Jahre immer wieder mal in unserer Schreib- und Fotowerkstatt besuchten um neugierig zu fragten, wann das Buch endlich fertig sei...

Satz und Layout: Stefanie Schenk
Lektorat: Myrta Baumberger
Druck: Druck- und Medienzentrum GmbH, D-70839 Gerlingen
Bindung: K. Dieringer D-70839 Gerlingen

Postadresse:
Postfach 4161, CH-6304 Zug
Telefon: ++41 (0)41 741 77 55
Telefax: ++41 (0)41 741 71 15
www.bucheli-verlag.ch

1. Auflage 2007

Eine Garage sollte der Platz sein, wo ein Mann in Frieden mit sich selbst sein kann. Dann werden Pflege oder Restaurierung eines klassischen Motorrads eine Form der Meditation, bei der man sich beruhigen und entspannen kann. Eine Garage ist kein Luxus, sondern wir brauchen einen solchen Raum, um in dieser hektischen Welt unsere geistige Gesundheit zu schützen und unsere körperliche zu erhalten.

Warum dieses Buch entstanden ist

David gegen Goliath war schon immer sehr spannend und viele Erinnerungen werden wach: An die 60er-Jahre und Tarquinio Provini auf der ultraschnellen 250er-Einzylinder Morini, der damit die Zweizylinder-Zweitakt-MZ und die Viertakt-Vierzylinder-Hondas schlug; an den Doppelsieg von Ducati in Imola 1972 mit Paul Smart und Bruno Spaggiari, an Vittorio Brambilla auf der V2-Guzzi und an viele tapfere Männer auf Zwei- und Dreizylinder-Laverdas bei 24 Stunden dauernden Langstreckenrennen.

Die legendären italienischen Marken haben sich mehr oder weniger beschädigt ins dritte Jahrtausend gerettet: Ducati strahlt im internationalen Rampenlicht, wird verehrt und glorifiziert; Morini knüpft mit den neuen Modellen 9 1/2 und 1200 nahtlos an besten Zeiten an; Moto Guzzi kuschelt im finanzkräftigen Schoße der Piaggio-Großfamilie – nur Laverda hat's richtig in die Pleite gebeutelt, aus Breganze kommen wohl keine neuen Motorräder mehr.

Italienische Motorräder menscheln immer, auch wenn sie zerlegt sind. Weil sie ebensowenig perfekt sind wie wir, mögen wir sie sehr.

Warum speziell die älteren italienischen Eisen von manchen Leute so sehr geliebt werden, dass diese mehr Zeit (und Nächte) mit Ihrer Ducati SS, Morini 3 1/2, Moto Guzzi 750 S oder Laverda 1000 Jota in der Garage verbringen als mit der Ehefrau im Bett, ist nicht klar auszumachen: Ist es der (verzweifelte?) Versuch, etwas zu perfektionieren, was damals als Alter Ego eines eitlen Konstrukteurs oder erfolgbesessenen Firmenpatriarchen auf den Markt kam? Oder ist es einfach nur die Tatsache, dass man mit dem Charakter eines italienischen Motorrads besser zurecht kommt, weil es eine Seele hat, mit der man sich anfreunden und sogar unterwegs ganz prima reden, seine Sorgen und Nöte teilen kann?

Italienische Motorräder geben vielen Menschen die einzig wahrhafte Garantie, dass nichts auf der Welt jemals perfekt sein wird, weil es niemals perfekt sein kann. Wahrscheinlich ist es deswegen so reizvoll, das Unmögliche möglich machen zu wollen: Ein italienisches Motorrad zu haben, das immer dann problemlos fährt, wann einem danach ist.

Nach diesem kurzen Versuch, die Psyche eines italienischen Motorrads und seines Besitzers zu ergründen und verständlich zu beschreiben, wird die Antwort auf die nicht gestellte Frage, warum diese Motorrad-Reparaturanleitung »endlich geschrieben« wurde und auch »wirklich notwendig« ist, sofort schlüssig: Dieses Buch bietet in Bild und Text eine Menge bislang nirgendwo veröffentlichter Tipps und Tricks, die man kennen sollte, um ein zickiges italienisches Motorrad entweder mehr oder weniger zuverlässig am Laufen zu halten oder wieder zum Laufen zu bekommen. Dabei will dieses Buch mehr sein als nur eine Reparaturanleitung, die man nur dann zur Hand nimmt, wenn etwas kaputt ist.

Wenn Sie sich dieses Buch gekauft haben, um mehr über Ihr italienisches Motorrad (und die Ihrer Freunde!) zu erfahren, ist das gut. Es kann helfen, die kleinen rabiaten Teufelchen, von denen nahezu alle Ducatis, Morinis, Guzzis und Laverdas befallen sind, aufzuspüren und auszutreiben – und es bietet genug Lesestoff, der Ihnen helfen kann, dass Sie Ihr italienisches Motorrad besser verstehen. Was wiederum hilft, Probleme entweder schon im Ansatz zu erkennen oder so rechtzeitig vorher zu vermeiden, dass sie gar nicht erst auftreten können.

Der Spagat zwischen italienischen Geschichten, verständlicher Technik und stimmiger Anleitung zum Selbstschrauben bestimmt den Inhalt dieses Buches. In diesem Sinne wünschen wir Ihnen, lieber Leser, viel Spaß bei der Lektüre – und hoffen gleichzeitig, dass Sie keinen Ärger mit Ihrer (grauhaarigen?) italienischen Signorina haben. Falls doch, reden Sie mit ihr, entkorken eine Flasche Chianti Classico und hauen ihr mit der flachen Hand auf den Tank.

In diesem Sinne wünsche ich allzeit gute Fahrt mit und auf Ihrem italienischen Schätzchen!

Herzlichst, Ihr
F. J. Schermer
(verantwortlicher Redakteur)

Wenn in diesem Buch von »Fahrern« die Rede ist, meinen wir natürlich auch die weiblichen Leser. Der leichteren Lesbarkeit halber beschränken wir uns jedoch auf die allgemeine (männliche) Form.

Inhalt

Folgende Symbole verdienen während der Arbeiten besondere Beachtung:

Sichtprüfung:
Teil genau ansehen, besonders beachten

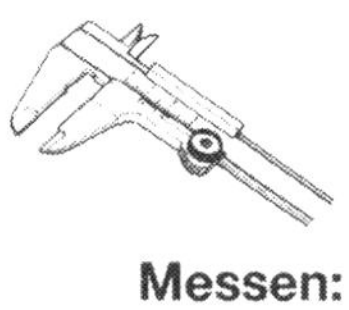

Messen:
Schublehre oder anderes Messwerkzeug nötig

Achtung:
Besondere Vorsicht geboten, Sicherheitshinweise beachten

Tipp:
Wertvoller Hinweis für einfacheres Schrauben

Folgende Symbole verdeutlichen den Schwierigkeitsgrad der Arbeiten:

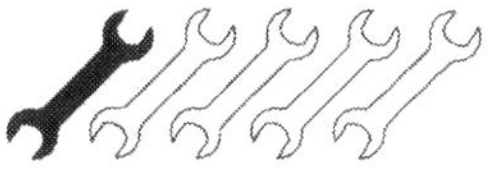

Ein Schlüssel:
Einfache Arbeit, erweitertes Bordwerkzeug reicht aus

Zwei Schlüssel:
Anspruchsvolle Arbeit, extra Werkzeug notwendig

Drei Schlüssel:
Gutes Werkzeug und Spezialkenntnisse erforderlich

Vier Schlüssel:
Spezialwerkzeug und sehr gute handwerkliche Fertigkeit gefragt

Fünf Schlüssel:
Spezialwerkzeug und meisterliche Fertigkeiten notwendig: Fachwerkstatt!

Markenhistorien

In diesem Kapitel: Historie zu den Marken Ducati, Morini, Moto Guzzi und Laverda.

Ducati: Radios, Hündchen und Desmodromik

Bis Anfang der 50er-Jahre baute Ducati Fotoapparate, Radios und Kondensatoren. Für solche Sammlerstücke bezahlen Liebhaber heute Wahnsinnspreise. Erst gegen Ende der 40er-Jahre kam das erste Ducati-Motorrad »Cucciolo« (Hündchen) auf den Markt. 1953 wurden Ducati Elettronica und Ducati Mecchanica in zwei unabhängige Bereiche aufgeteilt. Mit dem genialen Konstrukteur Fabio Taglioni begann der Aufstieg zur Sportmarke. Paul Smarts Sieg bei den 200 Meilen von Imola im Jahre 1972 brachte Ducati den Kultstatus.

Bild 1

Bild 1: Der Cucciolo-Fahrradhilfsmotor war nicht nur für den täglichen Arbeitsweg gut, sondern auch für Rekorde. Im März 1951 stellte Ugo Tamarozzi 12 Weltrekorde auf und im Mai 1951 fuhr er gar einen Rekord über 12 Stunden.

Bild 2

Bild 2: Im Februar 1955 wurde die Gran Sport zum ersten Mal getestet.

Dank des zuverlässigen Cucciolo-Fahrradhilfsmotors, der sich Ende der 40er-Jahre in Norditalien wie warme Semmeln verkaufte, brummte das Geschäft bei Ducati. Täglich wurden 245 Stück gebaut. Giovanni Fiorio, Technischer Direktor bei Ducati, präsentierte im März 1947 stolz die Weiterentwicklung des kleinen Viertakters im Modell »60 Sport«. Er besaß gekapselte Ventile, die per Kipphebel und Stößelstangen betätigt wurden anstelle über Schlepphebel und Zugstangen im Cucciolo. Ein Dreiganggetriebe sorgte für ausreichende Beschleunigung.

Aus dem Prototyp mit Caproni-Pressstahlrahmen entstand kurz darauf die 65 TS als erstes, komplett bei Ducati gefertigtes Motorrad. Geschäftsführer Giuseppe Montano, der im Oktober 1951 sein Amt antrat, erkannte die verkaufsfördernde Wirkung von Sporterfolgen und setzte auf die in Italien sehr populären Langstreckenrennen. Favoriten waren die kleinen 75er-Laverdas aus Breganze, die rund 4 PS leisteten. Weil die Ducati 65 mit der Laverda 75 nicht mithalten konnte, entstand 1951 die 98 N. Ihr ohv-Motörchen leistete 5,5 PS bei 6000/min und schon 1954, ein Jahr nach der Abspaltung der Motorradschmiede vom Elektronikbereich, lief eine echte Sportversion mit vier Gängen und schärferen Steuerzeiten vom Band.

Bei Rennsportveranstaltungen auf der Straße und im Gelände machte die »98 Sport« eine so gute Figur, dass Ducati auch international mitmischen wollte, um dem Export auf die Sprünge zu helfen. Eine kleine Werkstruppe nahm 1954 an der Internationalen Sechstagefahrt in Wales teil. Die drei präparierten 98 Sport schlugen sich wacker, Alberto Farné und Giovanni Malaguti errangen Silbermedaillen.

Die Welle des Erfolges

Einen fähigen Kopf zur Entwicklung einer neuen Modellpalette suchte man 1954 und fand ihn bei der Konkurrenz: Fabio Taglioni, ein junger, ambitionierter Ingenieur, stand in Lohn und Brot bei FB Mondial. Taglioni hatte schon während seiner Studienzeit an der Technischen Universität Bologna über Zwangsventilsteuerungen bei Viertaktmotoren (Desmodromik) getüftelt, denn diese garantierten höhere Drehzahlen, die mit dem damals schlechten Ventilfederstahl nicht möglich waren. Im Sommer 1954 wurde er als Technischer Direktor und Chefkonstrukteur eingestellt. In weniger als einem Jahr entwickelte Taglioni einen vielversprechenden Einzylinder in einem leichten, handlichen Fahrwerk. Im Frühjahr 1955 waren die ersten Motorräder fertig.

Das 100er-Aggregat hatte 49,4 mm Bohrung und 52 mm Hub und leistete 9 PS bei 9000/min. Nach Montanos Vorschlägen saß die Nockenwelle im Zylinderkopf, kurze Kipphebel öffneten die Ventile, geschlossen wurden sie durch Haarnadelfedern. An der rechten Motorseite befand sich ein Wellenantrieb, an deren Ende oben wie unten je ein Paar Kegelräder die 90-Grad-Umlenkung übernahmen (daher der Name »Königswelle«). Der Leichtmetallzylinder war um 10 Grad nach vorn geneigt auf dem horizontal geteilten Sandgussgehäuse. Das 80 kg schwere Maschinchen konnte mit seinem 18 Liter-Tank nonstop mehr als 600 km zurücklegen.

Waren noch 1954 alle Ducati-Maschinen mit untenliegender Nockenwelle den Laverdas unterlegen, gewann 1955 Taglionis neuer Königswellenmotor den Giro d'Italia. Mehr noch, denn die neuen »Gran Sport«-Modelle verbliesen bei Serienmaschinen-Rennen des Jahres alle Konkurrenten der 100er- und 125er-Klasse. Mit 55,3 mm Bohrung auf volle 125 cm³ gebracht dominierte die nun 12 PS starke »Marianna« die Serienmaschinenrennen. Der Modellname »Marianna« kommt vom »Jahr der Heiligen Mutter Maria«, das Italien 1955 zelebrierte.

Dank der Sporterfolge stiegen die Produktions- und Verkaufszahlen bei Ducati erheblich. 1956 entschieden sich mehr als 10 000 Kunden für eine Ducati und auch der Export boomte. Doch schon 1956 gingen in Italien die Neuzulassungen drastisch nach unten. Ab Herbst 1957 verkaufte in Großbritannien die S.D. Sullam Ltd neben den relativ teuren Königswellenmotorrädern auch die 98er- und die preiswerten 65er-Mopeds. Ein Jahr später begann mit Joe und Jack Berliner auch der Export nach USA. Als preiswertes US-Einsteigermodell wurde die brave ohv-98 TS mit Kuhhornlenker amerikanisiert. Die »Bronco« rollte auf 16-Zoll-Rädern, wurde in den Staaten kein Exportschlager, verkaufte sich aber auch in Frankreich, England, Kanada und sogar in Argentinien.

Königswellenmotorräder in Serie

Die konsequente Umsetzung der Marianna-Konstruktion auf ein Serienmodell wurde mit dem ungewöhnlichen Hubraum von 175 cm³ in Argentinien präsentiert. Als Sportversion war sie mit 14 PS angegeben, anstelle des Sandgussgehäuses der Gran Sport war der kaum veränderte Motorblock mit seinem 1,75 Liter Ölsumpf zur Großserienfertigung im Druckgussverfahren hergestellt. Der Kurbeltrieb mit dreiteiliger Kurbelwelle und vollen Hubscheiben blieb bis zum Modell Elite mit 204 cm³ ein und derselbe.

Um die Zuverlässigkeit der 175er-Ducati mit Königswelle unter Beweis zu stellen, starteten zwei Fahrer im September 1957 zu einer als Werbekampagne aufgebauten Weltreise. Giorgio

Bild 3: Auf Basis der Scrambler gab es die R/T mit 21 Zoll großem Vorderrad und automatischem Kettenöler als waschechtes Geländemotorrad.

Bild 4: Dies ist die zweite gebaute GT 750, ein ganz seltenes Stück! Sie ist mit Smiths-Uhren und einer Duplex-Trommelbremse hinten ausgestattet und gehört dem bayerischen Ducati-Händler Heinz Tschinkl.

Bild 5: Paul Smarts legendäre 750er, mit Doppelscheibenbremse von Lockheed. Sieben echte Imola-Rennmaschinen wurden im Werk gebaut.

Bild 6: Bruno Spaggiari (Startnummer 9) wurde in der letzten Runde das Benzin knapp, Paul Smart zog vorbei und gewann das Rennen.

Monetti, Ducatis Export-Manager und Leopoldo Tartarini, seit 1954 bei Ducati Werksfahrer und Versuchsingenieur, besuchten 42 Länder; nach 60 000 Kilometern waren die beiden wieder in Bologna. Während die 175er neue Käuferkreise erschließen sollte, handelte Ducatis Marketingabteilung überlegt, als sie im Herbst 1957 ihre beiden neuen Modelle 100 und 125 Sport nicht in Mailand, sondern in Bari vorstellten. Beide Maschinen gingen ein Jahr später in Serie. Die 100er Sport, nur in den Farben Blaumetallic/Silber erhältlich, wurde jedoch nur ein Jahr gebaut, während die 125er als Sport, TS und T-Modell angeboten wurde und bis 1965 nahezu unverändert im Programm blieb.

Nicht alle Kunden waren mit den sportlichen Aggregaten mit Königswelle glücklich. »Es gab öfter Lager- wie Schmierungsprobleme, wenn unerfahrene Piloten im vierten Gang bei 50 km/h herumgeschlichen sind«, erklärte der ehemalige britische Ducati-Importeur und Buchautor Mick Walker. »Das Ding war eben ein auf Drehzahlen ausgelegter Rennmotor, der Neulinge im normalen Straßenverkehr überfordern konnte.«

Bild 5

Bild 6

Außerhalb Italiens verkaufte sich die 125er nur schwer. Die Stuttgarter Bühler KG bot Anfang der 60er-Jahre neben den hubraumstärkeren Modellen 250 GT und 350 Sebring auch die 125 Sport »aus der Kiste« an. Für 1430 Mark gab es einen Prospekt und den italienischen Kfz-Brief dazu, der Besitzer musste beim TÜV selbst sein Glück versuchen. Fritz Alexander, der später unter Amex firmierte, bekam dann Mitte der Sechzigerjahre seinen Status als Ducati-Importeur. »Das MOTORRAD« druckte im April 1968 eine Ganzseiten-Anzeige in schwarzweiß von Ducati ab mit der Botschaft, dass es ein Mustergutachten für vier Einzylindertypen gab.

In den frühen 60er-Jahren wurde der amerikanische Markt für Ducati immer wichtiger, doch auch dort gab es Probleme: Ein lukrativer Auftrag des US-Importeurs Berliner, eine Ducati als Konkurrenz für Harley mit großem V-4 Motor auf die Räder zu stellen, scheiterte an der damaligen Reifentechnologie: Die 1260 cm^3 große Apollo rauchte ihren Hinterradreifen in kürzester Zeit auf. Die 350er-Sebring, mit der Franco Farne im April 1965 einen großartigen Sieg auf der gleichnamigen Rennstrecke in Florida gebührend landen konnte, war technisch ausgereizt, denn das »narrow case«-Motorengehäuse, in dem inzwischen auch ein Fünfganggetriebe untergebracht war, war der Leistung nicht mehr gewachsen und ging in Kundenhand oft zu Bruch.

Mit einem verstärkten Motorblock ging Taglioni ein Ziel an, das er schon länger vor Augen hatte: Ein Serienmotorrad mit desmodromischer Ventilsteuerung. Der neue Motor hatte einen auf 2,5 Liter vergrößerten Ölsumpf und wurde zunächst in die neuen Scrambler-Modelle, die einem US-Trend folgten, eingebaut. Ab 1969 wurde der Motor mit neuem Kurbelgehäuse, vergrößerten Hubzapfen und verstärkten Hauptlagern gefertigt; 86 mm Bohrung und 75 mm Hub ergaben 435,7 cm^3 Hubraum.

In den USA verkauften sich die Scrambler-Modelle sehr gut und auch bei der italienischen

Kundschaft waren die mit neuem VHB-Vierkantschiebervergaser und optisch schnittigem, am Ende abgeschrägten Silentium-Schalldämpfer ausgerüsteten Maschinen sehr beliebt.

Neben den Straßenversionen Mark 3 in den drei Hubraumvarianten 250, 350 und 450 wurde die »Gourmetausführung« Mark 3 Desmo gebaut. Im Gegensatz zur »Scrambler« waren die 450 R/T und ihr Pendant T/S echte, zulassungsfähige Wettbewerbsmotorräder mit »bash plate« unter dem Ölsumpf, zum leichteren Ankicken war ein Dekompressionsmechanismus rechts hinter der Königswelle angeordnet.

Glanzstücke: GT und 750 Sport

Angestoßen durch die japanische Motorrad-Offensive war der Kampf um die Gunst neuer Kunden 1970 weltweit in vollem Gange. Ducati gesellte sich mit der GT 750 dazu. Die Entwicklung der »Mutter aller zukünftigen V-Twins« war ein echter Schnellschuss: Ende März 1970 zeichnete »Dr. T.« die ersten Entwürfe, vier Wochen später war die Konstruktion fertig, der erste Motor lief zwei Monate später auf dem Prüfstand, im Januar 1971 stand das erste Vorserienexemplar auf der Londoner Olympia Show.

Zwar war die Maschine wegen des längs eingebauten V2 mit rund 1500 mm Radstand ziemlich lang geraten, doch der schmale Zweizylinder erlaubte enorme Schräglagen und der tiefe Schwerpunkt ein ordentliches Handling. In Sachen Rahmen vertraute Ducati-Geschäftsführer Fredmano Spairani auf den englischen Experten Colin Seeley, vor allem in Hinblick auf den kurz zuvor beschlossenen Wiedereinstieg in den Rennsport.

Der Motor mit den beiden Königswellen war ziemlich kompliziert und für eine Serienfertigung eher unwirtschaftlich. Aber das interessierte die Kunden nicht, denn für sie zählten andere Werte, wie z. B. die hervorragende Fahrstabilität dank stabiler Telegabel mit 38er-Standrohren und ordentlich dimensionierter Schwingenlagerung der in »Metallflake« lackierten GT 750. Der Ducati-Tradition folgend kam schon ein Jahr später die 750 Sport mit schwarzem Rahmen und Z-Dekorstreifen. Anstelle der Amal-Vergaser wurde der leicht höher verdichtete Motor durch 32er PHFs beatmet, er beschleunigte die Maschine bis auf knapp 190 km/h.

Imola und Mike Hailwood: Katalysatoren für Borgo Panigale

Ian Falloon, Autor der »Ducati Story«, liegt mit seiner Aussage richtig, dass der Verkauf der V2 bis zum Imola-Sieg nur schleppend lief. Der unerwartete Sieg des Engländers Paul Smart, der auf einer mit Doppelzündung ausgerüsteten 750er das erstmals ausgetragene 200 Meilenrennen von Imola gewinnt, markiert einen Wendepunkt bei Ducati. Wie die 750 SFC gehört die ab 1974 gebaute 750 SS zu den ersten Straßenmotorrädern, die eine Verkleidung als Serienausstattung erhielten. Zuerst wurden 200 Stück der Rundmotor-Version gebaut, später noch einmal rund 280 Stück nachgeschoben. Heute erzielen »originale 750 SS« wahnsinnige Preise; unter 50 000 Euro ist keine zu bekommen!

1974 erschien die kantige 860 GT, geplant als moderne Ablösung der 750 GT. Doch die ge-

Bild 7: Die 750 SS von 1975 mit eckigem Motor erhielt zahlreiche wichtige Modifikationen der späteren 900 SS.

Bild 8: Die 900er Hailwood Replica ist eines der bestverkauften Motorräder aus Borgo Panigale. Schwarz lackierte Gabel mit hinter den Tauchrohren verschraubten Brembo-Zangen gab es ab 1981.

Bild 7

Bild 8

fälligere GTS kam besser bei der Kundschaft an. Ab 1975 war die 72 PS starke 900 SS im Verkaufsprogramm.

Den letzten Kick der legendären Königswellen-Ducatis erlebten die Fans der TT 1978, als der aus der Formel I zurückgekehrte Mike Hailwood überraschend auf einer speziell von NCR und Steve Wynne vorbereiteten 900er das Senior TT-Rennen gewann. Die daraufhin ab 1980 neben der von Leopoldo Tartarini gestylten SD Darmah (1977 bis 1983) vollverkleidete 900 SS Hailwood Replica wurde vier Jahre gebaut, die letzte Entwicklungsstufe war die überarbeitete, »TÜV-konforme« 1000er mit gleitgelagerten Pleuel.

Morini: Charmante Charakterdarsteller

Moto Morini wurde hauptsächlich durch Erfolge im Rennsport sowie mit kleinen, aber feinen Einzylindermaschinen bekannt. Unvergessen ist der Morini-Werksfahrer Tarquinio Provini, genannt »Stier von Bologna«, der in der Straßen-WM der 60er-Jahre mit der 250er-Einzylinder Morini unter den Vierzylinder-Hondas und den Zweitakt-MZ herumräuberte, dass jedem Zuschauer das herz stehen blieb. Die 1971 entwickelten und ab 1974 käuflichen V2 »3 1/2« saßen von Anfang an in einer Marktlücke, die von den Japanern nicht besetzt werden konnte.

Bild 9: Mit dieser 250er wurde Tarquinio Provini 1963 Vizeweltmeister. Der Doppelnocken-Einzylinder leistete rund 37 PS am Hinterrad bei einem Gewicht von nur 105 kg!

Bild 9

Unter dem Markennamen MM bauten Alfonso Morini und Mario Mazzetti bis 1937 Rennmaschinen, der damals 39-jährige Morini gründete dann seine eigene Firma. Bis zur totalen Zerstörung des Firmengebäudes im Jahre 1943 war Morini auf die Herstellung von Motor-Dreirädern für Kleinunternehmer spezialisiert. Nach Kriegsende erkannte auch er den Bedarf an kleinen, preiswerten Alltagsmotorrädern. Wie zahlreiche kleine Zweitaktmaschinen jener Zeit basierte daher auch sein Erstlingswerk auf der DKW RT 125.

Schnell machte sich Moto Morini im Rennsport einen Namen, Raffaele Alberti wurde 1948 italienischer Meister auf einer Zweitakt-Morini. Doch der Zweitakter war gegen die schnellen Mondial-Renner mit Doppelnocken-Viertaktmotoren nicht wirklich konkurrenzfähig, weswegen bereits 1949 die erste Viertakt-Morini gebaut wurde. Vier Jahre später hatte Morini eine zuverlässige 175er, die in zwei Straßenvarianten angeboten wurde. Bis 1958 war die Settebello als straßentauglicher Production-Racer für ambitionierte Fahrer der Langstreckenrennen Milano-Taranto oder des Giro d'Italia erhältlich. Mit knapp 15 PS aus 175 cm³ war sie für Rennen prädestiniert.

Typisch für die Morini-Einzylinder waren die parallel im Kopf hängenden Ventile, die durch Stoßstangen und Kipphebeln betätigt wurden. Morinis galten allgemein als sehr zuverlässig. Mit der Tresette-Baureihe schließlich sollten alle bisherigen 175er-Modelle ersetzt werden; von der ersten 250er Settebello erhoffte sich »Commandatore« Morini, wie der Firmeneigner genannt wurde, Exporterfolge in den USA – leider vergeblich.

Mit der Entwicklung der Rebello war der (inzwischen aus Kapazitätsgründen in die Via Bergami umgezogene) Firma ein großer Wurf gelungen. Im Sattel des anfangs als ohc, bald auf Doppelnocken-Ventilsteuerung umgebauten Werksrenners saßen Fahrer wie Mendogni, Tassinari, Zubani und sogar der junge Giacomo Agostini. Sie sorgten ab 1955 für beachtliche nationale und internationale Erfolge. Der Durchbruch schaffte aber der ab 1961 engagierte Tarquinio Provini. Mit der 37 PS starken Bialbero verfehlte nur er knapp den WM-Titel gegen Jim Redman auf seiner Honda Vierzylinder. Bis heute gilt der vom legendären Rennmechaniker Dante Lambertini betreute Viertelliter-Renner als schnellster 250er-Einzylinder aller Zeiten.

Geld verdiente Morini in den Sechzigern mit der hübschen, kompakten Corsaro 125, die zwischen

1967 und 1975 in verschiedenen Hubraumvarianten erhältlich war und auch als »Regolaritá Casa« bei Geländewettbewerben und Sechstage-Veranstaltungen erfolgreich eingesetzt wurde. Den umkämpften Markt der »motorini« belebte Morini ab 1963 mit der neu entwickelten Corsarino, einer schlanken 48 cm³-Viertaktmaschine. Die gern getunte Fünfziger hatte bei der italienischen Jugend einen vergleichbaren Stellenwert wie das deutsche Kreidler Florett.

Keine halben Sachen: tre e mezzo

Nach dem Tod des Firmengründers Alfonso Morini 1969 übernahm seine Tochter Gabriella die Leitung des Unternehmens und gab neue Modelle in Auftrag. Gerade rechtzeitig, denn die europäische Motorradindustrie war von den gezielten Aktivitäten der Japaner recht unsanft aus ihrem Dornröschenschlaf gerissen worden. Flaggschiff der neuen Morini-Generation sollte ein Mittelklasse-Motorrad sein. Franco Lambertini, der 1970 als Leiter der Konstruktionsabteilung zu Moto Morini kam, hatte ungewöhnliche Ideen und ließ seine Erfahrungen, die er im Automobilbau bei Ferrari und MWN gesammelt hatte, in einen dringend benötigten Zweizylindermotor einfließen.

Nach ersten Studien im Frühjahr 1970 benötigte er nur acht Monate, bis der Motor der neuen 350er fertig war. Der V2 mit 72 Grad Zylinderwinkel mit Mehrscheiben-Trockenkupplung hatte bewährte ohv-Ventilsteuerung mit parallel im Kopf hängenden Ventilen. Neu im Serien-Motorradbau waren elektronische Zündung und sechs Gänge. Zu Lambertinis pfiffigem Konzept gehörte der »Heron-Brennraum«, der im Kolbenboden saß; der Zylinderkopf war innen flach! Und anstatt einer Kette wurde erstmals ein Zahnriemen zum Antrieb der zentralen Nockenwelle eingebaut. Der 344 cm³-Motor leistetet 35 PS (bzw. 39 PS nach der italienischen CUNA-Norm), er wurde in einen Doppelrohrrahmen eingebaut. Auf dem Mailänder Salon Ende 1971 präsentiert, verging aber noch mehr als ein Jahr, bis die Produktion der ersten Zweizylinder-Morini aufgenommen wurde. 1973 kam das Tourenmodell 3 1/2 T auf den Markt, 1974 erschien der erste, überaus positive Test der deutschen Fachpresse. »Die ungewöhnliche Konstruktion unternimmt auf eine sehr geglückte Art den Versuch, eine wirkliche Marktlücke zu schließen«, lautete das Testfazit.

Ein Jahr darauf erschien die einsitzige Sportversion 3 1/2 Sport, bei der beachtliche 174,2 km/h ge-

Bild 10: Wer braucht schon vier Zylinder? Die Morini 350 bestach durch hervorragende Straßenlage und eroberte sich rasch eine Fangemeinde.

Bild 10

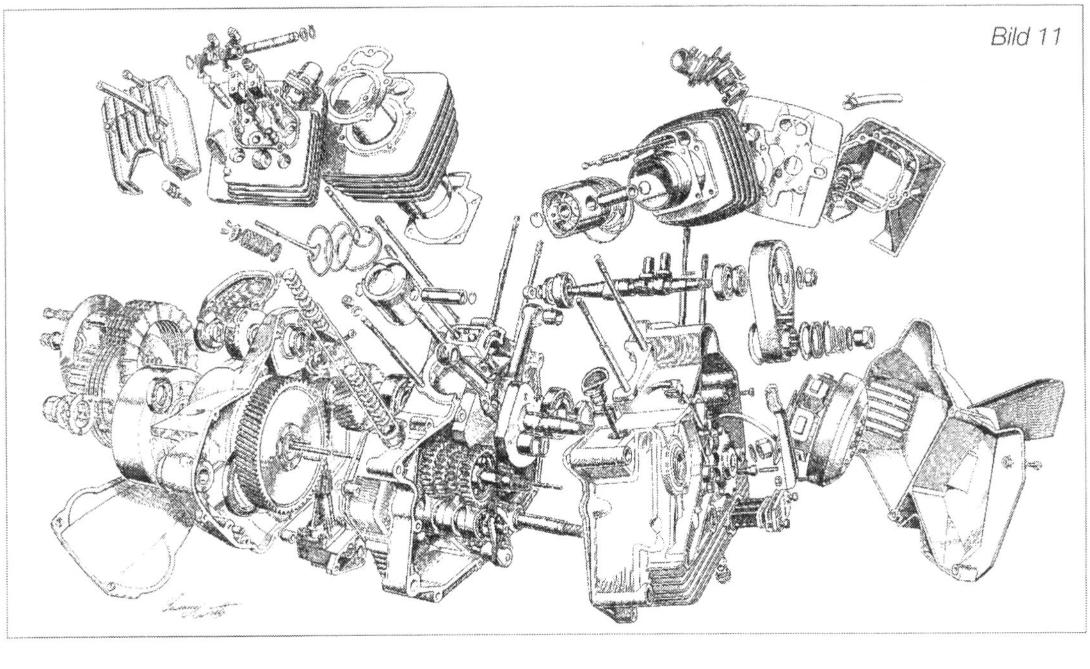
Bild 11

Bild 11: 3 1/2-Motor mit Heron-Brennräumen, parallel hängenden Ventilen, Trockenkupplung und Sechsganggetriebe.

messen wurden. Tester und Kunden lobten unisono das feine Ansprechverhalten der Marzocchi-Telegabel sowie den serienmäßigen Lenkungsdämpfer. Anstelle der 230er-Doppelsimplex-Bremse erhielt die sportliche Variante ab 1975 eine 260er-Grimeca-Scheibenbremse. In Deutschland wurden beide Morini-Zweizylinder in die damals hochaktuelle Versicherungsklasse »bis 27 PS« eingestuft. 1977 kamen ein neuer Tank und Gussräder. Die dritte und letzte Serie der 3 1/2 Sport wurde mit drei Scheibenbremsen und einer (damals todschicken!) Lenkerverkleidung ausgeliefert.

Um die Modellpalette weiter zu fächern, wurde der durchzugskräftige und langlebige Motor weiterentwickelt, die logische Konsequenz hieß »ein halber Liter Hubraum«: Mit 478 cm³ aus 69 mm Bohrung und 64 mm Hub wurde die neue »500 V« zunächst mit verstärktem Fünfganggetriebe ausgeliefert. 1978 kam das neue Morini-Flaggschiff über Fritz Alexander nach Deutschland. »Dem Fahrer fällt erst beim Absteigen wieder ein, dass er auf einer Halblitermaschine gesessen hat«, schrieb Peter Limmert im Test in »MOTORRAD«. Doch nicht nur ihm missfiel die nur mäßige Leistung der Scheibenbremsanlage mit den beiden verchromten Scheiben.

Bild 12: Die Corsarino gab es in den 60er-Jahren auch als Offroader.

Bild 13: Für die Corsaro 125, hier ein sportliches Spezial-Modell, reichte der Autoführerschein. Der sportliche Single war eine gelungene Weiterentwicklung der Sbarazzino 98.

Bild 12

Bild 13

1983 entstand durch simples Aufbohren der 350er-Zylinder um 4,5 mm die in hellrot lackierte 400er mit 37 PS bei 8000/min. Schon ein Jahr darauf wurde die teure 400er in Deutschland durch die überarbeitete 500 Sei V mit Sechsganggetriebe ergänzt; 1985 endete die Produktion.

Trotz der massiven japanischen Konkurrenz ließ Morini auch den Markt der kleinvolumigen Motorräder nicht aus den Augen: Die 125 H, deren Motor im Prinzip ein halbierter 3 1/2 Motor mit veränderten Bohrungs- und Hubabmessungen war, ersetzte ab 1975 die Corsaro. Bis 1980 war zusätzlich die 250 T mit 239 cm³ großem Einzylinder erhältlich.

Verkehrte Modellpolitik

Auch bei den Enduros, so beschloss das Morini-Management, sollte endlich mitgemischt werden. Mit der Camel 500, einer Enduro mit einem leicht modifizierten 478 cm³-Motor, wollte Morini 1981 an die früheren Geländesporterfolge anknüpfen. Zwei Millimeter mehr Bohrung führten zur Camel 501 mit einem 507 cm³ großen Motor, die schließlich ab 1989 mit einer modernen Lenkerverkleidung als »Coguar« den überaus populären japanischen Enduros Konkurrenz machen sollte. Ein einziges Jahr wurde die mit Brückenrahmen und Vollverkleidung ausgestattete Dart produziert. Mehr Akzeptanz fand die neben der Camel ab 1982 angebotene 350er Kanguro, eine alltagstaugliche Enduro, die wie ihre Halbliter-Schwester bis 1989 in einigen Varianten gebaut wurde.

Der Motorradmarkt hatte sich gewandelt, die japanische Konkurrenz hatte ihn fast völlig im Griff. Hoffnungsträger waren damals die Brüder Castiglioni, die 1986 Moto Morini übernahmen und zu ihren Marken Cagiva, Ducati und Husqvarna gesellten. Die Idee, mit Moto Morini künftig den Marktbereich Chopper abdecken zu wollen, erwies sich als ziemlicher Griff ins Klo, denn die Soft-Chopper »Excalibur 350/501« und »New York 350/501« standen wie Blei bei den Händlern. 1991 verschwand die Marke von der Bildfläche, erst acht Jahre später wurden Rechte am Markennamen Moto Morini an die Firma Franco Morini in Bologna verkauft, die sich mit Einbaumotoren einen Namen gemacht hatten. Mit von der Partie war Maurizio Morini, ein Neffe des Firmengründers Alfonso Morini.

Moto Morini heute: Ein Neubeginn?
Ende 2004 präsentierte Franco Morini auf der Bologna Motor Show zwei neue Morini-Modelle mit Gitterrohrrahmen und Marzocchi-Upside-Down-Gabel. Ab Mitte 2005 startete die Produktion im neuen Werk in Casalecchio di Reno. Neues Herz der 9 1/2 und der Corsaro 1200 ist ein wassergekühlter V-Twin mit 87 Grad Zylinderwinkel und zwei obenliegenden Nockenwellen. Eine kleine Sensation war, dass Franco Lambertini, der Schöpfer der legendären 3 1/2, zu Moto Morini zurückgekehrt war und die 9 1/2 entwickelt hatte. Ob die neuen Motorräder an die klassischen Morinis anknüpfen können, darüber gehen die Meinung auseinander. Von »konzeptioneller Kontinuität«, frei nach Frank Zappa, die bei der Ducati-Fangemeinde die Anhänger der Königswellen-V2 mit denen der Zahnriemen-Pantahs verbindet, ist bei Moto Morini wenig vorhanden.

Eingefleischte Fans konnten dank des rührigen Importeurs Fritz Alexander noch bis 1991 durch dessen »Lizenzfertigung« neue 350er und 500er kaufen. Die Fangemeinde der Morinis ist heute überschaubar, rund 1500 Morinis dürften derzeit noch fahren. Sprachrohr ist nach wie vor die Zeitschrift »La Strega«, sie ist seit 2002 mit der Internet-Seite www.ital-web.de zusammengelegt. Administrator ist Achim Stollberg, Sellscheid 10, 42929 Wermelskirchen. Email: info@ital-web.de Mehr Adressen im Kapitel 26 »Adressen«.

Moto Guzzi: Adler aus Mandello

Zehn Jahre nachdem Carlo Guzzi und Giorgio Parodi ihr erstes Serienmotorrad fertiggestellt hatten, war der Name der norditalienischen Zweiradschmiede aus Mandello schon in aller Munde, denn die konsequente Umsetzung der Rennsporterfahrung, strenge Qualitätskontrollen und Ideenreichtum bescherte den beiden Gründern eine dankbare Kundschaft. Doch Kunden für die relativ teuren 500er-Einzylinder gaben sich in den frühen Dreißigerjahren nicht mehr die Klinke in die Hand. Als zweites Standbein entwickelten die Motorradbauer am Comer See deshalb ein preiswertes Leichtmotorrad, die P 175. Ähnlich wie in Deutschland, wo »Krafträder« ab 1928 steuer- und führerscheinfrei zu fahren waren, führte der Gesetzgeber in Italien ab 1930 eine Leichtmotorradklasse ein. Um den Verkauf der 500er anzukurbeln, reagierte Guzzi mit Preisnachlässen und ging 1933 in die Offensive: Die stylistisch schon angejahrten Halblitermaschinen, so befand der Chef, benötigten nicht nur die formalen Verbesserungen der neuen P 175, sondern auch deren technische Neuerungen.
Das Guzzi-Verkaufsprogramm umfasste 1934 gleich fünf moderne 500er-Einzylindermaschinen. Drei davon sollten die konservative Kundschaft ansprechen, die GTS und die beiden ohv-Modelle GTV und GTW verfügten über die eigenwillige, aber funktionelle Hinterradfederung, die schon 1928 entwickelt wurde. Ein Federpaket mit insgesamt acht Druckfedern, vier kleine und vier große, steckte aufgeteilt in zwei parallele Zylinder, an der Rahmenunterseite. Über zwei Zuganker, die mit der Dreieckschwinge am Hinterrad verbunden waren, wurden die Federn zusammengepresst. Am verkürzten Knotenblech führten zwei horizontale Rohrstreben nach hinten und stützten sich

Bild 14: »3 1/2 Sport« mit Scheibenbremse und schmaler Solositzbank.

Bild 15: Die Kanguro 350 mit Monofederbein erschien 1983, ein Jahr nachdem die Camel mit Halblitermotor vorgestellt wurde. Ab 1986 erhielt die kleinere Enduro Scheibenbremse und E-Starter.

Bild 16: Bruno Ruffo wurde 1951 Weltmeister auf der schnellen 250er Gambalunghino.

Bild 17: Die legendäre 500er Guzzi V8 lief nie richtig gut.

Bild 18: Die Falcone mit offen laufender Schwungscheibe wurde 16 Jahre lang gebaut.

gegen die Arme der einstellbaren Kork-Reibungsdämpfer ab. Diese revolutionäre Hinterradfederung sorgte für satte elf Zentimeter Federweg und enormen Fahrkomfort, in Fahrerkreisen wurde die ungewöhnliche Bauweise mit den versteckten Federn aber lange Zeit misstrauisch beäugt. Anerkannt wurde diese Idee erst, nachdem der Brite Stanley Woods 1935 auf einer Guzzi mit dieser Hinterradfederung das schwerste Rennen der Welt auf der Isle of Man gewann. Auch der Motor erfuhr grundlegende Änderungen: Der neue Zylinderkopf der V-Serie wurde samt Zylinder nun mit vier, nicht mehr wie das bisherige, wechselgesteuerte Aggregat mit nur drei Stehbolzen am zweigeteilten Kurbelgehäuse verschraubt. Die beiden Ventilen standen wie bei der P 175 im Winkel von 62 Grad zueinander, der Graugusszylinder selbst erhielt größere Kühlrippen. Übernommen wurden auch die massive Kurbelwelle sowie das über acht Kilogramm schwere Schwungrad. Wer eine sportliche 500er haben wollte, hatte bis 1937 die Wahl zwischen der rund 19 PS starken GTV und der GTW, die rund 3 PS mehr Leistung aufhatte. Bewerkstelligt wurde dieses »Tuning« mit einer leichten Verdichtungserhöhung, einem anderen Nockenwellenprofil und nicht zuletzt durch einen neuen Dell'Orto-Vergaser mit 28,5 Millimeter Durchlass. V und GTV hatten einen britischen Amal mit nur 27 mm Durchlass am Ansaugstutzen.

Zur Freude sportlicher Privatfahrer wurde 1937 eine neue Rennklasse für Serienmaschinen eingeführt, neben den Konkurrenten Benelli und Gilera bemühte sich auch Moto Guzzi, einen straßenzulassungsfähigen »Production racer« auf die Räder zu stellen. Die Nachteile der GTW mit ihrem Twinport-Zylinderkopf waren klar: zu geringe Schräglagenfreiheit durch die tiefliegenden Krümmer- und Schalldämpfer. So ersetzte eine ungewöhnliche Krümmeranlage die vorhandene: Etwa in der Höhe des Hauptständerdrehpunktes knicken beide Krümmerrohre nach oben und enden wieder mit einem Doppelanschlussstück rechts und links des 19-Zoll-Hinterrades, parallel zur Tankunterseite. Dort schließen sich zwei kurze, untereinander angebrachte, schwarze Schalldämpfer an. Mit 26 PS bei 5000/min lief die neue GTC locker über 140 km/h.

Am 10. Juli 1938 stellte Ugo Prini am Circuito del Lario damit einen neuen Rundenrekord auf und gewann in der Kategorie »Serienmaschinen«, so steht es schwarz auf weiß in Moto Guzzis' »Libro d'Oro«. Seine Maschine war aber mitnichten Serie, denn sie besaß einen stark erleichterten Rahmen sowie ein überarbeitetes Getriebe mit zwei Schaltgabeln. Noch mehr Bodenfreiheit erhielt die »GTCL«, die es ab Ende 1938 zu kaufen gab, durch 21 Zoll große Räder; ein kurzer, gerader Krümmer mit üblichem Schalldämpfer ersetzte die barocke Twinport-Auspuffanlage. Doch auch diese Guzzi war nur ein Intermezzo dessen, was die Rennabteilung bis zum Frühjahr 1939 auf die Räder stellte: Condor hieß das Endprodukt – die schnellste, vor dem Zweiten Weltkrieg gefertigte Guzzi und gleichzeitig die erste aus Mandellos Zweirad-Vogelwelt. Gesetzesänderungen hatten die Vorteile der Klasse unter 200 cm³ zu Fall gebracht, ab 1939 hieß die weiter verbesserte, seit 1934 gebaute PE Airone.

In den Dreißigerjahren war die S 500 ein sehr gefragtes Halbliter-Modell: Mit ihrem wechselgesteuerten Motor entsprach die brave Alltagsmaschine ihrem Antrieb nach immer noch der »Normale«, also dem Motorrad, mit dem 1921 im Fischerdörfchen Mandello-Tonzanico alles begann. Sie wurde wie die GTS bis 1940 gebaut; in der Militärmaschine Alce wurde ihr Viergangmotor noch bis 1944 verwendet, denn die konservativen Einkäufer der Armee schworen auf das alte Motorenkonzept. Erst die ab 1946 gebaute Superalce erhielt den Motor mit ohv-Steuerung.

Kleinvieh macht auch Mist

Nach dem Zweiten Weltkrieg begann Moto Guzzi, wie die anderen italienischen Motorradhersteller auch, neue Konzepte zu entwickeln. Preiswerte und robuste Zweiräder mit Hilfsmotoren vom Typ »Hühnerschreck«, waren gefragt, um im zerbombten Italien von A nach B zu gelangen. Das Leichtmotorrad »65« wurde den Händlern ab 1946 förmlich aus den Händen gerissen. Die italienische Wirtschaft erholte sich von den Kriegsstrapazen deutlich schneller als die deutsche. Moto Guzzi-Händler bemerkten bald die Konkurrenz der kleine 75er-Laverda aus Breganze, die nun schon mit Dreiganggetriebe und Fußschaltung aufwarten konnte und deutlich schneller als die kleine Guzzi war. Moto Guzzis Zweitaktexperte Antonio Micucci konstruierte daher die Zigolo, deren Rahmen in der Hauptsache aus einem am hinteren Ende gebogenen Hauptrohr samt einer aus zwei Pressblechteilen geformten, mittragenden Karrosserie bestand. Allein 6000 Stück wurden 1953 davon verkauft.

Der vier PS starke Motor mit fliegend gelagerter Kurbelwelle hatte (wie das Motoleggera 65-

Bild 19: Die zweitakt-Zigolo mit Drehschiebertechnik war ein preiswertes Brot und Buttermodell. Sie wurde bis 1966 rund 130 000 Mal gebaut.

Bild 20: Die Urversion der Cali. Ende 1971 fädelte der US-Guzzi-Importeur Berliner zusammen mit Guzzis Verkaufsdirektor Bianchi den Deal mit der V7 850 »California« ein, als sich die California Highway Patrol für die V7 interessierte. Später wurde auch die Polizei von Los Angeles damit ausgestattet.

Bild 21: 61 PS bei 6500/min leistete die V 1000 SP, hier auf der Mailänder Messe 1977. Die V 1000 G5 ohne Verkleidung kostete 600 Mark weniger.

Bild 20

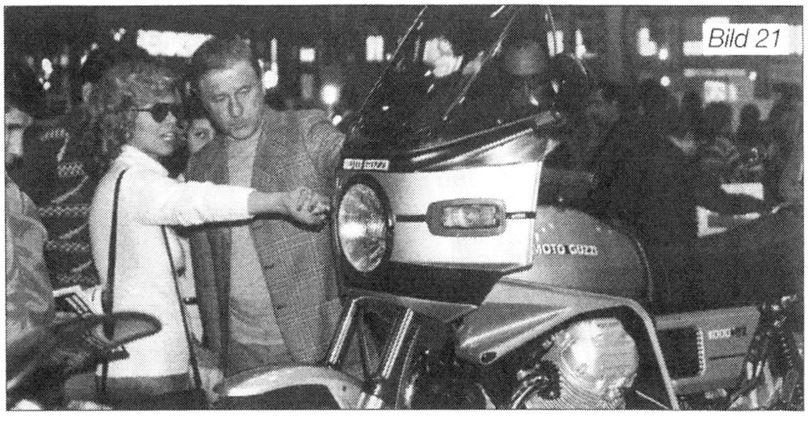

Bild 21

Aggregat auch) einen Walzendrehschieber, das robuste Dreiganggetriebe arbeitete mit Zahnrädern im Dauereingriff. Ab 1954 war die Zigolo Lusso in rot, mit 17-Zollrädern und verchromten Seitenflächen am Tank zu haben. Als erste Serienmaschine besaß die Zigolo bald einen Leichtmetallzylinder mit hartverchromter Laufbanhn. 1959 stand eine modellgepflegte Zigolo auf der Mailänder Fiera. Bohrung und Hub waren um je zwei Millimeter vergrößert, der Hubraum wuchs dadurch auf 110 cm³. Die Produktionszahlen der Zigolo wurden wieder fünfstellig. Um wirtschaftlicher fertigen zu können, erhielt sie ab1960 ölgedämpfte Telegabel und Stoßdämpfer, beides Komponenten aus der Baureihe der viertaktenden Stornello. Für den neuen, jugendlichen Käuferkreis wurde das Zweitaktmoped Dingo entwickelt, aber die Verkaufszahlen der Zigolo sackten ins Bodenlose, 1965 waren es nur noch 1925 Einheiten. Eine Auffanggesellschaft SEIMM sollte dem Familienunternehmen Moto Guzzi aus den roten Zahlen und wirtschaftlichen Schwierigkeiten heraushelfen. Das Ende kam für die Modelle Cardellino, Galletto, Lodola und Zigolo 98. Knapp zwei Jahre später rollte die letzte »echte« Falcone vom Band und es begann die Neuzeit in der oberitalienischen Motorradschmiede.

Dicke Brocken: V7 und ihre zahlreichen Nachkommen

Traurig, aber wahr: Die Marketing-Abteilung aus Mandello hatte bei der Mailänder Messe Ende 2006 den runden Geburtstag der V7 wohl verpennt. Insider hatten auf der Mailänder Fiera ein ordentliches Jubiläumsspektakel erwartet, denn 40 Jahren zuvor hatte die V7, der Urahn von California, Le Mans & Co, dort ihr Debüt. Weil Moto Guzzi Ende der Sechzigerjahren das Wasser bis zum Hals stand, war der ausgeschriebene Behördenauftrag unbedingt nötig – und guter Rat teuer. Chefkonstrukteur Carcano griff auf bewährte Automobiltechnik zurück und adaptierte den Motor des ulkigen allradgetriebenen Fahrzeugs für ein Motorrad – und so wurde der Auftrag eines modernen Behördenmotorrades eingesackt und Moto Guzzi war saniert.

Schon im Sommer 1969 zeigte eine modifizierte V7 mit Vittorio Brambilla im Sattel, dass das Aggegat das Zeug zum Sportler besitzt: Über 214 km/h Durchschnitt auf dem Kurs in Monza war neuer Stundenrekord, einer von vielen. Von da an begann der Siegeszug des längs eingebauten V-Twins: Die unter Leitung von Lino Tonti entstandene V7 Sport wurde 1971 vorgestellt und leistete schon 40 Prozent mehr als die Urversion. Briketts legten die Motorradhersteller aus Mandello nach, als die kalifornische Polizei mit speziellen Highway-Maschinen beliefert wurde – unvergessen die Szene in Hal Ashbys »Harold und Maude«, als die alte Dame den Cop an der Nase herumführt und auf der V7 850 GT California die Biege macht.

Ein Jahr, bevor die Le Mans I auf dem Mailänder Salon präsentiert wird, war der Tourer 850 T3 mit einem von Moto Guzzi entwickelten, revolutionären »Integral-Bremssystem« zu haben: Einfach den Fuß aufs Pedal und die Fuhre wird von der linken Scheibe vorne und der Scheibe hinten verzögert. Wenn es brenzlig wird, muss der Handbremshebel aktiv werden, um die zweite (rechte) Scheibe am Vorderrad in die Zange zu nehmen. Während das Design der Sportmodelle ab der Le Mans III zunehmend

Bild 22: Gleichzeitig mit der 850 T3 und der der T3 California wurde 1975 auch die V 1000 Convert mit hydraulischem Drehmomentwandler vorgestellt. Alle Modelle erhielten damals einen überarbeiteten Motor mit Ölfilterpatrone, das Integral-Bremssystem war revolutionär.

Bild 23: Die Daytona 1000 mit Vierventilköpfen leistete 100 PS und wurde 1989 vorgestellt.

kantig und die Maschinen größer werden, verkaufte Moto Guzzi den Behörden Tourenmodelle neben »Schiffen« mit Trittbrettern, Windschild, Sturzbügeln und Koffer. Mit der Übernahme durch den Argentinier Alejandro de Tomaso versuchte sich Moto Guzzi mit neuen Zweitaktmodellen und Vierzylindermaschinen in der Mittelklasse. Erst 1977 wurden zwei Neukonstruktionen, die V 35 und die V 10 vorgestellt, der Grundstock einer neuen Mittelklasse-Generation.

Die Idee, 1985 die Le Mans IV mit 16-Zoll-Vorderrad auszurüsten, war ein sicherer Griff ins Klo, denn der Sportler verspielte damit seine untrügliche Kurvenstabilität. Deutsche Kunden wollten schon damals keinen Plastik-Schnickschnack sondern etwas Uriges. Die richtigen Zutaten lieferten die Teilelager der 1987 schon veralteten T3 und SP II-Modelle und heraus kam die Mille GT.

Ein weiteres Retrobike stand 1989 auf Speichenrädern bereit: Die 1000 S war ebenso schnörkellos und sogar in Lackierung der 750 S3, dem Nachfolger der V7 Sport, nachempfunden. Um neue Kunden zu ködern wurde neben dem bisher üblichen Baukastensystem ein modernes Chassis mit Monodämpfer, Doppelkardangelenk und Momentabstützung entwickelt. Vorreiter war Norbert Kienzler (NoKi), der schon 1986 zeigte, wie Kardanreaktionen erfolgreich beseitigt werden konnten. Ein Topseller sollte die Daytona mit Vierventilmotor werden und im Angebot der Sportler mitmischen, was eher schlecht als recht gelang – der Vierventiler war problematisch, das fertige Motorrad zu teuer. Erst als sich das Guzzi-Management dazu entschloss, den 1994 für die California auf 1064 cm³ aufgebohrten Motor auch ins Daytona-Chassis zu stecken, hatte die Le Mans eine Nachfolgerin gefunden. Sechs Jahre nachdem die California bereits mit Einspritzung auf dem Markt war, wurde der Zweiventilsportler auch damit ausgestattet – damit gab es die Guzzi für den Schrauberpuristen nicht mehr.

Während die als Muskelbike verpackte Centauro ein totaler Flopp wurde, verkaufte sich die Spar-California Jackal gut. Der neue Start bei Guzzi sollte ab 1999 V 11 Sport heißen – das neue Sechsganggetriebe, wegen seiner vier Wellen rund 4,5 kg schwerer als die bewährte Fünfgangbox, sorgte jedoch bei den Kunden für Missmut. Dass der stoßstangengesteuerte V2 noch immer nicht ausgereizt ist, zeigt die Breva, mittlerweile als 1100er und 750er erhältlich.

Laverda: Breganzer Blüten

Durch seine unkomplizierten Einzylinder vollzog Laverda nach dem Zweiten Weltkrieg rasch den Wandel vom Landmaschinenhersteller zum Motorradproduzenten. Mitte der Sechzigerjahre schließlich hatte Massimo Laverda die Zeichen der Zeit erkannt und wusste: Big is beautiful!

Weitblick und ein Konzept waren gefragt, als die Verkaufszahlen der italienischen Motorradhersteller Ende der fünfziger Jahre unerwartet in die Knie gingen. Zwar hatte Francesco Laverda, Chef der gleichnamigen Breganzer Motorradschmiede, mit seiner neuen 200er-Zweizylinder noch einigen Erfolg. Zusätzlich sollte deren Export angekurbelt werden. Ducati arbeitete damals schon mit den im Osten der USA ansässigen Brüdern Berliner zusammen. Grund genug für Massimo Laverda, den ältesten Sohn des Chefs, 1964 in den Vereinigten Staaten die Ansprüche der dortigen Kundschaft auszuloten: »Motorradjournalisten und Händler lobten damals unisono die Honda CB 72« und erkannten außerdem, dass das Motorrad in USA zum exklusiven Freizeitartikel tendierte. »Schweres Gerät« würde auch bald in Europa gefragt sein. Wieder zurück, hatte der damals 25-jährige alle Hände voll zu tun, um seinen sozial eingestellten Vater davon zu überzeugen, dass ein Bruch mit der bisherigen Philosophie nach dem Motto »Preiswert, leicht und zäh« unvermeidbar war. Francesco Laverda war schließlich einverstanden und entschied, dass künftig sein Sohn die Geschicke von Moto Laverda leiten sollte.

Bild 24: Mit 4 Vorserienexemplaren nahm Laverda 1968 am 7ten Giro d'Italia teil. Rechts außen Massimo Laverda neben Chefkonstrukteur Luciano Zen, dahinter steht Piero Laverda.

Bild 24

Bild 25: Bei Langstreckenrennen dauererprobt: Mit ihren 4 PS lief die 70 kg leichte 75 Sport knappe 80 km/h.

Bild 26: Mit der 750 S legten die Breganzer 1969 direkt Briketts nach. Die sportliche 75er war länger übersetzt als die GT und sollte 190 km/h laufen.

Der Weg zum Big Bike

Massimo wollte keine Zeit verlieren, denn es gab Gerüchte, dass auch bei Moto Guzzi an einem hubraumstarken Zweizylindermotorrad getüftelt würde. Die »große« Laverda, so viel stand schon bald fest, sollte wie etliche Big Bikes englischer Marken von einem 650er-Zweizylinder befeuert werden. Ein steifes Rahmengeflecht mit nach oben verlegten »Unterzügen« erschien Chefkonstrukteur Luciano Zen und Adriano Valente die beste Lösung. Als tragendes Teil sollte die moderne Ohc-Konstruktion mit horizontal geteiltem Gehäuse und den um 25 Grad nach vorne geneigten Zylindern das Fahrgestell versteifen. In punkto Primärantrieb erwägte man eine Triplex-Kette, zum Starten wollte der frischgebackene Chef auf einen kräftigen Nippon Denso-Anlasser vertrauen. Durch die 180-Grad-Kröpfung der vierfach gelagerten Kurbelwelle versprach sich das Konstruktionsteam einen guten Massenausgleich und weniger Vibrationen als beim Gleichläufer. Nach nur 18 Monaten stand der Prototyp auf 18-Zoll-Rädern. Das Publikum war von den Socken, als die Neue zunächst auf der Londoner Earls Court Show, dann auf dem Mailänder Salon präsentiert wurde.

Bild 25

Bild 26

Bereits im März 1968 begann bei Laverda die Serienfertigung. Doch nur wenige Wochen später rollte in England die erste Norton Commando 750 Fastback vom Band. Laverdas prompte Reaktion: Nach 65 Exemplaren wurde die 650er als Serie eingestellt und nur noch die 750er produziert. Doch die konkurrenzfähigen Mitbewerber wurden rasch mehr, denn nach der Commando wurde im Herbst ‘69 die Honda CB 750 Four vorgestellt. Auch deshalb arbeitete man in Breganze parallel an einer Sportversion. Die GT, von deren angegebenen 52 PS bei uns noch 47 TÜV-gerechte übrig blieben, wurde mit wirkungsvollen Mitteln verfeinert: Mondial-Kolben mit Dom erhöhten die Verdichtung von 8,9 auf 9,65, dazu kamen härtere Ventilfedern, eine neue, zweiteilige Nockenwelle mit mehr Ventilhub und nicht zuletzt eine erleichterte Kurbelwelle. Anstelle der 29er-Dellortos versorgten nun zwei 30er-VHB-Vergaser den Motor mit Gemisch.

Als Problemzone hatte sich der Zylinderfuß am Motorengehäuse herausgestellt, dort wurde der Sicherheit halber eine Versteifungsnase angegossen. Auch das Getriebe wurde überarbeitet. 60 PS lautete die italienische Leistungsangabe der in gelb oder rot lackierten 750 S, die neben der kürzeren Gesamtübersetzung (40 Zähne am Kettenrad statt 42) und einen schmaleren Rahmens noch zahlreiche Änderungen aufwies: Der Büffeltank wich einem Exemplar mit Kniekissen. Der flache Lenker und die Höckersitzbank sorgten für schnittigere Optik, die neue 230er-Duplex-Bremse von Grimeca mit den drei charakteristischen Entlüftungslöchern in der Ankerplatte sollte die Neue schneller zu Stehen bringen.

Doch Laverda war mit den Zulieferer-Bremsen unzufrieden und fertigte deshalb für die 750er ab Rahmennummer 3808 eigene Bremsnaben. Wenig später war ein neues Modell geboren – die Super Freno, kurz SF genannt. Sie erhielt japanische Nippon Denso-Instrumente, der Motor wurde um 40 Millimeter im Rahmen abgesenkt, der Lenkkopfwinkel mit 62 Grad (statt 61 Grad) etwas steiler angestellt. Die ab 1972 angebotene SF2 erhielt 36er-Dellorto-Vergaser mit Beschleunigerpumpen, zwei Jahre später verzögerten zwei 280er-Doppelscheibenbremsen das 750er-Flaggschiff aus Breganze. Alu-Druckgussräder peppten die SF 3 ab 1976 auf, am Heck der letzten 750er prangte ein Heckbürzel.

Auf der Rennstrecke und besonders bei Langstreckenrennen machte Laverda mit speziell präparierten Competitione-Modellen Furore. Kurz und knapp könnte man die konstant weiterentwickelte und ab 1971 produzierte, orange lackierte SFC mit Trommelbremsen in drei Kategorien einteilen: Ob 500er, 800er oder 1000er-Serie: Wer heute eine besitzt, gibt sie nicht mehr her. Ende 1972 wurde die letzte dieser heute extrem gesuchten SFC mit dem »hohen« Rahmen gefertigt, der 9.8 verdichtete Motor wurde ab der ersten, scheibengebremsten SFC mit 36er-PHB-Dellorto-Vergaser beatmet.

100 dieser SFC's mit leichteren Kurbelwellen wurden im Sommer 1974 nach USA verschifft, ab Frühjahr 1975 erhielt die abermals höher verdichtete letzte SFC-Serie einen geänderten Zylinderkopf mit neuem Brennraum und größeren Ventilen. Gezündet wurde nun elektronisch, der Geber saß unter dem neuen Primärdeckel aus Magnesium. Die letzten drei SFC, so schreiben Tim Isles und Marnix van der Schalk vom SFC Register (siehe Kapitel 26 »Adressen«) in ihrem ausführlichen SFC-Heft, wurden erst im Januar 1977 ausgeliefert, gleichzeitig mit den letzten »zahmen« 750, die nach Kuwait verschifft wurden.

Auf den Produktionsstraßen rollten neue Halbliter-Laverda vom Band. Mit deutscher Bosch-Elektronik und einem klar gegliederten Sechsgang-Motor im simplen Einschleifenrohrrahmen versehen, erntete die neue 500er in Großbritannien erst als modifizierte Alpino mit Ausgleichswelle ernstzunehmende Verkaufserfolge. Eine 350er-Version, obwohl deutlich preiswerter als die Inlandskonkurrenz, hatte gegen die Morini 3 1/2 und die deutlich handlichere Guzzi V 35 keine Chance. Auch die nach der spanischen Rennstrecke getaufte, sportliche Montjuic war optisch sicherlich ein tolles Motorrad, in der Praxis leider kein Sonnenschein und wegen Verarbeitungsmängel und der spärlich gepolsterten Sitzbank alles andere als alltagstauglich. Nach rund 270 Stück wurde die Produktion 1982 eingestellt.

Von Twin zum Dreizylinder

Als Antwort auf die Kawasaki 900 Z1 erschien 1973 nach über drei Jahren Tüftelei die erste Dreizylindermaschine. Das Team um Luciano Zen war bei der Laverda 1000 nicht nur zum geschlossenen Rohrrahmen zurückgekehrt, sondern hatte auch den Prototyp des Triebwerks mehrfach überarbeitet: Der 981 cm³ große Motor besaß zwei Nockenwellen, welche die je zwei Ventile pro Zylinder über Tassenstößel bewegten. Ungewöhnlich war das Motorenkonzept: Anstelle einer symmetrischen Kurbelwellenkröpfung entschied sich Massimo Laverda für eine »flache« Kurbelwelle: Der rechte und linke Zylinder zünden dabei im Wechsel von 360 Grad, während der

Bild 27: Die SFC 750, hier eine Version von 1971, ist eine Legende. Mit 72 PS lief sie 220 km/h und gewann viele Langstreckenrennen.

Bild 28: Für die 500er-Serien-Rennklasse baute Laverda 1978 eine Kleinserie der Formula 500. Das nur 154 kg schwere Motorrad leistete 52 PS.

Bild 27

Bild 28

Bild 29: Als in Italien die Steuer für Motorräder über 350 cm³ von 18 auf 35 Prozent heraufgesetzt wurde, baute Laverda eine 350er. Der kleine Paralleltwin wurde jedoch kein Verkaufserfolg.

Bild 30: Auf englischen Kundenwunsch fertigte Laverda ab 1976 die sportliche Jota. Mit höherer Verdichtung und größeren Ventilen leistete der Dreizylindermotor knapp 90 PS.

dritte (mittlere) Zylinder um 180 Grad versetzt dazwischenfunkt. Der Kurbeltrieb, sechsteilig und komplett wälzgelagert, war wie beim 750er-Aggregat per Kette mit den beiden dreifach gelagerten Nockenwellen verbunden. Beim Primärantrieb vertrauten die Italiener auf eine Triplexkette, die mittels eines von außen einstellbaren Gleitschuhs gespannt werden konnte.

Ob mit Gussrädern, Scheibenbremsen oder Kunststoffbürzel dem Zeitgeist angepasst, fuhren die 1000er-Laverdas dank stabilem Rahmen, dicker Telegabel und Bronzebuchsenlagerung der Schwinge deutlich zielgenauer als die japanische Konkurrenz. Jedoch mangelte es an Fahrkomfort, die italienischen Federelemente sorgten bei Laverdas neuem Flaggschiff für ein Fahrgefühl »bockelhartes Schwergewicht«. Vibrationen führten regelmäßig zum Bruch von

Bild 29

Bild 30

allerlei Plastik und die damals brandneue Bosch-Elektronik arbeitete nicht immer problemlos. Beim Langstreckentest über 25 000 Kilometer fiel die 1000 3C wegen zahlreicher Kleinigkeiten negativ auf, und wenn es auch nur eine verstopfte Tankbelüftung oder ein defektes Relais waren. 1978 mutierte die 1000er zunächst zur sportlicheren Jota, ein Jahr später sollte das auf 1130 cm³ aufgebohrte Aggregat mit 86 PS der Konkurrenz Paroli bieten. Doch eines zog sich wie ein roter Faden durch die Dreizylinder-Serie: Importeure und Kunden klagten über mangelnden Komfort und derbe Verarbeitungsmängel.

Das Team um Ingenieur Luciano Zen entschloss sich Anfang 1981 zu einer Zäsur: Ein neues Modell mit einem völlig überarbeiteten Motor sollte frischen Wind bringen und Kunden ansprechen, die sonst gerne zu einem »Japaner« gegriffen hätten.

Auch stellten sich die Konstrukteure die Frage, ob der Dreizylinder nicht doch manierlicher laufen würde und vor allem durchzugsstärker wäre, wenn man die Kurbelwellen mit symmetrischem Hubzapfenversatz versehen würde. Weil der Motor keine tragende Funktion übernahm wie an den Zweizylindermaschinen der SF-Baureihe, entschieden Zen, sein Chefzeichner Adriano Valente und Mitarbeiter Mariano Fioravanzo, zunächst den Jota-Rahmen mit sechs Silentblöcken zu bestücken, aber für die künftige Maschine nicht ungeschoren zu lassen. Neue, per Computer errechnete Nockenwellenprofile sollten im mittleren Drehzahlbereich für mehr Dampf sorgen. Nicht ein zentrales Rückgrat, sondern ein Geflecht aus drei zusammen verschweißten Oberzügen (ähnlich dem SF 750-Rohrwerk) bildete den neuen Rahmen.

Ein weiterer Aspekt war die Tatsache, dass Laverda zwar ihr sportliches Image beibehalten wollte, jedoch von den Marketing-Leuten die Rückmeldung kam, dass die Jota (wie auch die 1200er) schlicht und ergreifend zu laut sei. Auch dies machte Zens Team die Entscheidung leichter, den Motor umzukonstruieren. Neben einem überarbeiteten Getriebe und der verstärkten Kupplung setzten Zen und sein neuer Kollege Giuseppe Bocchi auf Geräuschminderung durch zwei Einfachketten als Ersatz der bisher verbauten Triplexkette. Die neue Laverda sollte Akzente setzen. Der römische Designer Giuseppe Ricciuti entwickelte den unkonventionellen Tankeinfüllstutzen in der Verkleidung und ein Instrumentenbrett, das aus dem Automobilbau hätte stammen können und sogar eine Tankuhr beinhaltete. Nicht nur die formschöne Halbschale mit Innenverkleidung, auch die spannungsvolle Tankform mit an den Einbuchtungen angesetzten Seitenabdeckungen machten die RGS, deren Namenskürzel für »Real Gran Sport« stand, unverwechselbar. Patentieren ließ sich Laverda Giuseppe Bocchis Idee mit der piffigen, in der neuen Schwinge integrierten Exzenterverstellung der Fahrerfußrasten. Mitte 1981 waren die ersten Vorserienexemplare fertig. Der Öffentlichkeit vorgestellt wurde die neue RGS im Herbst 1981 auf der Mailänder Herbstmesse.

Ein erster Test der deutschen Fachpresse im Sommer verlief allerdings durchwachsen: Von den zunächst im Heimatland angegebenen 91 PS blieben bei der deutschen Variante nach dem TÜV-Termin gerade mal 80 PS bei 8000/min übrig. Eine Leistungsmessung auf dem Bosch-Prüfstand brachte gar nur 79 PS bei 7800/min. Daher verkaufte sich die überarbeitete Jota hierzulande ganz annehmbar, die RGS jedoch war ein seltenes Bild auf Deutschlands Straßen – daran hat nichts geändert.

Höher verdichtet war das Sondermodell RGS 1000 Corsa, die es ab 1984 gab. Die vollverkleidete 1000er war schwarz, die zahmere Variante dagegen wurde in Rot ausgeliefert. Die besonders in Japan beliebte Touring-Version RGS 1000 Executive besaß abnehmbare Koffer, sehr luxuriös mit Innentaschen ausgestattet. Als Verkleidungsmaterial wurde ein bei Bayer entwickelter, stoßfester Kunststoff verwendet, der sich bereits bei Porsche-Stoßfängern bewährt hatte.

Nuova Moto Laverda

In den 80er-Jahren kriselte es bei Laverda gewaltig, die Firma geriet in Zahlungsschwierigkeiten. Selbst ein zweijähriger Zahlungsaufschub half nichts, im Frühjahr 1987 musste das Konkursverfahren eingeleitet werden, was nach längerem Hin und Her in einer neu formierten Gesellschaft endete. Rechtzeitig zur Mailänder Ausstellung im November 1989 entstanden zwei Prototypen. Beide hatten leicht modifizierte Gegenläufer-Twins auf Basis des 500er-Montjuic/Alpino-Aggregats; aus 78 mm Bohrung und 69 mm Hub resultierten 668 cm^3 Hubraum. Die 65 übriggebliebenen Mitarbeiter begannen jedoch erst dann mit der Serienfertigung, als der Motor mit Wasserkühlung und Weber/Marelli-Einspritzung auf konkurrenzfähige 70 PS gebracht und ein Leichtmetall-Brückenrahmen eingebaut wurden. Doch weder die als Konkurrent der Ducati Monster lancierte 650 Ghost noch die 750 S erreichte genügend Interessenten, um das neue Werk in Zané dauerhaft zu sanieren und wieder in die schwarzen Zahlen bringen. Auch plagten zahlreiche Kinder- und Entwicklungskrankheiten die 650/668er-Modelle: Hoher Ölverbrauch, Überhitzungsprobleme sowie poröse Zylinderköpfe sorgten bei den neuen Twins aus Zané rasch für ein schlechtes Image. Auch die 750 S und die Formula-Modelle haben ihre Tücken, denn Getriebe und Kurbelwellen sorgen für Ärger.

Nach der Übernahme durch Aprilia durften die Laverda-Fans wieder hoffen: Der damalige Boss Ivano Beggio stellte Ende 2002 den Prototyp einer neuen SFC 1000 mit V-Twin vor, 549 Exemplare der 133 PS starken Neuauflage waren geplant. Ob daraus jemals was wird, ist mehr als fraglich, denn Aprilia gehört seit 2004 zum Piaggio-Konzern und zur Sanierung von Aprilia kann man Laverda momentan nicht gebrauchen.

Dennoch: Laverda lebt, denn die Besitzer einer Laverda fahren und pflegen ihre Schätzchen aus Breganze. Dass sie das gern und oft tun, war jüngst bei der Museumseröffnung des Holländers Cor Dees in Lisse (Adresse siehe Kapitel 26 »Adressen«) zu hören und zu sehen.

Bild 31: Die 2002 vorgestellte Laverda SFC 1000 wird nicht von einem Dreizylinder, sondern von einem V-Twin befeuert. Ob sie tatsächlich in Serie geht ist fraglich.

Gebrauchte kaufen

In diesem Kapitel: Zum Gebrauchtkauf gehört Erfahrung · Tipps für den Gebrauchtkauf · Probefahrt · Kaufvertrag · Umgebautes, getuntes Motorrad kaufen? · Keine Angst vor dem TÜV · Das Vollgutachten · Tipps ums Thema Zulassung.

Zum Gebrauchtkauf gehört Erfahrung

Klassische Italiener in gutem Zustand sind rar geworden im aktuellen Angebot zum Druckzeitpunkt dieses Buches im Jahre 2007. Es gibt in Deutschland, Österreich und der Schweiz mehr als 100 000 italienische Maschinen von Ducati,

Papiere alle vorhanden, in Ordnung, Umbauten eingetragen? → Kapitel 2

Federung, Dämpfung und Schwinge kontrollieren. → Kapitel 8

Batterie und Elektrik unter der Sitzbank ansehen. → Kapitel 20

Der Lack bestimmt den Gesamteindruck. → Kapitel 6

Die TÜV-Plakette gibt Hinweis auf die nächste Hauptuntersuchung. → Kapitel 2

Auspuff auf Rost, Risse und Beschädigung prüfen. → Kapitel 25

Messen der Spur gibt Hinweise auf verzogenen Rahmen. → Kapitel 2

Antriebskette und Kettenräder auf Verschleiß kontrollieren. → Kapitel 16

Vor allem den Rahmen auf Bruch oder Rost ansehen. → Kapitel 2

Motor und Gehäuse auf Zustand, Geräusche, Ölverlust prüfen. → Kapitel 2

Morini, Moto Guzzi und Laverda, die bis Ende der 80er-Jahre zugelassen wurden und dem Gattungsbegriff »Youngtimer« zugeordnet werden können. Sie haben eine große Fangemeinde. Wenngleich sich viele Besitzer nicht von ihren Schätzchen trennen wollen, weil sie förmlich mit ihnen verwachsen sind, ist das Angebot an Gebrauchtmaschinen doch recht umfangreich. Zum Kauf eines gebrauchten Youngtimer-Italieners gehört einiges an Erfahrung und Fachwissen dazu, ihn zielgerichtet beurteilen zu können. Damit die neue Gebrauchte dann, je nach Kaufzustand, fachgerecht restauriert und zuverlässig am Laufen gehalten werden kann, helfen die einzelnen Kapitel in diesem Buch.

Abgebrochene oder verbogene Hebel: Sturz oder Umfaller! → Kapitel 6

Kupplungszug verrät viel über die bisherige Pflege. → Kapitel 15

Lenkkopf und Lenkanschlag eingehend prüfen. → Kapitel 10

Scheinwerfer auf Schäden überprüfen.

Fahrgestellnummer und Typenschild korrekt? → Kapitel 2

Zustand der Standrohre, Dichtheit der Gabel? → Kapitel 9

Einen defekten Hubzapfen entdeckt man erst nach der Motorzerlegung. → Kapitel 24

Bremskontrolle: Bremsflüssigkeit und Leitungen nicht vergessen. → Kapitel 13

Eine solche Gussbremsscheibe ist nicht mehr zu retten. → Kapitel 13

Zustand der Reifen, Profiltiefe mehr als 2,5 mm? → Kapitel 12

2 Gebrauchte kaufen

Sichtprüfung Messen

In diesem Kapitel bringen wir Licht in das Dunkel des Gebrauchtkaufs, und zwar nicht nur für den möglichen Käufer, sondern auch für den Verkäufer. Denn die Fragen und Punkte, um die es letztendlich geht, sind einander sehr ähnlich: »Auf was muss ich beim Kauf einer gebrauchten Maschine besonders achten?« lässt sich für den Verkäufer gleichsetzen mit: »Auf welche Punkte muss ich bei Pflege und Wartung meines Motorrades besonders achten, damit ich es später wieder zu einem fairen Preis und mit gutem Gewissen verkaufen kann?«

Mit dieser Überlegung ist neben der Wartung und Pflege, wie zum Beispiel Waschen des Motorrades oder Kettenspannen, was jeder selber ausführen kann, auch die regelmäßige Kontrolle wichtiger Teile, wie z. B. der Bremsen, Fahrwerkslager und Reifen, angesprochen. Dies wiederum liefert eine wichtige Grundlage für die alle zwei Jahre nötige Untersuchung nach §29 beim TÜV oder der DEKRA, die damit ohne große Sorgen absolviert werden kann.

Wenn bestimmte Teile und Baugruppen einer Maschine regelmäßig kontrolliert und Schäden rechtzeitig erkannt werden, macht sich diese Mühe spätestens dann bezahlt, wenn es um die nächste Wochenendtour oder gar längere Urlaubsfahrten geht. Denn wer sich regelmäßig um sein Motorrad kümmert, der hat auch bei längeren Fahrten selten Probleme.

So greift das eine in das andere über – und damit ist dieses Kapitel nicht nur für den Käufer einer Gebrauchtmaschine gedacht, sondern wendet sich an alle, die ihr Motorrad schätzen und deswegen pflegen. Mehr zu allgemeinen Themen wie »Pflege und Wartung« und »Reparieren oder restaurieren« finden Sie in weiteren Kapiteln in diesem Buch.

Tipps für den Gebrauchtkauf

Wer sich zum Kauf einer Gebrauchten entscheidet, hat dafür oftmals handfeste Gründe: Neben den finanziellen Aspekten ist es einfach die Möglichkeit, endlich das Modell zu besitzen, das man sich früher, als es noch »neu« war, entweder nicht leisten konnte oder man noch keinen Führerschein hatte, weil man zu jung war. Emotionale Gründe, reifliche Überlegung und gründliche Vorbereitung für die Suche und den Kauf der Traummaschine gehören also zusammen.

Grundlegende Informationen zu dem ins Auge gefassten Modell erhält man in den Motorradzeitschriften der Jahre, in denen die Maschine im Angebot war. Auf der Suche nach den alten Tests ist das Internet hilfreich (*www.ebay.de*), denn die alten Hefte sind bei den herausgebenden Verlagen meist vergriffen. Eine sehr gute Zeitschrift, die sich ausschließlich mit italienischen Motorrädern beschäftigt, ist »Motalia«. In jedem (monatlich erscheinenden) Heft hat es sehr interessante Berichte der »Motalia«-Leser, was sie mit ihren italienischen Schätzchen erlebt haben und viele, meist faire Verkaufsanzeigen (*www.motalia.de*).

Im speziellen Fall der italienischen Youngtimer-Klassiker ist es auch mehr als sinnvoll, sich vor dem Kauf eines Modells die Bücher zu besorgen, in denen die Marke und/oder die einzelnen Modelle beschrieben sind. Zu den Marken Ducati und Moto Guzzi gibt es sehr viele Bücher in deutscher Sprache; bei Morini und Laverda sieht es eher mau aus. Bei englischen Verlagen ist das Angebot größer.

Es kommt also für den Käufer darauf an, rechtzeitig vor dem Kauf gut zu recherchieren. Auch hier in unserer Reparaturanleitung gibt es jede Menge Tipps und Kniffe, mit denen man entsprechend vorbereitet auf die Suche gehen kann. Hilfreich sind in diesem Falle auch Freunde, die bereits das gleiche oder ein ähnliches Modell besitzen (oder besaßen) und damit die Schwächen kennen, auf die es zu achten gilt. Ist ein Besuchstermin beim Verkäufer ausgemacht, sollte einer dieser Freunde auch als kundiger Helfer mitkommen.

Beim Termin mit dem Fahrzeugverkäufer müssen als Erstes die notwendigen Formalitäten erledigt werden:

- Sind alle Fahrzeugpapiere wie Fahrzeugschein und Fahrzeugbrief, eventuell auch die Abmeldebescheinigung, vollständig und vorhanden?
- Ist der Verkäufer auch der Eigentümer und der wievielte? Wenn der Verkäufer alle Papiere vorweisen kann, ist er auch der Fahrzeugeigentümer – selbst wenn die Haltereintragungen in den Papieren nicht mit seinem Namen übereinstimmen!
- Wann war die letzte Hauptuntersuchung nach § 29 (»TÜV-Termin«), wann steht die nächste an?
- Stimmt die Fahrgestellnummer?
- Sind Zubehör, Umbauten und Reifengrößen in den Fahrzeugpapieren eingetragen?

■ Liegen die Fahrzeugschlüssel für Lenkschloss, Zündschloss, Tankschloss in möglichst doppelter Ausfertigung vor?
■ Sind Betriebsanleitung und Kundendienstheft mit dem Nachweis der durchgeführten Inspektionstermine noch vorhanden? Dies ist bei einem älteren italienischen Motorrad meist nicht der Fall; oft hat der Besitzer aber noch die Rechnungen über die von einer Fachwerkstatt durchgeführten Arbeiten.

Sind diese Formalitäten zur Zufriedenheit erledigt, geht es an die Besichtigung. Zur Hilfestellung weisen wir bei der folgenden Checkliste auch auf die Kapitel hin, in denen die einzelnen Bauteile und Baugruppen detailliert behandelt werden.

Der erste Eindruck ist, wie so oft, der entscheidende. Die Optik verrät sehr viel über Pflege und Umgang des Besitzers mit seinem Bike. Auf den zweiten Blick in versteckte Ecken können mögliche Stürze identifiziert werden. Vor allem sollten betrachtet werden:
■ Lack: Allgemeiner Pflegezustand, Kratzer, überlackiert?
■ Tank: Dellen, Kratzer, Roststellen außen und innen (siehe dazu auch Kapitel 6 »Reparieren · Restaurieren« und dort speziell den Bild- und Textabsatz »Tank entrosten«)?
■ Auspuffanlage: Flecken, Rost, Schrammen? Ist es der originale Auspuff? Jeder Nachrüst- oder Tuningauspuff kann Probleme bringen bei einer Polizeikontrolle oder beim TÜV!
■ Motorblock: Kühlrippen angebrochen, Loch im Gehäuse von einer gerissenen Kette, optischer Zustand?
■ Bowdenzüge: Lassen sich Hebel und Gasgriff leicht und ohne zu haken bewegen? Sind die Züge ohne Knick verlegt, haben sie angebrochene oder angescheuerte Stellen (siehe Kapitel 15 »Bowdenzüge«)?
■ Hand- und Fußhebel: Abgebrochene, krumme oder beschädigte Hebel sind sichere Hinweise auf Sturz oder Umfaller.
■ Sitzbank: Risse im Bezug, Nähte in Ordnung?
■ Schlösser: Leichtgängig, passen die Schlüssel?

Nach der reinen Optik wird als Nächstes der Motor ins Visier genommen. Auch hier ist detaillierte Spurensuche angesagt.
■ Dichtungen: Ist der Motor dicht oder sind Ölnebel zu entdecken?
■ Motorgeräusche: Sie können sehr unterschiedlich, müssen aber gleichmäßig sein. Italienische Motoren sind in kaltem Zustand meist sehr laut, nach zehn bis 20 km Fahrstrecke sollten die »sehr lauten« Motorgeräusche aber verschwunden sein. Erfahrungen der Freunde berücksichtigen!
■ Anspringen: Beim ersten oder zweiten Versuch sollte der Motor anspringen. Die Vergaser älterer Italiener müssen vor dem Kaltstart meistens sehr stark geflutet werden, weswegen eine kleine Pfütze unter dem Motor eher als normal anzusehen ist. Wenn sie schlecht ansprihgt, ist dies ein deutlicher Hinweis auf einen Defekt in Zündanlage (siehe Kapitel 19 »Zündkerzen · Zündanlage«) oder den Vergasern (siehe Kapitel 17 »Vergaser · Tank«).
■ Abgase: Schwarzer Qualm kann beim Italiener schon sein, besonders nach dem Kaltstart (wegen Überfettung durch Vergaserfluten). Er sollte sich nach zwei bis drei Kilometern auf eine leichte Fahne reduzieren.

Fahrwerk, Bremsen, Räder und Reifen müssen ebenfalls eingehend betrachtet werden. Im Vordergrund sollten stehen:
■ Rahmen: Risse, Verformungen, Schweißstellen evtl. neu lackiert (Hinweis auf Umfaller, Sturz).
■ Lenkkopflager und Telegabel: Sind die Lager in Ordnung, kann der Lenker frei von Anschlag zu Anschlag pendeln?
■ Ist der Lenkanschlag unbeschädigt? – wenn nicht, ist das ein sicheres Zeichen für einen Sturz. Federt die Gabel leicht ein und saugend wieder aus, sind Ölspuren zu entdecken (Verschleiß oder Sturzschaden)?
■ Schwinge und hintere Federbeine: Hat die Schwinge seitliches Spiel; sind die Federbeine undicht?
■ Bremsen und Bremsscheiben: Seitenschlag oder gar tiefe Riefen in den Bremsscheiben (siehe Kapitel 13 »Scheibenbremsen«)?
■ Bremsbeläge: Belagstärke kontrollieren (siehe Kapitel 13 »Scheibenbremsen« und Kapitel 14 »Trommelbremsen«).
■ Bremsschläuche: Keine Risse, Knicke oder Ähnliches, sind die Anschlüsse dicht? Wie alt sind die Bremsschläuche? Wenn sie älter sind als fünf bis sechs Jahre, sollten sie gewechselt werden; wenn Stahlflexschläuche montiert sind, gehört ein Mustergutachten (»Teilegutachten«) dazu.
■ Räder und Reifen: Laufen die Räder rund, sind alle Speichen vorhanden? Sind Beschädigungen an den Felgen zu entdecken? Montagespuren an eingespeichten Alufelgen sind weniger kritisch als an Gussrädern! Wie ist die Profiltiefe der Reifen, sind sie beschädigt und stimmt die Reifengröße?

Vergleichen Sie diese mit dem Eintrag in die Fahrzeugpapiere!

■ Kette: Beim Antrieb steht die Kette im Mittelpunkt des Interesses. Hier werden der Pflegezustand der Kette, ihr Durchhang und der Abnutzungsgrad, auch der von Ritzel und Kettenrad, geprüft (siehe Kapitel 16 »Kette«).

■ Kardan: Motorrad auf Mittelständer aufbocken (Hinterrad muss frei sein!), bei ausgeschaltetem Motor und eingelegtem Gang das Hinterrad hin und her bewegen schafft ein Gefühl für den »Leerweg« des Hinterrads und damit für den Zustand des Kreuzgelenks und der Verzahnung im Kardanantrieb.

Auch der Kupplungszug gehört dazu, hier sind das Zugspiel und etwaige Beschädigungen zu betrachten (siehe Kapitel 15 »Bowdenzüge«, Kapitel 21 »Kupplung« und Kapitel 22 »Schaltung · Getriebe). Bei der Elektrik sollte neben dem Zustand von Scheinwerfer und Blinkern (Reflektor, Gläser), der Funktionsfähigkeit der Hupe auch die Batterie geprüft werden, wobei der Säurestand der Batterie und das Einfetten der Pole wieder Rückschlüsse auf den Pflegeaufwand zulassen (siehe Kapitel 20 »Batterie · Elektrik«).

Die Probefahrt

Auch wenn es manchem Verkäufer vielleicht nicht gefällt: Eine ausgiebige Probefahrt gehört zu einer Verkaufsverhandlung unbedingt dazu! Als Grundsatz muss allerdings gelten: Keine Probefahrt mit einer nicht zugelassenen und damit nicht versicherten Maschine und keine Probefahrt ohne entsprechende Schutzbekleidung.

Der Verkäufer kann sich zu seiner Sicherheit den Personalausweis des Kaufinteressenten geben lassen und, falls möglich, die Probefahrt begleiten. Bei der Probefahrt kommt es im Wesentlichen darauf an, das Verhalten der Maschine zu studieren, beim Anspringen ebenso wie beim Fahren. Hier lässt sich dann schon ziemlich gut feststellen, wie Kupplung und Bremsen funktionieren, wie das Fahrverhalten in schnell und langsam gefahrenen Kurven ist (Hinweis auf Federung, Reifen, Spur, etc.) und wie sich der Motor im Fahrbetrieb benimmt: Geräusche, Vibrationen, Leistungsabgabe.

Genauso wichtig sind die Beobachtungen nach der Probefahrt: Hört sich die Maschine jetzt besser an als in kaltem Zustand, sind die Bremsscheiben übermäßig heiß? Also auch nach der Probefahrt ist Spurensuche angesagt, um letztendlich zu einer Entscheidung zu gelangen, ob das Motorrad in Frage kommt oder nicht.

Besteht nur der leiseste Zweifel am technischen o.k. der Maschine, dann am besten sofort verabschieden, ohne sich noch auf weitere Gespräche einzulassen. Wenn man allerdings der Meinung ist, »das genau ist sie«, dann muss eigentlich nur noch über den Verkaufspreis verhandelt werden.

Verhandlungsspielraum ist hier immer gegeben, sodass sich schon noch das eine oder andere heraushandeln lässt. Und das Argument, da kämen noch weitere Interessenten, kann man leicht entkräften: Jetzt wird das Geschäft gemacht, oder gar nicht!

Kaufvertrag

Zu einem ordentlichen Geschäft gehört auch ein ordentlicher Kaufvertrag. Einen Mustervertrag kann man zum Beispiel beim örtlichen ADAC-Büro bekommen. Im Kaufvertrag ist auch die Zahlungsvereinbarung festgehalten; Anzahlungen sollte man sich unbedingt quittieren lassen. Damit steht der Anmeldung auf seinen Namen eigentlich nichts mehr im Wege.

Übrigens, wer unsere Checkliste aufmerksam gelesen hat: Es sind eigentlich genau die Punkte zu beachten, die eine gute Wartung und Pflege ausmachen – und alle Aspekte werden in unserer Reparaturanleitung sorgfältig nacheinander abgearbeitet!

Umgebautes, getuntes Motorrad kaufen?

Tuning an italienischen Motorrädern hat eine lange Tradition – und gerade im deutschsprachigen Raum sind damit klangvolle Namen verbunden: Eine von Bajohr, Egli oder Liengme getunte Ducati, eine von Däs oder Schajohr hergerichtete Guzzi oder eine Laverda im Motodd-Rahmen sind seltene Schmuckstücke, für die entsprechend hohe Verkaufspreise aufgerufen werden.

Keine Angst vor dem TÜV

Mit den Tipps für den Gebrauchtkauf haben wir schon die wichtigsten Punkte aufgelistet, die bei der alle zwei Jahre notwendigen TÜV-Untersuchung zum Tragen kommen. Der Begriff »TÜV-Untersuchung« ist zwar gängig, aber nicht ganz richtig, denn neben den beiden bekanntesten Prüforganisationen TÜV und DEKRA gibt es auch noch andere, oft regional agierende

Einrichtungen, die diese Untersuchungen nach §29 vornehmen. Vielfach kommen die Prüfer auch zu den Kunden – in vielen Fachwerkstätten gibt es regelmäßige §29-Untersuchungstermine.

Weil das klassische italienische Motorrad der 70er- bis 90er-Jahre heute eher ein Exote ist, sollte man für die TÜV-Prüfung gewappnet sein und dem Prüfer Argumente in dem Sinne bieten, dass er mit gutem Gewissen die Plakette vergeben kann. Dazu gehört als Erstes ein ordentliches, geputztes Motorrad – eine Ölsardine kann schon deswegen durchfallen, weil sie heute eher als »Umweltverschmutzer« eingestuft wird als damals, wo eine Ölfahne aus dem (dicken) Motorentlüftungsschlauch ganz normal war. Wenn die Bremsen in Ordnung sind und die Reifen, wenn die Auspuffe nicht allzu ausgeräumt klingen und das Licht hell brennt, wird kein TÜV-Prüfer die Schikaniermiene aufsetzen!

Sogar weitgehend offene Conti-Tüten an Ducatis oder Lafranconis an Guzzis werden im Rahmen der §29-Untersuchung heute toleriert und die offenen Lufttrichter sowieso. Die Flammsiebe sollten allerdings auf die Trichter aufgeschraubt sein. Und gegen ein Paar Ochsenaugen an den Lenkerstummeln anstatt der vier einzelnen Blinkern hat der Prüfer heute sicher ebensowenig einzuwenden wie gegen einen nicht originalen Alutank aus dem englischen Zubehör; nur mit einem GFK-Tank sollte man nicht ankommen, auch wenn er damals Serie war!

Das Vollgutachten

Wenn Sie ein Motorrad kaufen, für das es keine Papiere gibt, also weder Kfz-Schein noch -Brief, und Sie wollen es ordentlich zulassen, brauchen Sie ein Vollgutachten. Nach diesem wird dann von der Zulassungsstelle ein Kfz-Brief ausgeschrieben.

Das Vollgutachten kann von TÜV oder DEKRA erstellt werden. Je exotischer das Motorrad ist, desto geringer ist die Chance, dass es bei den Prüfstellen entsprechende Unterlagen gibt (bzw. in deren Computersystem Unterlagen gespeichert sind).

Dann empfehlen wir Folgendes: Organisieren Sie sich möglichst viele Unterlagen aus der Zeit, aus der das Motorrad stammt. Also möglichst originalgetreue Handbücher und Tests aus Zeitschriften und Katalogen (Kopien sind auch ok). Übrigens sind auch Tests und Berichte aus italienischen Zeitschriften in Ordnung; wenn »Motocyclissmo« über eine Ducati, Morini, Guzzi oder Laverda einen Test veröffentlicht hat, dann können Sie sicher sein, dass dieser stimmt! Und der Abnahmemensch wird dankbar sein, wenn er daraus Hubraum, Motorleistung bei Drehzahl, Reifengrößen und Höchstgeschwindigkeit abschreiben kann!

Wenn Sie mit diesen Daten einen Kfz-Brief ausstellen lassen wollen, brauchen Sie noch eine Anfrage beim Kraftfahrtbundesamt (KBA), dass das Fahrzeug mit dieser Fahrgestellnummer nicht als gestohlen gemeldet ist. Den entsprechenden Vordruck hat jede Zulassungsstelle. Bei einem positiven Bescheid des KBA steht dann einer Zulassung nichts mehr im Wege.

Tipps ums Thema Zulassung

- Stellen Sie eine Vollmacht aus, wenn Sie nicht selbst zur Kfz-Zulassungsstelle kommen können und fügen Sie dieser Ihren Personalausweis oder Reisepass bei.
- Prüfen Sie bitte, ob die Nummer des Versicherungsscheines oder der Versicherungsbestätigung eingetragen ist. Unvollständig ausgefüllte Versicherungsbestätigungen oder solche aus dem Internet werden von der Kfz-Zulassungsstelle nicht anerkannt.
- Wenn Sie ein Fahrzeug verkaufen, teilen Sie Name und Anschrift des Erwerbers umgehend der Zulassungsstelle mit. Hierzu kann man den bei der Kfz-Zulassungsstelle erhältlichen Vordruck (»Veräußerungsmitteilung«) verwenden.
- Lassen Sie Ihre Fahrzeugpapiere nach einem Umzug oder einer Namensänderung (Heirat) unverzüglich ändern. Dies kann bei der Kfz-Zulassungsstelle oder in einem Bürgerbüro erledigt werden.
- Technische Änderungen am Fahrzeug, z. B. Einbau einer anderen Bremse, müssen der Zulassungsstelle zur Eintragung in die Fahrzeugpapiere unverzüglich mitgeteilt werden.
- Mängel, die bei der Hauptuntersuchung am Fahrzeug festgestellt wurden, umgehend beheben. Mängelbeseitigung muss der Zulassungsstelle nachgewiesen werden.
- Die im Fahrzeugschein enthaltenen Hinweise beachten!
- Fahrzeug muss immer und jederzeit versichert, versteuert und das Kennzeichen mit einer gültigen HU-Plakette (»TÜV-Plakette«) versehen sein.
- Befestigen Sie das Nummernschild mit vibrationshemmenden Silentblöcken, damit es keine Risse bekommt oder gar verloren geht.

Pflege • Wartung

In diesem Kapitel: Waschen · Polieren · Wartung und Inspektion.

Waschen

Ein italienisches Motorrad will gehegt und gepflegt sein, es will »geliebt« werden. Streicheleinheiten für die Maschine gehören zum Leben mit ihr. Ab und zu eine gute Waschung mit milden Waschmitteln, weichen Schwämmen und Lappen verstärken die Beziehung. Merke: Wer gerne sein Motorrad wäscht, es hinterher sorgfältig abtrocknet, einige Stellen mit Sprühöl behandelt, der beachtet auch kleine Details und entdeckt damit einen Defekt oder gar Schaden früher als der, dem festgebackener Dreck und Fliegenleichen egal sind.

Dampfstrahlen?
Und immer lockt der Dampfstrahler: Widerstehen Sie seiner Versuchung! Der heiße Dampfstrahl in Verbindung mit den chemischen Waschmittelzusätzen ist tödlich für Radlager, Lenkkopflager, Schwingenlager, Gabeldichtringe, Bremsen, Vergaser, Auspuffe und Elektrik. Im Extremfall löst es sogar den Lack ab. Also: **Motorrad niemals mit dem Dampfstrahler waschen!**

Richtig waschen!
Motorrad nur in kaltem Zustand waschen: Denn wenn Motor und Auspuffe noch mehr als »handwarm« sind, brennen sich die Waschmittelzusätze in die heißen Oberflächen von Motor und Zylinderkopf, Auspuffkrümmer und Topf ein. Ein großer Eimer mit warmem Wasser mit einem Schuss mildem Reinigungsmittel, dazu ein weicher Schwamm genügen für die kleine wie die große Wäsche. Die in Motorrad- und Zubehör-Fachgeschäften angebotenen speziellen Motorradreiniger eignen sich besser zur Motorradwäsche als das Geschirrspülmittel von Mutters Spülstein. Was man zur ordentlichen Pflege (und gelegentlicher Wartung) an Mittelchen braucht, ist in Bild 1 zu sehen.

Beachten:
- Grobe Dreckstellen mit weichem Wasserstrahl aus dem Gartenschlauch vornässen.
- Nicht zu viel Reiniger pur verwenden!
- Nach der Warmwasserwäsche mit reichlich klarem, kaltem Wasser nachspülen.
- Motorrad nicht in direkter Sonneneinstrahlung waschen, sonst verdunstet das Waschwasser schnell, die Waschmittelzusätze trocknen und bilden Flecken und Schlieren auf dem Lack.
- Nach der Klarwasser-Nachwäscher zuerst Tank und Verkleidungsflächen mit einem weichen Tuch abtrocknen.
- Für die Gläser von Scheinwerfer, Windschild und Blinker, die Gabelstand- und Tauchrohre sowie das vordere Schutzblech und Verkleidung gilt: Angetrocknete Insektenleichen mit reichlich Wasser einweichen und abwaschen, NICHT mit harten Gegenständen abkratzen!
- Weder Waschwasser noch Klarwasser aus dem Schlauch in großen Mengen an Radlager, Lenklager, Schwingenlager, Kette, Auspuffende, Vergaser, Luftfilteransaugöffnung, elektrische Anschlüsse und Zündkerzen, Bremszangen,

Bild 1

Bild 1: Für Wäsche und Pflege wird eine ganze Menge an Mittelchen benötigt. Der Motorrad- oder Zubehör-Fachhandel hält alles Nötige parat.

Bremspumpen und Bremsflüssigkeits-Vorratsbehälter bringen!

■ Wenn mit heißem Wasser, Reiniger und Putzlappen (und den sowieso schon angebrochenen Fingernägeln) gar nichts mehr geht, hilft Glasreiniger. Reichlich davon auf einen Massagewaschlappen gegeben (das ist ein Handschuh mit unterschiedlich rauen Seiten, zu finden in Mutters Badeutensilien) und feste gerubbelt, leistet auch die hartnäckigste Fliegenleiche auf die Dauer keinen Widerstand.

■ Niemals mit Benzin oder anderen Lösungsmitteln an Lackteile und Metalloberflächen! Erstens ist das Zeug giftig und zweitens brennen sich Lösungsmittel in die Oberflächen ein und hinterlassen dort Flecken, die nicht mehr entfernt werden können.

■ Ausnahme: Wenn der verchromte Auspuff stark verschmutzt ist, kann man ihn mit Bremsenreiniger und der rauen Seite eines Haushaltsschwammes bearbeiten. Auch hartnäckige Teer- und Kettensprayflecke lassen sich damit von Auspuffkrümmern und -töpfen entfernen.

Polieren

Zum Polieren verwitterter Lacke bietet der Zubehörhandel reichlich Polierpasten an, entweder farblose oder farbige. Farblose (oder weiße, siehe Bild 3) Polierpasten frischen den Lack auf, indem sie während des Auftragens etwas in ihn eindringen und so »von innen heraus« wieder zum Glänzen bringen.

Nun sind ältere italienische Motorräder eben »etwas älter«, also im Extremfall so um die 30 bis 40 Jahre. Wenn noch der erste Lack drauf ist, dann ist dieser entweder verwittert oder abgeschabt (oder beides). Solange er nicht spröde oder eingerissen ist und keine Ganzlackierung gemacht werden muss, versuchen Sie zuerst eine Politur mit farbiger Politurpaste. Die gibt es entweder im Fach-Lackgeschäft oder im gut sortierten Fach-Autozubehörhandel. Auch bei Fiat-, Lancia- oder Alfa-Händlern kann man den gewünschten Farbton finden und auf Oldtimer-Messen sowieso.

Das Polieren vergammelter, mit speckigem Bremsenabrieb und Straßendreck verkrusteter Speichen ist einfach: Nehmen Sie alte Schuhbändel, die breit und lang sind. Dazu eine entsprechende Polierpaste, wickeln den Schuhbändel ein- oder zweimal um die Speiche herum und ziehen ihn unter sanftem Druck hin und her, auf und ab (Bild 4). Zum Schluss die übrige Polierpaste mit weichem Lappen und etwas WD 40 anwischen, fertig.

Zum Polieren von Felgen, Gabel- und Motorteilen, die oft aus rohem Aluminium bestehen, gibt es ganz spezielle »Alu-Polierpaste«. Doch zuerst einmal große Vorsicht: Manche Aluteile sind mit einem Glanzlack überzogen, den man nicht auf den ersten Blick sieht! Um das herauszufinden, zuerst das betreffende Teil (abhängig vom Verschmutzungsgrad!) mit Motorreiniger reinigen, mit reichlich klarem Wasser nachspülen und mit einem weichen Tuch, das mit Ölspray »WD 40« (Olivenöl geht auch!) getränkt ist, unter sanftem Duck »tiefenreinigen«.

Danach die Oberfläche begutachten: Ist sie metallisch blank oder lackiert?

■ Wenn sie metallisch blank ist, kann man mit Alu-Poliermittel drangehen.

Bilder 2 und 3: Für jede zu polierende Oberfläche gibt es das richtige Mittel, wozu auch der richtige Lappen, Schwamm oder Polierfäden gehören.

Bild 4: Speichen putzen mit einem alten Schuhbändel.

Bilder 5 und 6: Vernarbte Felgen können mit Polierscheiben neuwertig werden.

Bild 2

Bild 3

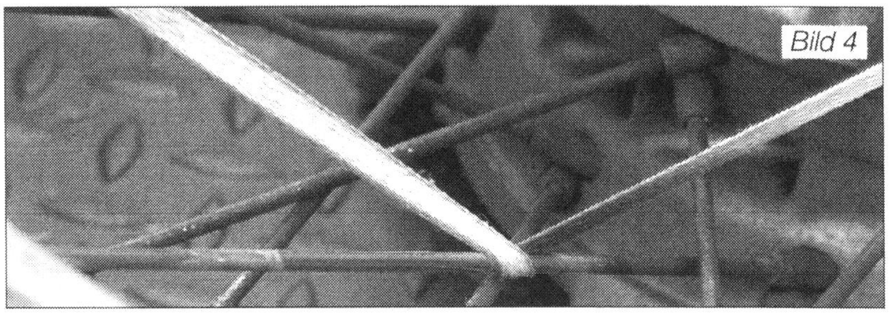
Bild 4

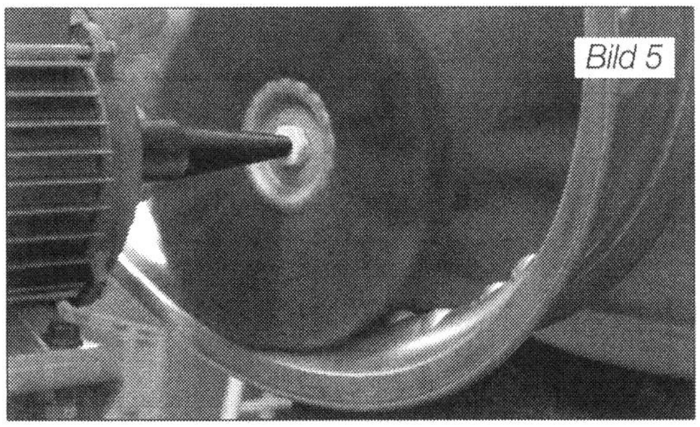
Bild 5

Bild 6

■ Wenn sie lackiert ist, hilft kein Poliermittel, denn das schabt nur den Lack ab und hinterher sieht die Oberfläche schlimmer aus als vorher. Dann hilft nur noch die Polierscheibe (Bild 5).

Doch bevor Sie als Laie mit einer Poliermaschine an irgendwelche (lackierten oder unlackierten!) Oberflächen gehen, erkundigen Sie sich rechtzeitig im Poliermittel-Fachbetrieb, welche Körnung geeignet ist: Bei tiefen Narben im Material wird zuerst eine grobe Scheibe benötigt, bei feinen, kleineren Macken nimmt man gleich eine feine. Auch die aufzutragende Polierpaste muss der zu bearbeitenden Oberfläche angepasst sein. Deswegen gilt: VORHER den Spezialisten fragen ist besser, als nachher eine versaute Felge oder ein zerkratztes Gehäuse zu haben!

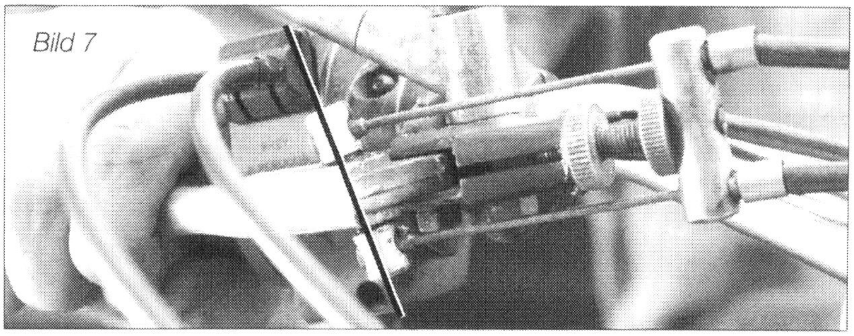

Bild 7: Wenn der Waagebalken bei gezogenem Bremshebel schräg steht, müssen die Bremszüge nachgestellt werden (siehe Kapitel 15).

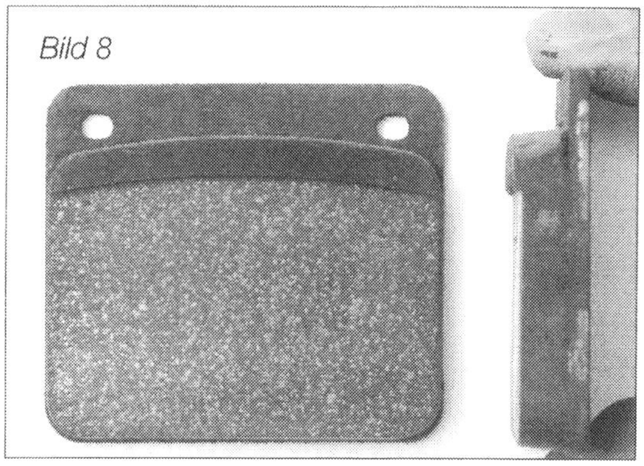

Bild 8: Wenn die Bremsbeläge oben eine Stufe haben, ist Vorsicht geboten, denn bei fortschreitendem Verschleiß besteht die Gefahr, dass der Überstand so stark wird, dass sich die Bremsbeläge nicht mehr an die Scheibe anlegen.

Wartung und Inspektionen

Würde dieses Buch von neuen italienischen Motorrädern handeln, stünde geschrieben:

»Halten Sie die vom Hersteller und Importeur vorgeschriebenen Inspektionsintervalle ein. Lassen Sie diese zumindest innerhalb der ersten beiden Jahre beim Markenhändler Ihres Vertrauens machen. Denn nur nur dann ist garantiert, dass Sie jederzeit sorglos fahren können und auch nach der zweijährigen Garantiezeit Ihren Händler als Ansprechpartner haben, wenn etwas kaputt geht, das eventuell noch als Garantiefall gesehen werden kann«.

Doch hier behandeln wir ältere italienische Signorinas, die Zeit ihres Lebens mehr oder weniger intensiv (und oft auch mehr oder weniger fachmännisch!) gepflegt und technisch inspiziert wurden. Es gibt sicherlich keinen Besitzer einer Ducati 750 SS von 1974, Moto Guzzi 850 T von 1975, Laverda 1000 3-C von 1976 oder Morini 3 1/2 von 1978, der ein lückenlos abgestempel-

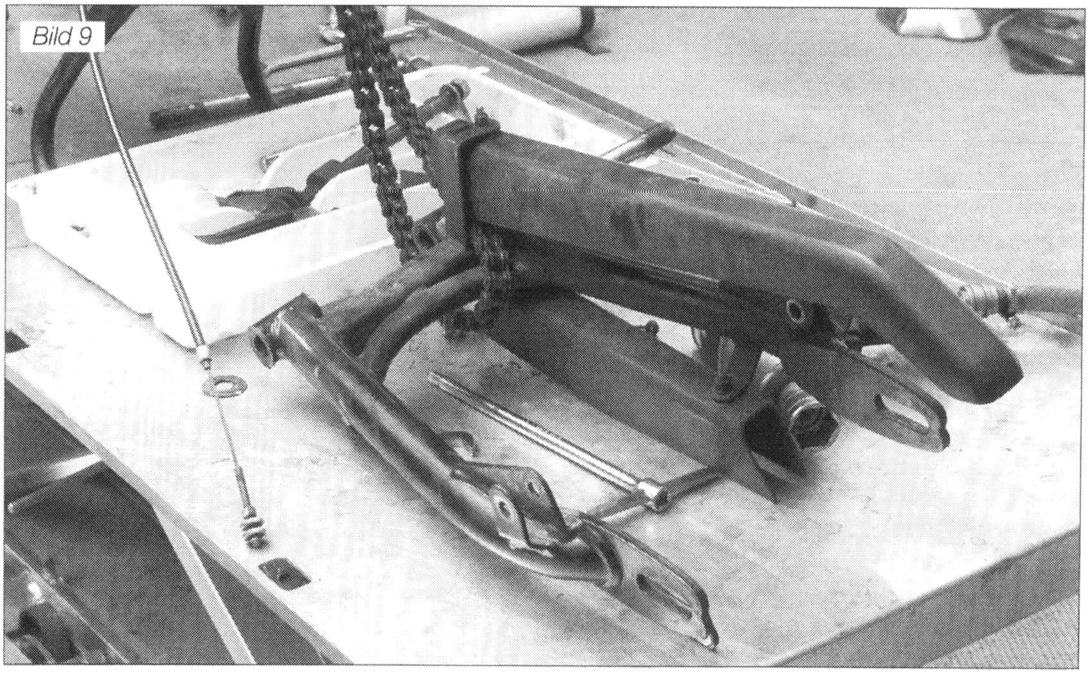

Bilder 9 und 10: Ab und zu muss das Schwingenlager zerlegt, gereinigt und neu gefettet werden, eine angegriffene Anlaufscheibe muss ersetzt werden.

tes Inspektionsheft für sein Schätzchen besitzt. Das hätte die finanziellen Betriebsaufwendungen in schwindelnde Höhen getrieben, denn in den 70er- und 80er-Jahren war Ölwechsel alle 3000 bis 5000 km vorgeschrieben, Ventilspielkontrolle ebenso und neue Zündkerzen alle 10 000 km.

Eine »kleine Inspektion« (alle 3000 oder 5000 km) umfasste folgende Prüfpunkte:

- Kette reinigen und schmieren
- Ölwechsel ohne Filter (Ölkontrolle alle 500 km)
- Kupplungsspiel prüfen, ggf. einstellen
- Stand der Batteriesäure
- Ventilspielkontrolle, ggf. nachstellen
- Zündkerzen reinigen
- Standgas und Gleichlauf der Vergaser
- Bremsbeläge, Stand der Bremsflüssigkeit
- Bowdenzüge schmieren

Bei der »großen Inspektion« (alle 6000 oder 10 000 km) kamen hinzu:

- Ölwechsel mit Ölfilter
- Getriebe- und Kardanölwechsel (bei Guzzi)
- Lenkkopflager prüfen, ggf. einstellen
- Schwingenlager abschmieren
- Ölwechsel in der Telegabel
- Speichenspannung prüfen, ggf. korrigieren
- Bremsflüssigkeit wechseln (oder 1 x im Jahr)
- Rahmenverschraubungen nachziehen

Nun kommt es heute wie damals immer noch darauf an, wie intensiv ein Italiener gefahren wird. Denn die km-Leistung bestimmt, wie oft die Kette gereinigt und geschmiert werden muss (mehr in Kapitel 16), wann das Ventilspiel nachgesehen werden muss (siehe Kapitel 23) oder neue Bremsbeläge fällig werden (siehe Kapitel 13 und 14). Keine Gnade sollte man sich antun, wenn es um Ölwechsel mit Ölfilter (mindestens einmal pro Jahr, siehe Kapitel 18) oder Reifen geht, denn diese sollten keinesfalls älter als sechs bis sieben Jahre werden (siehe Kapitel 12)! Auch für die Bremsflüssigkeit gilt: Mindestens alle zwei Jahre erneuern (siehe Kapitel 13), denn bei alter Bremsflüssigkeit fällt entweder bei einer heftigen Bergabfahrt urplötzlich die Bremse durch oder sie zerfrisst über eine lange Standzeit die Bremsanlage von innen.

Fazit: Bei einem alten Italiener werden Inspektionen eher nach Gefühl als nach Wartungsheft gemacht. Die meisten Fahrer haben ein Gespür dafür, was das Schätzchen wann braucht, wie zum Beispiel die Nachstellung der Primärkette bei der Laverda: Wenn's beim Gaswechsel zu stark ruckelt, ist entweder die Hinterradkette lose oder die Primärkette – oder beides. Dann sollte der Laverda-Fahrer wissen, wie die Primärkette gespannt wird: Motor laufen lassen, Spannbolzen unten am Primärkastendeckel eindrehen, bis die Kette zu pfeifen beginnt, und dann wieder etwas lösen. BEVOR Sie so etwas zum ersten Mal machen, lassen Sie es sich vom ausgewiesenen Spezialisten (oder Händler!) zeigen, was für alle Arbeiten dieser Art gilt!

Wenn schon nicht stur nach damaliger Werksvorschrift und Wartungsheft gewartet wird, dann aber zumindest fachlich richtig: Wenn z. B. das Ventilspiel zu eng oder zu weit eingestellt ist, kann ein Ventil abreißen (Bild 12), was dann richtig teuer wird.

Bilder 11 und 12: Ventilspiel bei obenliegender Nockenwelle messen (Laverda). Wenn es zu eng oder zu weit ist, kann das Ventil abreißen.

Bild 13: Primärkettenspanner der Laverda.

Bild 11

Bild 12

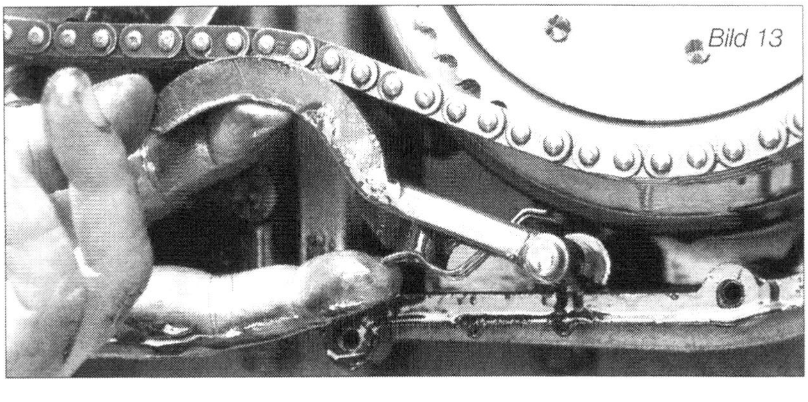
Bild 13

Werkzeug

In diesem Kapitel: Werkzeug · Bordwerkzeug · Werkzeug für die Hobbywerkstatt · Werkzeugwagen und Hebebühne · Aufbockhilfen · Öl und Fett · Werkstatthilfsmittel · Spezialwerkzeug.

Werkzeug

Für jede Wartungsarbeit und Reparatur braucht man gutes Werkzeug. Bei einem älteren italienischen Motorrad ist das damals serienmäßige Bordwerkzeug garantiert nicht mehr vorhanden. Das ist auch gut so, denn serienmäßiges Bordwerkzeug war nie wirklich gut, sondern suggerierte nur, dass man im Notfall etwas tun könne.

Wichtiger Tipp: Fürs Bordwerkzeug wie für das Werkzeug in der Hobbywerkstatt gilt der alte Spruch: **Mit schlechtem Werkzeug kann man keine gute Arbeit machen!** Deswegen: Werkzeug nicht im Baumarkt an der Ecke kaufen, auch wenn dessen Sonderangebot noch so verlockend ist! Das in Baumärkten angebotene Werkzeug ist meistens eher schlecht als recht, – und vielfach sogar gefährlich, weil es meistens aus minderwertigem Material besteht und deswegen bruchgefährdet ist.

Um Schrauben sicher öffnen und anziehen zu können, braucht man Präzisions-Sechskantnüsse, die möglichst dicht an allen sechs Kanten des Schraubenkopfes anliegen (Bild 6). Vermurkste Schrauben und Muttern oder gar hässliche Kratzer im Umfeld von Schraubverbindungen, die von abgerutschten, weil nicht passenden Schlüsseln herrühren, sind ganz schlimm anzusehen. Ganz zu schweigen von den Verletzungen, die sich ein Mechaniker zuziehen kann, wenn er mit schlechtem Werkzeug arbeitet.

Der Begriff SW ist die Abkürzung für »Schlüsselweite«. SW 12 bedeutet also, dass dieser Schlüssel für einen Schraubenkopf oder eine Mutter mit

Bilder 1 und 2: Typisch für schlechtes Werkzeug aus dem Baumarkt sind die geplatzte Nuss und die ausgefranste Bürste.

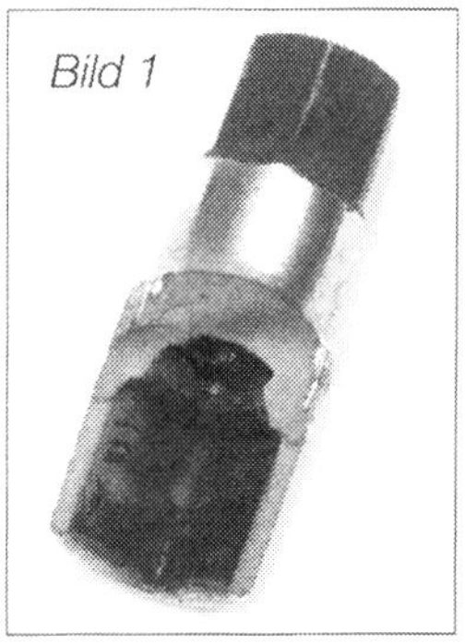

Bild 1

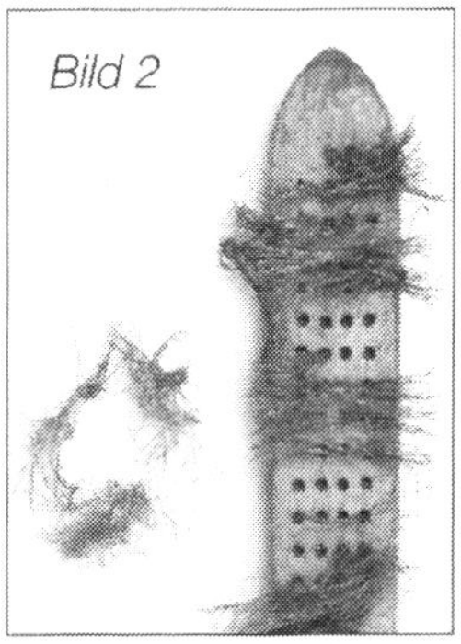

Bild 2

Bild 3: Digitaler Messschieber (A), Mikrometer oder Bügelmessschraube (B), Fühlerlehren (C).

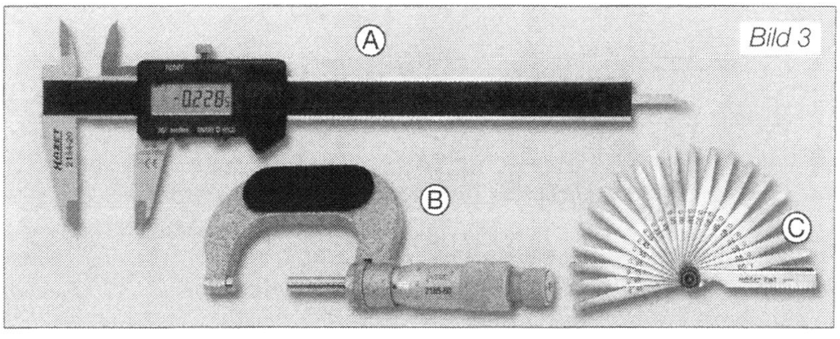

Bild 3

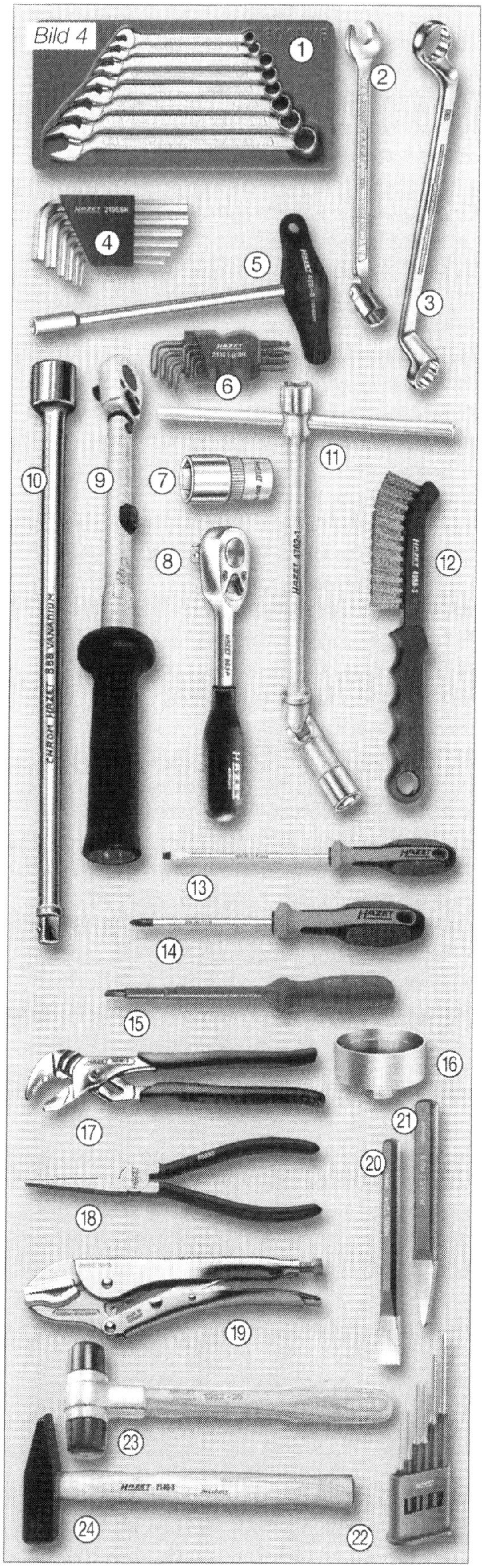

Bild 4

12 mm bestimmt ist, gemessen über die Mitte an zwei zueinander parallelen Flächen. M8-Schrauben oder Muttern brauchen einen 12er- oder 13er-Schlüssel; M6 einen 8er- oder 10er-Schlüssel.

Zu dem normgerecht als »Schraubendreher« bezeichneten Werkzeug sagen wir hier in dieser Reparaturanleitung »Schraubenzieher«. Das ist nach DIN- oder ISO-Norm fachlich nicht korrekt, aber unter Motorradfahrern üblich.

Bordwerkzeug

Bild 5 zeigt das Bordwerkzeug eines eingefleischten Italo-Fahrers, der im untersten Fach seines Harro-Tankrucksacks seine Hobbywerkstatt nahezu komplett mitführt. Das kann natürlich immer ein wenig zu viel sein, aber selbst am Nordkap ist die Reserve-Lichtmaschine dabei!

Unbedingt ins Bordwerkzeug gehört ein Reifen-Flickzeug. Damit lässt sich ein Loch im Schlauch mehr oder weniger fachgerecht reparieren. Natürlich sollte man auch Reifenmontierhebel und Luftpumpe dabei haben: Diese Teile gibt es bei guten Motorradhändlern und in den Läden der Shopketten. BMW-Händler haben sie garantiert im Sortiment.

Reifendruckprüfer: Verwenden Sie KEIN Plastikteil aus dem Baumarkt, sondern ein Präzisionsmessgerät. Das beste Druckmessgerät, das wir kennen und in unserer Werkstatt täglich verwenden, stammt vom deutschen Hersteller Flaig und hat ein stabiles Alu-Gehäuse (Bild 7). Erhältlich ist es z. B. bei mobil-tech (*www.mobil-tech.de*) oder in gut sortierten Motorradzubehörläden sowie bei vielen Motorradhändlern.

Bild 4 links: Bezeichnungen der Werkzeugteile. Satz Ring-Maulschlüssel (1), Maul-Steckschlüssel (2), Doppelringschlüssel (3), Satz Inbusschlüssel (4), Sechskant-Steckschlüssel mit Querknauf (5), Satz Torx-Schlüssel (6), Steckschlüsselnuss mit Innensechskant (7), Umschaltknarre (8), Drehmomentschlüssel (9), Verlängerung (10), Zündkerzenschlüssel (11), Bremssattelbürste mit Messingborsten (12), Schlitz-Schraubenzieher (13), Kreuzschlitz-Schraubenzieher (14), Elektriker-Schraubenzieher (15), Ölfilterschlüssel (16) für außenliegende Ölfilter, Universalzange (17), Flachzange (18), Gripzange (19), Flachmeißel (20), Kreuzmeißel (21), Satz Splinttreiber (22), Kunststoffhammer (23), Schlosserhammer (24).

Sechskantnüsse mit entsprechenden Schlüsselweiten für die Achsmuttern vorne und hinten sowie ein Knebel (Querknauf), damit bei einem Plattfuß unterwegs die Räder fachgerecht aus- und eingebaut werden können.

- Wenn der Raum für das Bordwerkzeug unter der Sitzbank zu eng ist für Sechskantnüsse und Knebel, sollte man die etwas schlankeren Maul-Steckschlüssel einpacken: mit 8 mm, 10 mm, 12 mm, 14 mm, 17 mm; dazu zwei Schlüssel in den entsprechenden Maßen für die Vorder- und Hinterachsmutter (meist 17/19 und 24/27 mm).
- **Inbusschlüssel** 4 mm, 5 mm, 6 mm, 8 mm mit Kugelsechskant auf der langen Seite.
- **Schraubenzieher** mit Flachklinge 5 mm und Kreuzschlitzklinge sowie ein Elektriker-Schraubenzieher.
- **Kombizange**

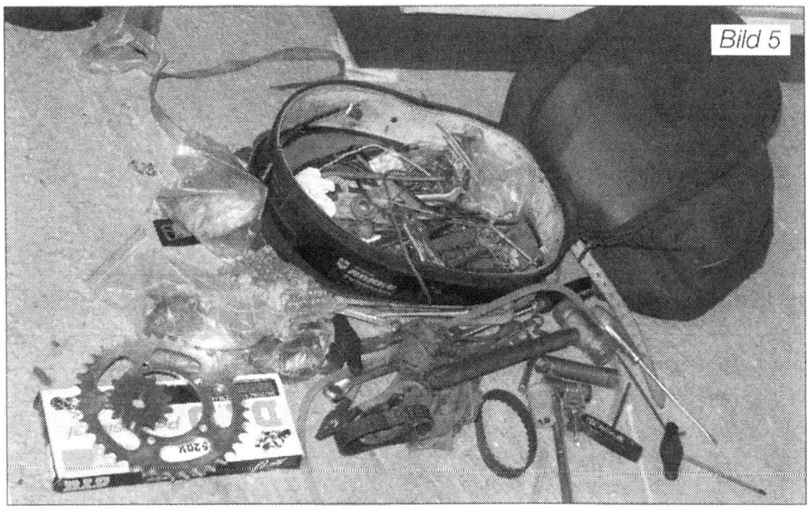

Bild 5: Bordwerkzeug im unteren Fach des Tankrucksacks eines ganz harten Italo-Fahrers.

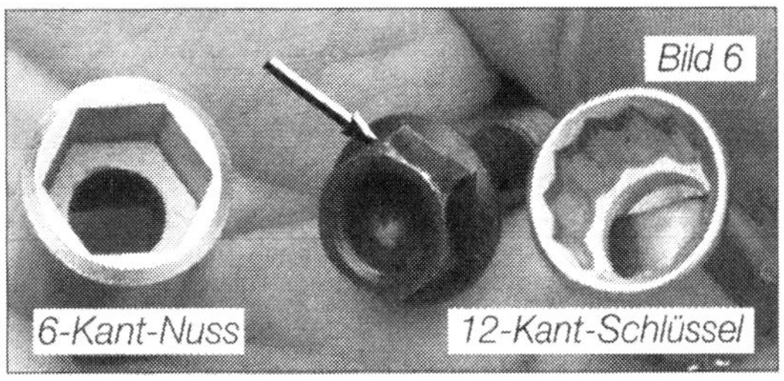

Bild 6: Welche Nuss nehmen? Wenn die Schraube/Mutter abgerundete Ecken (Pfeil) hat, besser mit der 6-Kant-Nuss bearbeiten.

Bild 7: Flaig-Reifendruckprüfer mit stabilem Alugehäuse.

Bild 8

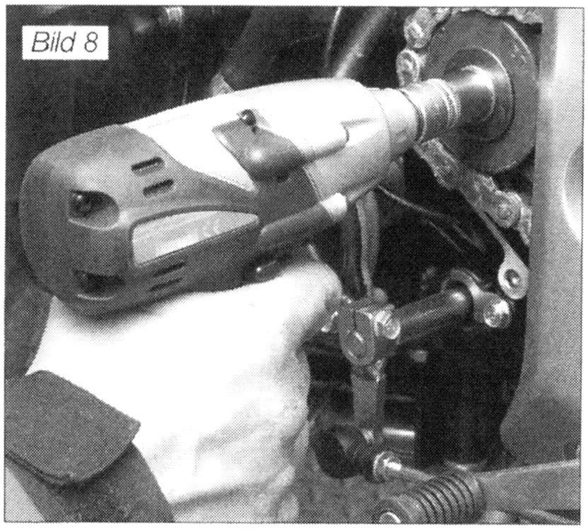

Bild 8: Ein Schlagschrauber, hier einer mit Akku (es gibt auch solche mit Pressluftbetrieb), leistet gute Dienste beim Öffnen der Befestigungsschraube des vorderen Kettenritzels oder der großen Mutter an der Kupplungsnabe.

Bild 9

Bild 9: Druckluft-Kompressor mit Luftpistole, Reifenfüller und Schlauch.

Bild 10

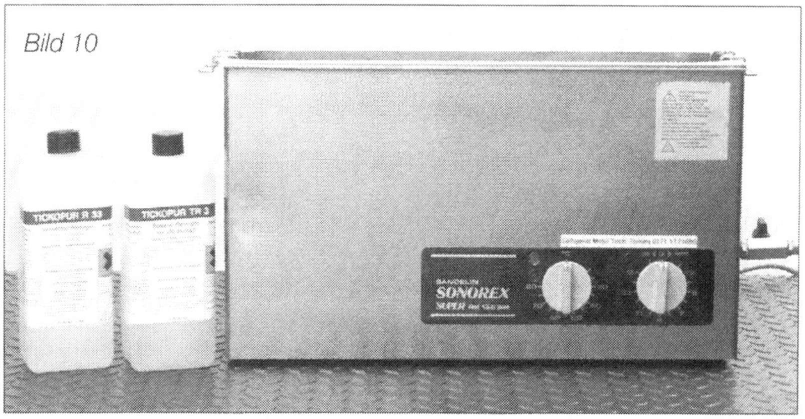

Bild 10: Im Ultraschallgerät können stark verschmutzte Teile, wie z. B. Vergaser mit zugesetzten Bohrungen und Düsen, einfach gereinigt werden. Es wird allerdings auch eine spezielle Reinigungsflüssigkeit benötigt.

■ **Rolle Klebeband**. Nehmen Sie unbedingt Qualitäts-Gewebeband (z. B. von Tesa), KEINEN durchsichtiger Büro-Tesafilm oder das braune Karton-Packband!

Bordwerkzeug für die lange Reise

Je nach Alter und Zustand des Motorrads muss für eine lange Reise das »bessere Bordwerkzeug« um nachfolgende Teile erweitert werden, damit eine Panne selbst in einem dünn besiedelten Gebiet ordentlich beschraubt werden kann.

■ **Prüflampe** oder kleines Multimeter
■ kleiner **Schlosserhammer** (100 Gramm)
■ zwei **Reifenmontierhebel**
■ **Wasserpumpenzange**
■ **Rätschenkasten** mit 1/4-Zoll-Antrieb: Darin sind so viele Bits und Nüsse enthalten, dass man fast alle Schraubverbindungen bearbeiten kann.
■ eine Tube **Silikon-Dichtungsmittel**, benzin- und ölfest
■ kleine **Drahtbürste**
■ **Universalspray** (Dose WD 40)
■ einige mitteldicke **Kabelbinder** und eine Rolle **Klebeband**, damit lassen sich z. B. zerstürzte Verkleidungsteile prima zusammenhalten
■ **Schmutzlappen**, eventuell noch ein paar Arbeitshandschuhe

Werkzeug für die Hobby-Werkstatt

Für Arbeiten und Wartungen, die über die Behebung einer Panne auf der Straße hinausgehen, muss ein ordentlicher Werkzeugbestand vorhanden sein. Für die Heim-Bastlerwerkstatt empfehlen wir folgende Teile:

■ **Nusskasten** von SW 8 bis SW 27 mit 3/8-, 1/4- oder 1/2-Zoll-Antrieb
■ **Inbusnüsse** von SW 4 bis SW 10 mit 1/4- oder 3/8-Zoll-Antrieb
■ **Flachspitzzange** klein und **Seitenschneider**
■ **Messing**- und **Stahldrahtbürste**
■ **Ölauffangwanne** mit Öltank für Ölwechsel
■ **Fächer-Fühlerlehre** von 0,05 bis 1,0 mm
■ **Schlosserhammer** mit 250 Gramm sowie
■ **Kunststoffhammer**
■ **Satz Durchschläge**, auch »Splint-Austreiber« genannt
■ **Messschieber** mit einem Messbereich von 0 bis 250 oder 0 bis 300 mm
■ Zwei **Drehmomentschlüssel** sind dringend zu empfehlen: einer mit dem Einstellbereich 5 bis 40 und ein zweiter mit Nm 40 bis 200 Nm. Diese werden zum Beispiel beim Aus- und Einbau der

Räder benötigt, denn Achsmuttern und Bremssattel-Befestigungsschrauben verlangen nach exaktem Anziehdrehmoment. Nötig ist ein passender Drehmomentschlüssel auch bei Arbeiten an Kettenritzel und Kettenrad sowie dem Lichtmaschinenrotor (»Schwungrad«) oder der Kupplung und bei anderen Motor-Montagearbeiten.

- **Voltmeter** für die Batterie (Multimeter genügt)
- **Batterieladegerät** für 6- und/oder 12-Volt.
- **Isolierter Seitenschneider** (»Elektro-Knipser«)
- Digitales **Multimeter** und **Prüflampe**
- **Kupferpaste** für Auspuffverbindungen
- **Silikondichtpaste** für Gehäusedichtflächen

Und wenn Sie jetzt noch Geld übrig haben, kaufen Sie sich noch Folgendes:

- **Druckluft-Kompressor**, Druck bis 8 bar, mit Druckluftpistole, Reifenfüllmanometer (Bild 9).
- **Schlagschrauber**, mit dem lassen sich z. B. große, fest angezogene Muttern wie die des vorderen Kettenritzels oder der Kupplungsnabe relativ einfach öffnen (Bild 8). Es gibt Druckluft- oder Akku-Schlagschrauber.
- **HeliCoil**-Gewindereparaturkits M5, M6, M8 und M10 sowie für das Zündkerzengewinde (im nächsten Kapitel zeigen wir den fachgerechten Umgang damit).
- Elektrische **Heizplatte**, 25 cm Durchmesser.
- **Lötkolben** mit 150 Watt Leistung.
- **Schleifbock:** Er ist in jedem Falle nützlich, und wenn man daran nur ab und zu seine Bohrer schleift und sich am Funkenflug freut.

Werkzeugwagen, Hebebühne

Als Ablage beim Schrauben direkt am Motorrad benutzen wir einen Besteckkasten (Bild 13). Darin lassen sich abgebaute Kleinteile und Werkzeuge wunderbar ablegen. Besteckkästen gibt es für kleines Geld in jedem Haushaltswarenladen (z. B. bei Ikea, dort sind sie besonders billig!).

Werkzeug muss nicht nur vorhanden, sondern auch auffindbar sein. Und weil es mit der Ordnung immer so eine Sache ist, empfehlen wir, das meist benötigte Werkzeug im falt- und fahrbaren Hazet-Werkzeugwagen »Assistent« aufzubewahren. Dieser ist innen größer, als er von außen aussieht. Das Grundmaß des »Assistent« beträgt 725 mm x 398 mm, aufgezogen ist er etwas mehr als einen Meter hoch, zusammengeschoben kaum noch die Hälfte (Bild 12).

Perfekt ist eine Hebebühne. Sie erleichtert alle Schraubarbeiten am Motorrad, denn man kann die Maschine in die gewünschte Arbeitshöhe bringen, muss sich also nicht bücken. Preiswerte Hebebühnen gibt es in den Shops der Motorrad-Zubehörketten sowie als »Mitnahmeware« bei Veteranenmärkten.

Bild 11: Spezieller Drehmomentschlüssel.

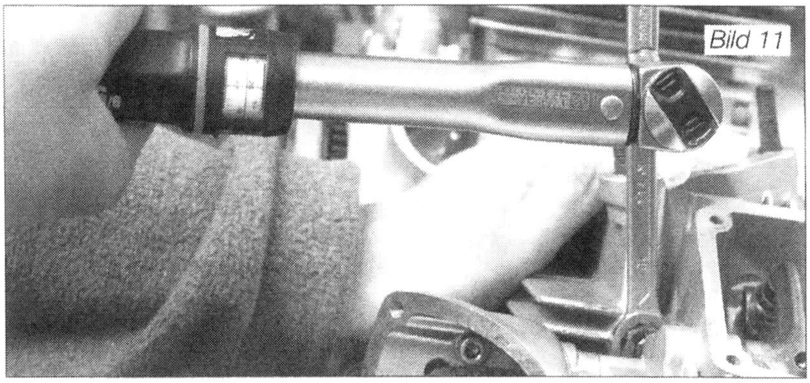

Bild 12: Der fahr- und faltbare Werkstattwagen »Assistent« ist seit vielen Jahren ein Klassiker in den Werkstätten von Hobby- und Profischraubern.

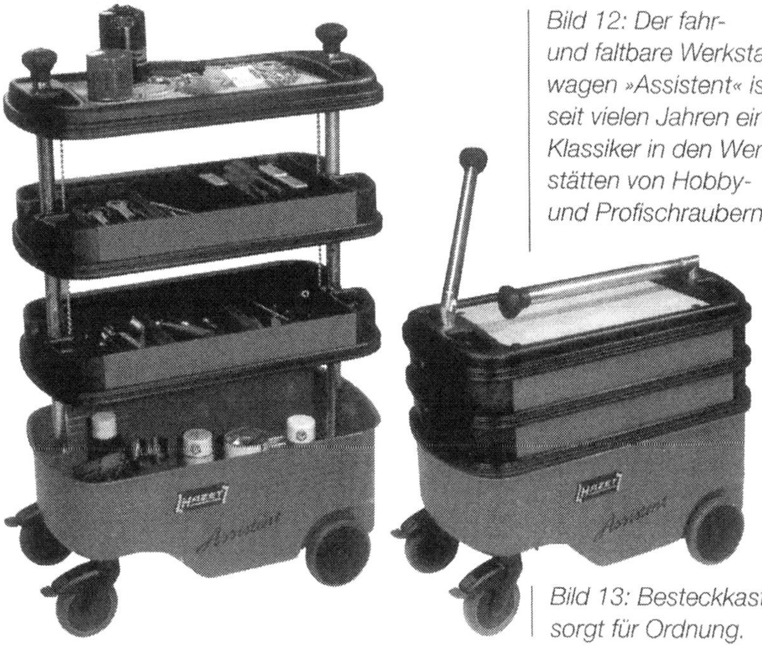

Bild 13: Besteckkasten sorgt für Ordnung.

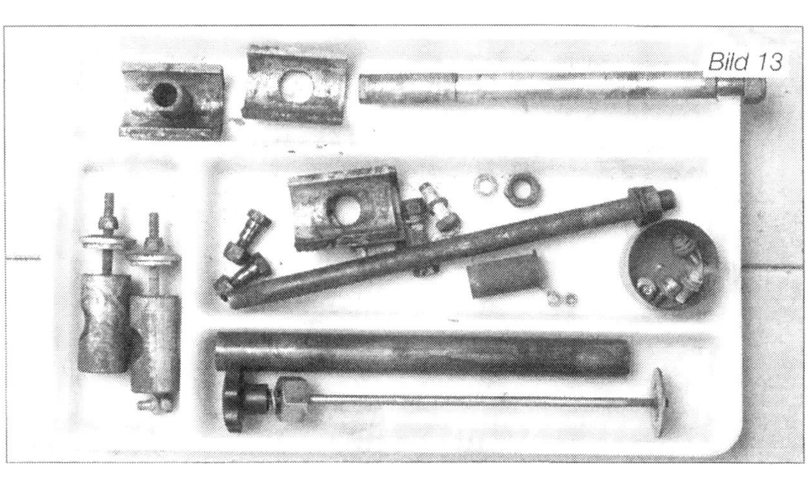

Bilder 14 und 14a: Hinter- und Vorderbau stehen auf Schnellständern. Eine Hebebühne erleichtert das Arbeiten ungemein (www.kern-stabi.de).

Bild 15: Selbstgebauter »Galgen« aus Vierkantrohr auf der Hebebühne mit Spannriemen zur Sicherung.

Aufbockhilfen

Die meisten italienischen Klassiker haben einen Mittelständer. In den meisten Fällen muss die Maschine zum Aus- und Einbau der Räder höher aufgebockt werden, als es der Mittelständer zulässt. Man kann sich zwar mit Holzbrettern und Holzklötzen behelfen, die entsprechend unter den Mittelständer geschichtet und unter den Motor geschoben die Front anheben, doch sind solche Konstruktionen immer eine höchst wackelige Angelegenheit.

Im Motorrad- und Zubehörhandel gibt es preiswerte Schnellständer für Front und Heck, mit denen der komplette Hinter- bzw. Vorderbau angehoben wird (Bilder 14 und 14 a). Einen fahrbaren Werkstattkran, an dem man die Maschine über Riemen, die um den Rahmen geschlungen werden, aufhängen kann, gibt es für ca. 300 Euro im Zubehörhandel zu kaufen, denn zum Ausbau des Motors, der Gabelbeine zum Wechsel des Dämpferöls oder zum Ausbau der Lenkung zwecks Schmieren oder Erneuern der Lenkkopflager kann man die Schnellständer nicht verwenden.

Bild 14
Bild 14a

Bild 15

Wir haben uns einen »Galgen« gebaut (Bild 15) aus Vierkantrohr, der in die Ausschnitte der Arbeitsplatte der Hebebühne gesteckt und mit Spannriemen gesichert wird. Drei Meter Vierkantrohr und einige Schrauben, zwei Stunden Sägen und Bohren und fertig war der Galgen.

Öl und Fett

Öl: Öl ist das wichtigste Werkstatthilfsmittel. Ein stilvolles Ölkännchen (Bild 15) gehört auf jede Werkbank, weil ein Tropfen Öl vor der Montage an Schrauben und Muttern einfach sein muss. Natürlich kann man auch Öl-Allzweckspray oder WD 40 verwenden, aber die Benutzung von Spray wird mit der Zeit richtig teuer.

In das Ölkännchen gehört gutes Qualitätsöl. Also eine weitere Warnung vor dem Baumarkt: Dort kein »prima Ölkännchen mit 150 ml Allzwecköl für nur 1,95 Euro« kaufen, das ist nicht nur zu teuer, sondern auch billigster Schmierfusel. Besser ist es z. B., die letzten Reste aus Motoröldosen oder -flaschen zu sammeln, indem man die Ölflasche zum Austropfen kopfüber in einen Becher stellt und so »Tropföl« sammelt. Das ist nun beileibe kein Beweis für übertriebenen Geiz, aber warum die scheinbar leere Öldose wegwerfen, wenn sich noch ein letzter Rest gutes (und teueres!) Motoröl darin befinden?

Fett: Schmierfett ist neben Öl ein weiteres wichtiges Grundhilfsmittel in der Motorradwerkstatt. Motorrad-Schmierfett sollte möglichst (Salz-)wasserresistent sein. Wir brauchen in der Motorradwerkstatt zwei Fettarten (Bild 16):

- »Schweres Wälzlagerfett« für langsam drehende Bauteile. Man spürt beim Reiben zwischen den Fingern, dass das schwere Fett steifer ist als leichtes Wälzlagerfett. Deswegen ist es nicht für Schnelldrehbauteile wie Radlager geeignet, hält aber viel höhere Drücke aus. »Schweres Wälzlagerfett« nimmt man zum Schmieren von Lenkkopf- und Schwingenlagern, der Gelenkbolzen von Fußrasten, Schalt- und Bremshebel.

■ »Leichtes Wälzlagerfett« ist für schnell drehende Bauteile wie die Radlager. Wie die Bezeichnung »leicht« schon sagt, ist das Fett »leicht« und damit besonders geschmeidig. Wenn man es zwischen den Fingern verreibt, wird es extrem glitischig. Man spürt während des Reibens quasi den Schmierfilm, und danach lässt sich das Fett kaum von der Haut abwaschen.

Mehr zur richtigen Verwendung von Öl und Fett im Kapitel 5 »Richtig schrauben«.

Werkstatthilfsmittel

Viele Werkstatthilfsmittel werden vom Chemiegiganten Henkel hergestellt, wie z. B. flüssige Schraubensicherungen (»Loctite«) und Dichtmittel. Im Internet unter *www.loctite.de* findet man Loctite-Produktbeschreibungen und kann sich über deren Anwendung informieren.

Wenn Sie keinen Kraftfahrzeugteile- oder Werkzeughandel in Ihrer Nähe haben, aber dafür einen BMW-Motorradhändler, dann können Sie viele Werkstatthilfsmittel als »BMW Originalersatzteile« bei ihm kaufen. Nachstehend haben wir allgemein geeignete BMW-Werkstatthilfsmittel mit den BMW-Bestellnummern aufgelistet.

Schmier- und Hilfsmittel

- Retinax EP 2 (Schmierfett)
  Tube 100 g .... Best.-Nr. 83229407845
- Kontaktspray
  Sprayflasche 300 ml ..... Best.-Nr. 81229400208
  Sprayflasche 50 ml ...... Best.-Nr. 72602316676
- MOLYKOTE 111 (Silikonfett)
  Tube 100 g .... Best.-Nr. 11007660832
- Dichtmittel 3-Bond 1110 B (Flächendichtmittel)
  Tube 5 g .... Best.-Nr. 07589056998
- 3-Bond 1209 (Flächendichtmittel)
  Tube 30 g .... Best.-Nr. 07589 062376
- Loctite 574 (Flächendichtmittel)
  Tube 50 ml .... Best.-Nr. 81229407301
- Loctite 243 (Schraubensicherung »mittelfest«)
  Flasche 10 ml .... Best.-Nr. 07589056031
- Loctite 2701 (Schraubensicherung »hochfest«)
  Flasche 10 ml .... Best.-Nr. 33172331095

Bild 15: Aus scheinbar leeren Öldosen kommt immer noch so viel Öl heraus, dass es als Tropföl im stilvollen Ölkännchen zum täglichen Hilfsmittel wird.

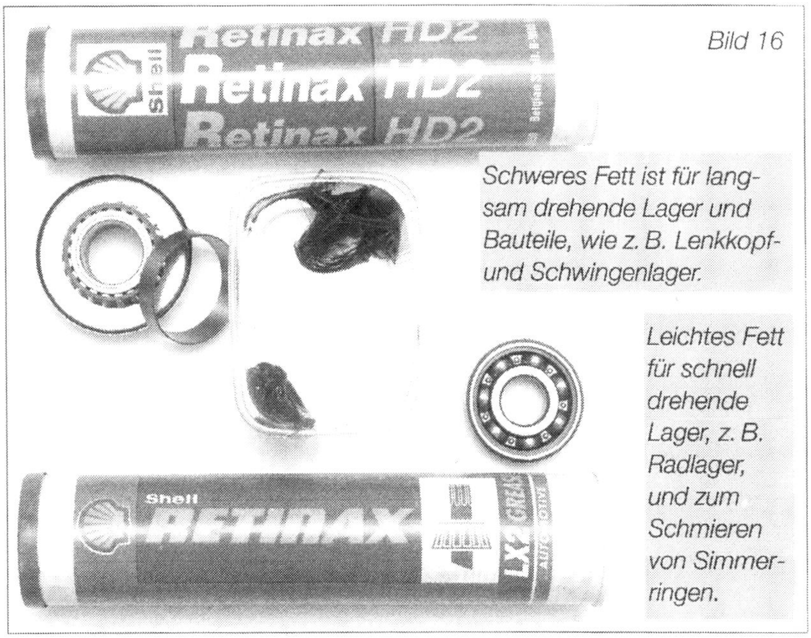

Bild 16: Schweres und leichtes Fett sind für das richtige Schmieren der entsprechenden Bauteile wichtig.

Bild 17: Wichtige Werkstatthilfsmittel wie Bremsenreiniger (1), Kältespray zum Einbau von Lagern (2), Kontaktspray für Elektrostecker (3), Fett für Lager und Simmerringe (4), Loctite-Schraubensicherung »mittelfest« (5) und »hochfest« (6), Chrompoliturpaste (7), Dichtmasse für Gehäusedeckel (8), Molykotefett (9).

Bilder 18 bis 21: Im Lauftext sind die zu den Bildern gehörenden Arbeitsschritte nummeriert beschrieben.

Reiniger
- Sprayflasche 600 ml ..... Best.-Nr. 83119407848
- Verdünnung normal (Reinigungsmittel) Flasche 1 Liter .... Best.-Nr. 51919057940
- Metal Polish (Politurmittel für Chromteile) Tube 100 g .... Best.-Nr. 82149400890

Spezialwerkzeug

Für viele Arbeiten an Motor und Fahrwerk werden Spezialwerkzeuge benötigt. Man kann diese beim Händler kaufen, aber sie sind teuer. Weil jedoch die Kommunikation zwischen Kunde und Händler (und umgekehrt!) innerhalb der Italienerfraktion überwiegend gut funktioniert, kann man je nach Beziehung zu »seinem« Händler die benötigten Spezialwerkzeuge bei ihm leihen und einen entsprechenden Obolus in die Trinkgeldkasse geben. Nachstehend nennen wir einige wichtige Spezialwerkzeuge; auf weitere gehen wir in den einzelnen Kapiteln ein.

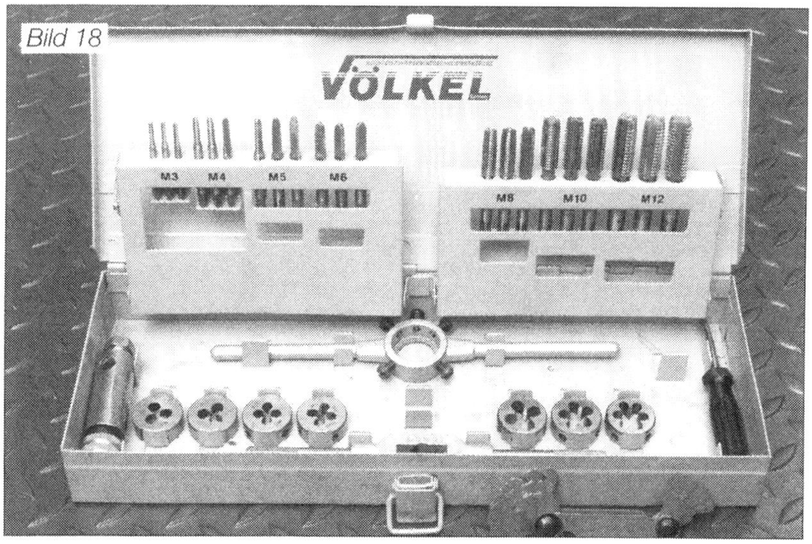

Bild 18

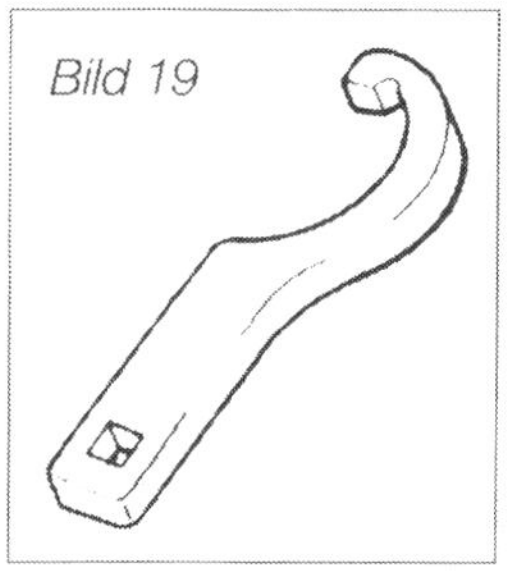
Bild 19

Bild 20

Bild 21

Gewindeschneider-Satz: Unter die Rubrik »Spezialwerkzeug« fällt auch ein kompletter Satz Gewinde-Schneid- und Bohrwerkzeuge (Bild 18). Damit lassen sich Außen- wie Innengewinde anfertigen oder nachschneiden. Im Kapitel 5 »Richtig schrauben« zeigen wir den Umgang mit dem Gewinde-Reparaturmittel »HeliCoil«.

Hakenschlüssel (Bild 19)**:** Wird benötigt zum Lösen und Anziehen der Lenkkopflager-Einstellmuttern bei der Einstellung des Lagerspiels sowie Zerlegung und Zusammenbau. Hakenschlüssel gehören zur Grundausstattung einer jeden Hobbywerkstatt, sie sind nicht teuer.

Rotor- und Kupplungsnabenhalter: Wird benötigt zum Halten des Lichtmaschinenrotors (Bilder 20 und 21) und der Kupplungsnabe, wenn deren Zentralschraube bzw. -mutter gelöst oder festgezogen werden muss.
- **Wichtig:** Mit den Händen kann man weder Schwungrad noch Limarotor halten!

Polradabzieher: Wird zwingend benötigt zur Demontage des Lichtmaschinenrotors, anders lässt sich ein Polrad nicht vom Kurbelwellenstumpf abziehen!

Gabeldichtring-Treiber mit Treibhülse: Wird benötigt zum Einbau von Gleitbuchsen (selten bei italienischen Gabeln der Youngtimer-Ära!) und Simmerringen der Telegabel.
- Man kann sich auch mit einem passend abgesägten Rohrstück helfen oder den Gabeldichtring mit kleinem Dorn ringsum vorsichtig einklöpfeln.

Dämpferrohrhalter mit T-Griff: Wird benötigt beim Zerlegen und Zusammenbauen der Telegabel zum Gegenhalten der Dämpferrohr-Schraube.
- Man kann die untere Zentralschraube, die Dämpfereinheit und Tauchrohr verbindet, mit einem Schlagschrauber lösen und ausdrehen! Oder man baut das Gabelbein wieder provisorisch zusammen, dann drückt die Gabeltragfeder auf den unteren Dämpferrohrhalter und die Schraube lässt sich ausdrehen. Wenn nicht: Gabelbein zum Händler geben!

Richtig schrauben

In diesem Kapitel: Zum Schrauber geboren? · Ordnung halten · Richtiger Werkzeuggebrauch · Schrauben, Scheiben, Muttern · Fetten, Ölen, Kleben · Schrauben sichern · Anziehdrehmomente · Stehbolzen · Kugellager wechseln · Seegerringe · Simmerringe · Dichtmittel und Dichtungen · Gewindereparatur mit Heli-Coil.

Zum Schrauber geboren?

Wer ein älteres italienisches Motorrad besitzt, der weiß, dass sein Liebling ohne eine gewisse Grundsubstanz schrauberischer Fähigkeiten nicht vernünftig am Leben zu halten ist. Denn andauernd ist etwas lose: Schrauben und Muttern, Vergaser- und Auspuffschellen und immer wieder muss ein neues Teil angeschraubt werden, das man jetzt endlich nach 25 Jahren gefunden hat (ein Veglia-Drehzahlmesser oder 40er-Dellortos, siehe dazu auch Kapitel 6 »Reparieren · Restaurieren«).

Ordentlich schrauben zu können ist keine angeborene Gottesgabe, sondern eine Sache der realen Einschätzung: Was habe ich bisher gelernt, kann ich schon, traue ich mir zu, kann ich noch lernen? Und: Von was lasse ich die Finger weg, weil mein Wissens- und Könnenstand sowie das eigene Werkzeugequipment nicht ausreichend genug sind? Die reale Einschätzung der eigenen Fähigkeiten ist die beste Voraussetzung, um ein guter Schrauber zu sein – oder zu werden.

Alle großen Meister haben mal mit null angefangen und sich Schritt für Schritt nach vorne gearbeitet. Dabei kommt es überhaupt nicht auf die bürgerliche Meinung an »je höher der Titel, desto besser die Kenntnisse!« – ein studierter Maschinenbauer, der am Computer (früher Zeichenbrett!) hochkomplizierte Maschinen entwirft, muss nicht zwangsläufig ein geniales Schraubergenie sein, ebensowenig wie der Professor an der Hochschule, der mit Vorlesungen über »Konstruktive Thermodynamik« sein Geld verdient.

Andererseits gibt es Leute, die nie eine mechanische Grundausbildung genossen, sondern sich alles selbst beigebracht haben – und geniale Schrauber geworden sind, denen es noch nicht einmal vor dem Gießen und fachmännisch exaktem Bearbeiten eines neuen Motorgehäuses graut. Vielleicht gehören doch etwas angeborenes Talent und entsprechende Gene dazu, eines aber muss in jedem Falle sein: wirkliches Interesse an der Sache, an der Technik, am »Ich will jetzt wissen, wie das funktioniert!«. Exzellente Schrauber, die kein wirkliches, persönliches Interesse an der Technik haben, gibt es nicht.

Sei es wie es ist: Wer gerne und erfolgreich schraubt, der kann mit wenig oder viel Schraubertalent zur Welt gekommen sein und kurz oder lange am lebenden italienischen Zweiradobjekt gelernt haben, eines hat er aber unbedingt: Erfahrung gesammelt, in weniger oder mehr Jahren. Und jeder, der gerne schraubt, weniger oder mehr gut, der weiß, dass er niemals auslernt. Jeder Tag ist ein neuer Tag und jeden Tag kann man wieder etwas neues dazulernen. DAS ist es, was den Spaß am Schrauben ausmacht!

Ordnung halten in der Bude!

Wer Ordnung hält, ist nur zu faul zum Suchen. Eine blödere Ausrede als diese gibt es nicht, wenn man in eine Hobbywerkstatt kommt, wo sich alte Ölfilter auf neuen Carbonverkleidungen

Bilder 1, 2 und 3: Die beiden Zeichnungen und das Foto aus der NCR-Werkstatt verdeutlichen eine der wichtigsten Grundregeln beim Schrauben: Nur wer in größtmöglicher Ordnung auf die zu beschraubenden Teile schaut, kann Fehler rasch erkennen und fachgerecht beheben.

Bild 1

Bild 2

Bild 3

und gebrauchte Reifen stapeln, leere Bierflaschen und Pizzapappen vor sich hin stinken. Das Männchen in Bild 1 blickt überhaupt nichts, dem in Bild 2 geht schon beim Betrachten des (gereinigten!) Teiles ein Licht auf.

Das Bild 3 mit der NCR-Ducati auf der Bühne wurde stammt aus der echten NCR-Werkstatt in Bologna. Dort ist es immer so sauber, wie es sein muss; mehrmals am Tag werden die Werkzeuge von der Hebebühne geräumt und zurück an ihre Plätze an der Wand gehängt. Denn exaktes Schrauben setzt ein hohes Maß an Ordnungssinn und Selbstdisziplin voraus, die Sauberkeit des Arbeitsplatzes und der zu bearbeitenden Teile gehört dazu. Der Mechaniker muss blind wissen, wo in seiner Werkstatt welcher Schlüssel und welches Spezialwerkzeug zu finden ist (und wie er damit umzugehen hat!). Nur so kann man sicher, gut und einigermaßen schnell schrauben. Und nach Abschluss der Arbeiten ist »fertig« auch wirklich »fertig!, Motor läuft wieder!«.

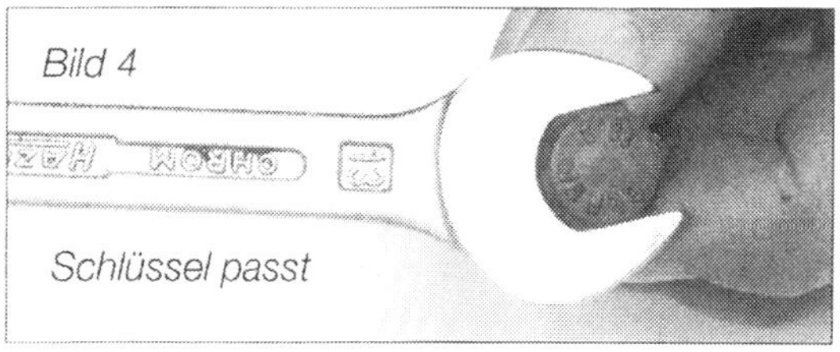

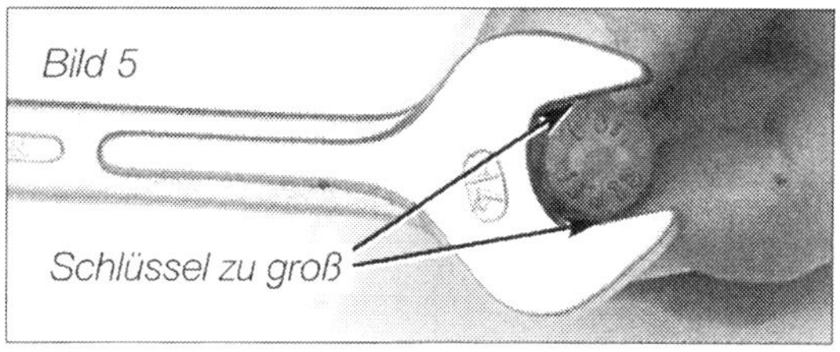

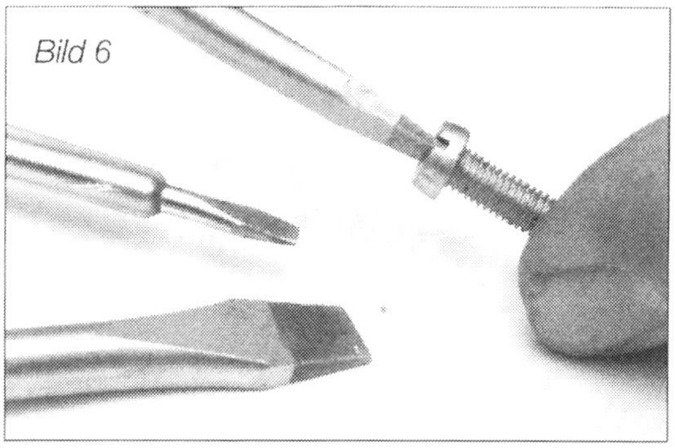

Bilder 4 bis 6: Immer passendes Werkzeug verwenden. Ein zu großer Schlüssel vermurkst beim ersten Ansatz den Schraubenkopf, ein zu kleiner Schraubenzieher rutscht durch, ein zu großer versaut den Schlitz im Schraubenkopf.

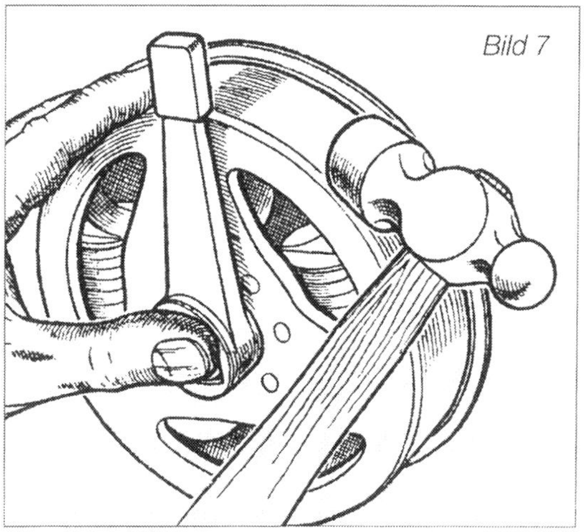

Bild 7: Wenn eine Mutter/Schraube mit dem Hammer geöffnet werden muss, den Schlüssel mit dem Daumen vorspannen und das Werkstück möglichst fest halten.

Richtiger Werkzeuggebrauch

In Kapitel 4 »Werkzeug« haben wir es schon gesagt, hier wiederholen wir es: Mit schlechtem Werkzeug kann man keine gute Arbeit machen! Hier ergänzen wir: Mit gutem Werkzeug muss man auch umgehen können.

Die Bilder 4, 5 und 6 verdeutlichen, was wir meinen:

- Wenn ein Schraubenkopf oder eine Mutter einen 13er-Schlüssel braucht (Bild 4), dann ist der 14er (Bild 5) das falsche Werkzeug. Früher bekam der Lehrling, der eine Schraube mit einem zu großen Schlüssel öffnen wollte, vom Meister eine Ohrfeige – die vergaß er nie mehr und machte fortan alles richtig (er versuchte es zumindest). Heute dagegen behauptet ein falsch schraubender Auszubildender dreist, dass jeder Mensch ja mal Fehler machen könne und wehe, der Meister kommt ihm wegen dem Murks zu nahe, dann kann er von den Eltern des Azubis wegen »Grausamkeit an Abhängigen« (!) vor den Kadi gezerrt werden.

Sei es wie es ist: Man muss es nicht nur sehen, sondern einfach im Gefühl haben, dass der 14er-Schlüssel zu groß ist für den 13er-Schraubenkopf. Das gilt auch für den richtigen Schraubenzieher mit der passenden Klingenbreite bei den Schlitzschrauben (Bild 6).

Wenn eine größere Mutter oder Schraube, die sich nicht öffnen lassen möchte (oder wenn, verflucht nochmal, der Schlagschrauber mal wieder verliehen ist und nicht zurückgebracht wurde!), dann kann man sich mit dem Hammer helfen wie in Bild 7 skizziert:

- exakt passenden (!) Schlüssel auf die zu öffnende Mutter oder Schraube aufsetzen,
- Schlüssel mit dem Daumen an Mutter oder Schraube anlegen und in Aufdrehrichtung vorspannen,

■ Bauteil (in unserem Falle das Schwungrad) mit den anderen Fingern gegenhalten so stark es eben geht,
■ mit dem Hammer kurze und trockene Schläge auf das Ende des Schlüssels geben. Wetten, dass die Mutter verliert?

Schrauben, Scheiben, Muttern

Stahlschrauben in Aluminium, die z. B. in Motor-Gehäuse gedreht werden, sei es um die Motorhälften zusammenzuhalten oder um den Gehäusedeckel zu befestigen, müssen mindestens mit der Länge des 1,5-fachen Schraubendurchmessers in das Innengewinde eingeschraubt werden (M6 also 9 mm). Noch besser ist der doppelte Durchmesser (bei M6 also 12 mm). In Bild 8 sieht man eine zu kurze Schraube, in Bild 9 eine in der richtigen Länge und zwei zu kurze.
■ Wenn man keine Schrauben in der passenden Länge bekommt und nur solche, die 5 mm zu kurz oder 20 mm zu lang sind, dann lieber die zu langen kaufen und auf passende Länge zurechtsägen. Lohn der (Säge-)Arbeit ist ein nicht ausreißendes Gewinde!

Wenn Schmutz oder Reste von Schraubenkleber an der Schraube haften, diese mit einer Messingbürste reinigen (Bild 10). Eine scharfe Stahlbürste reißt die Oberflächen des Gewindes auf!

Bei jeder Schraube, die wieder montiert werden soll, ihr Gewinde begutachten: Die in Bild 11 sind defekt (»überdreht«), also reif für die Mülltonne.

In Bild 12 sind verschiedene Scheiben und Muttern dargestellt:
■ Unterlag- oder Wellenscheiben sollen zwischen Stahlmuttern und Aluminium gelegt werden, das verbessert die Flächenpressung und schont das Alu.
■ Eine Federscheibe, auch »Sprengring« genannt, verhindert durch ihre beiden Zacken bis zu einem gewissen Maße das Lösen der Schraube/Mutter. Nur bei Stahl auf Stahl verbauen!
■ In die Stoppmutter ist ein Kunststoff-Sicherungsring eingesetzt, der die Mutter auf dem Schraubgewinde »verklemmt« und damit sichert. Stoppmuttern sollen nur einmal, höchstens zweimal verwendet werden.
■ Stahlmuttern mit fest angefügter Feinzahnscheibe werden ohne zusätzliche Unterlegscheibe auf Alu oder Stahl verschraubt. Nach mehrmaliger Verwendung ist die Verzahnung »flach«, sichert also nicht mehr richtig. Für die Befestigung eines Nummernschilds ist eine solche Mutter aber immer noch gut genug!

In Bild 13 ist die Auspuffbefestigung der Ducati 900 SS zu sehen. Das originale Innengewinde im Rahmenausleger ist ein amerikanisches Zollgewinde mit einem Kerndurchmesser von knapp 10 mm, für das wir keinen Gewindebohrer hatten, um es nachzuschneiden; außerdem war die originale Schraube defekt. Also haben wir eine lange M8-Inbus genommen, zwei große 8er-

Bilder 8, 9 und 10: Bei Stahlschrauben in Alu auf Einschraublänge achten. Gewinde nur mit Messingbürste reinigen.

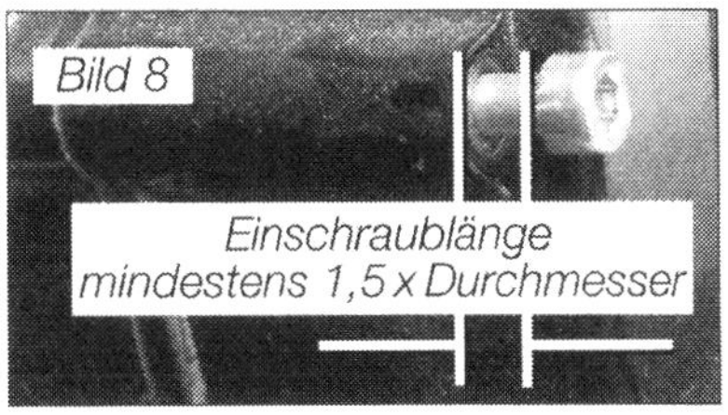

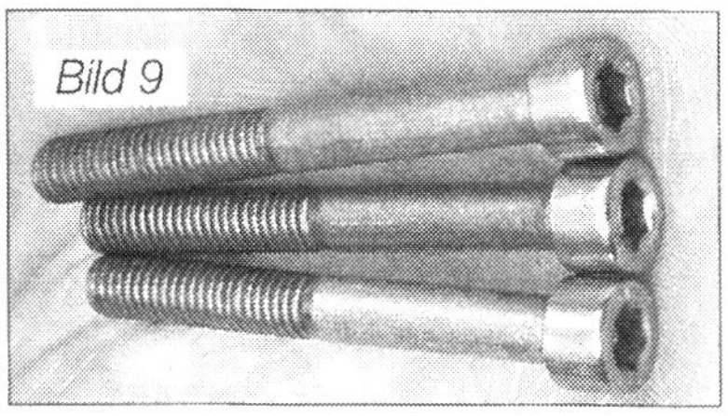

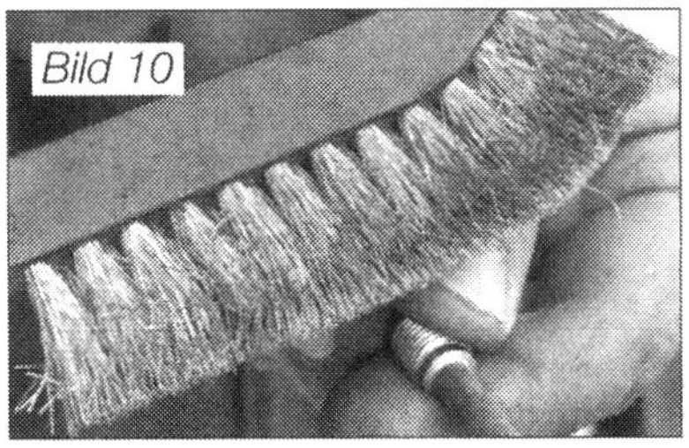

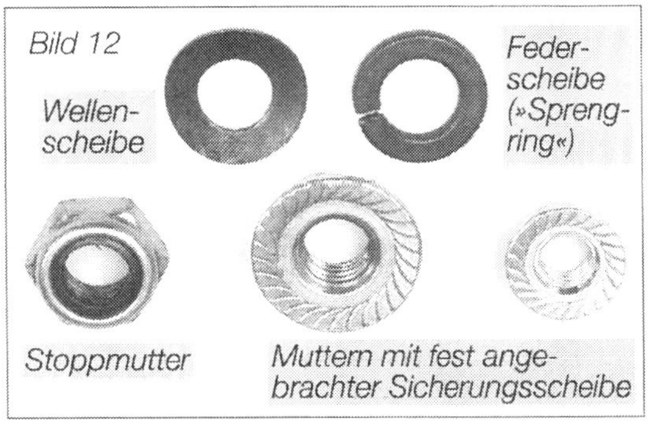

Bild 11: Defekte Schraubgewinde.

Bild 12: Scheiben und Muttern.

Bild 13: Beim Notbehelf mit 8er-Schraube in 10er-Bohrungen große Unterlegscheiben verwenden.

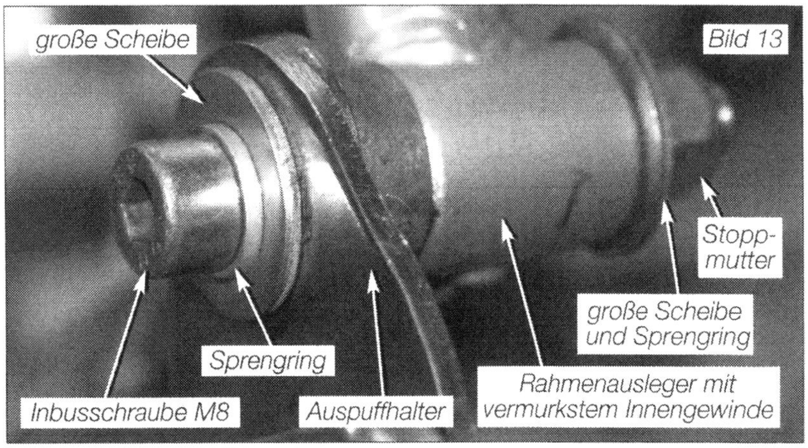

Karosseriescheiben, zwei Sprengringe und eine Stoppmutter. Das hält und sieht auch gut aus (»fast original«).

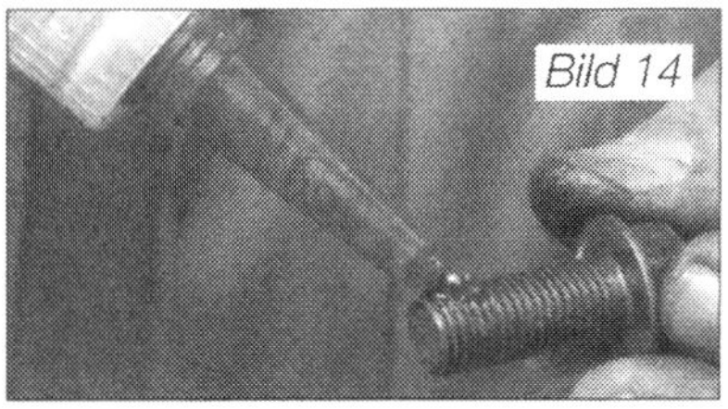

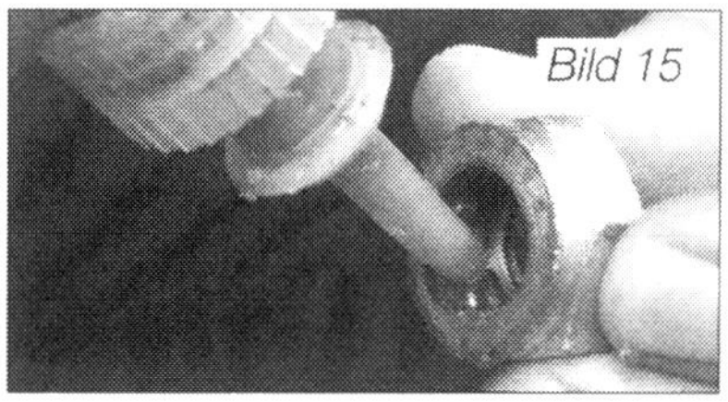

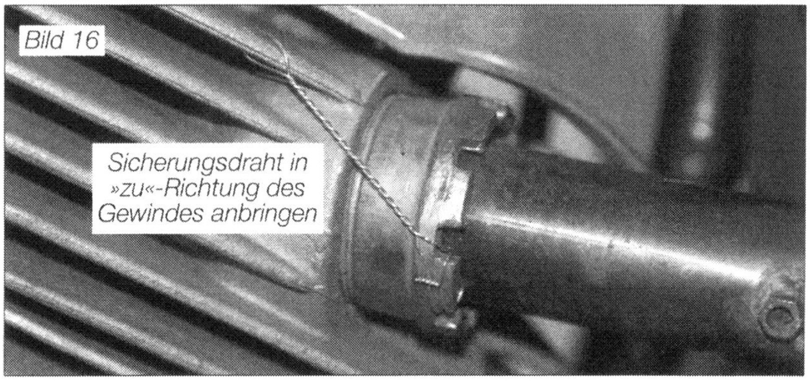

Bilder 14 und 15: Zur Gewindesicherung einen Tropfen Loctite auf die Schraube bzw. in die Mutter geben.

Bilder 16, 17 und 18: Drahtsicherungen.

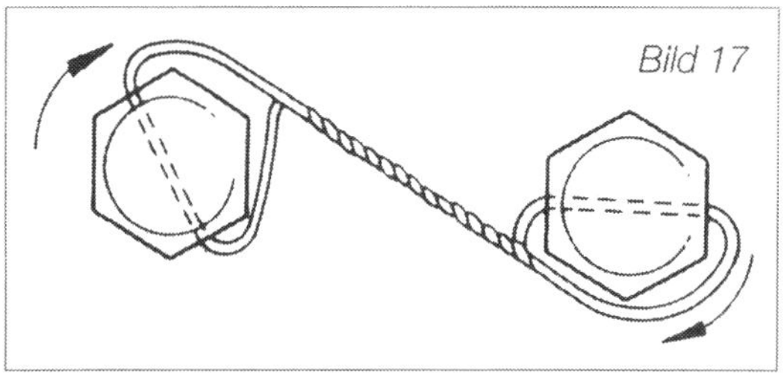

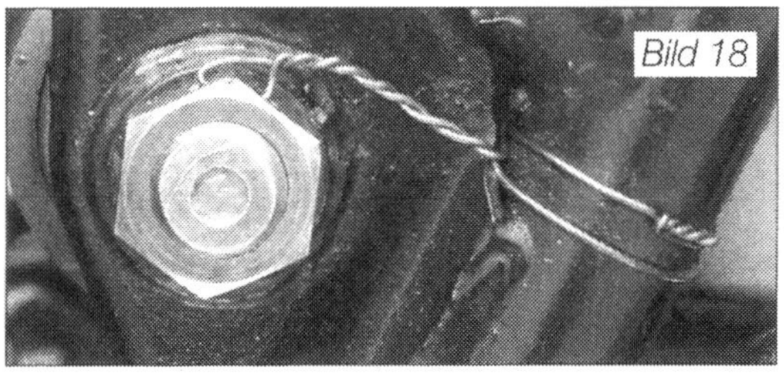

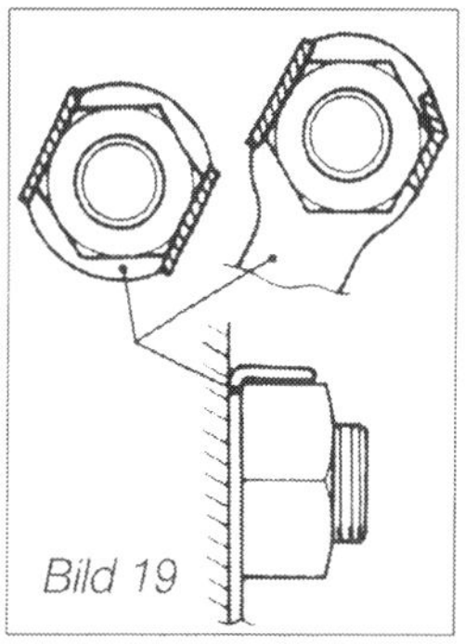

Bild 19: Sicherungsscheiben umbiegen und ganz dicht an das Sechskant der Schraube/Mutter anlegen.

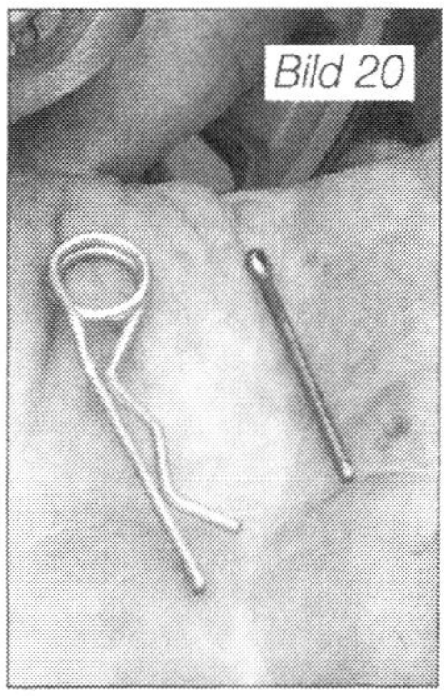

Bilder 20 und 21: Splinte und Farbmarkierung.

Fetten, Ölen, Kleben

Fetten: Wenn blanke Bauteile miteinander verschraubt werden, vorher die Kontaktflächen und die Schraubenbohrungen beider Teile mit etwas schwerem Fett einschmieren (siehe Kapitel 4). Das Fett zwischen den Passflächen und in der Schraubenbohrung verhindert das Eindringen von Feuchtigkeit, es kann sich kein Rost bilden.

Ölen: Wem die Sache mit dem Fett zu ekelig ist, der sollte zumindest einen Tropfen Öl auf und in die Gewinde und Anlageflächen von Schrauben und Muttern geben.

Kleben: Loctite »mittelfest« hält eigentlich jede Schraubverbindung zuverlässig zusammen. Bei extrem belasteten Schraubverbindungen, wie z. B. den Befestigungsschrauben von Bremsscheiben, ist Loctite »hochfest« vorgeschrieben. Bei Schrauben einen Tropfen auf (Bild 14), bei Muttern in das Gewinde (Bild 15) geben.

Schrauben sichern

Manche Schrauben und Muttern können nicht mit Loctite gesichert werden, weil entweder eine Klebesicherung nicht möglich ist (z. B. die Ölablassschraube), das Lösen durch die Verklebung über Gebühr erschwert wird (Radachsmutter), aber dennoch eine Sicherung zusätzlich erforderlich ist. Beispiele hierfür sind Auspuffmuttern (Bild 16), Ölablassschraube unten im Motorgehäuse, Bremszangenschrauben oder die Kontermutter des Schwingenlagerbolzens (Bild 18).

Bei Drahtsicherung ist Folgendes zu beachten.

- Die Sicherung einer Auspuffmutter (Bild 16) und von Schraube zu Schraube (oder Mutter zu Mutter) muss in Festdrehrichtung erfolgen (Bild 17) und aus hochwertigem Stahldraht sein (Ø 0,8 mm). Keinen weichen Blumenbindedraht verwenden, der vibriert durch!
- Bei einer Sicherung von Schraube/Mutter zum Rahmen hin (Bild 18) nur weichen, ausgeglühten Messingdraht verwenden (Ø 1 mm). Wenn harter Stahldraht verwendet wird, scheuert dieser zuerst den Lack durch und dann die Oberfläche des Stahl-Rahmenrohres. Es bildet sich eine Sollbruchstelle, an der der Rahmen dann irgendwann durchreißt.
- Sicherungsbleche, z. B. unter den Muttern von Kettenrad und Kettenritzel, immer akkurat zu einer oder zwei Flächen der Mutter umbiegen und dicht anlegen (Bild 19).

Ist ein Splint zur Sicherung der Mutter auf der Schraube (meist an Radachsen) serienmäßig vorhanden, sollte man den Biegesplint wegwerfen und einen Dauersplint einbauen (Bild 20).

Profis zeichnen jede Schraube/Mutter, die sie mit dem vorgeschriebenen Drehmoment angezogen haben, mit einer Farbmarkierung (Bild 21). Die Farbmarkierung ist auch eine Art »letzter Kontrollvorgang«, wenn man sich sicher ist, dass diese Schraube festgezogen ist. Sollte sich eine so gekennzeichnete Schraubverbindung wider Erwarten öffnen, sieht man das an den zueinander verdrehten Farbstrichen!

Anziehdrehmomente

Um eine notwendige Verbindungs-Haltekraft ausüben zu können, muss eine Schraube (Mutter) in dem ihr zugeordneten Innengewinde (Außengewinde) mit einem bestimmten Anziehdrehmoment festgezogen werden. Nur damit ist garantiert, dass die durch die Schraube (Mutter) zueinander verspannten Bauteile ausreichend fest sind und sich die Schraubverbindung nicht von alleine löst, z. B. durch Vibrationen.

- Werden Schrauben/Muttern zu »leicht« angezogen, besteht die Gefahr, dass sich die Schraubverbindung lockert.
- Werden Schrauben/Muttern zu fest angezogen, werden ihre Gewinde »weich«; gefühlt ist die Schraubverbindung »fest«. Spätestens im Betrieb lockert sie sich und fällt ab.
- Werden Schrauben/Muttern bei der Montage zu fest angezogen, reißen bzw. brechen dabei aber (noch) nicht, dann aber spätestens im Betrieb.

Es ist völlig egal, wie tief man seinen Italiener selbst beschraubt, zwei Drehmomentschlüssel sollte man haben: Einen kleinen mit Einstellbereich bis 40 oder 50 Nm und einen mit 40 bis 200 Nm. Es gibt einige Schraubverbindungen, wo ein exaktes Anziehen mit dem vorgeschriebenen Drehmoment lebenswichtig ist:

- Fahrwerk: Radachsmuttern, Klemmschrauben, Befestigungsschrauben der Bremssättel und die Motorhalteschrauben.
- Motor: Schrauben/Muttern von Primärantrieb, Kupplungsnabe, Lichtmaschinenrotor, Zylinderfuß und -Kopf, Auspuffmuttern. Wem schon einmal ein Lichtmaschinenrotor oder eine Kupplungsnabe davongeflogen ist, weil sie nicht richtig fest waren, der weiß, von was wir reden!

In den Betriebsanleitungen älterer italienischer Motorräder sind oft die wichtigsten Anziehdrehmomente aufgelistet; allerdings noch in der früher gebräuchlichen Bezeichnung »mkp« (Meterkilopond). Diese Zahlenangaben sind ein Zehntel der heutigen Nm-Angaben (Newtonmeter): »2 mkp« entsprechen »20 Nm«; 8,5 mkp sind 85 Nm.

Wenn Sie keine exakten Anziehdrehmomente für die Schraubstellen an Ihrer Maschine haben, hier sind ca.-Anhaltswerte:

Schraube/Mutter M6	6 bis 10 Nm
Schraube/Mutter M8	15 bis 20 Nm
Schraube/Mutter M10	30 bis 40 Nm
Schraube/Mutter M12	55 bis 70 Nm
Schraube/Mutter M14	85 bis 100 Nm
Schraube/Mutter M16	120 bis 140 Nm

Beachten Sie auch, dass je nach Schraubstelle entweder eine Nuss am Drehmomentschlüssel aufgesteckt wird (Bild 23) oder ein flacher Spezialschlüssel (Bild 22), weil man anders nicht an die Mutter/Schraube rankommt. In einem solchen Fall (z. B. bei den Zylinderkopfmuttern der Königswellen-Ducati) wird auch ein spezieller Drehmomentschlüssel mit einem anderen Kopf benötigt!

Stehbolzen

Stehbolzen (Bild 24) sind »kopflose« Schrauben mit Gewinde auf beiden Seiten. Sie stecken z. B. in Motorgehäusen, worauf dann Zylinder und Kopf gemeinsam verschraubt werden, oder auch in der Hinterrad-Kettenblattaufnahme.

Stehbolzen werden defekt, wenn z. B. ihr Gewinde überdreht oder sie durch grobe Behand-

Bild 22: Spezieller Ringschlüssel am Drehmomentschlüssel mit entsprechender Aufnahme.

Bild 23: Standard-Drehmomentschlüssel mit Nuss.

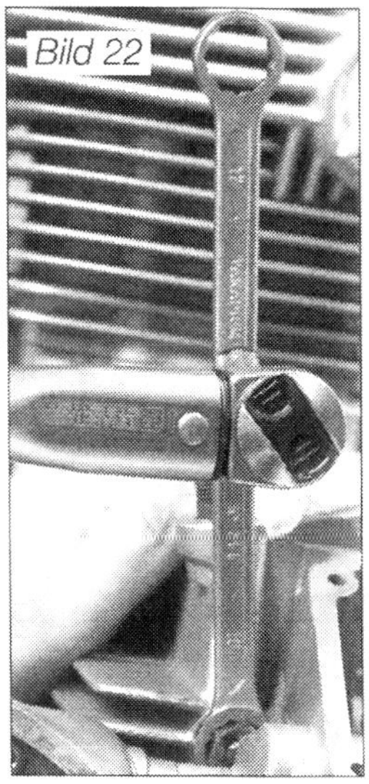
Bild 22

Bild 23

lung krumm werden. Zum Ausbau zwei Muttern gegeneinander kontern und über die unterste Mutter den Stehbolzen ausdrehen.

Die technisch saubere Lösung, bei der der ausgedrehte Stehbolzen sogar wieder verwendet werden kann, ist ein Stehbolzen-Auszieher. Er wird auf den Stehbolzen geschoben und beim Linksdrehen verklemmen sich am gewindelosen Teil des Stehbolzens sehr harte, exzentrisch gelagerte Rollen.
Stehbolzen können auch abreißen. Dann hilft nur ausbohren des Gewinderests:
1. Abgerissenes, feststeckendes Teil exakt in der Mitte ankörnen.

Bild 24: Ausgedrehte (Murks-) Stehbolzen und Ausziehwerkzeuge.

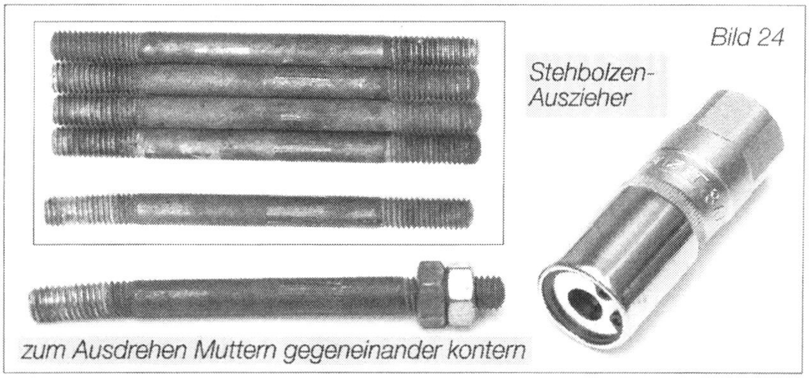

Bild 25: Werkzeuge und Hilfsmittel zum Radlager wechseln.

Bilder 26 und 27: Eintreiben von Kugellager und Simmerring mit passender Nuss oder Einschlagbuchse.

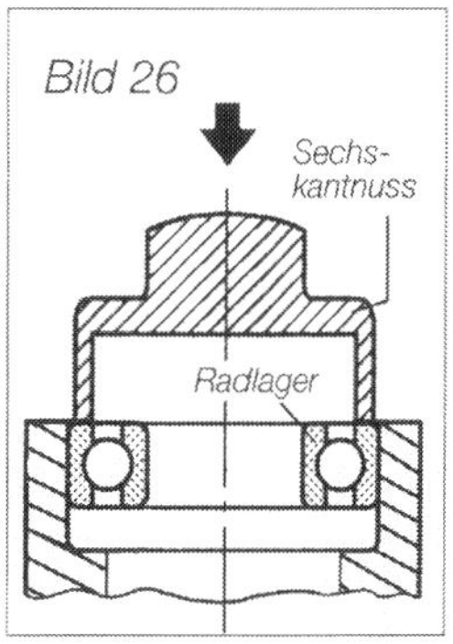

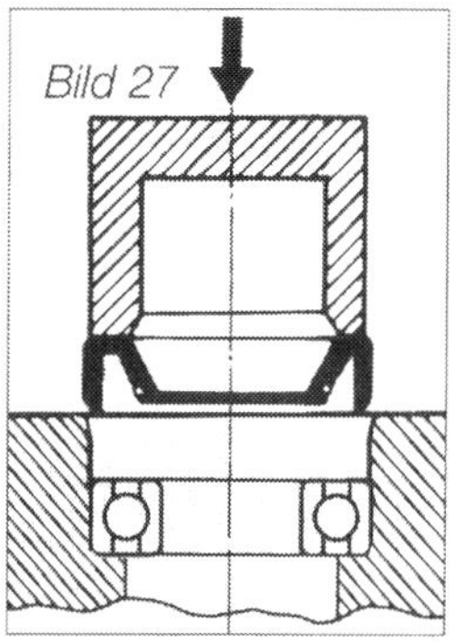

2. Mit einem kleinen Bohrer vorsichtig vorbohren (Beispiel: M10er-Stehbolzenrest mit 3er-Bohrer vorbohren).
3. Mit 6er-Bohrer ein zweites Mal vorbohren und dabei ggf. die Mittigkeit der Bohrung korrigieren.
4. Mit 8er-Bohrer nachbohren.
5. Einen scharfen Dreikantschaber in das 8er-Loch reinklöpfeln und versuchen, den Gewinderest auszudrehen.
■ Wenn die Gehäuseumgebung um den Stehbolzen herum mit einem Werkstattföhn etwas angewärmt wird, lost sich der Gewinderest meist sehr schnell und kann mit einem Ruck leicht ausgedreht werden.

Kugellager wechseln

Am meisten gewechselt werden müssen die Radlager. Eine Heizplatte (Bild 25) ist dazu sehr zu empfehlen. Ist keine Heizplatte vorhanden, kann man die Radnabe im Bereich des Lagersitzes mit einem Heißluftföhn erwärmen. **Vorher** (!) die Simmerringe mit einem Reifenmontierhebel oder einem breiten Schraubenzieher aushebeln und die Bremsscheibe abschrauben.

Ausbau: Radnabe mittig auf die kalte Heizplatte legen, Schalter auf mittlere Stufe stellen, Heizplatte und Radnabe zusammen langsam aufheizen bis maximal 120 °C. Wenn das Rad von der Heizplatte heruntergenommen wird, fallen die Lager fast alleine heraus. Eventuell mit einem langen Dorn nachhelfen (Bild 30).

Einbau: Lager mit der Aufschrift nach außen weisend einbauen. Bei einseitig geschlossenen Lagern muss die offene Lagerseite nach innen weisen.
1. Lager exakt ansetzen, in den angewärmten Lagersitz einschieben, es fällt fast von alleine hinein. Mit einer Nuss, die ein bis zwei Millimeter kleiner ist als der Außendurchmesser des Lagers (Bild 26) und 100-Gramm-Hammer sanft nachklopfen, bis das Lager unten aufsitzt. Radnabe und Kugellager etwas ruhen lassen, damit sie beide die gleiche Temperatur bekommen.
2. Rad umdrehen, Distanzhülse einsetzen, Lager der anderen Seite einklopfen.
3. Mit dem Finger prüfen, ob die Distanzhülse zwischen den Lagerinnenringen fluchtet, nicht zu viel Spiel hat bzw. nicht zu fest sitzt. Sie darf sich nur ganz leicht seitlich bewegen!
4. Neue Simmerringe sauber ansetzen und mit einer Nuss einschlagen (Bild 27).

Aus- und Einbau mit Hammer und Dorn
Wenn weder Heizplatte noch Heißluftföhn vorhanden sind, kann man Lager zur Not auch kalt wechseln (aber nur zur Not!).
1. Backen des Schraubstocks weit genug öffnen und das Rad unter Zwischenlegen von Hölzern darauf ablegen.
2. Radlager mit einem Dorn schrittweise mit bedachten Hammerschlägen über Kreuz austreiben (Bilder 28 und 29). Das Lager wird immer ein kleines Stück weiter ausgetrieben und ein Aufweiten der Lagersitze vermieden.
3. Lagersitze gut reinigen, eventuell entstandene Grate mit sehr feinem Schmirgelleinen (»Läpp-papier« oder »Polierleinen«) punktgenau entfernen.
4. Lager mit einem Durchschlag, der am Außenring des Lagers angesetzt wird (Bild 30) und 100-Gramm-Hammer Schritt für Schritt sanft einklopfen, bis das Lager im Grund der Passbohrung aufsitzt.
■ Es ist immer besser, eine Nuss zu nehmen, denn die Gefahr, dass man mit dem Dorn vom Außenring abrutscht und innen auf das Lager klopft, ist groß (Bild 31).

Kugellager auf Wellen
Alte Kugellager müssen von ihrem Sitz mit einem speziellen Lagerabzieher (Bild 32) abgezogen werden. Es geht nicht mit Schraubenzieher oder Reifenmontiereisen!

Neues Lager im Ölbad gut heiß machen (Bild 33), vorsichtig (Heiß, heiß!) aus dem Ölbad nehmen, auf die Welle schieben, aufdrücken. In Ruhe kalt werden lassen.

Fingerprobe
Gebrauchte Lager sollten grundsätzlich nicht mehr eingebaut werden, da sie beim Ausbau meistens beschädigt werden. Muss es aber dennoch sein, weil man Samstagnachts kein neues Kugellager bekommt, aber eines »zufällig« in der Werkstatt gefunden hat, das noch gut aussieht, das Lager prüfen, ob es in Ordnung ist: Lager auf Finger stecken (Bild 34) und drehen; man spürt, ob es weich und gleichmäßig läuft (Lager ok) oder laut und rubbelig (Lager defekt).

Kugellager in Gehäuse-Sackbohrungen
Alte Kugellager müssen aus ihrem Sitz mit einem speziellen Lagerauszieher (Bilder 35 und 36) ausgezogen werden. Es geht nicht mit Schraubenzieher oder Reifenmontiereisen! Zur Not kann es ohne Lagerauszieher gehen, wenn man das Material des Gehäuses um die Gehäuseseite mit einem Heißluftföhn auf rund 120 °C erwärmt und das Gehäuse mit dem Kugellager nach unten auf ein weiches Holz klopft. Dann kann (kann, muss nicht!) das Lager herausfallen.

Bild 28

Bild 29

Bild 30

Bild 31

Bild 32

Bilder 28 bis 36: Im Lauftext sind die zu den Bildern gehörenden Arbeitsschritte nummeriert beschrieben.

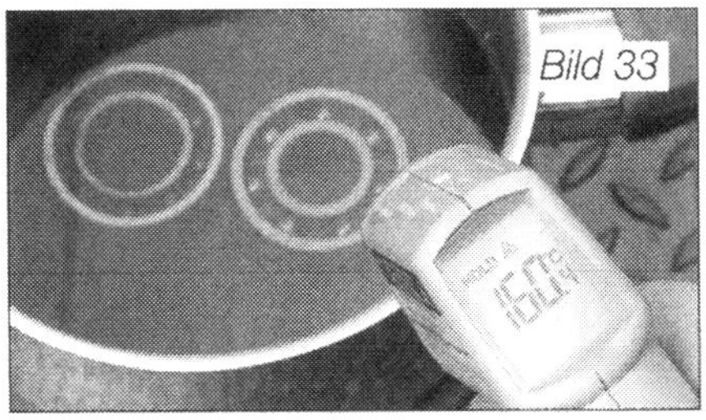
Bild 33

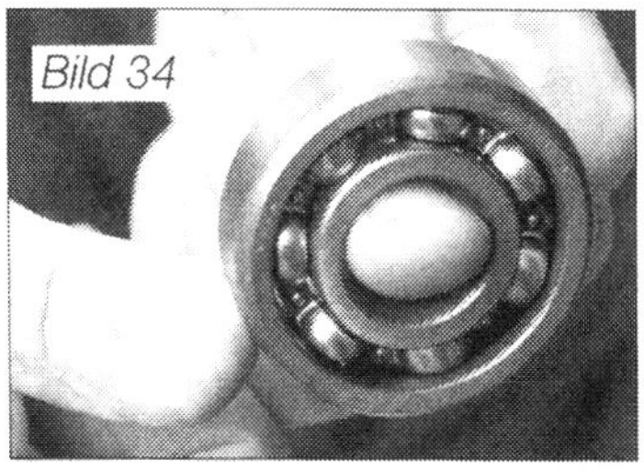
Bild 34

Bild 35

Bild 36

Bilder 37 bis 40: Im Lauftext sind die zu den Bildern gehörenden Arbeitsschritte nummeriert beschrieben.

Bilder 41 bis 45: Simmerringe werden mit der Aufschrift nach außen eingebaut. Simmerring vor Einbau mit leichtem Wälzlagerfett einschmieren.

Seegerringe

Zum Aus- und Einbau von Seegerringen werden spezielle Zangen benötigt: Innenseegerringe werden zusammengedrückt (Bild 37), Außenseegerringe auseinandergezogen (Zange Bild 38). Einmal ausgebaute Seegerringe sollen durch Neuteile ersetzt werden. Ausnahme: Wenn man sie vorsichtig und ohne bleibende Verformung ausbaut, kann man sie noch einmal verwenden.

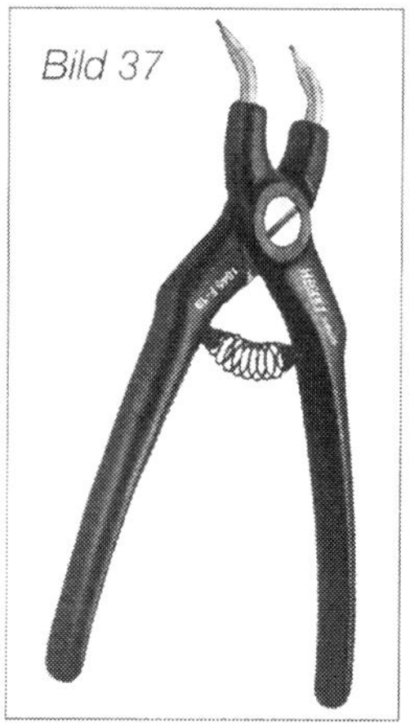
Bild 37

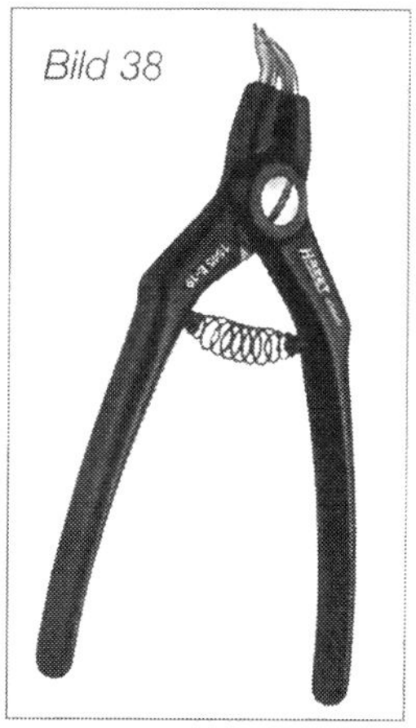
Bild 38

Beim Einbau muss die scharfe Kante des Seegerrings in Druckrichtung (also quasi »nach außen«) eingebaut werden (Bilder 39 und 40). Lieber zwei- als einmal nachsehen, ob der eingebaute Seegerring auch wirklich richtig satt in seiner Nut sitzt!

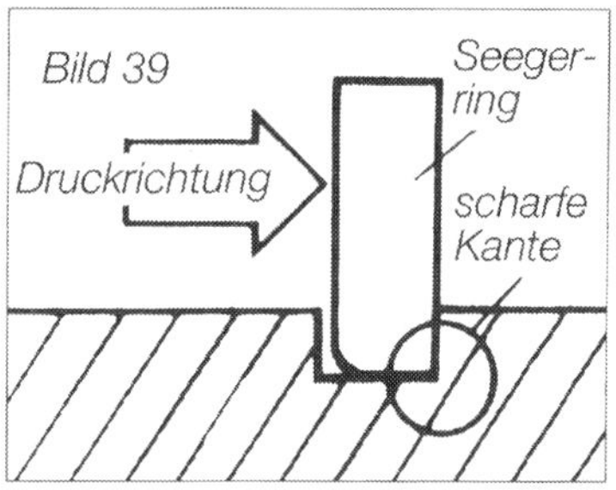

Bild 39

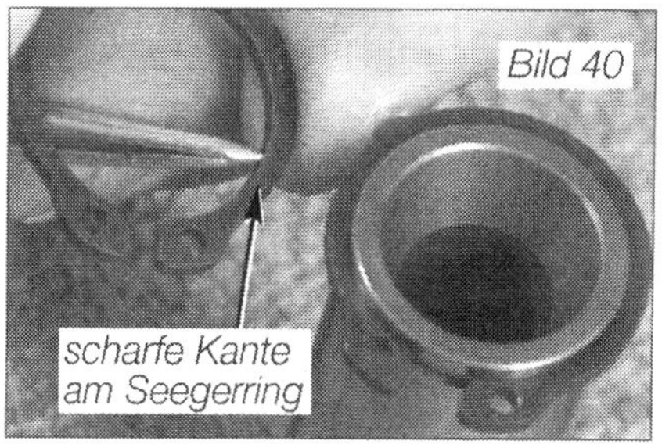

Bild 40

Simmerringe

Simmerringe, auch »Wellendichtringe« genannt, dichten auf einer Welle sich drehende Bauteile nach außen und innen ab. Sie werden bei Kurbel- und Getriebewellen verwendet. In die Telegabel sind »Standrohrsimmerringe« eingebaut.

Meist haben sie nur eine scharfe Dichtseite, weswegen sie mit der Aufschrift nach außen eingebaut werden müssen, egal wie der Simmerring geformt ist! Auf den in Bild 43 gezeigten drei Simmerringen sind die Aufschriften gut zu sehen.

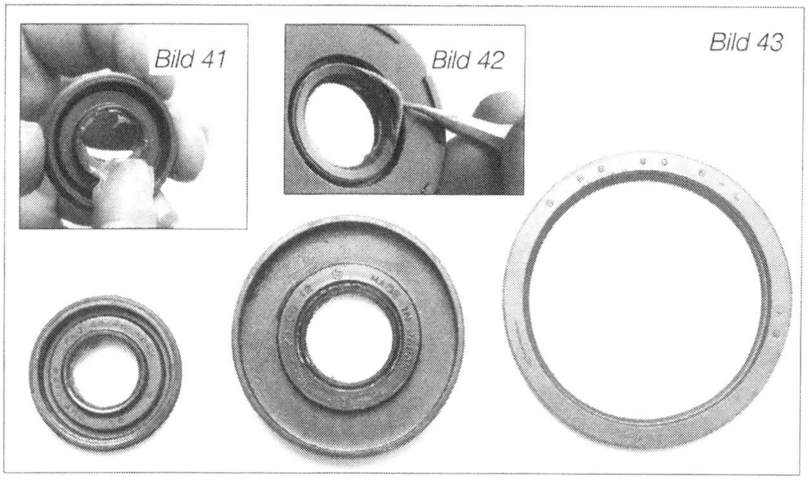
Bild 41 Bild 42 Bild 43

Wichtig beim Einbau:
- Einmal ausgebaute Simmerringe nicht mehr einbauen, also immer Neuteile verwenden.
- Simmerring innen leicht einfetten (Bild 41), niemals »trocken« über die Welle schieben!
- Die dünne Spannfeder (Bild 42) muss vorhanden sein – sie keinesfalls entfernen in dem Glauben, dass dann die Welle leichter läuft!

In Bild 44 wird ein defekter Simmerring mit einem Schraubenzieher ausgehebelt (Zündgeber-Welle einer Morini). In Bild 45 ist ein neuer Simmerring sauber eingedrückt.

Bild 44

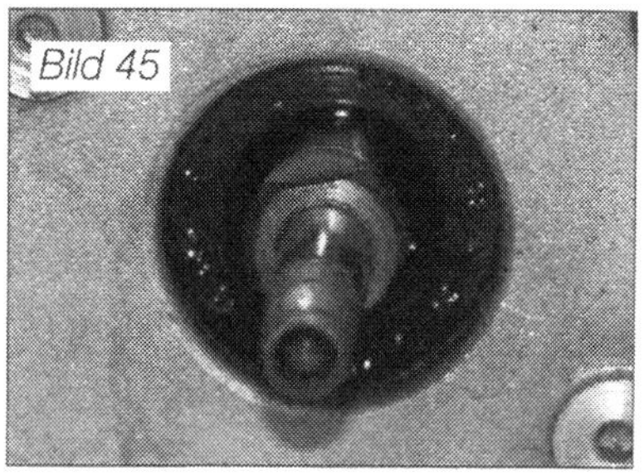
Bild 45

Dichtmittel und Dichtungen

Dichtmittel: Öl- und fettverträgliches Silikondichtmittel mit einer Temperaturbeständigkeit von –40 °C bis 250 °C ist sehr gut, wenn Teil auf Teil ohne zwischengelegte Papierdichtung verbaut wird. Bei Silikondichtmittel lassen sich die Bauteile auch nach vielen Jahren leicht wieder trennen. Was passiert, wenn man falsches Dichtmittel nimmt: Bild 50 zeigt eine mit dicker Dichtpampe aus dem Landmaschinenbau beschmierte Dichtstelle, die bei der Demontage nur mit dem Hammer auseinander zu bekommenn war!

Papierdichtungen: Wenn zwischen zwei Bauteilen (z. B. Motorgehäuse und Deckel) serienmäßig eine Dichtung vorgesehen ist, sollte man wieder eine einbauen; möglichst eine neue! Diese wird »trocken« verbaut, also bei einer neuen Papierdichtung kein zusätzliches Dichtmittel verwenden. Papierdichtungen kann man leicht selbst machen (siehe Bilder 47, 48 und 49). Dichtungspapier und Locheisen gibt es preiswert im Motorradzubehörhandel.

Ausnahmen bestätigen die Regel: Wenn eine gebrauchte, ausgehärtete Papierdichtung, die nicht eingerissen ist, verwendet werden muss: Dann beide Seiten dieser Dichtung leicht und gleichmäßig mit Silikondichtmittel einschmieren (Bild 46), 10 Minuten ablüften lassen.

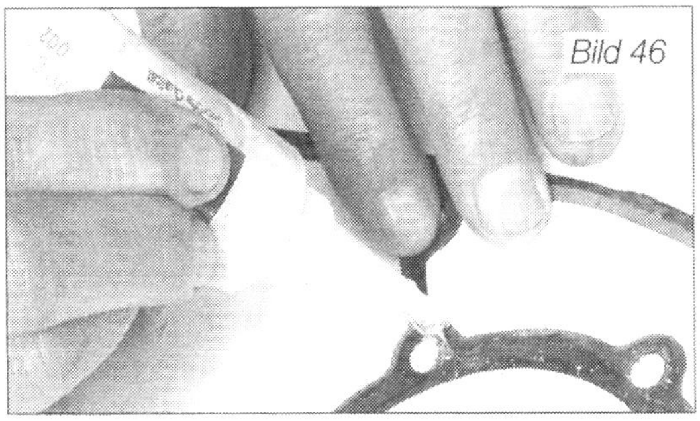
Bild 46

Bilder 46 bis 50: Im Lauftext sind die zu den Bildern gehörenden Arbeitsschritte nummeriert beschrieben.

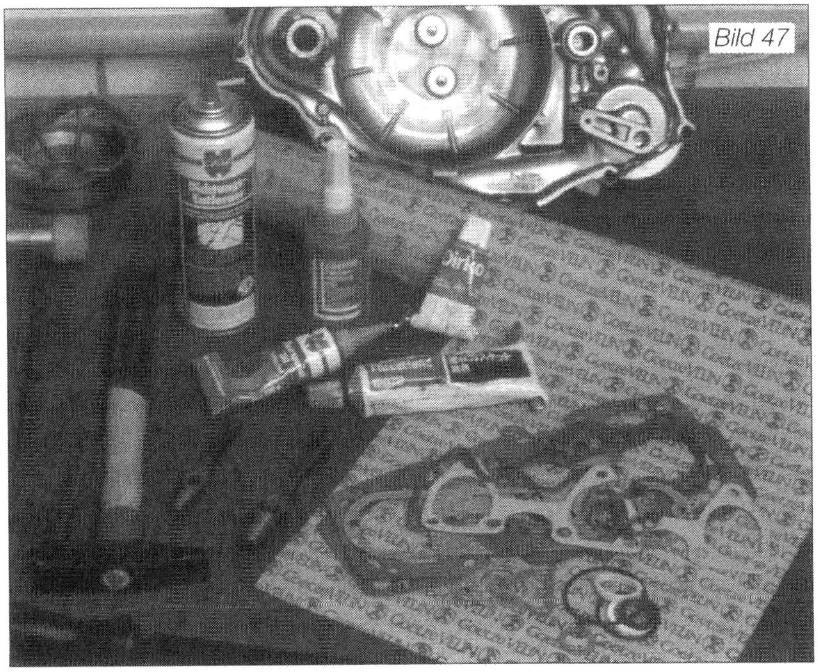
Bild 47

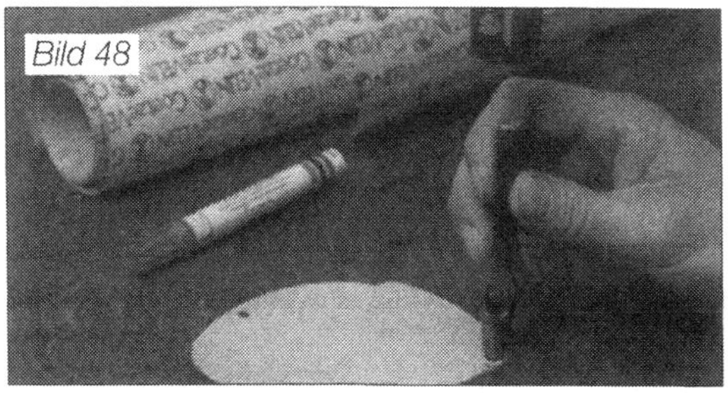
Bild 48

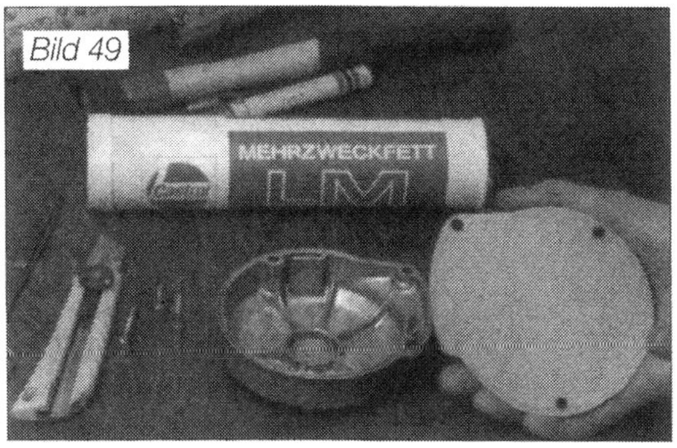

Bild 49

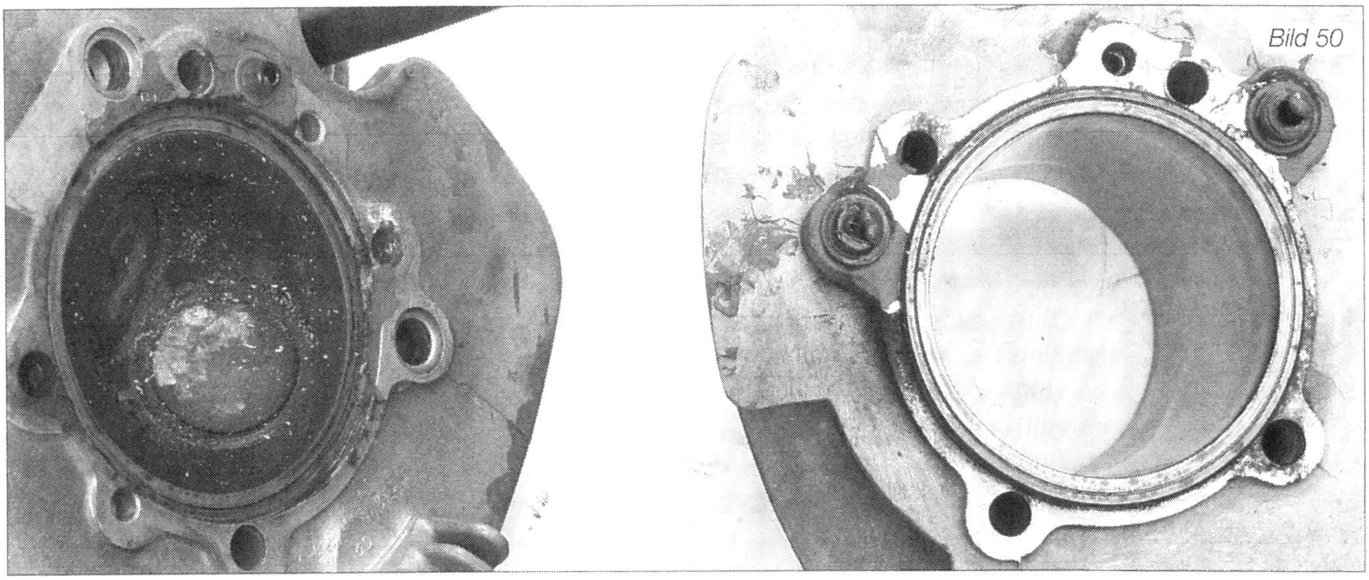
Bild 50

Sichtprüfung Messen

Gewindereparatur mit Heli-Coil

Speziell an älteren Motorrädern sind oft Gewinde beschädigt oder zerstört.
Grund 1: Häufiges Lösen und Anziehen führt zum Verschleiß im Gewinde und, je nach Häufigkeit der Benutzung, zur Zerstörung.
Grund 2: Die bei Motorradmotoren zum Teil recht weichen Aluminiumguss-Legierungen sind in dieser Beziehung problematisch und anfällig.
Grund 3: Schrauben oder Muttern werden mit zu großen Anziehdrehmomenten angezogen.
Grund 4: Durch Korrosion (»Rost«) zwischen Schraube und Bauteilwerkstoff kommt es zum »Festbacken der Schraube«. Beim Versuch, die Schraube zu lösen, wird das Mutterngewinde zerstört.

Zerstörte Gewinde können mit geringem Aufwand und Kosten einfach und zuverlässig repariert werden, indem das defekte Innengewinde ausgebohrt und ein aus gewickeltem Draht bestehender Gewindeeinsatz eingedreht wird: »HeliCoil« nennt sich dieses Reparaturverfahren, das von der Firma Böllhoff Verbindungstechnik GmbH in Bielefeld hergestellt und weltweit vertrieben wird (*www.helicoil.de*).

HeliCoil bietet so genannte »Repairkits« in den Abmessungen von M2 bis M36 an. Es gibt sogar solche in M7 (für die Nockenwellen-Stehbolzen der Laverda!) und auch M9. Ein HeliCoil-Repairkit (Bild A) kostet ca. 40 Euro, ist im Fachhandel erhältlich und enthält:

- Kernlochbohrer mit dem Kernloch-Gewindedurchmesser für das neue Gewinde.
- HeliCoil-Gewindebohrer.
- HeliCoil-Einbauwerkzeug, das ist eine Einbau-Gewindespindel mit einem kleinen Ansatz vorne.
- 20 HeliCoil-Drahtgewindeeinsätze aus hoch korrosionsbeständigem Stahl der Legierung 1.4301 (Festigkeit mehr als 1.400 N/mm[2]).

Gewinde reparieren

Am Beispiel eines ausgerissenen M6-Gewindes in einem Motorblock (Bilder B bis I) erklären wir eine Gewindereparatur mit einem HeliCoil-Drahtgewindeeinsatz:
1. Schritt: Wenn der Rest einer abgebrochenen Schraube (Bild B) im alten Gewinde steckt: Sichtbaren Schraubenrest ankörnen, mit einem scharf geschliffenen Bohrer, der 0,5 mm kleiner ist als der alte Gewinde-Nenndurchmesser (Beispiel M6: Bohrer 5,5 mm), das abgebrochene Gewindestück vorsichtig ausbohren.

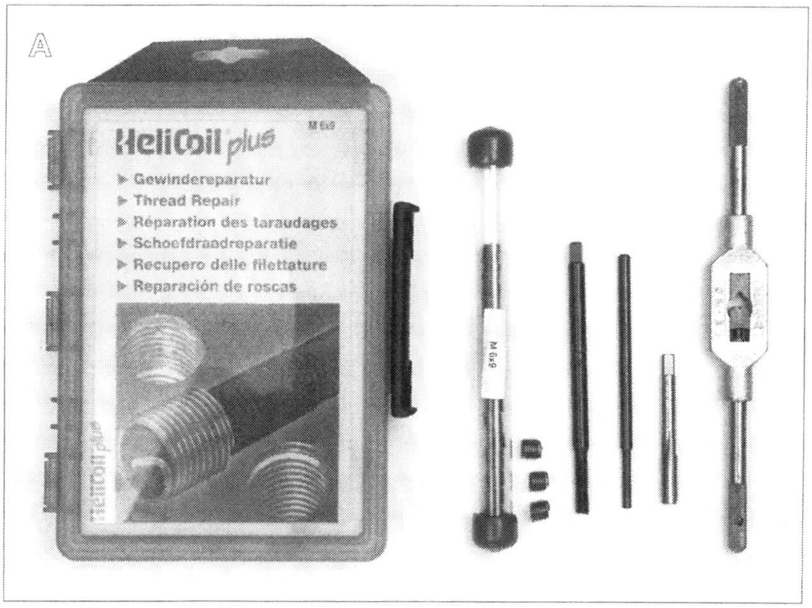

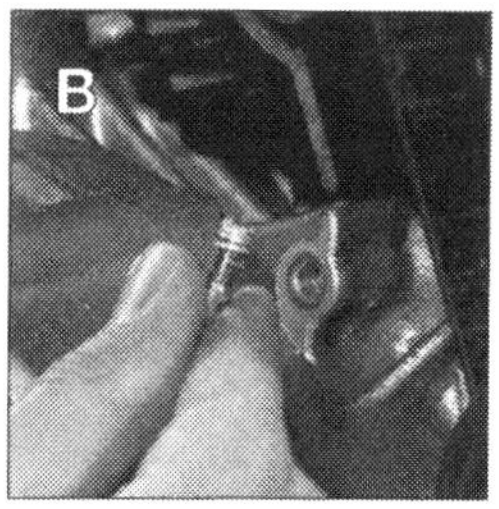

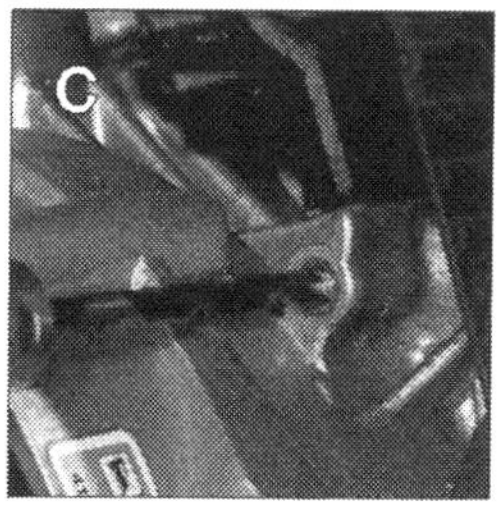

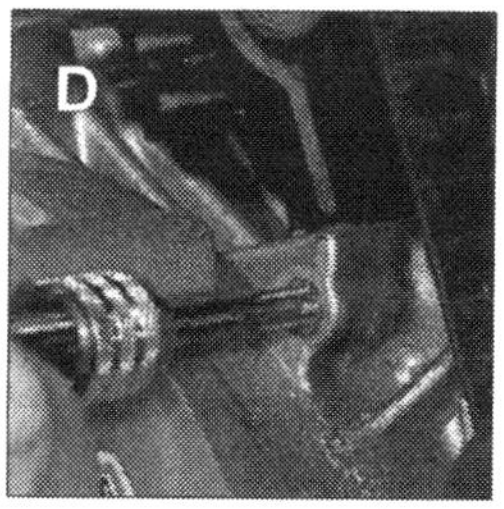

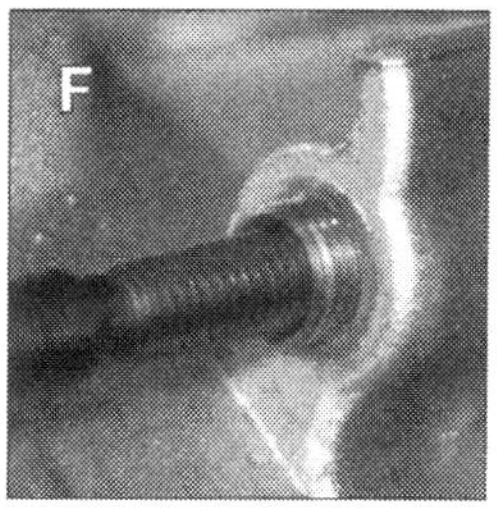

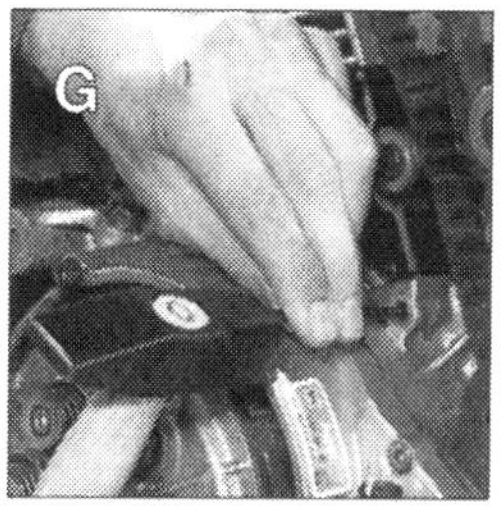

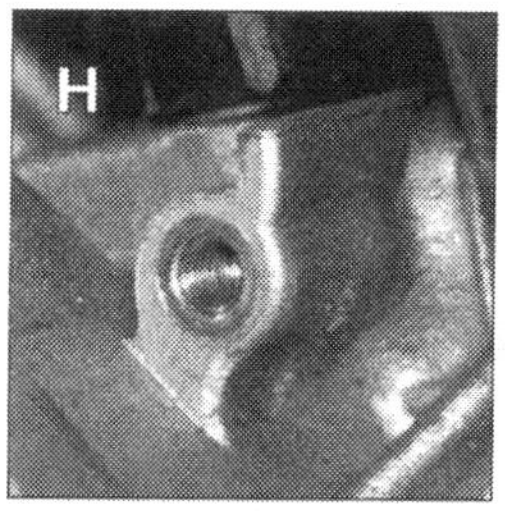

Bilder A bis I:
■ A: Kompletter HeliCoil-Reparaturkit.
■ B: Defektes Gewinde, überdrehte Schraube.
■ C: Schraubenreste ausbohren, sauberes Kernloch erzeugen.
■ D: Neues Aufnahmegewinde für den HeliCoil-Gewindeeinsatz schneiden.
■ E und F: HeliCoil-Gewindeeinsatz mit der Einbauspindel montieren.
■ G: Zapfen brechen und entfernen.
■ H: Perfekt ist das neue Gewinde mit HeliCoil-Gewindeeinsatz.
■ I: Schraube eindrehen und anziehen, fertig!

2. Schritt: Mit dem im HeliCoil-Repairkit befindlichen Bohrer das beschädigte Gewinde komplett ausbohren (Bild C). Der Bohrerdurchmesser entspricht dem Kerndurchmesser des neuen Aufnahmegewindes für den HeliCoil plus-Drahtgewindeeinsatz.
3. Schritt: Aufnahmegewinde für den HeliCoil-Drahtgewindeeinsatz mit dem beiliegenden Gewindebohrer schneiden (Bild D).
Wichtig: Damit keine Späne in Gewindebohrungen hineinfallen, den Gewindebohrer vor dem Gewindeschneiden in Fett eintauchen, dann bleiben die Späne am Gewindebohrer haften.
4. Schritt: Gewinde reinigen, z. B. mit Druckluft ausblasen. ALLE Späne entfernen!
5. Schritt: HeliCoil-Drahtgewindeeinsatz mit der Einbauspindel montieren. Dieses ist sehr einfach, der Drahtgewindeeinsatz wird mit der Spindel wie eine Schraube in das vorbereitete Aufnahmegewinde eingedreht (Bilder E und F).
6. Schritt: Nach der Montage des Drahtgewindeeinsatzes dessen Mitnehmerzapfen abbrechen (Bild G):
- Zapfenwerkzeug zuvor in etwas Fett tauchen, ganz in den Drahtgewindeeinsatz einführen, mit einem kleinen Hammer einen leichten Schlag auf das Zapfenwerkzeug geben und den abgebrochenen Mitnehmerzapfen aus dem Drahtgewindeeinsatz entfernen.

Wichtig: Bei der Reparatur von Durchgangsbohrungen muss Obacht gegeben werden, wo der abgebrochene Mitnehmerzapfen hinfällt, damit er z. B. nicht in den Motor zwischen empfindliche Motorenmechaniken gerät!

Eine solche Gewindereparatur ist innerhalb von zehn Minuten ohne Schweißaufwand erledigt. Nach der Reparatur mit HeliCoil ist das Gewinde um ein Vielfaches belastbarer als das Originalgewinde. Das Gewinde wurde nicht etwa »geflickt«, sondern seine Qualität wurde deutlich verbessert: Der HeliCoil-Drahtgewindeeinsatz aus Edelstahl macht das Gewinde verschleißfester und korrosionsbeständiger. Zukünftige Wartungsarbeiten können diesem Gewinde nichts mehr anhaben.

Ölablassgewinde mit HeliCoil reparieren
Die Bilder J bis Q zeigen eine harte Variante der Gewindereparatur: Das Ölablassgewinde ist komplett hinüber (Bild J).

1. Wir suchen in der Schraubenkiste eine ähnliche Schraube (Bild K). Mit Schublehre und Gewindelehre stellen wir deren Durchmesser und Gewindesteigung (Bild L) fest: M14 x 1,25.
2. HeliColil-Gewindebohrer für M14 x 1,25 satt in Fett eintauchen (Bild M).
3. Gewindeloch anschneiden, nach jeweils zwei Schneidumdrehungen wieder ausdrehen (Bild N), Späne entfernen, Gewindebohrer in Fett eintauchen, zwei weitere Gänge schneiden.
4. HeliCoil-Gewindewendel auf Eindrehwerkzeug aufdrehen (Bild O), vorsichtig eindrehen.
5. Letzter Check: Gewindewendel ist ca. 1/2 Gewindesteigung bis unter die Dichtfläche eingedreht, sitzt sauber (Bild P).
6. Mit einer Spitzzange den Mitnehmerzapfen« abbrechen und herausziehen (Bild Q). Neue Ölablassschraube probehalber eindrehen – passt!

Bilder J bis Q: Hätten wir bei diesem ausgerissenen Ölablassgewinde eines Bultaco-Motors keinen HeliCoil-Reparaturkit zur Hand gehabt, wäre das Wochenende frustbeladen verlaufen. Gemerkt haben wir das Problem nämlich erst tief in der Nacht von Samstag auf Sonntag, wie immer, wenn sich beim Schrauben so einiges hinzieht.

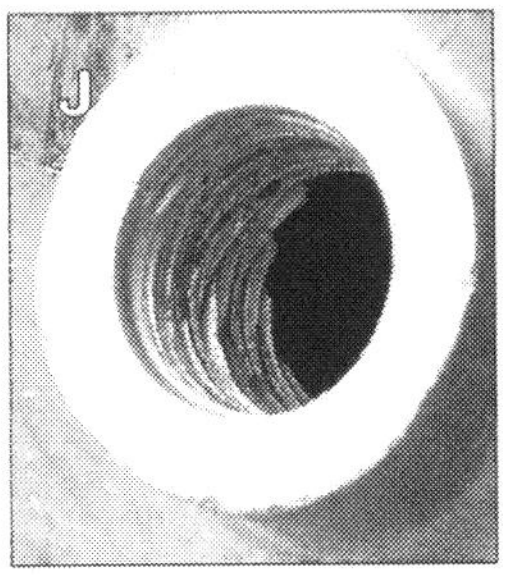

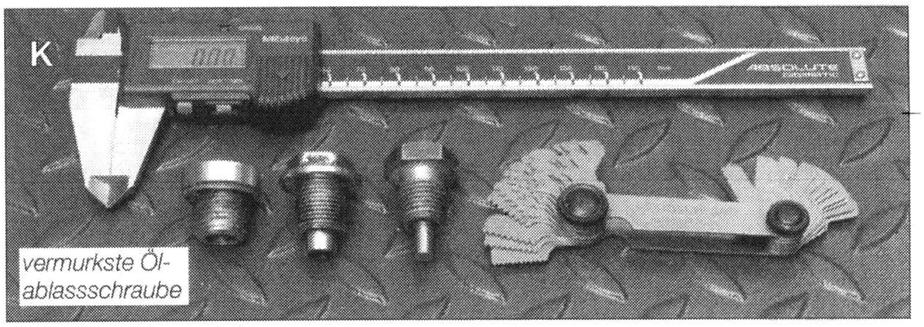

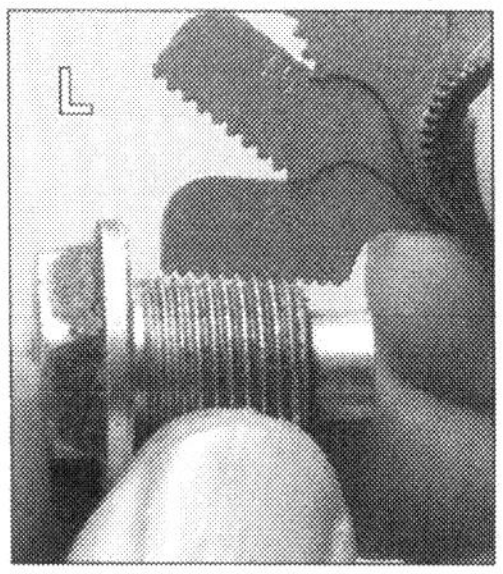

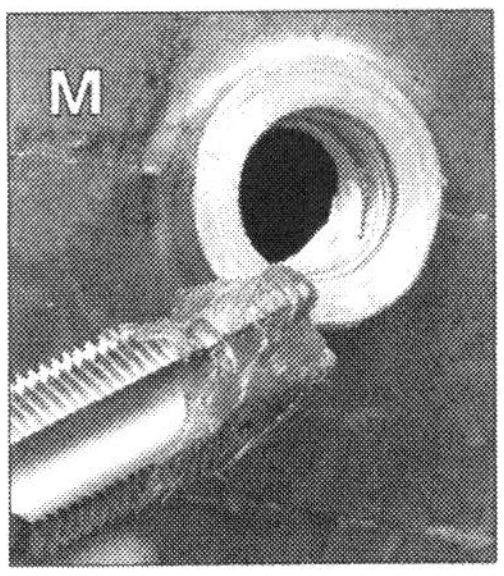

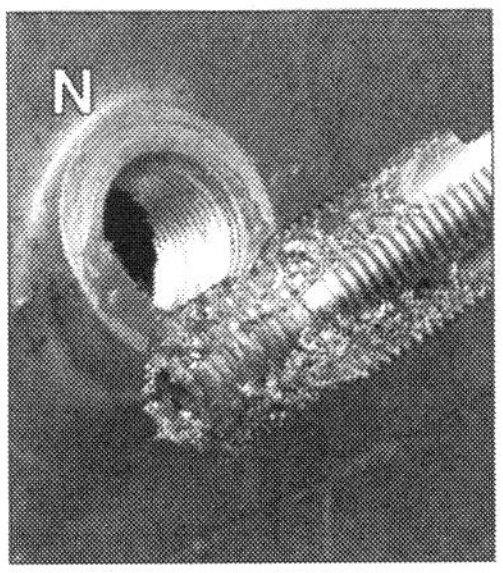

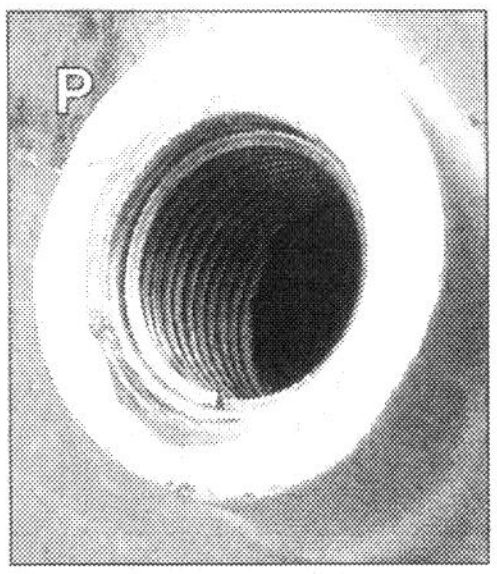

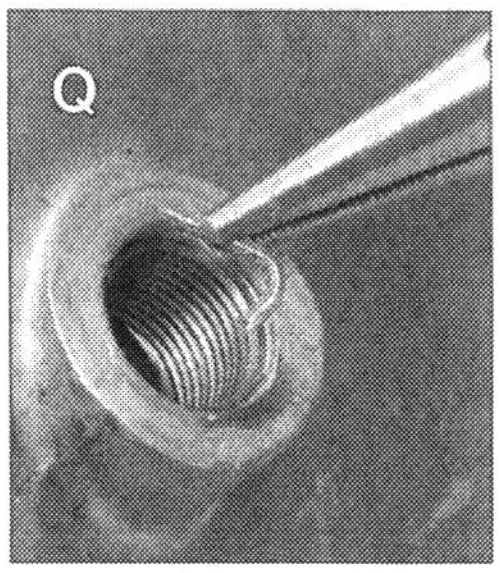

Reparieren · Restaurieren

Bild 1: Wenn eine Ducati restauriert und Zug um Zug »besser als neu« wird, freut es den Restaurateur.

Bild 2: Wird ein Motorrad immer ordentlich gepflegt, hält es lange. Diese Morini hat mehr als 400 000 km, ihr Besitzer achtet auch auf Kleinigkeiten.

In diesem Kapitel: Wann reparieren, wann restaurieren? · Was ist »Originalzustand«? · Ersatzteilpreise · Neue »Original«-Teile · Tank reinigen.

Wann reparieren, restaurieren?

Wenn ein Motorrad immer gut behandelt wird, also regelmäßig liebevolle Waschungen, ein Tröpfchen Öl hier und ein Fingerchen voll Fett dort plus der tiefer greifenden Inspektionen bekommt und keinen Unfall hat mit einem »wirtschaftlichen Totalschaden«, dann kann es (zusammen mit seinem Fahrer!) sehr, sehr alt werden und über Jahrzehnte eine glückliche Zweierbeziehung mit ihm pflegen.

Wäre die in diesem Buch als Beispiel oft und oft genug gezeigte Ducati 900 SS während ihrer aktiven Laufzeit zwischen 1978 und 1983 rechtzeitig repariert worden, hätte sie niemals den Gammelstatus »muss jetzt endlich restauriert werden!« erreicht, als wir sie 2004 in einem Schuppen fanden. Dann wäre sie allerdings auch niemals auf die technisch machbare Höhe der heutigen Zeit gekommen. Just zu dem Zeitpunkt, wo diese Zeilen geschrieben werden, präsentiert sie sich nach zweijähriger Restaurationsdauer allen Besucher unserer Werkstatt auf der Hebebühne sehr stolz als »beinahe fertiges Schmuckstück« (Bild 1). Was zu einer innigen Sado-maso-Beziehung führte: »Schöne Nächte haben wir hier in der Werkstatt miteinander verbracht, du Miststück!« sind noch die sanftesten Ansagen an die an allen Stellen aufwändig geliftete Signorina.

Die in Bild 2 gezeigte Morini 3 1/2 gehört einem Freund unseres Hauses. Er fährt sie seit 1982, Tag für Tag, im Sommer wie im Winter ist Horst Anschütz auf seiner Morini unterwegs. Mehr als

Bild 1

Bild 2

400 000 Kilometer hat er mit ihr heruntergeschraddelt. Er pflegt sie regelmäßig, kennt alle normalen und misslichen Töne aus Motor und Fahrwerk und wenn es wieder zu laut rasselt von rechts hinten, dann weiß er, dass eine neue Kette fällig wird. Seine ganz einfachen Kommentare zu »Wartung · Pflege« haben wir in Bild 1 geschrieben; sie können ergänzend sein zu diesem Kapitel.

Horsts Morini hat allerdings schon drei Motoren verschlissen. Denn wenn ein Pleuel abreißt, ist nix mehr mit reparieren – dann besorgt man sich besser einen gebrauchten Motor, denn neue Ersatzteile wären nicht nur viel, viel teurer, sondern ihre Besorgung auch allzu sehr zeitaufwändig. Ein gebrauchter Motor kostet zwischen 400 bis 800 Euro.

Dass auch eine regelmäßige, intensive Wartung und Pflege eines kostbaren, weil früher einmal sündteuer gewesenen italienischen Motorrads nicht davor schützen kann, dass es einmal restauriert werden muss, ist in Bild 3 zu sehen: Aufgenommen im Sommer 2006 in der jetzigen NCR-Werkstatt der beiden Ducati-Meistertuner Nepoti und Caracchi (im Bild ganz links), zeigt es eine ungefähr 25 Jahre alte, originale NCR-Ducati, die von ihrem Besitzer zu NCR gebracht wurde mit der Ansage: »perfekt restaurieren!«.

Bei einem solchen Auftrag scheut sich Rino Caracchi nicht, das Restaurationsobjekt mit modernsten Bremsenteilen wie getrennten Bremspumpe und Behälter oder schwimmenden Bremsscheiben zu versehen, also solchen Teilen, die nachweisbar erst nach der rasenden Blütezeit dieses Motorrads auf den Markt gekommen sind, aber eben die wichtigen Punkte »Funktion, Sicherheit, Zuverlässigkeit« auf einen moderneren Stand bringen als es damals Standard war.

Die Neufertigung von klassischen Rahmen ist eine der Spezialitäten des Bologneser Pierobon-Familienbetriebs (Bild 4). Schon in den 50er-Jahren baute Riccardo Pierobon, das ist der nette Herr mit dem Schnauzbart, der sich im Bild an der deutschen Bierflasche festhält, superleichte Rahmen aus Chrom-Molybdän-Rohren für die Einzylinder-Ducs, später dann für die 750er- und NCR-Ducati-Werksrenner und die der 750 F1, 851 und 916 Renner, Laverda SFC und Bimota. Der Mann weiß also, wie man Eisenrohre formschön biegt und verschweißt. Ein- bis zweimal pro Jahr baut Pierobon einen Schwung 750/900 SS-Rahmen mit Schwinge. Dass damit viele Replicas aufgebaut werden und es selbst Spezialisten immer schwerer fällt, zwischen »Original« und »Fälschung« zu unterscheiden, soll hier nicht diskutiert werden.
Als »original restauriert lackiert« kann unsere

Bilder 3 bis 5: Motorrad-Menschen aus Italien.

Bilder 6 und 7: Schatzsuche auf italienischen Veteranenmärkten ist meistens von Erfolg gekrönt.

Ducati 900 SS gelten, denn alle Lackteile (Bild 5) kamen nach Bologna in die Lackiererei von Francesco Melega, der in den 70er- und 80er-Jahren bei Ducati in der Lackiererei arbeitete und heute einen Steinwurf entfernt vom Ducati-Werk eine kleine Lackierwerkstatt betreibt, wo alle Restaurationsobjekte für das Ducati-Museum lackiert werden und alle Lackteile der Ducati-Superbikes und -MotoGP-Maschinen.
Dass bei diesen persönlich-fachlichen Voraussetzungen der Lackiererei nun alle Lackteile unserer 900 SS nicht nur im Farbton exakt dem Original von damals entsprechen, sondern auch alle Zierlinien so breit sind wie sie damals waren und dort sitzen, wo sie hingehören, versteht sich von selbst – nur so wird eine Restauration auch zur tollen, zufriedenstellenden Angelegenheit.

Bild 6

Bild 7

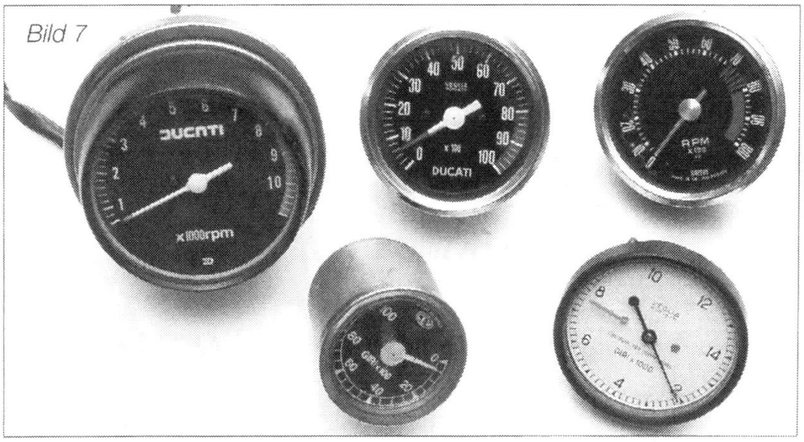

Was ist »Originalzustand«?

»Original« kam im Text bisher immer wieder vor, dazu ein paar persönliche Worte der Redakteure dieses Buchs: Wir sind der festen Meinung, dass ein Motorrad von damals nicht unbedingt in jeder Schraube, Mutter und Unterlegscheibe dem entsprechen muss, wie es damals die Firma verlassen hat. Zumal Schrauben, Muttern, Instrumente, Felgen, Naben, Gussräder, Bremssättel, Lenkergriffe, Lampen, Räder, Schutzbleche und andere wichtige Sachen damals oft von Quartal zu Quartal von anderen Herstellern kamen! Denn je nach Zahlungsmoral bzw. Höhe der unbezahlten Rechnungen ließ der eine Lieferant nichts mehr aus seinem Lager an Ducati, Morini & Co. heraus und ein anderer sprang für ihn ein.

Wer wild darauf ist, sein Restaurationsobjekt exakt in den Zustand wie im Farbprospekt des Modelljahres zu versetzen, der wird auf Veteranenmärkten (Bild 7) garantiert fündig. In den alten, aber sehr stilvollen Messehallen des Mailänder Vorortes Novegro (direkt in der Einflugschneise des Flughafens Linate!) finden mehrmals im Jahr Motorrad-Veteranenmärkte statt, wo all das, was man zur Restauration eines klassischen Italieners braucht, zu finden ist – man muss es nur suchen!

Und wenn man eben keine originalen Ducati-Tachos und -Drehzahlmesser von damals (oder original nachgebaute) findet, aber stattdessen einen von Smiths oder Veglia, dann kauft man den (Bilder 6 und 7) – denn von einem solchen hat damals eh jeder Besitzer einer Ducati 900 SS oder Guzzi le Mans geträumt!

Ersatzteilpreise

Im Bild 8 ist eine Mischung aus Ersatz- und Restaurationsteilen zu sehen mit ca.-Preisangaben. Motzen Sie bitte nicht »viiiiel zu teuer!«, sondern respektieren Sie: Erstens sind die Euro-Preise heute (also 2007) auf dem DM-Stand des Jahres 1999, zweitens ist alles teurer geworden

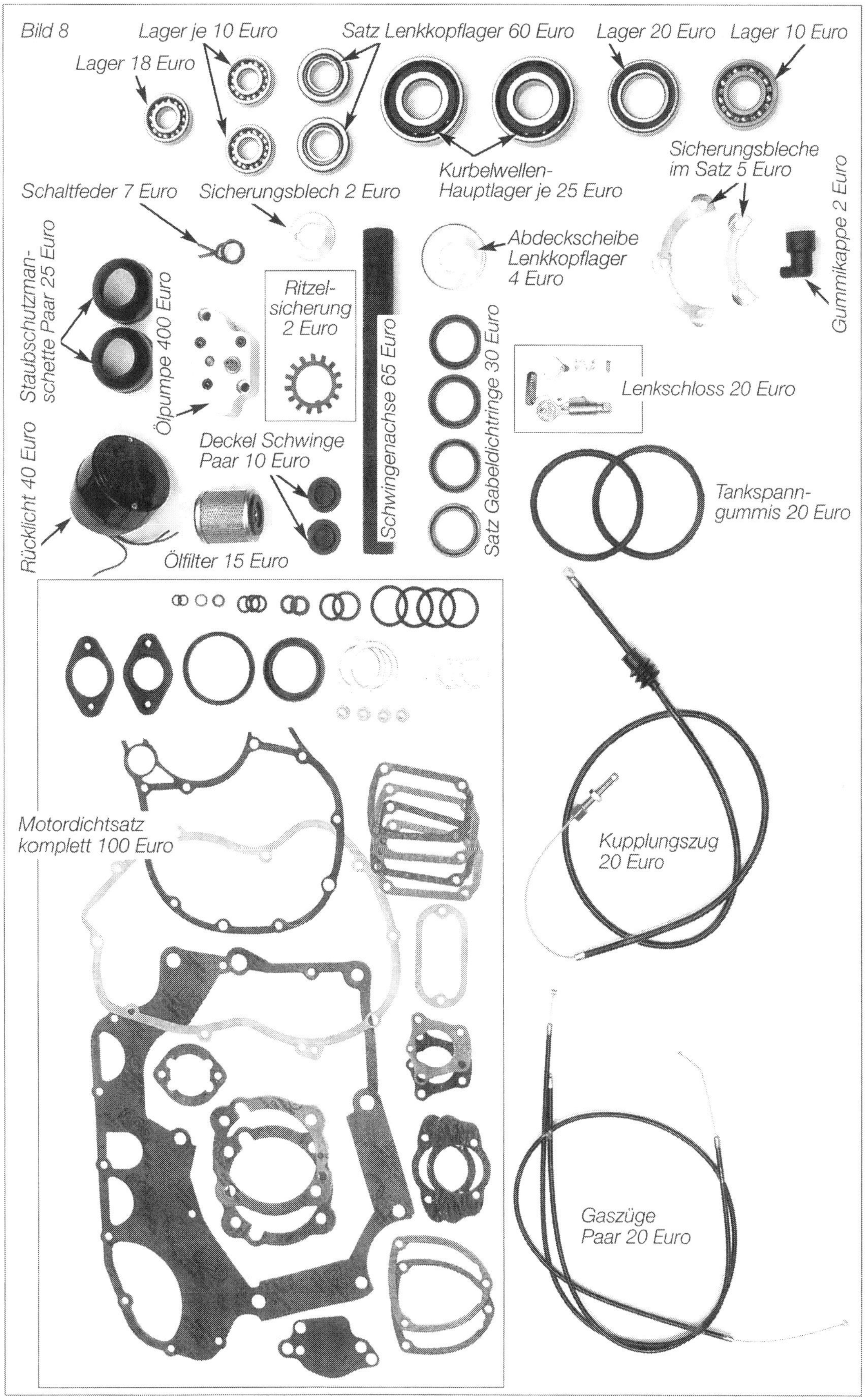

Bild 8: Ein Teil der beim Italo-Spezialisten Ottmar Unmüssig (Freiburg) für unser Ducati-Restaurationsobjekt gekauften Teile. Ersatz- und Restaurationsteile für Maschinen von Morini, Moto Guzzi und Laverda bewegen sich auf einem ähnlichen Preisniveau.

■ Die Adressen der in diesem Kapitel genannten Händler und Teilespezialisten finden Sie in Kapitel 26 »Adressen«.

Bilder 9 bis 15: Originalteile können bis zu einer gewissen Beschädigung wieder repariert werden. Wenn's nicht mehr geht, helfen nachgefertigte »Original«-Ersatzteile.

und drittens seien Sie froh, dass es überhaupt noch originale (oder dem Original entsprechende) Ersatzteile gibt. Denn bei Ducati wie bei Moto Guzzi und bei Morini und Laverda sowieso sind moderne Zeiten eingekehrt, in denen man von traditioneller Wurzelpflege nichts mehr wissen will: Deshalb gibt es bei den Herstellern und Importeuren dieser Marken kaum noch Ersatzteile für alte Motorräder – und deswegen muss es Verrückte geben, die sie damals kauften und einlagerten und heute dem verkaufen, der eben die berühmten 30 Jahre später kommt und einen Gaszug oder Dichtsatz braucht.

Die Teile in Bild 8 haben wir beim Italo-Spezialisten Ottmar Unmüssig (Freiburg) für unser Restaurationsobjekt gekauft. Ottmar betreibt ein sehr großes Teilelager, bei dessen Betreten es Italoliebhabern wie Betriebswirten gleichermaßen dicke Tränen in die Augen treibt: Dem ersten, weil er das findet, was er braucht (und noch viel mehr, was er nicht braucht, aber haben möchte!) und dem zweiten, weil Ottmar die im heutigen Geschäftsleben gültigen betriebswirtschaftlichen Grundregeln mehr oder weniger missachtet: Teile zu haben und dem zu verkaufen, der sie braucht, ist ihm wichtiger als morgen Millionär zu sein.

Bild 9
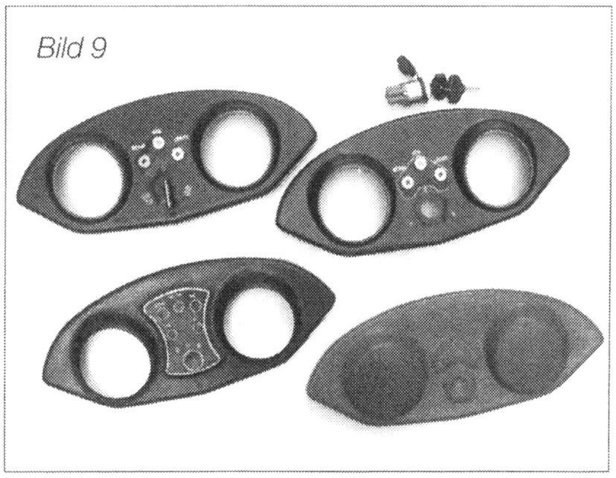

Bild 10
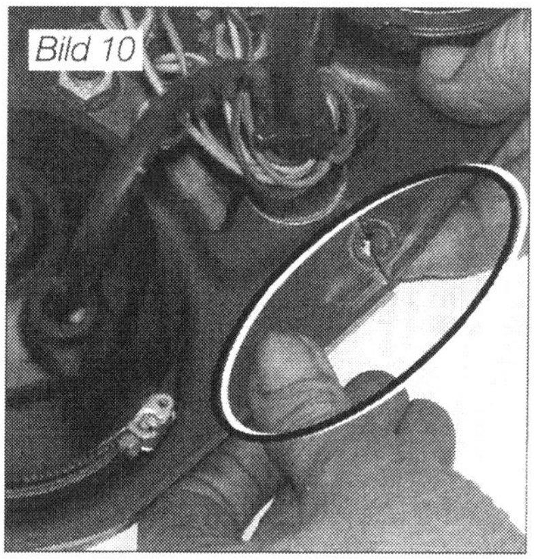

Bild 11
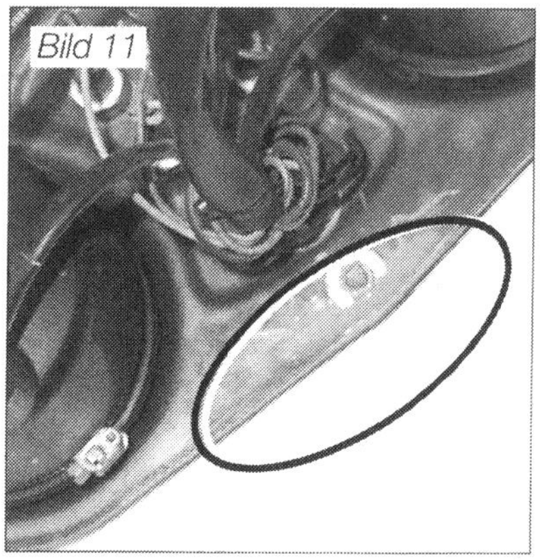

Bild 12

Bild 13

Bild 14
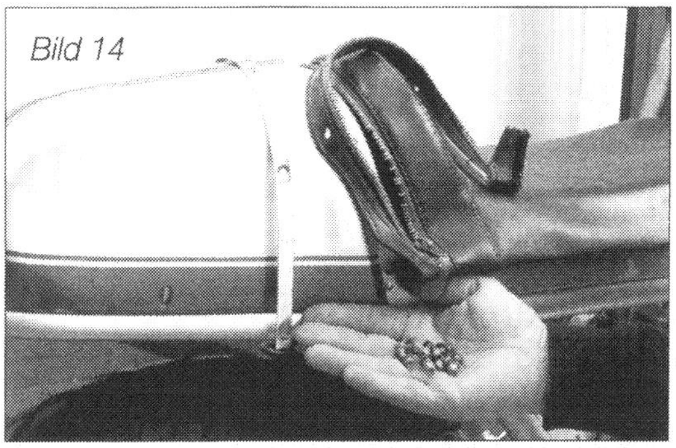

Bild 15
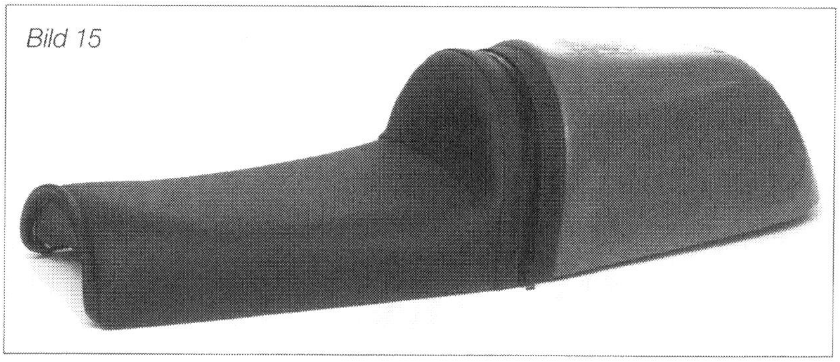

Neue »Original«-Teile

In Bild 9 sehen Sie Armaturenbretter verschiedener Ducati-Jahrgänge. Wenn Sie z. B. ein solches neu brauchen, weil das alte gebrochen ist (Bild 10), dann nehmen Sie das alte Teil mit auf den Veteranenmarkt, um vor Ort vergleichen zu können. Man kann natürlich auch das alte Teil reparieren: Ein Stück dicken Schweißdraht in die Mulde legen und mit einer aushärtenden Dichtmasse oder Kunstharz ausgießen (Bild 11). Ist ganz einfach, spart Geld und von oben ist nach der Flickaktion nichts zu sehen.

Eine gerissene Verkleidung (Bild 12) kann man mit Kunstharz reparieren. Im Motorrad-Zubehörhandel gibt es Verkleidungs-Flickzeug mit Glasfibermatten und Klebern. Oder man gönnt sich gleich eine neue, original nachgebaute Verkleidung (Bild 13, ca. 250 Euro bei Diopa). Neue Originalscheiben, sogar mit schon gebohrten Löchern, gibt's bei Scheibenspezialisten wie MRA oder Gläser (ca. 90 Euro).

Der zerfledderte Reißverschluss an der Sitzbank (Bild 14) ist so normal wie ein defekter Kondensator bei der Kontaktzündung. Man kann einen neuen Reißverschluss beim Sattler einnähen lassen (kostet ungefähr 70 Euro) oder gleich eine komplett neue, einfarbig oder unlackierte, aber bezogene Sitzbank kaufen (Bild 15, ca. 200 Euro). Und original nachgefertigte Aufkleber gibt es auch, sie sind nicht von den echten Originalen zu unterscheiden (z. B. bei Hans-Herbert Lieb, Bilder 16, 17 und 18).

Beim Zerlegen einer Maschine, die entweder über Winter ordentlich wieder hergerichtet oder gar komplett restauriert werden soll, kommen garantiert immer so Sachen hervor wie der nahezu durchgerostete Nummernschild-Rücklichthalter (Bild 19). Wie immer: Ein GFK-Neuteil, das so ähnlich wie das Originalteil aussieht (Bild 20, ca. 30 Euro), ist schneller gekauft, gebohrt, lackiert und montiert, als das alte neu verchromt. Es fährt sich zumindest so lange stilvoll damit, bis man in Novegro zufällig auf ein echtes Originalteil stößt, noch original verpackt in altes Ölpapier!

Einen Hund der besonderen Art haben wir an unserer 1000er Laverda entdeckt. Wir hatten uns schon gewundert, dass die untere Kante des Tanks auf den äußeren Lufttrichtern aufstand (Bild 21), uns aber nichts dabei gedacht. Nach dem Abziehen der Vergaser kamen uns die drei Ansaugstutzen als Bruch entgegen (Bild 22). Kein Wunder, dass der Vorbesitzer das Motorrad wegen »nicht sauber laufendem Motor« jeden Samstag beschrauben musste!

Bild 16

Bild 17

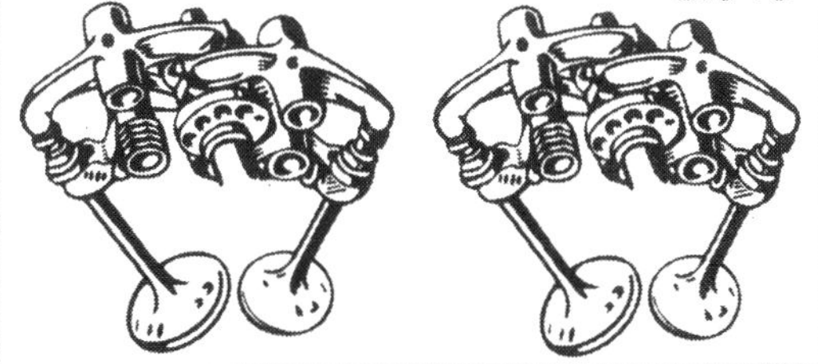
Bild 18

Bilder 16, 17 und 18: Orginal nachgemachte Aufkleber bester Qualität.

Bild 19 und 20: Nahezu durchgerostete Rücklichthalterung und ein GFK-Neuteil.

Bilder 21 und 22: Weil der Tank auf den Lufttrichtern aufgestanden ist, sind die Ansaugstutzen zerbröselt.

Bild 19

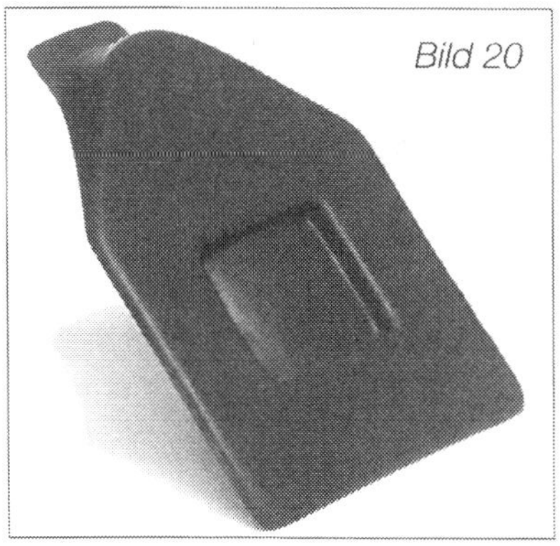
Bild 20

Bild 21

Bild 22

Dabei fehlten nur die beiden oberen, in die Rahmenrohre als Tankauflage eingesteckten Gummistopfen (Bild 23); sie waren bei einer (ganz sicher sehr eiligen!) Tankmontage unbemerkt herausgefallen. Einen der beiden haben wir auf dem Motorblock gefunden, der andere ist weg.

Wenn man keine originalen Stopfen zur Hand hat, kann man sich mit gerippten Zwischenlagen helfen (Bild 24), die über die Rahmenrohre gestülpt werden und auf denen der Tankboden aufliegt. Solche Teile bekommt man überall im Kfz-Zubehörhandel oder aber auf den großen und kleinen Veteranenmärkten für kleines Geld. Bei einem alten Italiener muss man sich an allen Ecken und Enden zu helfen wissen!

Bild 23

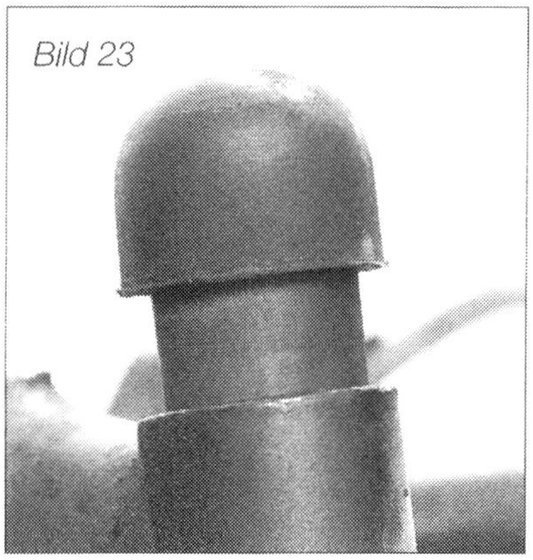

Bild 24

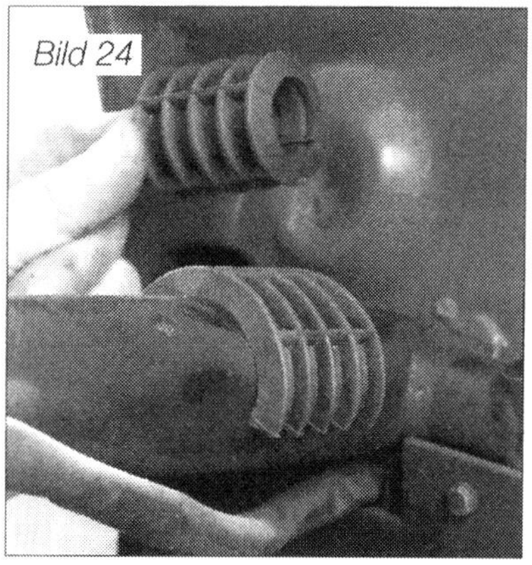

Bild 23: Der serienmäßige Tank-Lagerstopfen.

Bild 24: Gerippte Zwischenlagen gibt es in verschiedenen Größen und Formen.

Tank reinigen

Rost im Tank ist bei jedem alten Italiener ein großes Thema. Man kann das Motorrad hegen und pflegen wie man will, es über Winter mit randvollem Tank in einer trockenen Garage abstellen – irgendwann ist rostiger Gilb drin, der trotz feinster Siebe in Benzinhahn und Vergasereinlassstutzen krümelig-heimtückisch durchkommt und die Düsen verstopft. Wie bei unserer Ducati ist speziell bei einem Motorrad, das 25 Jahre lang vergessen in einem Schuppen stand, Rost im Tank garantiert – und dieser wird nach der Restauration echten Frust bereiten. Denn wir hatten den Rost im Tank übersehen, den Tank mit den anderen Lackteilen nach Italien zum Lackierer gegeben und erst an dem Tag, wo unsere Ducati zum ersten Mal laufen sollte, den Rost entdeckt: Unser Fehler, ganz klar. Wobei hier schon gesagt werden muss, dass eine Tankrevision mit Säure nur bei einem innen nicht lackierten Tank machbar ist. Wenn ein innen lackierter Tank rostig ist, muss er in einem Spezialbetrieb gereinigt und neu versiegelt werden.

Vorbereitung

1. Kaufen: 1 Liter Nitroverdünnung, 2 Liter Salzsäure (30-prozentige), 1 Liter Phosphorsäure (20-prozentige).

■ Nitroverdünnung gibt's im Lackhandel, Salz- und Phosphorsäure im Säurehandel oder in Apotheken.

■ **UNBEDINGT** die zugehörigen Warnblätter aushändigen lassen, durchlesen und beachten!

■ **Wichtig:** Nach der Aktion weder die Nitroverdünnung noch die Säuren einfach wegkippen, sondern auffangen und bei der örtlichen Entsorgungsstelle abgeben!

2. Tank vorbereiten:

2.1. Tankdeckel abmachen und die Einfüllöffnung mit einem passenden, säurefesten Gummi- oder Plastikkegel verschließen.

2.2. Oder: In die Entlüftungsbohrung des Tankdeckels ein passendes Gewinde (M4 in Bild 25) schneiden und eine Senkschraube so eindrehen, dass die Entlüftung zuverlässig dicht ist und später beim Drehen des Tanks nichts ausläuft!

2.3. Unter die mittlere Schraube eine säurefeste Dichtscheibe montieren, damit auch hier nichts auslaufen kann.

3. In Bild 29 ist unsere »provisorische Tankdreh-Vorrichtung« zu sehen: Tanktunnel mit Lappen ausstopfen, Tank auf einer dicken Metall- oder Holzstange (hier: alter Aluhandlauf) befestigen, auf zwei V-Böcke stellen, damit man den Tank, wenn Säure drin ist, drehen und wenden kann.

4. Benzinhähne aus Tank ausschrauben, Siebe abziehen/abdrehen (Bild 26), Benzinhähne wieder in Tank eindrehen und auf ZU stellen.

5. Nitroverdünnung in Tank einfüllen, Tankdeckel ZU.

5.1. Kontrollieren, ob der Tankdeckel auch wirklich dicht ist!

5.2. Tank langsam, bedächtig und gleichmäßig drehen und drehen und drehen.

6. Aufhören zu drehen. Tank waagerecht abstellen, einige Minuten ruhen lassen. Tankdeckel öffnen, Nitroverdünnung über die Benzinhähne ablassen, austropfen lassen.

7. Benzinhähne ausschrauben. Tank lange genug austrocknen lassen. **SCHUTZBRILLE TRAGEN:** Mit Druckluft nachhelfen, allen Dreck auszublasen.

8. Öffnungen der Benzinhähne verstopfen: Wir haben Gummi-Abdeckkappen der Bremsentlüftungsnippel (Bild 27) eingedrückt und mit Klebestreifen und Schlauchbinder gesichert (Bild 28).

9. SCHUTZBRILLE TRAGEN: Die 30-prozentige Salzsäure langsam in den Tank einfüllen. Tankdeckel ZU. Tank langsam, bedächtig und gleichmäßig drehen und drehen, einige Minuten in Ruhe lassen, dann wieder drehen und drehen. ▪ Die Salzsäure verwandelt den Rost zu Eisenchlorid. Der Vorgang ist abgeschlossen, wenn der Rost abgelöst und das Tankinnere metallisch rein ist: **SCHUTZBRILLE TRAGEN**, Tankverschluss öffnen, in den Tank reinschauen.

10. Tank auf dem »Rücken« ablegen, einen der beiden Stopfen aus der Benzinhahnbohrung ausziehen, Säure **LANGSAM UND VORSICHTIG** auslaufen lassen. Aus der anderen Tankseite ebenfalls.

11. Tank gründlichst mit Wasser ausspülen: Wasserschlauch durch Einfüllöffnung einschieben, Wasser marsch und mindestens 15 Minuten spülen (am besten im Garten oder im Werkstatthof über dem Gulli machen).

11.1. Alles Wasser ausschütteln, Tank trocknen lassen: Föhn in Einfüllöffnung stecken, einige Zeit auf mittlerer Hitze laufen lassen.

12. Öffnungen der Benzinhähne wieder verstopfen und sichern (siehe oben Punkt 8).

13. Phosphorsäure einfüllen, Tankdeckel schließen, Tank langsam drehen und drehen, ruhen lassen, drehen.

13.1. Nach rund einer Stunde mal durch die Tankeinfüllöffnung reinsehen: Wenn sich eine gleichmäßig durchgehende, graue Schicht gebildet hat (Eisenphosphat), die Phosphorsäure ablassen (siehe Punkt 10).

14. Tank mit offenem Tankdeckel und offenen Benzinhahnbohrungen lagern, die Eisenphosphatschicht im Tankinneren muss trocknen.

15. Beim Finish nicht vergessen, die Schraube aus der Entlüftungsbohrung des Tankdeckels zu schrauben (und die Dichtscheibe abzuschrauben), sonst bleibt die Karre bei der ersten Fahrt stehen...

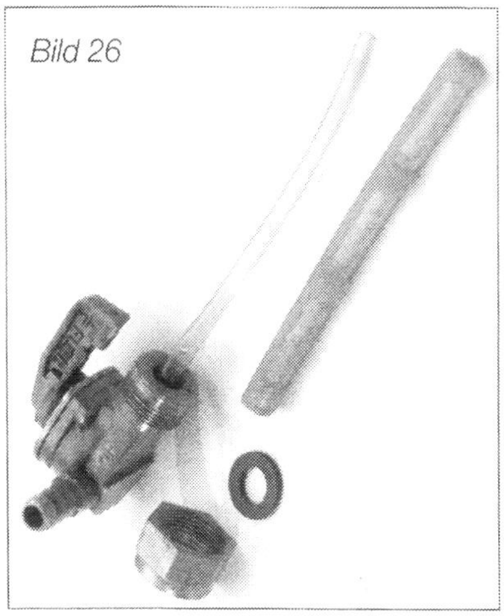

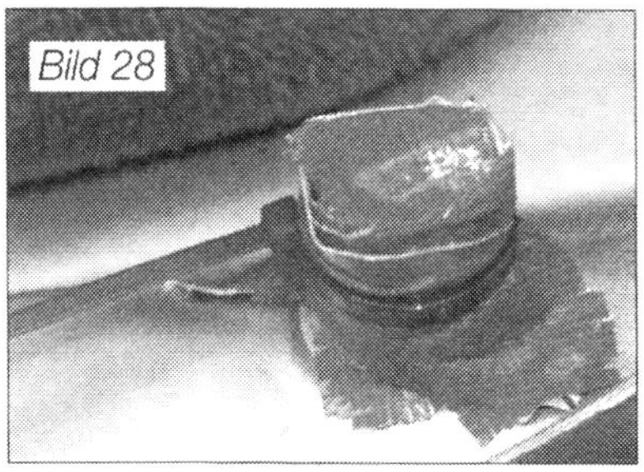

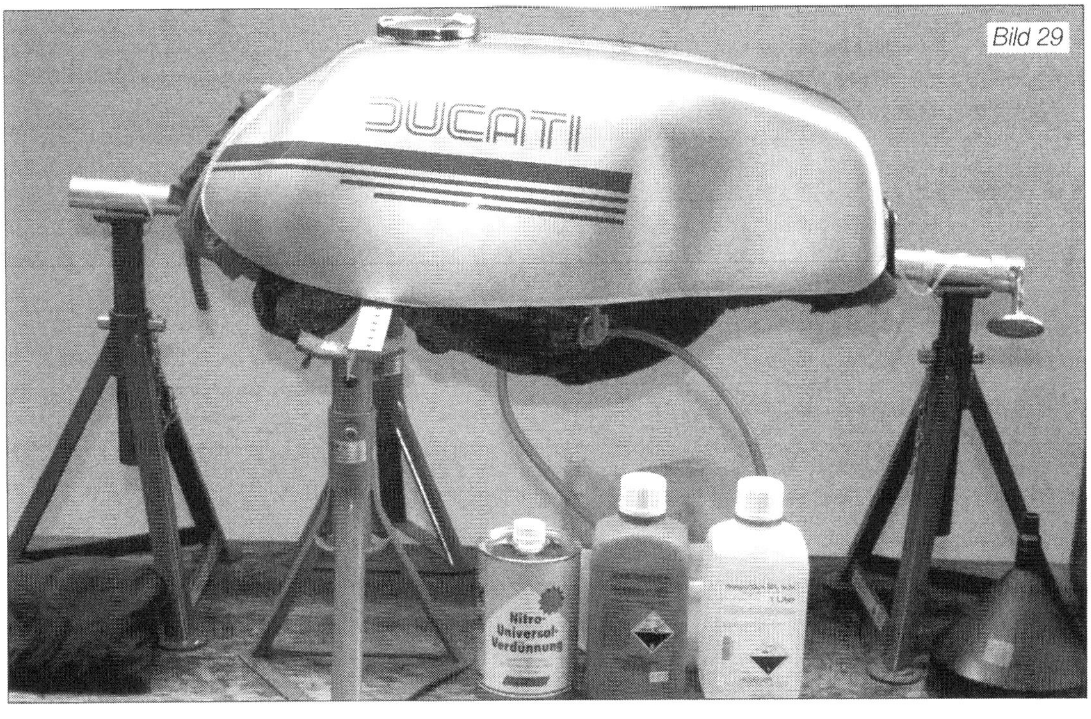

Bilder 25 bis 29: Tank entrosten. Im Lauftext sind die zu den Bildern gehörenden Arbeitsschritte nummeriert beschrieben.

Motorrad zerlegen

Platz schaffen

Bevor Sie mit der Zerlegearbeit beginnen, machen Sie erst mal einige Fotos vom Motorrad im Urzustand: Platt von beiden Seiten, von schräg vorne und hinten ist immer gut. Dies ist vor allem dann wichtig, wenn das Restaurierungsobjekt noch im Originalzustand ist. Denn keiner kann sich merken, wie Bowdenzüge und Kabel verlegt sind, weswegen beim Zusammenbau nach mehreren Monaten (oder Jahren!) ein Blick auf die Fotos hilfreich sein wird.

Für eine möglichst originalgetreue Farb- und Teilerestaurierung sowie beim späteren Zusammenbau helfen auch originale Prospekte und Testberichte aus der damaligen Zeit, zumal Tests in den damaligen Motorradzeitschriften wie MOTORRAD oder PS meistens auch Fotos der »gestrippten« Maschine beinhalteten. Besonders empfehlenswert sind damalige Ausgaben der führenden italienischen Motorradzeitschrift »Motociclismo«, die man heute entweder auf italienischen Veteranenmärkten kaufen kann oder die im Internet angeboten werden. Markenclubs haben solche Hefte oft auch in ihrem Archiv.

Wenn Sie ein Motorrad zerlegen wollen, brauchen Sie als Erstes genügend Platz, wo man das Motorrad auch mal einige Tage lang stehen lassen kann, ohne dass jemand kommt, der meint, frisch gewaschene Wäsche hier aufhängen zu müssen. Zu »genügend Platz« gehören auch Kisten und Regale, worin die abgeschraubten Teile baugruppengerecht gelagert werden können. Reichlich Lappen sollten sich in Griffweite befinden.

Richtiges Werkzeug!

Wenn Sie sich entschlossen haben, ein Motorrad zu restaurieren, muss es dazu komplett zerlegt werden. Und ganz egal, wie originalgetreu die

Bild 1: Vor der Zerlegung das Motorrad von allen Seiten fotografieren.

Bild 2: Originale Prospekte helfen bei der Restaurierung.

Bild 3: Auch während der Zerlegung immer wieder Fotos machen!

Bild 1

Bild 2

Bild 3

Restaurierung durchgeführt werden soll, raten wir Ihnen (wie so oft in diesem Buch): Schrauben Sie nur mit bestem Werkzeug!

Wenn jemand meint, dass zu einer Zerlegung nur Schraubenzieher, Wasserpumpenzange und Hammer genügen, »weil man ja eh neue Teile anbauen würde«, dann ist er schief gewickelt. Denn jeder Murks, der schon beim Zerlegen geschieht, schafft unnötige Arbeit beim Bearbeiten der Einzelteile und stört beim Zusammenbau.

Wichtig: Die an älteren Italienern verbauten Schrauben und Muttern aus den 70er-Jahren gibt es in dieser Form nicht mehr neu zu kaufen! Wenn Schrauben und Muttern keine verrosteten Gewinde und keine vermurksten Sechskant- oder Inbusköpfe haben, kann man sie mit einer Messingbürste und/oder an der Polierscheibe wieder aufrichten.

Reinigungsmittel

Beim Thema der richtigen Reinigungsmittel gehen die Meinungen auseinander: Manche arbeiten mit Benzin, das in eine große Waschschüssel geschüttet wird und worin die schmutzigen Teile gewaschen werden, andere wiederum sprühen die schmutzigen Teile mit Bremsenreiniger ein, weil damit das Fett leicht abgeht. Beides ist falsch, denn Benzin und Bremsenreiniger sind hochgiftig. Wenn ihre Dämpfe über längere Zeit eingeatmet werden oder auf der Haut sind, richten sie im Körper schwere Langzeitschäden an. Besorgen Sie sich im Kfz-Fachmarkt speziellen Bio-Teilereiniger, tragen Sie säurefeste Handschuhe und einen Mundschutz und reinigen Sie in gut gelüfteten Räumen oder im Freien!

Bilder 4 und 5: Schrauben, Muttern und Kleinteile sofort nach dem Abschrauben sinnvoll ablegen.

Bild 4

Bild 5

Bilder 6 und 7: Wenn die Freunde kommen, um sich nach dem Stand der Dinge zu erkundigen, kann man sie gleich mal fragen: »Hast du mal fünf Minuten Zeit?« und ihnen eine wichtige Aufgabe geben: Teile putzen und ordentlich irgendwo hin legen...

Bild 6

Bild 7

Federung

In diesem Kapitel: Federung prüfen · Federung einstellen · Fahrwerk abstimmen · Negativfederweg feststellen · Zugstufe einstellen · Federbeine wechseln · Feder wechseln · Koni- oder Ikon-Federbeine.

Federung prüfen

Sichtprüfung der Vorderradfederung

■ Aus der Gabel darf kein Öl auslaufen, sie muss überall trocken sein.

■ Die Gabelstandrohre dürfen keine Riefen, Kratzer (Bild 1) oder »Pickel« (Steinschlagbeschädigung) haben.

■ Wenn die Gabelsimmerringe nicht mehr dicht sind und Dämpferöl ausläuft, ist dies besonders nach Fahrten über schlechte Straßen zu sehen: Die Gabelstandrohre sind zuerst nur leicht verölt, aber im fortgeschrittenen Undichtigkeitsstadium läuft Öl außen an den Tauchrohren herunter.

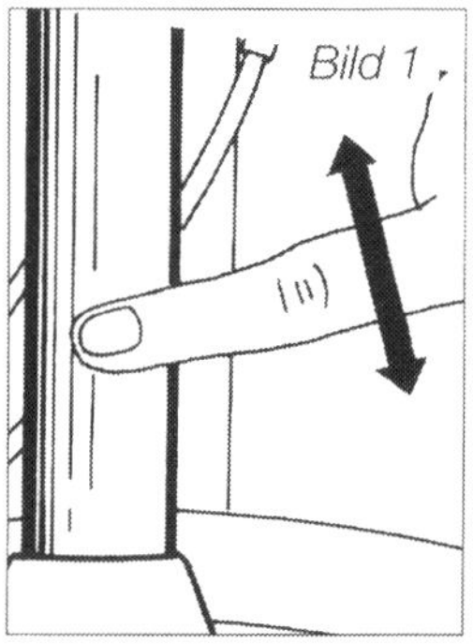

Bild 1: Sichtprüfung von außen auf Dichtheit der Gabelsimmerringe sowie auf Riefen, Kratzer und Druckstellen der Standrohre.

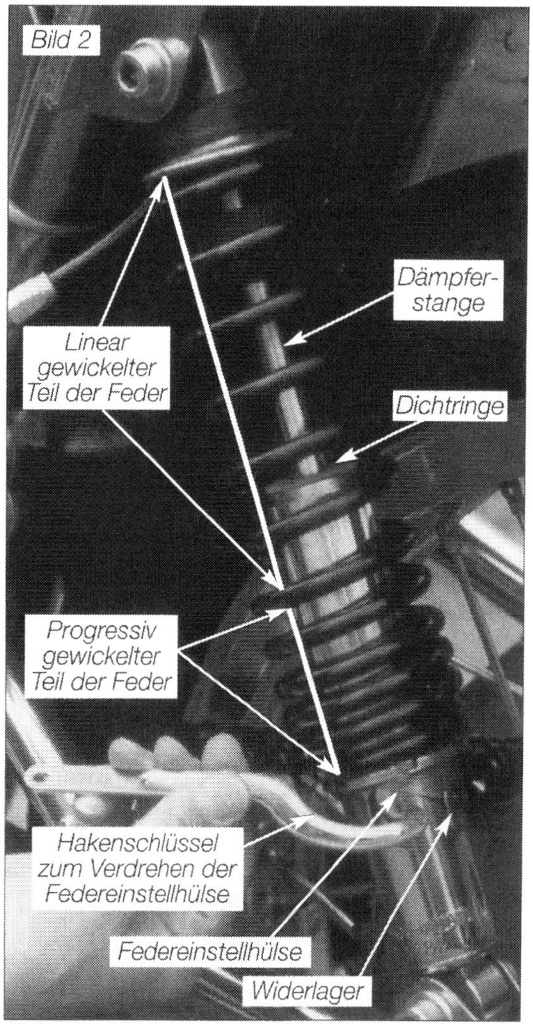

Bild 2: Bauteile und Details eines Federbeins.

■ Defekte Gabelsimmerringe können erneuert werden (siehe dazu Kapitel 9 »Telegabel«).

■ Bei einem Unfall verbogene Gabelstand- und Tauchrohre und Gabelbrücken sowie Standrohre mit tiefen Rostnarben müssen erneuert werden.

Sichtprüfung der Hinterradfederung

■ Aus dem Federbein darf an keiner Stelle Öl auslaufen, es muss überall trocken sein.

■ Dichtringe der Dämpferstange dürfen keine Undichtheiten zeigen, es darf kein Öl auslaufen.

■ Dämpferstange darf keine Riefen und Kratzer haben.

■ Feder und Federeinstellhülse dürfen weder verformt noch gebrochen sein.

■ Federbein-Befestigungsschrauben bzw. Muttern auf festen Sitz prüfen.

■ Die Schwinge darf kein seitliches Spiel haben, die Gummi-Formelemente in den oberen und unteren Anlenkaugen der Federbeine dürfen weder porös sein noch Spiel haben: Zu dieser Prüfung die Maschine auf den Mittelständer aufbocken, hinter die Maschine stehen, das Hinterrad mit beiden Händen packen und versuchen, die Schwinge ruckartig nach rechts und links sowie auf und ab zu bewegen. Man spürt eventuelles Spiel (»Luft«) im Schwingenlager und der Federbeinbefestigung.

Standprüfung der Federung

1. Motorrad steht frei auf den Rädern (auch der Seitenständer ist eingeklappt!), Motor aus.

2. Vorderradfederung prüfen: Über der Sitzbank stehen, Füße platt auf der Erde, Lenkergriffe fest umfassen, Vorderradbremse betätigen und Druck auf die Telegabel geben.

■ Man kann auch das Motorrad mit dem Vorderrad gegen eine Wand stellen und die Gabel dagegen eindrücken.

■ Mit stoßenden Bewegungen den Vorderbau nach unten drücken und frei ausfedern lassen.

3. Hinterradfederung prüfen: Körpergewicht immer wieder in den Sitz fallen lassen.

■ Wenn Sie fit sind im Umgang mit ihrem Motorrad, stellen Sie sich dahinter, stellen Sie es frei senkrecht und drücken Sie mit den Händen wippend auf das Heck (oder den Gepäckträger).

4. Ergebnis werten: Vorne wie hinten muss Einfedern schneller gehen als Ausfedern. Beim Ausfedern dürfen weder Vorder- noch Hinterbau nachschwingen, Telegabel und hintere Federbeine müssen über den gesamten Einfederweg »saugend« wieder ausfedern. Erst ganz zum Schluss darf die Telegabel wieder etwas zurück auf den Tragenullpunkt federn.

5. Diese Prüfung zeigt, ob Telegabel und Hinterradschwinge leicht und frei einfedern und die Dämpfung auch dämpft (also langsamer zurückfedern als sie einfedern).

- Dabei kann man feststellen, ob die Gabeltauchrohre in ihrer Beweglichkeit behindert sind, etwa durch verspannten Einbau der Gabelbeine, krumme Gabelbrücke(n), krumme Vorderachse.
- Dabei spürt man auch, ob sich die Schwinge frei bewegt oder etwas klemmt, etwa durch festgefressene (bzw. trockene, weil schlecht geschmierte) Schwingenlager oder klemmende Federbeine.

Fahrprüfung der Federung

1. Wenn Telegabel bzw. Hinterradfederung beim Betätigen der Vorderradbremse bzw. beim Überfahren einer Bodenwelle schnell durchschlägt, sind entweder:

- die Federn in der Telegabel bzw. Federbeine ermüdet (was jedoch nur selten der Fall ist),
- oder die Druckstufen-Dämpfung hat nachgelassen, weil das Dämpferöl alt und damit dünnflüssiger geworden ist,
- oder das Dämpferöl ist durch defekte(n) Simmerring(e) weniger geworden.

2. Wenn die Fahrzeugfront oder das Heck nach dem Überfahren von Bodenwellen nachschwingen und sich die Maschine »weich« anfühlt, ist dies ein sicheres Indiz dafür, dass die Wirkung der Dämpfung (»Zugstufe«) nachgelassen hat.

In beiden Fällen muss reagiert werden: Entweder benötigt die Telegabel einen Service, z. B. eine Erneuerung des Dämpferöls, und/oder die hinteren Federbeine sind defekt und sollten schleunigst repariert oder gar erneuert werden. Dämpferöl wechseln und neue Gabelsimmerringe einbauen (siehe Kapitel 9 »Telegabel«), zu den Federbeinen später mehr in diesem Kapitel.

Federung einstellen

Bei italienischen Youngtimern lässt sich nur die Hinterradfederung einstellen, die Vorderradfederung nicht. Sollten Sie eine (ggf. nachgerüstete) Telegabel in Ihrer Maschine haben, die eingestellt werden kann, können Sie die nachfolgenden Tipps sinngemäß auf die Vorderradfederung anwenden. Auch im Kapitel »Telegabel« bei »Dämpferöl« finden sich Tipps zur Gabelabstimmung.

Federvorspannung: Die Federvorspannung wird über Verdrehen der Federeinstellhülse eingestellt, wodurch die Feder mehr oder weniger stark vorgespannt wird:

- Federeinstellhülse im Uhrzeigersinn drehen spannt die Feder mehr vor, das Heck hebt sich an.
- Federeinstellhülse gegen den Uhrzeigersinn drehen spannt die Feder weniger vor, das Heck senkt sich ab.

Entgegen der landläufigen Meinung wird die Federung dadurch nicht »härter« oder »weicher«, sondern das Fahrzeugheck wird entsprechend angehoben oder abgesenkt. Damit bleiben die konstruktiven Grundwerte des Fahrwerks erhaltren: Lenkkopfwinkel, Nachlauf und Bodenfreiheit.

Wird die Federvorspannung nicht der Beladung entsprechend eingestellt, passiert Folgendes:

- Ist bei schwerer Beladung die Feder nur gering vorgespannt, sinkt die Maschine hinten zu weit ein, die Federung schlägt bei Bodenwellen rasch durch, die Handlichkeit wird schlecht und die Bodenfreiheit gering.
- Ist bei leichter Beladung die Feder stark vorgespannt, steht die Maschine hinten zu hoch, beim Ausfedern nach Bodenwellen kommt die Federung an den Ausfeder-Anschlag und das Heck kann »hüpfen«.

Nachstehend Einstell-Richtwerte:

- Fahrer alleine bis ca. 80 kg .... Stufe 1 bis 2
- Fahrer mit Zuladung bis 110 kg .... Stufe 2 bis 4
- Fahrer mit Beifahrer bis 150 kg .... Stufe 4 bis 5
- Fahrer, Beifahrer plus Gepäck bis zum maximal zulässigen Gesamtgewicht: .... Stufe 5

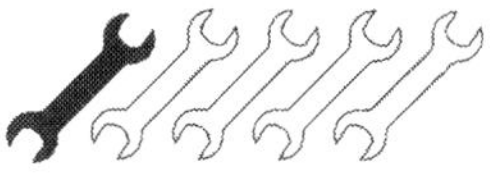

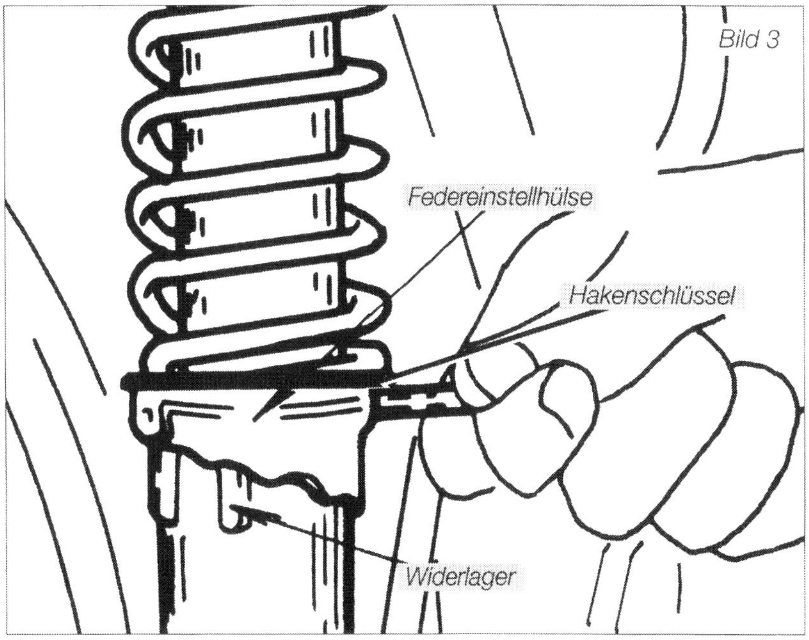

Bild 3: Mit einem Hakenschlüssel wird die Federvorspannung an der Federeinstellhülse eingestellt.

Fahrwerk abstimmen

Nach dem ersten Exkurs zum Thema »Federung einstellen« ist klar, dass nur ein gut abgestimmtes Fahrwerk beste Fahrsicherheit und größtmöglichen Fahrkomfort miteinander verbindet.

Nun wollen wir Federung und Dämpfung im Kontex betrachten: Sie gehören zusammen wie Jacke und Hose, wobei die technische Betrachtung der Federbeine, ihre Federeinstellung und die zugehörige Dämpfung getrennt gesehen werden müssen.

Federn: Sie »tragen« das Fahrzeug, weswegen sie auch »Tragfedern« genannt werden. Ihre »Tragkraft« (auch »Federrate« genannt) wird in kg pro cm (kg/cm) angegeben:

- Hat eine linear gewickelte Feder eine Tragkraft von 33 kg/cm, bedeutet das, dass sie sich bei einer Belastung von 33 kg um genau einen Zentimeter zusammendrückt. Wird sie mit weiteren 33 kg belastet (also jetzt 66 kg), drückt sie sich um einen weiteren Zentimeter zusammen. Eine solche Feder ist meistens mit einer »33« auf dem Federdraht bedruckt.
- Bei progressiv gewickelten Federn nimmt die Federkraft progressiv zu: im ersten Bereich (ein Zentimeter) genügen z. B. 18 kg, beim zweiten Zentimeter kommen z. B. 25 kg hinzu und ab dem dritten Zentimeter kommt die Feder in den linearen Bereich, es kommen dann pro Zentimeter 33 kg hinzu. Eine solche Feder ist meistens mit einer »18-25-33« auf dem Federdraht bedruckt.

Bild 4: Details zur Federvorspannung und Länge des Federbeins (»Länge zwischen den Augenmitten«).

Dämpfung: Wäre ein Motorrad nur mit Federn ausgestattet, dann wäre es unfahrbar, denn schon nach dem Überfahren der kleinsten Bodenwelle würde die Maschine »nachschwingen« und spätestens ab der übernächsten Bodenwelle anfangen zu springen wie ein Bock. Für das Abklingen dieser Nachschwingungen ist die Dämpfung zuständig, sie setzt der Ausfederkraft einen kontrollierten Widerstand entgegen, damit sie nicht so schnell ausfedern kann.

Dafür gilt folgende Faustformel:

- Je stärker die eingebaute Feder ist (z. B. 33 kg/cm), desto stärker muss die Dämpfung wirken (»kräftiger Ausfeder-Widerstand«).
- Umgekehrt: Je schwacher eine Feder ist (z. B. 28 kg/cm), desto schwacher muss die Dämpfung sein (»geringer Ausfeder-Widerstand«).

Bei der Beantwortung der Frage, ob überhaupt und wie die »richtige Wirkung der Dämpfung« gefunden werden kann, ist natürlich als Erstes wichtig zu wissen, ob am Federbein überhaupt eine Dämpfungs-Verstellung vorhanden ist:

- Wenn »nein«, ist die Dämpfung nicht veränderbar. Dann kann man das Federbein zu einem Spezialisten bringen und die Innereien so verändern lassen, dass die Dämpfung entweder stärker oder schwächer wird.
- Wenn »ja«, wie am Koni-Federbein in Bild 5, kann die Dämpfer-Zugstufe vierfach verändert werden: Von »schwach« auf Stufe 1 bis »stark« auf Stufe 4. Mit dem Finden der passenden Einstellung beschäftigen wir uns später in diesem Kapitel.

Für die Bemessung der Dämpferwirkung sind drei Größenfaktoren wichtig:

1. Das Gewicht der Maschine in fahrfertigem Zustand.
2. Die Federrate der eingebauten Federn.
3. Die Zuladung.

Die vom Werk aus eingebauten, serienmäßigen Federn sind als Kompromiss zu betrachten:

- Wird das Motorrad ausschließlich von einer

leichten Person gefahren, dann ist die Feder generell viel zu hart.
■ Bei zwei Leuten plus Urlaubsgepäck ist die Federung dagegen zu weich: Die Federbeine schlagen rasch durch und in Schräglage setzt das Motorrad früh auf.

In beiden Fällen sind weder Fahrsicherheit noch Fahrkomfort besonders toll. Wenn man den Wunsch hat, dies zu verändern, sollte man es auch tun: Weichere oder härtere Federn gibt's bei engagierten Italo-Händlern oder bei Federbeinspezialisten und diese in die Federbeine einzubauen ist recht einfach (siehe weiter hinten in diesem Kapitel).

»Zu weich« oder »zu hart« feststellen
Mit etwas Geschick kann man sogar bei stehendem Motorrad schnell herausfinden, ob die Abstimmung »zu weich« oder »zu hart« ist. Dafür sind neben zwei Helfern lediglich ein Maßstab und ein Filzstift erforderlich.
1. Zunächst balanciert der eine Helfer das Fahrzeug aus und der zweite Spezi hievt das Rahmenheck so hoch, dass es voll ausfedert.
1.1. Mit dem Maßstab wird nun von der Radachse zu einer am Heck angebrachten Filzstift-Markierung der Abstand gemessen und notiert (z. B. 450 mm).
2. Nun lässt der »Heber« wieder los, die Maschine sackt aufgrund ihres Eigengewichtes in die Federung: Das Motorrad befindet sich jetzt auf der »statischen Ebene Null«.
2.1. Jetzt das vorhin festgelegte Maß »450 mm« von der Radachse nach oben anlegen und eine Markierung mit dem Filzstift machen.
3. Maß nehmen zwischen den beiden Markierungen: Der »Einfederweg« soll bei einem italienischen Youngtimer etwa 15 mm betragen.

Negativfederweg feststellen
Der nächste Schritt zur Federabstimmung ist das Feststellen des Negativfederweges.
1. Fahrer setzt sich in kompletter Fahrerausrüstung (inklusive Helm!) und in Fahrposition auf die Maschine und stellt, als würde er fahren, seine Stiefel auf die Fußrasten.
2. Der erste Helfer balanciert das Fahrzeug aus.
■ Das Motorrad ist jetzt in der »fahrdynamischen Basis«, auch »statische Nulllage« genannt.
3. Der zweite Helfer misst den Abstand von der Radachse zur bereits markierten Stelle am Heck.
3.1. Von der vorhin bestimmten, »vollausgefederten Messstelle« bis zu diesem neuen Messpunkt sollte nun das Heck ein Drittel des gesamten Federweges der Hinterradachse eingefedert sein.
Beispiel: Maß ist 30 mm bei einem Radfederweg von 90 mm.

Ergebnisse werten:
■ Federt es nicht so weit ein, sind die in den Federbeinen montierten Federn zu hart.
■ Federt das Heck viel tiefer ein, sind die Federn zu weich.
Wichtig: Die Toleranz beträgt plus/minus 10%.

An dieser Stelle sei es noch einmal ganz deutlich gesagt: Durch das Verstellen der Federvorspannung wird nur die Fahrzeughöhe, nicht aber die Federrate oder Federhärte verändert! Lässt sich der statische und negative Federweg nicht durch die Federvorspannung einstellen, muss man die Federn austauschen.

Zugstufe einstellen
Außer der Federvorspannung lässt sich bei den Koni-Federbeinen auch die Zugstufendämpfung vierfach variieren (Bild 5):
■ Steht das Stellrädchen auf Position »1«, ist die Dämpfung »weich« (= geringe Dämpfkraft).
■ Steht das Stellrädchen auf »4«, ist die Dämpfung »straff« (= starke Dämpfkraft).

Beim Abstimmen beginnt man auf Position »1«: Hinter die Maschine stehen, einige Male kräftig einfedern und fühlen, wie stark gedämpft das Heck ausfedert. Dann das Stellrädchen auf die nächste Position drehen und wieder einfedern.

Nach jedem »Klick« ist deutlich zu spüren, wie die Dämpfung »straffer« wird und das Heck langsamer ausfedert. Als »Faustformel« für die Dämpfereinstellung gilt: Das Fahrzeugheck darf nach dem Einfedern weder zu schnell noch zu langsam ausfedern, sondern es muss nach Einfedern gut gedämpft ausfedern!

Bei der Testfahrt gibt dann der »Popometer« dem Fahrer genau Auskunft darüber, in wieweit sich die Straßenlage seines fahrbaren Untersatzes verbessert hat.

Federbeine wechseln

Ceriani-Federbeine aus den 60er- oder 70er-Jahren waren damals um ein Vielfaches besser als andere Marken (Ausnahme: Koni-Federbeine) und sind es auch heute noch. Für Federbeine von Marzocchi, Paioli und Sebac galt dieses Lob weder damals noch heute, denn sie glänzten

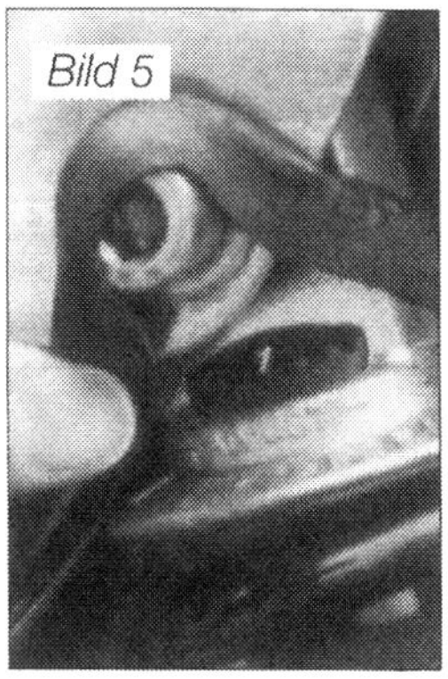

Bild 5: Dämpfereinstellung oben am Koni-Federbein.

vor allem durch gadenlose Härte und damit mäßigem Fahrkomfort: Umrüsten war damals schon angesagt und das gilt auch heute noch.

Wenn man neue (oder gebrauchte) Federbeine kaufen möchte, benötigt man dazu drei Maße:

- Das Längenmaß ist das »Maß zwischen den Augenmitten« (siehe Bild 4).
- Den Durchmesser des Federdrahts.
- Die ungespannte Länge der Feder.

Zur Länge: Messen Sie möglichst genau. Federbeine können in der Länge um Plus/Minus 1 mm differieren, je nachdem, in welches Motorrad sie eingebaut waren! Zwar verändert ein um 5 mm kürzeres oder längeres Federbein das Fahrverhalten eines Motorrads nur unmerklich, weil eine solche Toleranz im Fahrwerk schon bei den Durchmessern der Reifen von Marke zu Marke sowie der Reifenprofiltiefe gegeben ist, aber das neue Federbein sollte dennoch in der Länge exakt dem bisherigen entsprechen.

Tipp: Man kann natürlich auch ein etwas längeres Federbein einbauen, um die Schräglagenfreiheit zu erhöhen (plus 10 bis 15 mm, im Extremfall 20 mm). Dadurch ändern sich allerdings auch zwei Grundwerte des Fahrwerks: Der Lenkkopf wird steiler und der Nachlauf kürzer, was die Maschine zwar handlicher macht, aber auch etwas nervöser beim Geradeauslauf bei hohem Tempo.

Zum Federdraht-Durchmesser: Eine Feder mit einem Drahtdurchmesser von 6,8 mm hat eine Federrate von 22 kg/cm; eine mit 9,0 mm hat mehr als das Doppelte, nämlich 52 kg/cm. Zur endgültigen Bestimmung der zum Fahrergewicht (und dem Fahrstil!) passenden Federrate kann es wichtig sein, verschiedene Federn einzubauen und zu testen – denn jede praktische Erprobung ist in der Fahrwerksabstimmung wichtiger als alle Theorie!

Zur Federlänge: Eine andere Feder muss zwischen 10 und 30 mm länger sein als das Maß zwischen unterer Federauflage (Verstellring) und oberem Federteller, wenn der Stoßdämpfer ganz auseinandergezogen ist (Bild 6).

Federbein ausbauen

1. Motorrad auf Mittelständer abstellen. Wenn keiner vorhanden ist:

- Am Heckrahmen an Werkstattkran oder Flaschenzug aufhängen: Riemen unter den Heckrahmenrohren durchführen und dabei darauf achten, dass keine Kabel oder elektrische Bauteile gedrückt werden.
- Fahrzeughinterbau muss frei sein, Hinterrad darf keinen Bodenkontakt haben.

2. L-Aufnahmen des Heckmontageständers auf beiden Seiten leicht an der Schwinge ansetzen. Damit wird, beim Aus- und Einbau des Federbeins, die Schwinge mit Hinterrad etwas nach oben und unten bewegt, um die Schrauben sicher aus- und wieder einfummeln zu können.

- Oder ein entsprechend dickes Holzstück unters Hinterrad legen.

3. Untere Schraubverbindung zur Schwinge hin öffnen und ausschrauben.

- Dabei die Schwinge mit dem Heckständer etwas nach oben und unten bewegen, damit die Schraube leichter herausgeht.

4. Obere Schraubverbindung zum Rahmen hin öffnen und ausschrauben.

- Dabei das Federbein mit der Hand halten und herausnehmen.

Federbein einbauen

Der Einbau in umgekehrter Reihenfolge ist einfach, doch sollte man zuvor Folgendes beachten:

- Bei ausgebauten Federbeinen die Beweglichkeit der eingebauten Schwinge prüfen, sie muss sich gleichmäßig weich auf und ab bewegen lassen, die Lagerung darf kein Spiel haben.
- Am Ende der Schwinge ist ein Seitenspiel von nur 1 bis 2 mm zulässig.
- Silentblöcke in den Federbein-Befestigungsaugen kontrollieren: Wenn die Gummis bröselig sind, unbedingt neue Silentblöcke einbauen, sonst besteht die Gefahr, dass sich das Federbein während der Fahrt löst und wegfliegt!

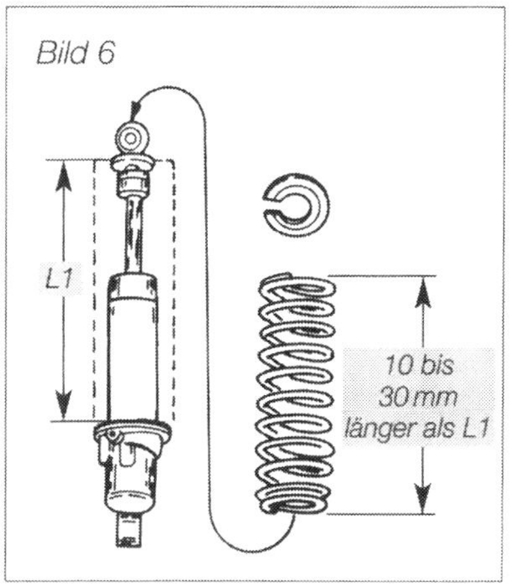

Bild 6: Nötige Federlänge.

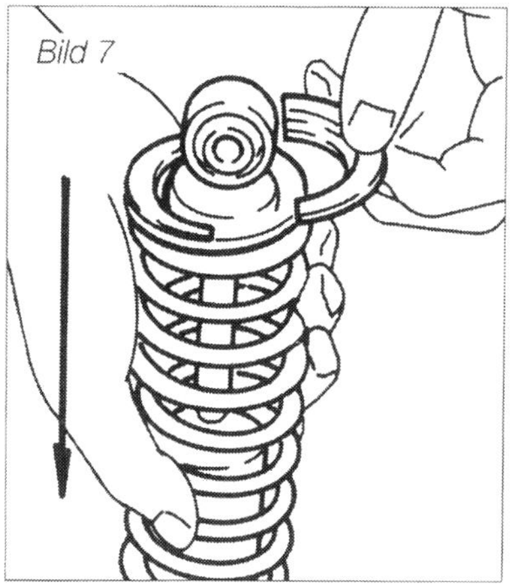

Bild 7: Feder wechseln.

■ Schraubverbindungen der Federbeinbefestigung oben und unten mit dem vorgeschriebenen Anziehdrehmoment festziehen.
■ Nur einwandfreie Schrauben und Sicherungsmuttern verwenden. Wenn sie auch nur leicht angegammelt (korrodiert), ihre Gewinde, Sechskant- oder Inbusköpfe vermurkst sind: Neue Schrauben und Muttern der Festigkeitsklasse »10.« einbauen. KEINE »weichen« Eisen- oder Aluschrauben oder Muttern verwenden!

Feder wechseln

Wenn die Feder des hinteren Federbeins »müde« geworden ist (passiert gerne bei alten Maschinen!) oder eine andere Feder mit weicherer oder härterer Federrate verwendet werden soll, kann man diese recht einfach auswechseln (siehe Bilder 6 und 7):
■ Federbein ausbauen und am unteren Auge senkrecht in einen Schraubstock spannen.
■ Federeinstellhülse auf niedrigste Vorspannstufe einstellen.
■ Feder direkt unterhalb des oberen Federtellers mit zwei Händen packen und nach unten drücken.
■ Federteller herausziehen, Feder langsam loslassen und abnehmen.

Einbau einer neuen Feder in umgekehrter Reihenfolge.

Bitte beachten: Wenn eine Feder altersmäßig verschlissen ist, dann ist das Federbein auch alt und seine Dämpfung garantiert defekt. Wenn sich das Federbein zerlegen lässt (also nicht verpresst ist), kann man das Federbein überholen. Es gibt jedoch im Handel keine Dichtsätze, wie z. B. neue Simmerringe für die Telegabel, weswegen ein Federbein nur beim Federungs- und Dämpfungs-Spezialisten überholt werden sollte. Denn nur tadellose Federbeine garantieren optimale Straßenlage.

Koni- oder Ikon-Federbeine

Viele Youngtimer aus Italien wurden oft schon im damaligen Neuzustand mit Koni-Federbeinen bestückt, denn diese verbesserten Straßenlage und Komfort. Doch trotz des ausgezeichneten Rufs und der exzellenten Qualität, verbunden mit einer lebenslangen Garantie, stellte Koni vor einigen Jahren die Produktion der Motorrad-Federbeine ein. Alle Produktionswerkzeuge wurde nach Australien verkauft, wo die früheren Konis unter dem neuen Markennamen Ikon hergestellt werden (siehe dazu *www.ikon-shocks.com*. Beratung, Vertrieb und Service: Poohl-Power, Kirchstraße 9, D-56424 Ebernhahn, *www.poohlpower.de*).

Wenn ein altes Koni-Federbein defekt ist, z. B. ein Dichtring undicht geworden ist und heraustropfendes Öl den Schaden anzeigt, sollte der Hobbyschrauber seine Finger weglassen, denn ein Stoßdämpfer ist ein hochwertiges Präzisionsteil mit Fertigungstoleranzen im Bereich von 0,02 mm! Weiterhin ist Spezialwerkzeug zur fachgerechten Überholung erforderlich.

Wie filigran es im Dämpfer zugeht, zeigt der Dämpferkolben: Er hat winzige Bohrungen zwischen 0,7 mm und 1,5 mm Durchmesser. Das durch diese Löcher strömende Hydrauliköl bewirkt die Dämpfungseigenschaften. Wenn das Federbein zerlegt ist, liegen immerhin 41 Teile auf der Werkbank (Bild 8). Feder, Dämpfergehäuse, Innenrohr und Dämpferstange sind die größten Bauteile. Hinzu kommen Kleinteile wie Dichtungen, Ventilplättchen, O-Ringe, Metallscheiben und Clipse.

Ein defektes Koni-Federbein kann man zur Reparatur einschicken, am sinnvollsten gleich zum Ikon-Vertrieb Poohl. Wenn man die Garantiekarte von damals noch hat, erhält man entweder eine kostenfreie Reparatur des Koni-Federbeins (und zwar ohne Zeit- oder Kilometer-Begrenzung!) oder ein neues Ikon-Federbein. Garantieansprüche auf Koni-Motorrad-Federbeine müssen geltend gemacht werden bei: KONI Deutschland ITT Automotive Europe GmbH & Co. KG, Rheinstraße 96, D-56235 Ransbach-Baumbach, *www.koni.de*.

Bild 8: In alle Einzelteile zerlegtes Koni-Federbein.

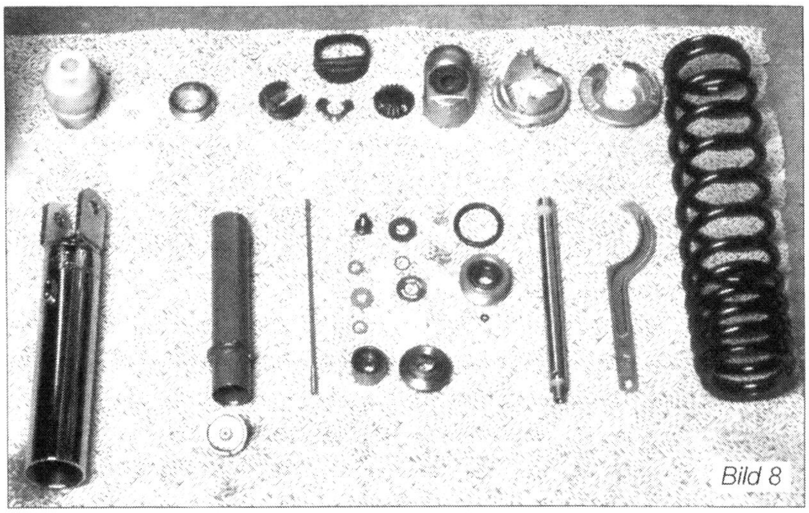

Bild 8

Telegabel

In diesem Kapitel: Gabelöl · Gabelöl wechseln · Gabelbeine aus- und einbauen · Anziehdrehmomente · Spezialwerkzeug · Gabelsimmerringe erneuern · Gabelbein zerlegen und zusammenbauen.

Gabelöl

Gabelöl altert und verschleißt ebenso wie Motoröl, worunter die Dämpfkraft der Gabel leidet: Das Öl wird im Laufe der Zeit dünnflüssiger und verliert seine spezifischen Eigenschaften.

Unter einer schlechten Gabeldämpfung leidet das Fahrverhalten. Auch verliert dünnflüssiges, weil altes (bzw. »verbrauchtes«) Gabelöl einen Gutteil seiner Schmierfähigkeit, was sich in erhöhtem Verschleiß der an- und aufeinander gleitenden Gabelbauteile niederschlägt.

Deswegen raten wir, das Gabelöl mindestens alle 20 000 km oder zwei Jahre zu erneuern.
- Wenn sich bei der Prüfung der Telegabel herausstellt, dass sie zu schnell ausfedert, ist dies ein Beweis für verschlissenes Gabelöl.
- Auch beim Einbau neuer Gabelsimmerringe muss neues Gabelöl eingefüllt werden.

Ausnahmen: In die Telegabeln der meisten älteren Guzzis sind so genannte »Cardridge-Dämpfsysteme« eingebaut, das sind in sich geschlossene Dämpfer, die keinen Ölwechsel benötigen und nur komplett ausgewechselt werden können. Sie gehen allerdings auch nicht kaputt. Gabeln dieser Bauart haben etwas Öl in den Gabelbeinen zur Schmierung der ineinander gleitenden Stand- und Tauchrohre. Bei den 850er-Modellen sind 70 ccm Castrol GTX 2 15/50 vorgeschrieben. Bei einem Ölwechsel kann normales Motoröl oder auch ein Gabelöl der dickeren Sorte (SAE 20) verwendet werden.

Wichtig: Sorte und Menge des für Ihr Motorrad vorgeschriebenen Gabelöls sind im Fahrzeughandbuch unter »Füllmengen« vermerkt. Nachstehend einige Angaben für Sorte und Menge Gabelöl je Holm aus originalen Werksunterlagen als Beweis der damaligen Lässigkeit der italienischen Handbuchschreiber:

Ducati 750 SS
- Gabel mit vorgesetzter Achsaufnahme 280 ccm Agip FI ATF*
- Gabel mit nicht vorgesetzter Achsaufnahme 210 ccm (ohne Angabe von Marke und Ölsorte!)

Ducati 900 SS
230 ccm Agip OSO 25 oder Agip FI ATF-Öl

Morini 3 1/2: 200 ccm BP HLP 80

Guzzi 850 T, T3: 70 ccm Castrol GTX 2 15/50
Guzzi 1000 SP: 80 ccm ATF

Laverda 650, 750, 1000, 1200: SAE 10
- 170 ccm bei 35er-Gabelrohren
- 200 ccm bei 38er-Gabelrohren
- 240 ccm bei Dreizylinder mit 38er-Marzocchi

Das Kürzel »ATF« steht für »Automatic Transmission Fluid«, das ist Öl für Automatikgetriebe in Autos, es entspricht normalerweise in etwa SAE 10 bis 15. Castrol bietet ein sehr gutes ATF an mit der Verkaufsbezeichnung »Automatic TQ-D«. Dieses Öl entspricht der früheren »GM-Spezifikation Dexron II« und eignet sich besonders für solche italienische Telegabeln, bei denen noch alte Gabelsimmerringe eingebaut sind.

Mit Gabelöl der Viskosität SAE 10 ist man auch dann gut bedient, wenn in einer damaligen Betriebsanleitung Ölbezeichnungen wie »Agip OSO 25« oder »BP HLP 80« genannt waren, mit denen man heute nichts mehr anfangen kann.

Gabel mit Öl fein abstimmen

Mit Gabelöl kann man die Telegabel in gewissen Bereichen »fein abstimmen«.
- Wenn Ihnen die Federabstimmung der Gabel »zu weich« ist, z. B. die Gabel bei groben Bodenwellen rasch durchschlägt und/oder zu lasch dämpft, dann füllen Sie entweder 10 bis 15 Prozent mehr oder auch dickeres Gabelöl ein: Es gibt Gabelöle zwischen SAE 5 bis SAE 20 in Schritten von 2,5 (Bild 1).
- Wenn die Gabel als »zu hart« erscheint, kann man ein dünneres Gabelöl nehmen; z. B. SAE 7,5 anstatt SAE 10 oder SAE 15 anstatt SAE 20.

Gabelöl wechseln

1. Motorrad so aufbocken, dass der Vorderbau frei ist: Gabel ganz ausgefedert, Vorderrad hat keinen Bodenkontakt. Einige Spritzer Allzwecköl (WD-40) an die Schraubstellen und die Klemmstellen der Gabelstandrohre in der oberen Gabelbrücke geben.

1.1. Wenn ein durchgehender Rohrlenker den ungehinderten Zugang zu den Verschlussstopfen

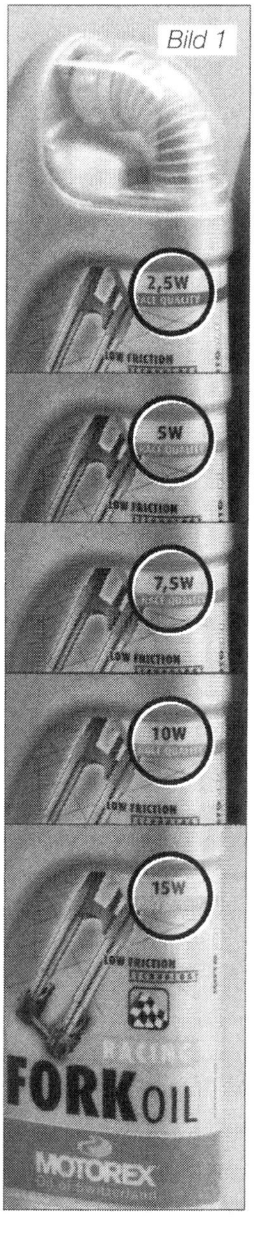

Bild 1: Qualitativ hochwertiges Gabelöl verschiedener Viskositätsklassen (siehe Kreise).

behindert: Lenker abbauen, nach vorne ablegen.
2. Standrohr-Klemmschrauben in der oberen Gabelbrücke rechts und links lösen.
3. Verschlussstopfen oben in den Gabelstandrohren lösen und ausdrehen.
■ Wenn der Stopfen mit einem Außensechskant versehen ist, benutzen Sie dazu eine exakt passende Sechskantnuss, denn beim Gebrauch einer 12-Kant-Nuss, eines 12-Kant-Ringschlüssels oder gar eines Gabelschlüssels besteht die Gefahr, dass die Kanten des Sechskants am Stopfen vermurkst werden!
3.1. Vorsicht beim Ausdrehen der letzten Gewindegänge, denn von innen drückt die Gabeltragfeder dagegen!
3.2. Stopfen reinigen und dabei den O-Ring kontrollieren: Wenn er ok ist, kann er später so wieder eingebaut werden; wenn er nicht in Ordnung ist, einen neuen aufziehen.
4. Großen (!) Ölauffangbehälter unter Gabelöl-Ablassschraube stellen, Schraube lösen (Bild 3) und ausdrehen, Öl ablaufen lassen (Bild 4).
■ Auf den Dichtring achten, es ist meistens ein kleiner O-Ring oder ein Kupferdichtring: Wenn der Ring nicht beschädigt ist, kann er ein weiteres Mal verwendet werden.
5. Gabeltragfedern ausziehen und reinigen.
6. Vorderrad langsam mit der Hand anheben und so die Gabel einige Male »einfedern«: Es kommt jedes Mal ein kleiner Schuss Gabelöl. Einige Zeit auslaufen und austropfen lassen!
7. Gabelöl-Ablassschrauben mit Dichtring eindrehen und gut handfest anziehen.
8. Frisches Gabelöl in der richtigen Menge in jedes Gabelbein einfüllen (Bild 5).
8.1. Vorderrad langsam mit der Hand anheben und so die Gabel einige Male »einfedern«: Es »gurgelt« leise in den Gabelbeinen, weil sich das frische Dämpferöl darin verteilt.
9. Gabeltragfedern einführen, eventuell Federkappen oder Distanzstücke nachführen.
10. Verschlussstopfen ansetzen, gegen die Federkraft drücken, exakt ans Gewinde ansetzen und mit dosiertem Druck eindrehen.
10.1. Stopfen festziehen mit dem vorgeschriebenen Anziehdrehmoment (20 bis 30 Nm).
10.2. Gfg. Lenker aufbauen.

Gabelbeine aus- und einbauen

Zum Austausch undichter Simmerringe müssen die Gabelbeine ausgebaut werden. Die vorgeschriebenen Anziehdrehmomente der Standrohr-Spannschrauben sind von Modell zu Modell verschieden. Wenn sie einem nicht bekannt sind, sollte man sie vor Beginn der Schraubarbeiten beim Händler besorgen. Wenn Sie dazu keine Möglichkeit haben, hier Standardwerte:

Gabelbrücken-Spannschrauben:

M8 in Aluminium-Gabelbrücke	16 bis 20 Nm
M8 in Stahl-Gabelbrücke	20 bis 26 Nm
M10 in Aluminium-Gabelbrücke	30 bis 34 Nm
M10 in Stahl-Gabelbrücke	40 bis 50 Nm
oberer Gabelstopfen in Standrohr	20 bis 25 Nm

Bild 2: Zum Gabelölwechsel benötigte Teile.

Bilder 3, 4 und 5: Im Lauftext sind die zu den Bildern gehörenden Arbeitsschritte nummeriert beschrieben.

Ölablassschraube: Auf O-Ring oder Kupferdichtung achten!

Altes Dämpferöl lange genug austropfen lassen

untere Dämpferhalteschraube......... 20 bis 30 Nm
■ *Loctite »mittelfest« an das Gewinde geben*
■ *neue Dichtscheibe verwenden*

Spezialwerkzeug
Die Telegabeln italienischer Youngtimer ohne Einstellschrauben für Federvorspannung und Dämpfung sind einfach aufgebaut. Gabelöl kann bei eingebauten Gabelbeinen gewechselt werden (siehe Text weiter vorne in diesem Kapitel). Zum Einbau neuer Gabelsimmerringe müssen die Gabelbeine allerdings ausgebaut und zerlegt werden; Spezialwerkzeug ist dazu nicht nötig.

Gabelbeine ausbauen
1. Motorrad so aufbocken, dass der Vorderbau frei ist. Einige Spritzer Allzwecköl (WD-40) an alle Schraub- und Klemmstellen der Gabelstandrohre in den Gabelbrücken geben.
2. Ab- und ausbauen: Bremssättel, Bremsschlauch-Halterungen, Schutzblech, Vorderrad; ggf. Lampenhalter, Blinker.
3. Gabelbrücken-Spannschrauben in der oberen und unteren Gabelbrücke öffnen und mindestens drei Umdrehungen lösen. Dabei das Gabelbein mit einer Hand halten, damit es nicht herausfällt.
3.1. Ggf. Klemmschrauben der Lenkerstummel einige Umdrehungen öffnen.
4. Gabelbein unter leichtem Hin- und Herdrehen nach unten herausziehen.

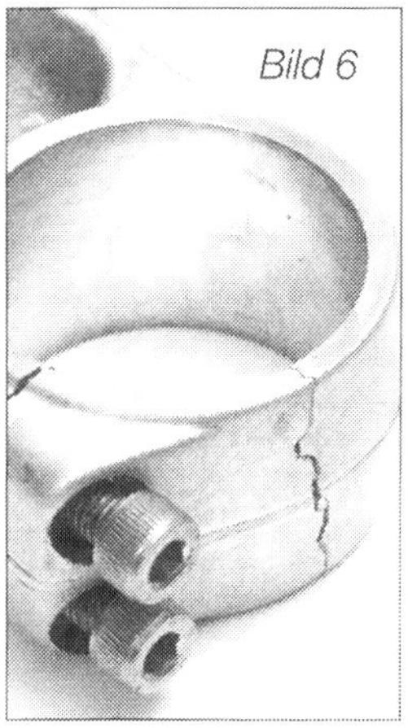
Bild 6

Bild 6: Gerissene untere Gabelbrücke.

Gabelbeine einbauen
Beim Einbau der Gabelbeine in umgekehrter Reihenfolge des Ausbaus auf Folgendes achten:
■ Standrohr-Klemmstellen in den Gabelbrücken reinigen und leicht einfetten.
■ Gabelbein von unten einführen und so weit durch die obere Gabelbrücke durchschieben, bis die oben am Standrohr angedrehte Fase (bzw. der Bund des oberen Gabelstandrohr-Stopfens) über die Oberfläche der Gabelbrücke übersteht.
■ Untere Standrohr-Klemmschrauben zuerst festziehen, dann die oberen.
■ Standrohr-Klemmschrauben nicht zu fest anziehen, sonst werden die Gabelbrücken verbogen oder das Gewinde reißt aus. In ganz harten Fällen reißt die Gabelbrücke durch (Bild 6), was dann passiert, kann man sich vorstellen: Die Telegabel macht die Grätsche, ein schwerer Sturz ist die Folge!
■ Wenn Sie die vom Fahrzeug- oder Gabelhersteller vorgeschriebenen Anziehdrehmomente nicht haben, orientieren Sie sich an den ca.-Werten weiter vorne in diesem Text.

Gabelsimmerringe

Zum Erneuern eines Gabelsimmerrings muss das Gabelbein ausgebaut und zerlegt werden. Nehmen Sie sich dazu bitte Bild 7 sowie die Explosionszeichnung in Bild 8 zu Hilfe.

Wenn nur ein Gabelsimmerring auf einer Seite defekt ist, auch den (noch scheinbar guten!) Simmerring auf der anderen Seite erneuern. Manche Gabeln haben zwei Simmerringe eingebaut: Einen mit der Dichtlippe nach unten (damit kein Dämpferöl austreten kann) und den anderen mit

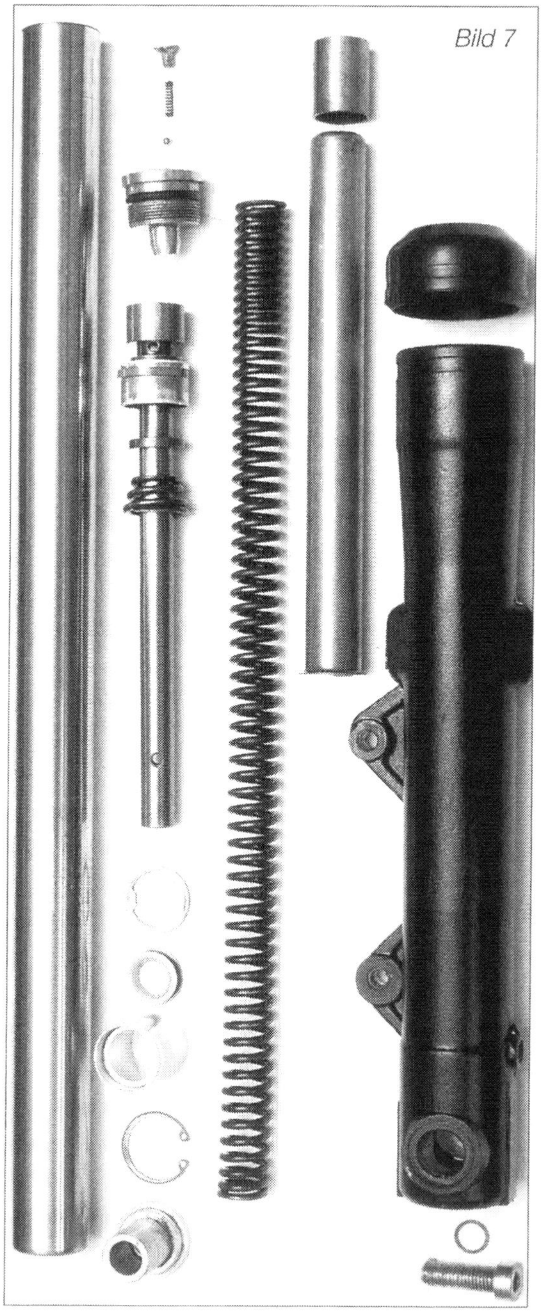
Bild 7

Bild 7: Zerlegtes Gabelbein im Vergleich zur Explosionszeichnung in Bild 8. Bitte beachten Sie, dass die Dämpfereinheit nicht weiter zerlegt werden braucht, die Reinigung kann in zusammengebautem Zustand erfolgen.

Bild 8

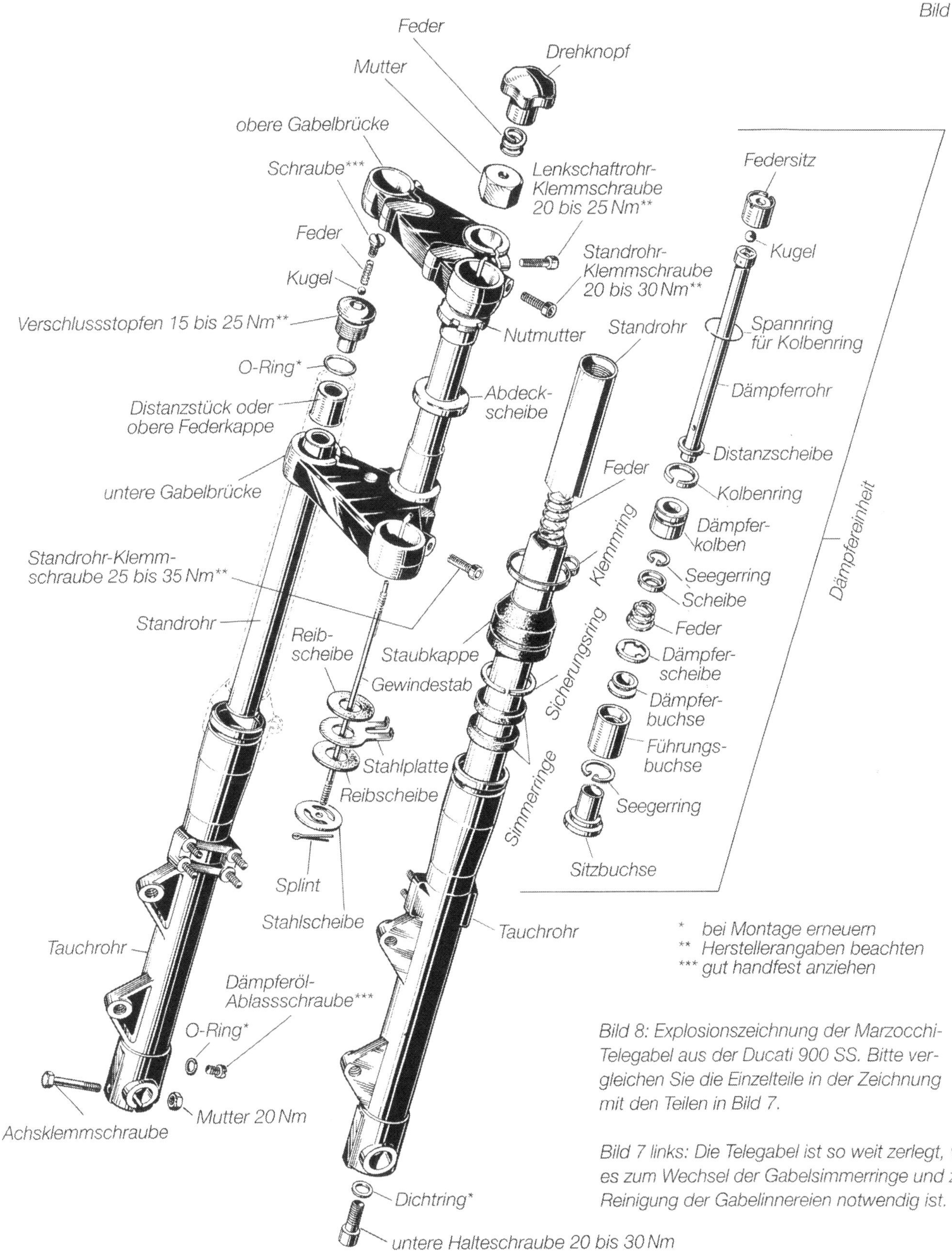

* bei Montage erneuern
** Herstellerangaben beachten
*** gut handfest anziehen

Bild 8: Explosionszeichnung der Marzocchi-Telegabel aus der Ducati 900 SS. Bitte vergleichen Sie die Einzelteile in der Zeichnung mit den Teilen in Bild 7.

Bild 7 links: Die Telegabel ist so weit zerlegt, wie es zum Wechsel der Gabelsimmerringe und zur Reinigung der Gabelinnereien notwendig ist.

Bild 9: Die Aufschrift auf dem Simmerring bestimmt die Einbaurichtung.

Bilder 10 und 16: Im Lauftext sind die zu den Bildern gehörenden Arbeitsschritte nummeriert beschrieben.

Bild 9

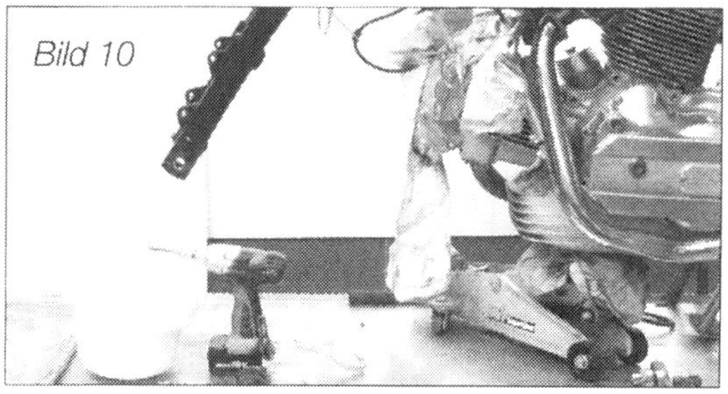
Bild 10

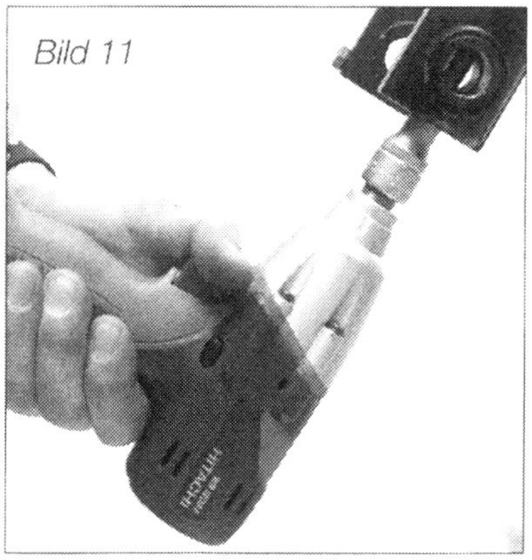
Bild 11

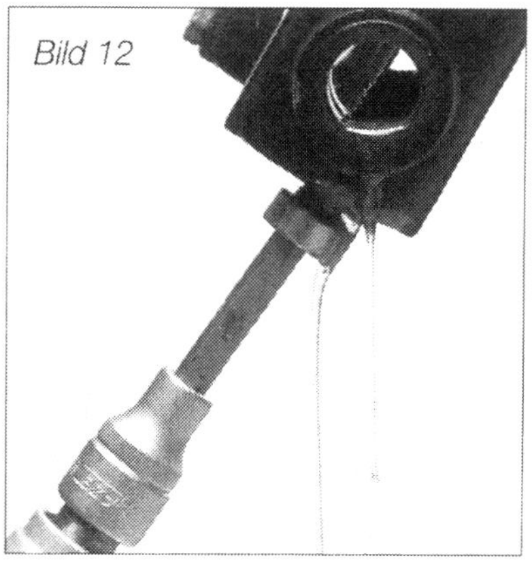
Bild 12

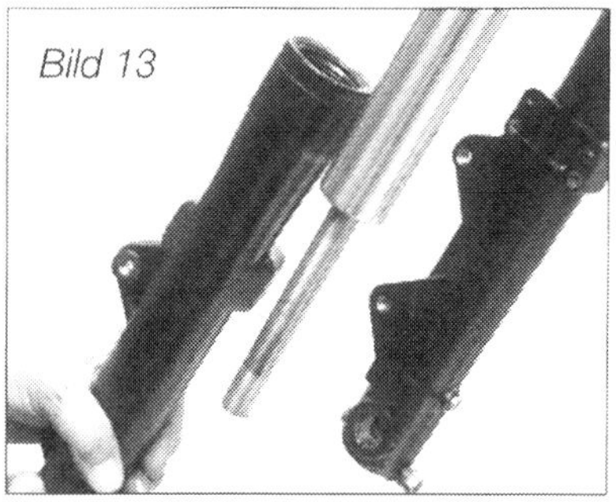
Bild 13

Bild 14

Bild 15

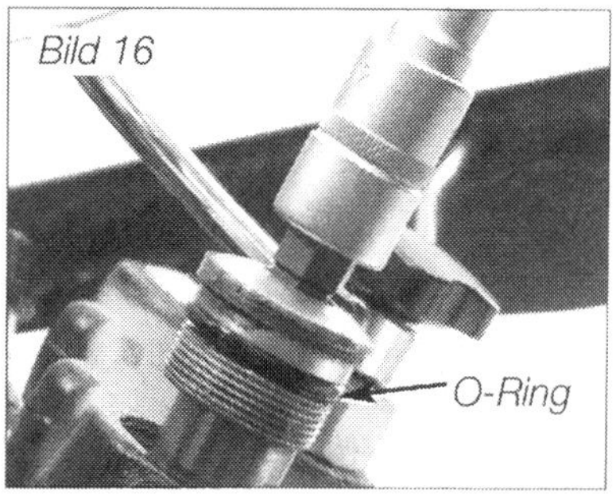

Bild 16

der Dichtlippe nach oben (damit kein Schmutz oder Regenwasser eindringen können).
■ Wichtig ist, dass die Simmerringe so eingebaut werden, dass die große Dichtlippe dorthin weist, wogegen sie abdichten soll (Bild 9).
■ Wenn nur ein (doppellippiger) Simmerring eingebaut ist, muss dieser mit der Aufschrift nach oben eingebaut werden.

Beim Zerlegen der Gabel ist ein Schlagschrauber (Bild 11) sehr empfehlenswert, denn damit lässt sich die untere Halteschraube, mit der das Gabeltauchrohr am Dämpferrohr befestigt ist, relativ einfach lösen und ausdrehen. Wenn man es dagegen mit einem normalen Schlüssel versucht, dann dreht sich die Dämpfereinheit meistens mit!

Gabelbeine ausbauen, zerlegen

1. Motorrad so aufbocken, dass der Vorderbau frei ist (Bild 10). Etwas Allzwecköl (WD-40) an die Schraubstellen und die Klemmstellen der Gabelstandrohre in beiden Gabelbrücken geben.
2. Ab- bzw. ausbauen: Bremssättel, Bremsschlauch-Halterungen, Schutzblech, Vorderrad.
3. Jetzt geht es schon ans Eingemachte:
3.1. Einen (genügend großen!) Ölauffangbehälter unter das Gabelbein stellen (Bild 10).
3.2. Untere Halteschraube mit einer exakt (!) passenden Inbusnuss am Schlagschrauber (Bild 11) lösen und ganz ausdrehen (Bild 12): Gabelöl läuft aus, ganz ablaufen lassen.
■ Auf den Kupferdichtring achten, er klebt oft innen im Tauchrohr fest: Auspulen, beim Zusammenbau einen neuen Dichtring verwenden.
3.3. Tauchrohr vom Standrohr abziehen (Bild 13). Sitzbuchse vom Dämpferrohr abziehen.
4. Standrohr-Klemmschrauben in der oberen Gabelbrücke rechs und links lösen (Bild 14).
5. Verschlussstopfen oben in den Gabelstandrohren lösen und ausdrehen (Bilder 15 und 16).
■ Wenn der Stopfen mit einem Außensechskant versehen ist, benutzen Sie dazu eine exakt passende Sechskantnuss, denn beim Gebrauch einer 12-Kant-Nuss, eines 12-Kant-Ringschlüssels oder gar eines Gabelschlüssels besteht die Gefahr, dass die Kanten des Sechskants am Stopfen vermurkst werden!
5.1. Vorsicht beim Ausdrehen der letzten Gewindegänge, denn von innen drückt die Gabeltragfeder dagegen: Stopfen unter Druck auf den Schlüssel ausdrehen (Bild 16)!
5.2. Stopfen reinigen und dabei den O-Ring kontrollieren: Wenn er ok ist, kann er später so wieder eingebaut werden; wenn er nicht in Ordnung ist, einen neuen aufziehen.

6. Distanzbuchsen und Gabeltragfedern ausziehen und reinigen.
7. Standrohr-Klemmschrauben in der unteren Gabelbrücke rechts und links lösen
7.1. Standrohr unter leichtem Hin- und Herdrehen nach unten herausziehen.
8. Standrohr umdrehen, Dämpfereinheit herausrutschen lassen, komplett herausziehen.
8.1. Standrohr ist noch umgedreht: Mit einer Seegerringzange den unten im Standrohr sitzenden Seegerring ausbauen und folgende Teile herausnehmen: Führungsbuchse, Dämpferbuchse, Dämpferscheibe. Teile gut reinigen.
Hinweis: In der Expolsionszeichnung in Bild 8 ist die Dämpfereinheit in allen Einzelheiten zu sehen. Eine weitere Zerlegung als bisher im Text beschrieben ist jedoch nicht nötig!

Wichtig: Wenn die Gabel zerlegt ist, dann kontrollieren Sie, ob sich die untere Halteschraube leicht und ohne zu haken in das Innengewinde des Dämpferrohrs eindrehen lässt, denn das ist wichtig beim späteren Zusammenbau! Wenn es auch nur »ganz leicht« schwer geht: Die Gewinde der Schraube und im Dämpferrohr so nachschneiden, dass sie leicht ineinander laufen!

Alte Gabelsimmerringe ausbauen

1. Klemmring von der Staubkappe abziehen, Staubkappe vom Tauchrohr abziehen.
2. Sicherungsring aus Tauchrohr ausbauen mit schmalen Schraubenziehern (Bilder 17 und 18).
3. Simmerring(e) aushebeln mit breitem Schraubenzieher (Bild 19).
4. Teile gut reinigen und trocknen.

Neue Gabelsimmerringe einbauen

1. Neuen Gabelsimmerring mit etwas Silikonfett einreiben (frisches Gabelöl geht auch).
2. Erster Simmerring mit der Aufschrift nach unten an seinem Sitzbund ansetzen und ringsum gleichmäßig eindrücken.
■ Simmerring müsste sich mit den Fingen eindrücken lassen! Falls nicht: Eine Nuss nehmen, die 1 bis 2 mm kleiner ist als der Außendurchmesser des Simmerings, Nuss auf dem Simmerring ansetzen, behutsam einschlagen (Bild 20).
2.1. Zweiten Simmerring mit der Aufschrift nach oben einbauen.
3. Sicherungsring in seine Nut einsetzen.

Gabelbein zusammenbauen

1. Standrohr mit frischem Gabelöl einschmieren.
2. Dämpferbaugruppe von oben in das Standrohr einführen bzw. einfallen lassen.
2.1. Auf das unten herausragende Dämpferrohr nach oben hin aufschieben: Dämpferscheibe, Dämpferbuchse, Führungsbuchse.
2.2. Führungsbuchse in Tauchrohr einschieben, mit zwei Fingern halten, Seegerring einbauen.
2.3. Sitzbuchse auf das Ende des Dämpefrrohres aufschieben.
3. Standrohr vorsichtig in das Tauchrohr schieben: Dichtlippen des Simmerrings dürfen auf keinen Fall beschädigt werden! Stand- und Tauchrohr ganz zusammenschieben.
4. Die jetzt ineinander gesteckten Teile senkrecht halten (Tauchrohr ist unten), untere Halteschraube mit neuem Kupferdichtring bestücken, vorsichtig einschieben und behutsam in das Gewinde des Dämpferrohres eindrehen.
■ Wenn die Schraube das Gewinde »gepackt« hat, sie provisorisch »gut handfest« anziehen.
4.1. Wenn die Schraube das Innengewinde nicht packt oder sich die Haltebuchse der Dämpferbaugruppe mitdreht beim Versuch, die Schraube festzuziehen: Gabeltragfeder provisorisch einbauen, sie drückt dann auf die Dämpfereinheit und hindert sie am Drehen.
5. Staubkappe innen etwas einölen, über das Standrohr schieben und auf ihren Sitzbund auf dem Tauchrohr schieben. Klemmring anbringen.
6. Gabelöl einfüllen, Gabeltragfeder einführen, Stopfen eindrehen, Gabelbeine einbauen siehe weiter vorne in diesem Kapitel.
Wichtig: Bevor das Vorderrad eingebaut wird, die untere Halteschraube mit dem vorgeschriebenen Anziehdrehmoment festziehen!

Bilder 17 bis 20: Im Lauftext sind die zu den Bildern gehörenden Arbeitsschritte nummeriert beschrieben.

Bild 17

Bild 18

Bild 19

Bild 20

Bild 1

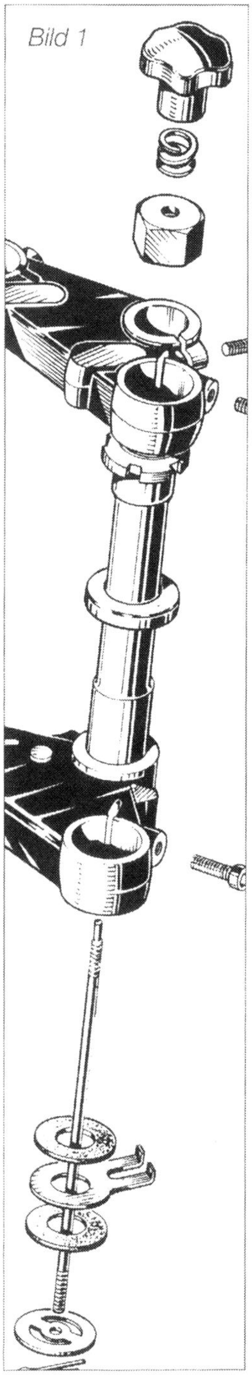

Bilder 1 bis 3: Im Lauftext sind die zu den Bildern gehörenden Arbeitsschritte nummeriert beschrieben.

Lenkung

In diesem Kapitel: Lenklagerung prüfen · Lenklagerung einstellen · Lenkkopflager reinigen, einfetten · Lenkkopflager wechseln.

Lenklagerung prüfen

Die Lenklagerung setzt sich zusammen aus dem unteren und oberen Lenkkopflager, dem inneren Lenkschaftrohr sowie dem rahmenfesten Lenkkopf. Sie sollte mindestens einmal im Jahr überprüft und ggf. eingestellt werden. Zerlegung, Reinigung und Neueinfettung der Lenklagerung sind in der Regel alle 20 000 km nötig.

Wichtig: Die Lenklagerung muss so eingestellt sein, dass leichtes Schwenken und sicheres Fahren gewährleistet sind. Wenn die Maschine in lang gezogenen Kurven nicht mehr die gewohnt saubere Linie halten will (sofern die Reifen vom Profil her in Ordnung sind und der Luftdruck stimmt!) und es beim kurzen Anziehen der Vorderradbremse verdächtig in der Lenkung knackt, hat meist die Lenklagerung zu viel Spiel.

■ Eine zu lockere Einstellung der Lenklagerung führt zu instabilem Fahrverhalten bei niedrigen Geschwindigkeiten und kann zu Flattern des Vorderrads bei höheren Geschwindigkeiten führen.

■ Eine zu straffe Einstellung der Lenklagerung verursacht Pendelbewegungen bei niedrigen und hohen Geschwindigkeiten und erschwert Lenkbewegungen.

Bild 2

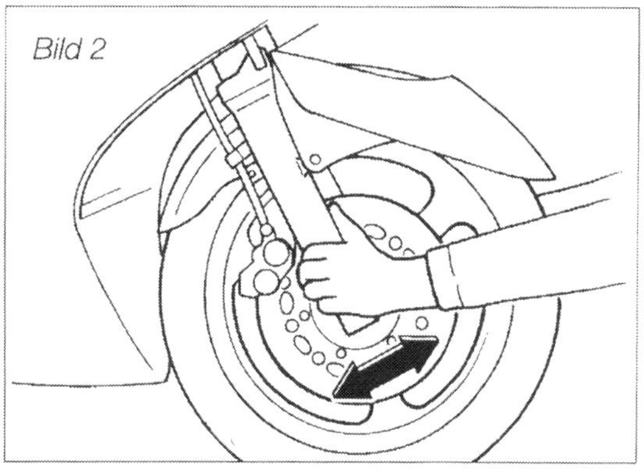

Bild 3

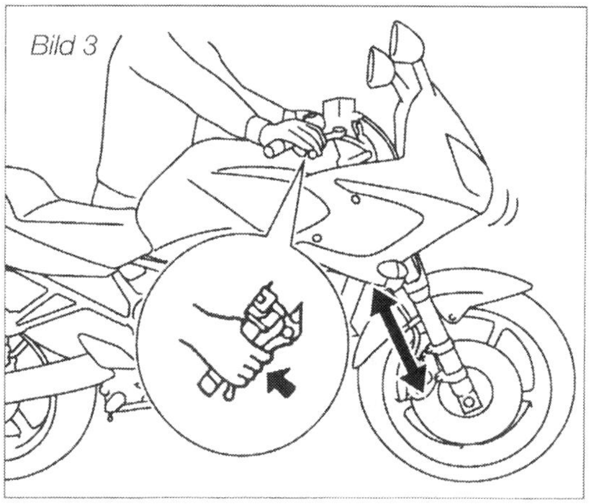

Bei der Beurteilung, ob die Lenklagerung zu fest oder zu lose ist, darf der serienmäßige Reibungsdämpfer (Bild 1) nicht angezogen sein. Ebenso muss ein nachträglich angebauter, hydraulischer Lenkungsdämpfer auf Stufe »0« stehen.

Lenklagerung prüfen

1. Motorrad auf dem Mittelständer aufbocken und unter dem Motor mit einem kleinen hydraulischen Wagenheber unterbauen, Vorderrad und Lenkung sind jetzt frei beweglich.

■ Wenn kein Mittelständer an der Maschine ist, den Rahmen vorne mit Riemen umschlingen und mit einem Werkstattkran etwas hochziehen, dass Vorderrad und Lenkung frei beweglich sind. Das Hinterrad behält Bodenkontakt.

2. Lenkung von Anschlag zu Anschlag schwenken und dabei auf ungleichmäßige Bewegung, Rastung oder Knacken im Bereich des oberen und unteren Lenkkopflagers achten. Seilzüge und Kabel dürfen den Lenkeinschlag nicht behindern.

3. Falls die Schwenkbewegung der Lenkung ungleichmäßig verläuft, etwas schleift oder die Lenkung Spiel hat, die Lenklagerung nachstellen.

4. Rastet die Lenkung in Mittelstellung ein, ist dies ein Zeichen, dass die Lenkkopflager defekt sind und ausgewechselt werden müssen.

5. Falls sich die Lenkung ohne Knacken und ohne an einem Punkt einzurasten von Lenkanschlag zu Lenkanschlag bewegen lässt, die Lager aber Spiel haben, muss die Lenklagerung nachgestellt werden.

6. Lenklagerspiel feststellen: Bei gerader Radstellung beide Gabelholme unten packen und ruckartig nach vorne und hinten bewegen (Bild 2): Wenn das Lenkkopflager Luft hat, spürt man es ganz deutlich.

Eine weitere Prüfmethode:

1. Motorrad steht abgebockt mit beiden Rädern auf dem Boden, Sie stehen im Bereich des Sitzes über der Maschine (Bild 3).

2. Rechte Hand betätigt die Vorderradbremse.

3. Linke Hand: Daumen liegt auf der linken Seite der oberen Gabelbrücke, Zeigefinger am Rahmen in Höhe des oberen Lenkkopflagers.

4. Maschine mit gezogener Bremse kräftig mehrmals nach vorne stoßen und zurückziehen.

Wenn das Lenkkopflager Luft hat, spürt man dieses Spiel in Daumen und Zeigefinger der linken Hand. Es muss dabei nicht unbedingt hörbar knacken!

Das »Erspüren« des Lenkkopf-Lagerspiels ist nicht nur Erfahrungssache, sondern auch von Maschine zu Maschine verschieden. Wichtig ist, dass das Spiel beseitigt wird und die Lenklagerung nicht zu fest angezogen wird, also ausreichend leichtgängig bleibt.

Lenklagerung einstellen

Mit der Zeit wird das Lagerspiel größer, weil sich die Lagerbauteile »setzen«. Außerdem sind alle Lagerbauteile einem gewissen Verschleiß unterworfen und bekommen deswegen mit der Zeit »Luft« zueinander. Wir beschreiben nachstehend die Einstellung einer Lenklagerung mit Einstell- und Kontermutter. Es kann auch sein, dass die Gabel Ihrer Maschine nur eine Einstellmutter hat und die Konterung von der Lenkschaft-Kopfmutter übernommen wird (Bild 4).

Wichtig: Besorgen Sie sich rechtzeitig die vom Fahrzeughersteller vorgeschriebenen Anziehdrehmomente für Lenkschaft-Kopfmutter, Lenklager-Einstell- und Kontermutter (Nutmuttern) und die Standrohr-Klemmschrauben in der oberen und unteren Gabelbrücke. Denn wenn diese zu lose angezogen werden, war die Einstellerei für die Katz, und wenn sie zu fest angezogen werden, können Lenklager und Gabelstandrohre beschädigt werden!

1. Motorrad so aufbocken, dass der Vorderbau frei ist. Einige Spritzer Allzwecköl (WD-40) an die Schraubstellen und die Klemmstellen der Gabelstandrohre in der oberen Gabelbrücke geben.
2. Lenkschaft-Kopfmutter lösen und einige Umdrehungen aufdrehen: Um die meist verchromte Mutter nicht zu beschädigen, eine exakt passende Sechskantnuss verwenden (Bild 5).
3. Standrohr-Klemmschrauben in der oberen Gabelbrücke lösen und mindestens zwei Umdrehungen aufdrehen.
4. Obere Gabelbrücke etwas nach oben schieben: Dazu mit einem Kunststoffhammer mit Gefühl von unten gegen die Klemmstellen der Gabelstandrohre und Lenkkopfrohr klopfen (Bild 6).
5. Obere Nutmutter (»Lenkschaftrohr-Kontermutter«, sitzt direkt unter der Gabelbrücke) mit einem Hakenschlüssel lösen und eine Umdrehung aufdrehen. Wenn eine Sicherungsscheibe eingebaut ist (Bild 7), die in eine Nut eingebogene Lasche waagerecht biegen.
6. Jetzt die untere Nutmutter (»Lenklager-Einstellmutter«) mit dem Hakenschlüssel mit viel Gefühl gut handfest anziehen und wieder etwas lösen (Bild 8). Dadurch »setzt« sich der Lagerring und das Spiel im Lager verschwindet.
7. Untere Nutmutter mit dem Hakenschlüssel in

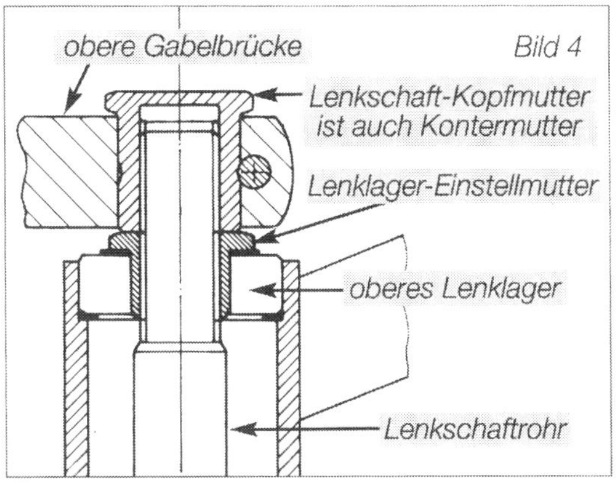

Bild 4: Bei manchen Gabeln ist die Lenkschaft-Kopfmutter gleichzeitig die Kontermutter der Lenklager-Einstellmutter.

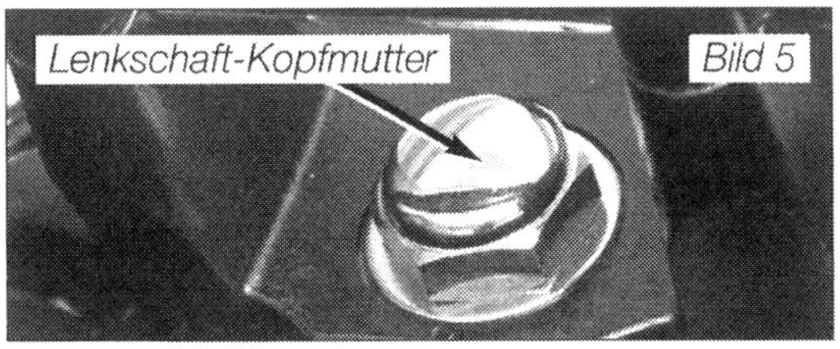

Bild 5: Lenkschaft-Kopfmutter mit einer 6-Kant-Nuss öffnen und festziehen.

Bild 6: Obere Gabelbrücke nach Öffnen der Spannschrauben mit einem Plastikhammer etwas nach oben schieben.

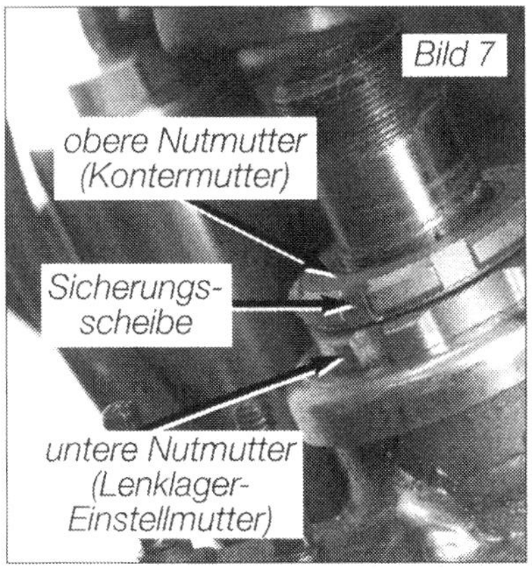

Bild 7: Wenn eine Sicherungsscheibe zwischen den Nutmuttern vorgesehen ist, die Laschen vor dem Einstellen aus der Nut biegen und nach dem Kontern wieder einbiegen.

Bild 8: Passenden Hakenschlüssel verwenden!

Position halten und die obere Nutmutter dagegen kontern.

8. Gabelbrücke nach unten schieben (bzw. vorsichtig mit dem Plastikhammer nach unten klopfen).

9. Gabelbrücken-Spannschrauben und Lenkschaft-Kopfmutter abwechselnd in zwei Schritten anziehen und mit dem vorgeschriebenen Anziehdrehmoment festziehen.

Lenkung einige Male nach rechts und links bis zum Lenkanschlag schwenken und dabei prüfen, ob sich die Lenkung leicht und ohne zu »sperren« bewegen lässt und keine »Luft« mehr hat.

- Wenn »ja«, ist alles ok.
- Wenn »nein«, Einstellung wiederholen.

Lenkkopflager reinigen, einfetten

Sollte es notwendig sein, die Lenkkopflager zu reinigen, neu einzufetten, oder müssen sie gar erneuert werden, müssen zum Ausbau des Lenkschaftrohres (das mit der unteren Gabelbrücke fest verbunden ist) die Gabelbeine ausgebaut werden.

1. Einige Spritzer Allzwecköl (WD-40) an die Schraubstellen, die Klemmstellen der Gabelstandrohre in beiden Gabelbrücken und die Klemmstelle des Gabelschaftrohres in der oberen Gabelbrücke geben.

2. Lenkschaftrohr-Kopfmutter abdrehen. Lenkschaftrohr-Klemmschraube lösen. Obere Gabelbrücke abbauen: Mit Kunststoffhammer von unten nach oben abtreiben.

3. Oberste Nutmutter (»Kontermutter«) lösen und ganz abdrehen.

4. Mit einer Hand die untere Gabelbrücke nach oben halten, mit der anderen Hand die untere Nutmutter (»Einstellmutter«) vom Lenkschaftrohr abdrehen.

5. Lenkschaftrohr nach unten herausziehen.

6. Staubschutzscheibe, oberen Lagerinnenring und oberen Kugelring herausnehmen.

7. Unteren Kugelring vom Lenkschaftrohr abziehen. Alle Teile sorgfältig reinigen.

Hinweis: Wenn Kegelrollenlager (Bild 10) verbaut sind, lassen sich die Lagerringe meistens nicht von den Innenringen lösen, sondern bleiben fest mit ihnen verbunden. Deswegen: NICHT versuchen, diese abzuwürgen!

Ausgebaute Lenkkopflager prüfen

Zustand der äußeren und inneren Lagerschalen (Bild 9) auf Sicht prüfen:

- Sie dürfen nicht beschädigt, eingelaufen, punktuell eingedrückt oder anderweitig beschädigt sein (z. B. durch Korrosion).
- Auch dann, wenn die Laufbahn der Lagerkugeln in den Lagerschalen matt ist, sollten die Lager ausgewechselt werden.
- Lagerschalen und Lagerinnenringe müssen fest und spielfrei in den Bohrungen des Rahmens bzw. auf dem Lenkschaftrohr sitzen.
- Alle Lagerkugeln müssen kugelrund sein und dürfen keine flachen Stellen, Vertiefungen (»Krater«), Materialausbrüche, eingelaufene oder eingeschlagene Stellen haben.
- Die Kugelkäfige müssen zur Gänze vorhanden sein, dürfen nirgendwo ausgebrochen oder gerissen sein und alle Kugeln so halten, dass sie sich leicht bewegen, aber nicht herausfallen können.
- Dies gilt ebenso für Kegelrollenlager.

Lenkkopflager fetten und einbauen

1. Gereinigte Lagerschalen, Lagerinnenringe und Kugelringe satt mit schwerem Wälzlagerfett einfetten (Bild 11) .

2. Unteren Kugelring über das Lenkschaftrohr fädeln, auf den unteren Lagerinnenring setzen.

3. Lenkschaftrohr von unten in Rahmenkopf einführen, mit der Hand halten!

4. Oberen Kugelring einsetzen, Lagerinnenring und Staubschutzscheibe aufschieben.

Bild 9

Bild 9: Gereinigte Lagerschalen im Lenkkopf begutachten. Diese sind knapp an der Grenze zum verschlissen sein und sollten ausgewechselt werden.

Bild 10

Bild 10: Lager reinigen und ansehen. Wenn die Lagerkugeln oder Kegelrollen noch einwandfrei rund sind, und die Lagerschalen in Ordnung, können sie weiter verwendet werden.

Bild 11

Bild 11: Lenklager satt mit schwerem Wälzlagerfett einfetten.

5. Untere Nutmutter reinigen, einölen, aufschrauben und handfest anziehen.
6. Gabelbeine einbauen siehe Kapitel 9 »Telegabel«, Lenkkopflager einstellen siehe in diesem Kapitel weiter vorne.

Lenkkopflager wechseln

Wenn die Lagerschalen Riefen oder eingelaufene Stellen haben, müssen sie erneuert werden. Dabei auch die Lagerinnenringe, Kugelringe und Dichtscheiben erneuern: Komplett neue Lagersätze kaufen!

Es gibt Spezialwerkzeuge zum Aus- und Einbau von Lagern. Diese arbeiten auf Gewindespindelbasis, also ohne Erwärmung (und damit Ausdehnung) des Materials. Nachstehend erklären wir den Aus- und Einbau der Lenkkopflager mit konventionellen Werkzeugen nach üblicher Mechanikerart.

Lager ausbauen

1. Innenring des unteren Lagers fettfrei reinigen, mit einem Heißluftföhn anwärmen, ganzes Teil auf einer stabilen Holzunterlage ablegen, Innenring mit Hammer und Meißel vom Sitz treiben (Bild 12).
2. Obere und untere Lagerschale mit einem langen Dorn unter leichten Schlägen mit einem Stahlhammer schrittweise über Kreuz aus ihrer Sitzbohrung im Rahmen treiben (Bild 13).
■ Vorher mit einem Heißluftföhn, auf dessen Spitze eine flache Düse aufgesteckt ist, die Außenseiten der Lagersitze kurz und heftig erwärmen (maximal 100 °C). Dadurch dehnt sich der Lagersitz des Rahmens aus und die Lagerschalen lassen sich leichter austreiben als bei kaltem Rahmen.

Lager einbauen

Ausgangslage für den Lagereinbau:
■ Lagerstellen sind penibel gereinigt und haben keine mechanischen oder korrosionsbedingten Schäden oder Verformungen.
■ Die beiden neuen Lagerschalen mindestens eine Stunde lang ins Tiefkühlfach legen: Sie ziehen sich in der Kälte zusammen und lassen sich später leichter montieren.

1. Mit dem Heißluftföhn (oder auf der Heizplatte oder im Ölbad) den unteren Lagerinnenring so weit erwärmen, dass man ihn gerade eben nicht mehr in die Hand nehmen kann
■ »Spuckprobe« machen, es zischt bei ca. 80 bis 90 °C.
■ Nur mit Hitzeschutz-Handschuhen anfassen!
2. Untere Staubschutzscheibe über das Lenkschaftrohr bis ganz nach unten schieben und satt aufsetzen.
3. Erwärmten Lagerinnenring auf das kalte Lenkschaftrohr auffädeln, nach unten auf den Sitz schieben, mit passendem Rohrstück und kurzen Hammerschlägen satt in den Sitz drücken (Bilder 14 und 15).
4. Kurz bevor die Lagerschalen aus dem Kühlschrank geholt werden, oberen und unteren Lagersitz des Rahmens mit dem Heißluftföhn kurz und heftig erwärmen (max. 100 °C).
5. Die kalten Lagerschalen oben in die Lagerstelle des Lenkkopfs einfallen lassen, bzw. von unten nach oben einschieben.
6. Lagerschalen so lange in ihren Sitz drücken, bis sie von selbst fest sitzen: Eine M16-Gewindestange durch den Lenkkopf führen, oben und unten je eine Karosseriescheibe auf die Lager setzen und mit zwei Muttern gegeneinander festziehen. Gewindestange erst dann entfernen, wenn Lagerschalen und Lenkkopf gleiche Temperatur haben.
7. Weiterer Einbau der Lager und Lenklagerspiel einstellen siehe Texte weiter vorne in diesem Kapitel.

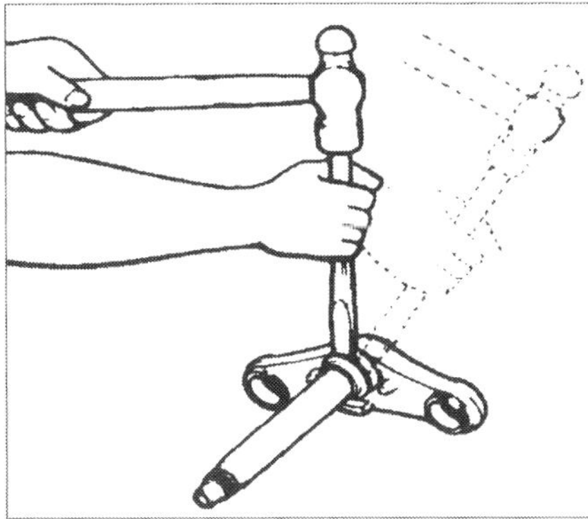
Bild 12

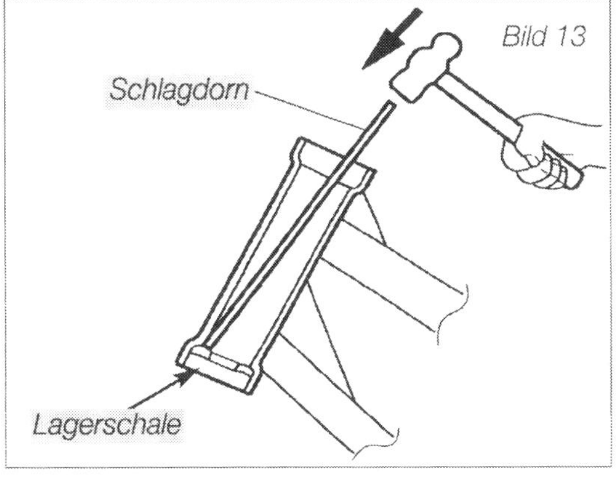

Bild 13

Bilder 12 bis 15: Im Lauftext sind die zu den Bildern gehörenden Arbeitsschritte nummeriert beschrieben.

Bild 14

Bild 15

Räder

In diesem Kapitel: Räder aus- und einbauen · Hinter- und Vorderrad aus-und einbauen · Rad und Achse prüfen · Speichen kontrollieren, spannen · Gerissene Speiche ersetzen · Gussräder kontrollieren · Lager im Hinterrad und Kettenblattträger der Ducati.

Räder aus- und einbauen

Zum Ausbau des Vorder- oder Hinterrads muss das jeweilige Rad gut eine Handbreit vom Boden frei kommen. Man kann die Maschine zwar auf dem Mittelständer aufbocken, aber dann ist das Vorderrad am Boden und das Hinterrad meist nicht genügend hoch, um es einfach ausbauen zu können.

Man kann dann unter den Mittelständer ein dickes Brett legen und mit einem Wagenheber unter dem Motor die Maschine zum Vorderradausbau entsprechend aufbocken, aber das sind alles wacklige Provisorien.

Wir bocken unsere Motorräder zum Radausbau grundsätzlich auf Vorder- und Heckständer auf (Bild 1). Diese »Universal-Montageständer« kosten kleines Geld, sie lassen sich in Breite und Höhe schnell auf verschiedene Maschinen einstellen. Beim Aufbocken sollte man beachten, dass weder am Hinter- noch am Vorderrad etwas geklemmt wird, z. B. dass der Aufbockständer unter Kette oder Bremse angesetzt wird oder gar auf den Tachoantrieb drückt (Bild 2).

Werkzeuge zum Rad-Aus- und Einbau

Das Bordwerkzeug genügt zum Aus- und Einbau der Räder in einer Notsituation unterwegs, darüber haben wir schon im Kapitel 4 »Werkzeug« philosophiert. In der Hobbywerkstatt zu Hause sollte man Drehmomentschlüssel und ordentliche Nussaufsätze haben in exakt passenden Schlüsselweiten:

Sechskantnüsse für Vorder- und Hinterachsmuttern, Achsklemmschrauben, Befestigungsschrauben der Bremssättel oder Trommelbremse, Bremsscheibenschrauben.

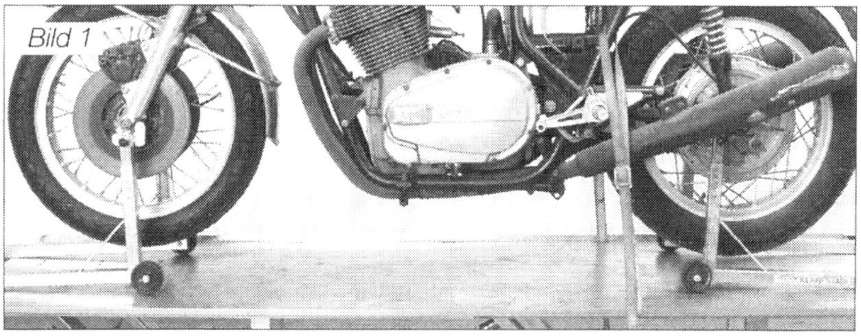

Bild 1: Zum Aus- und Einbau der Räder die Maschine so aufbocken, dass beide Räder frei sind.

Bild 2: Zum Aus- und Einbau des Hinterrads benötigte Werkzeuge.

Sicherheitshinweise Achtung und Tipps für dieses Kapitel

⚠ Hand- bzw. Fußbremshebel nicht betätigen, wenn die Räder ausgebaut und/oder die Bremssättel abgebaut sind! Sonst rutschen die Klötze in den Sattel und man kann ihn nicht mehr montieren.

☞ Lappen so dick um den Gasgriff wickeln, dass er den Handbremshebel blockiert.

⚠ Wenn die Vorder- bzw. Hinterradachse wegen Korrosion fest sitzt, NICHT mit einem Eisenhammer oder einem Rohrstück die Achse austreiben! Falls die Achse festsitzen sollte, Kriechöl (»Rostlöser«) satt auf die Stellen sprühen, wo die Achse durch die Aufnahmen der Gabel, Schwinge und Radlager führt. Einige Zeit einwirken lassen, erneut versuchen. Zum Austreiben keinen Stahlhammer, sondern nur Gummi- oder Kunststoffhammer verwenden.

⚠ Nach jeder Radmontage alle Schrauben und Muttern nochmals auf Festsitz kontrollieren! Ganz penible Menschen machen sich Farbmarkierungen an die Schraubenköpfe und Muttern, die mit dem richtigen Drehmomentwert angezogen sind.

⚠ Bei Zusammenbau nur originale Schrauben und Muttern verwenden! Nie Schrauben/Muttern undefinierbarer Herkunft aus einer typischen Schraubenkiste verwenden!

⚠ Niemals versuchen, krumme Räder oder krumme Achsen gerade zu richten, sondern Neuteile verwenden.

☞ Die Gummipuffer im Hinterrad mit Silikonfett einreiben, das hält sie geschmeidig. Kein Kettenfett verwenden, dieses klebt und behindert spätestens beim nächsten Radausbau!

Bild 3: Gummipuffer mit Silikonfett einreiben.

⚠ Nach der Radmontage alles überschüssige Fett von den Radlagersimmerringen sauber abwischen, damit es nicht auf die Bremsscheiben gelangt!

Zange für Tachoantrieb.
Gabelschlüssel für Kettenspannschrauben/-Muttern und Kontermuttern.

Welche Teile abbauen zum Radausbau?
Vorderrad: Wenn nur eine Scheibenbremse am Vorderrad montiert ist, kann zum Radausbau der Bremssattel angebaut bleiben. Bei einer Doppelscheibenbremse müssen beide Bremssättel abgebaut werden. Der Abbau der Tachowelle vom Tachoantrieb ist ebenfalls ratsam, dann kann man gleich die Welle ausziehen, mit Ölspray reinigen und mit leichtem Fett geschmiert wieder einbauen.

Hinterrad: Generell kann der Bremssattel angebaut bleiben. Bei Kettenantrieb ist es ratsam, den Kettenschutz abzuschrauben, dann verheddern sich Kette und Finger (!) nicht so schnell bei der Montage.

Hinterrad aus- und einbauen

Wenn man das Hinterrad alleine aus- und einbaut, kann das zu einer ziemlichen Frickelei ausarten, bis die Distanzbuchsen eingebaut sind, der Bremssattelträger richtig sitzt und die Kette aufgelegt ist. Man kann entweder einen Fuß zum Abstützen des Rades zu Hilfe nehmen oder das Rad mit passenden Holzstücken unterlegen (Bild 4), die dann Stück für Stück ausgezogen bzw. beim Einbau untergelegt werden.

1. Achsmutter lösen, abdrehen, Achsaufnahme abnehmen (Bild 4).
2. Mit einem Gummi- oder Plastikhammer auf das Gewindeende der Achse klopfen und sie ein Stück weit austreiben.
3. Ein passendes Stück Rundeisen nachschieben (Bild 5).
4. Achse ganz herausziehen, Achsaufnahme abnehmen.
5. Rad etwas hochheben, Holzbretter unter dem Rad herausnehmen, Rad ablassen und so weit es geht nach vorne rollen (Bild 6).
6. Kette nach rechts herunternehmen und auf dem Ende der Schwinge ablegen. Lappen zwischen Kette und Schwingarm legen (Bild 7).
7. Bremszange von der Scheibe abziehen, Rad etwas zur Seite schwenken.
8. Distanzbuchsen herausnehmen: Merken, welche Buchse an welcher Stelle eingesetzt war!
9. Rad herausziehen (Bild 8), mit der Bremsscheibenseite nach unten auf den Boden legen. ■ Unbedingt dicken Lappen zwischenlegen!

Bauteile reinigen und kontrollieren:
1. Dämpfergummis im Kettenblattträger kontrollieren: Sie müssen formstabil und dürfen nicht ausgerissen sein. Wenn auch nur ein Dämpfergummi beschädigt ist, alle erneuern!
2. Wenn die Dämpfergummis in Ordnung sind, herausnehmen, reinigen und mit etwas Silikonfett einreiben (Bild 3), das hält sie geschmeidig.
3. Distanzbuchsen, Achse, Scheiben und Achs-

Bilder 4 bis 8: Im Lauftext sind die zu den Bildern gehörenden Arbeitsschritte nummeriert beschrieben.

Bild 4

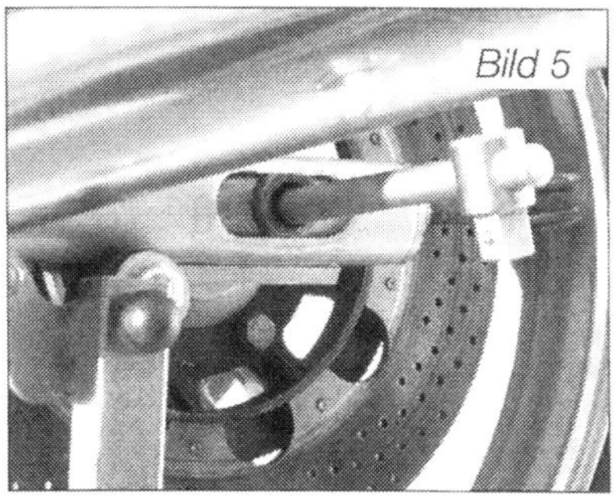
Bild 5

Bild 6

Bild 7

Bild 8

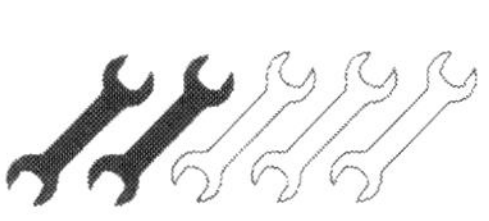

Bilder 9 bis 15: Im Lauftext sind die zu den Bildern gehörenden Arbeitsschritte nummeriert beschrieben.

mutter mit Ölspray reinigen, mit leichtem Lagerfett einschmieren.

4. Lager im Hinterrad und im Kettenblattträger mit dem Finger drehen: Knarzt ein Lager? Wenn »JA«, muss das Lager erneuert werden (siehe Text im Kapitel 5 »Richtig schrauben« und weiter hinten in diesem Kapitel).

5. Bremssattel mit Bremsenreiniger säubern, Dicke der Bremsbeläge kontrollieren (siehe dazu Kapitel 13 »Scheibenbremsen« und 14 »Trommelbremsen«).

6. Wenn alles in Ordnung ist, Simmerringe reinigen und leicht einfetten. Bundbuchsen in Simmerringe einsetzen.

Bild 9

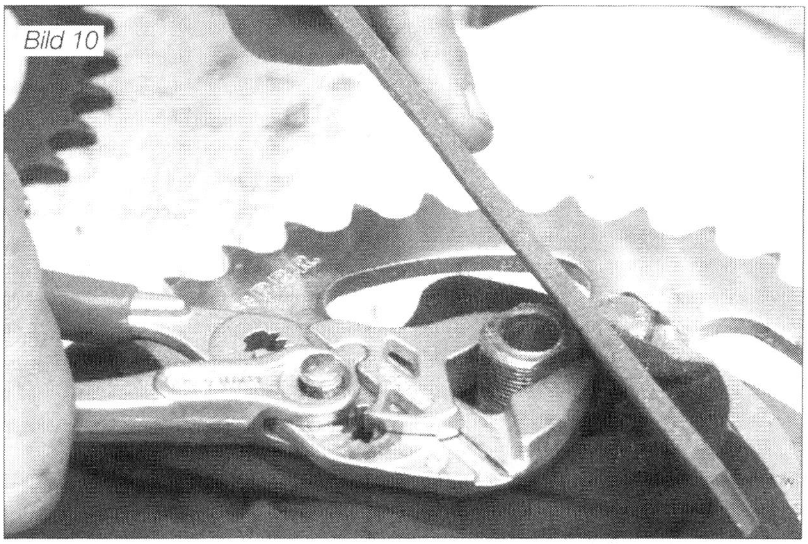

Bild 10

Hinterrad einbauen

1. Rad in die Schwinge einfädeln, Bremsscheibe zwischen die Bremsklötze in die Bremszange einfädeln, Rad ganz nach vorne schieben, Kette auf Kettenrad auflegen,

2. Rad anheben, Schlitz im Bremsanker muss auf dem Zapfen an der Schwinge sitzen, Radlager und Achsaufnahmen zur Deckung bringen, langes Rundeisen durch die Radlager schieben.

3. Achse ansetzen und möglichst weit durchschieben.

4. Achsaufnahmen aufsetzen, Achsmuttern aufdrehen und handfest anziehen.

5. Rad nach vorne drücken, Kettenspannung kontrollieren und ggf. einstellen (siehe Kapitel 16 »Kette«), Achsmutter mit dem vom Fahrzeug-Hersteller vorgegebenen Anziehdrehmoment festziehen.

■ Das Anziehdrehmoment der Hinterachsmutter liegt meist bei 110 bis 140 Nm.

6. Bremse einige Male betätigen, damit sich die Bremsbacken an der Bremsscheibe anlegen.

7. Bremse lösen, Rad durchdrehen und prüfen, ob es leicht und frei läuft. Überschüssiges Fett von der Außenseite der Simmerringe und Achse gut abwischen.

Kettenblattträger fest in der Schwinge

Wenn der Kettenblattträger beim Radausbau in der Schwinge bleibt (Bild 9), ist der Aus- und Einbau des Hinterrads recht einfach. Das Gewinde auf der Achsbuchse ist jedoch eine kritische Stelle dieser Konstruktion, weil durch

Bild 11

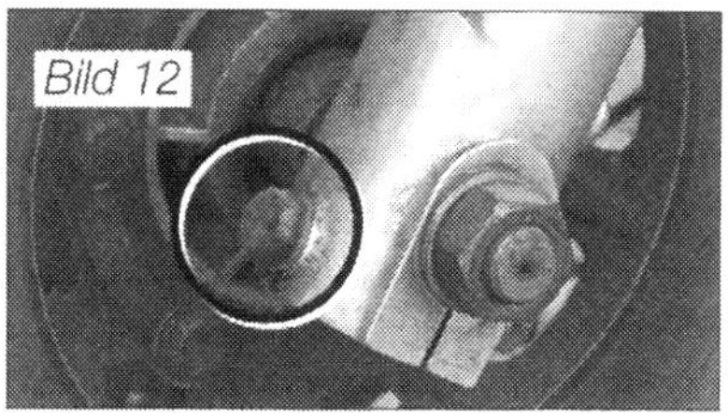

Bild 12

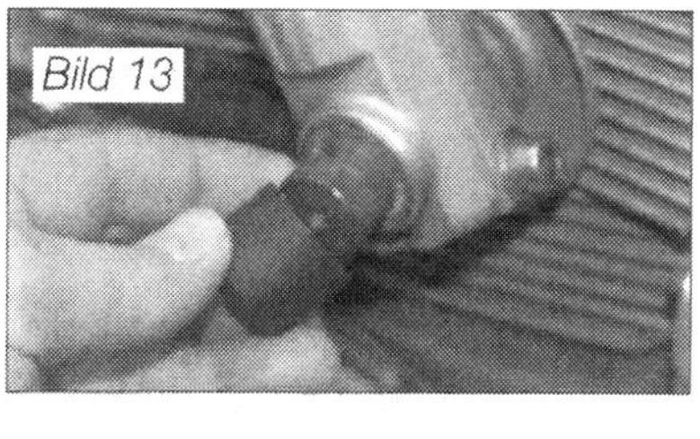

Bild 13

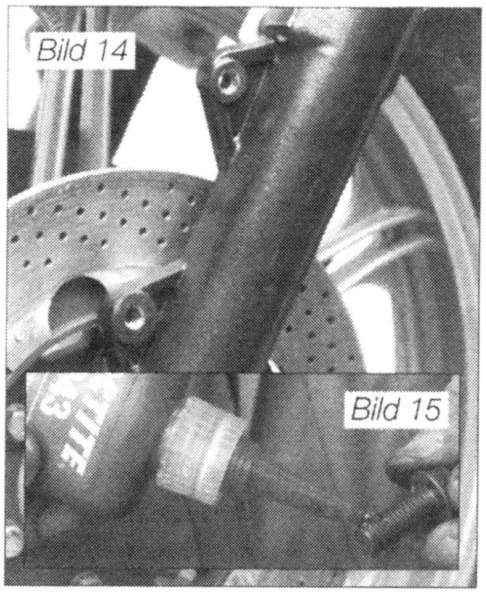

Bild 14

Bild 15

die beidseitigen Flächen Teile der Gewindegänge »fehlen«. Wir haben die Achsbuchse vorsichtshalber ausgebaut und eine Fase angefeilt (Bild 10), damit sicher ist, dass bei einem eventuellen nächsten Kettespannen unterwegs sich das Gewinde auch wirklich frei bewegt.

Vorderrad aus-und einbauen

Vorderrad ausbauen

1. Bremssättel abschrauben. Nach rechts und links mit je einer Gummiflitsche vom Rad seitlich weghängen.
2. Vorderachsmutter lösen und abdrehen. Achsklemmschrauben (Kreis in Bild 12) zwei Umdrehungen öffnen.
3. Überwurfmutter von Tachowelle lösen und abdrehen, Tachoantriebswelle ausziehen.
4. Mit einem Gummihammer leicht auf die Achse klopfen und sie damit ein Stück aus den Achsklemmungen treiben, bis man auf der anderen Seite den Achskopf packen und die Achse daran ausziehen kann.
■ Rad dabei mit einer Hand etwas hochhalten.
5. Rad ablassen, Tachoantrieb abnehmen, Distanzbuchsen herausnehmen, Rad nach vorne herausziehen.
6. Bei Teile reinigen, Dicke der Bremsbeläge kontrollieren, Bremssattel reinigen: Wie bei »Hinterrad ausbauen« beschrieben vorgehen.

Vorderad einbauen

1. Rad von vorne in die Gabel einführen:
■ Distanzbuchsen in Simmerringe einsetzen.
■ Tachoantrieb einsetzen: Mitnehmer müssen in die Tachoantriebsscheibe eingreifen!
2. Rad etwas anheben, Tachoantriebsgehäuse an seinem Widerlager ansetzen, Vorderachse einführen, ganz durchschieben.
3. Achsmutter aufdrehen, mit dem vom Hersteller vorgegebenen Anziehdrehmoment festziehen.
■ Das Anziehdrehmoment der Vorderachsmutter liegt meist bei 80 bis 110 Nm.
4. Bremsscheibe mit Bremsenreiniger säubern.
5. Bremssättel auf die Bremsscheiben fädeln. Befestigungsschrauben und Innengewinde (Bild 14) reinigen, einen Tropfen Loctite »mittelfest« ans Gewinde geben (Bild 15), Schrauben eindrehen und mit 30 bis 40 Nm festziehen.
6. Maschine vom Ständer nehmen und die Telegabel einige Male kräftig einfedern, Bremse dabei nicht betätigen. Die Gabelbeine »setzen« sich auf die Vorderachse und sind danach zueinander ausgerichtet (also nicht verspannt).
7. Maschine wieder aufbocken. Achsklemmschrauben festziehen (mit ca. 20 Nm). Tachoantriebswelle in Tachoantrieb einstecken, Überwurfmutter aufschrauben und festziehen.
8. Bremse einige Male betätigen. Bremse lösen, Rad durchdrehen und prüfen, ob es frei läuft. Gummikappe für Achskopf einfetten und aufstecken (Bild 13).
Wichtig: Überschüssiges Fett von Simmerringen und Achse gut abwischen.

Rad und Achse prüfen

1. Rad in Zentrierständer einhängen. Wenn keiner zur Verfügung steht: Radachse in einen Schraubstock spannen, Messuhrenhalter auf der Werkbank befestigen.
■ Oder eingebaut prüfen: Messuhr an Gabelholm (Vorderrad) oder Hinterradschwinge (Hinterrad) befestigen.
2. Felgenrand putzen, mit Allzweckspray einsprühen, Messspitze der Messuhr anführen:
■ Zum Messen des Höhenschlags innen am Felgenhorn auf der bearbeiteten Fläche (Bild 16).
■ Zum Messen des Seitenschlags außen am Felgenhorn (muss unbeschädigt sein, Bild 16).
3. Verschleißgrenze Axial- und Radialschlag 2,0 mm.

Radachse auf Schlag prüfen: Radachse in Prismenblöcke legen (Bild 17), Achsschlag mit Messuhr feststellen, Verschleißgrenze 0,2 mm.
Beachten: Der tatsächliche Schlag ist nur halb so groß wie der von Messuhr angezeigte Wert.

Speichen kontrollieren, spannen

Speichen »abklingeln«

Durch Anschlagen der Speiche kann man hören, ob diese richtig gespannt oder zu lose ist: Dazu die Speiche ungefähr in der Mitte mit einem Schlüssel leicht anschlagen (Bild 18).

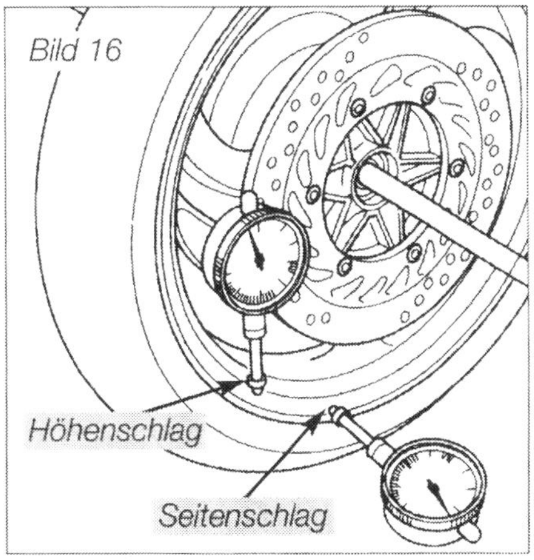

Bild 16: Vermessen des Rads auf Seiten- und Höhenschlag.

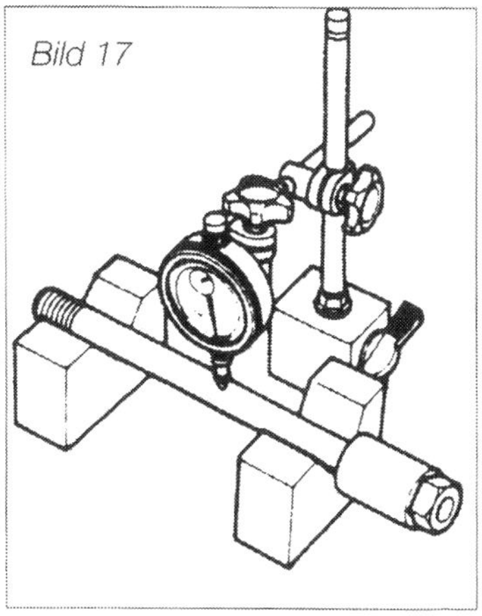

Bild 17: Vermessen der Radachse.

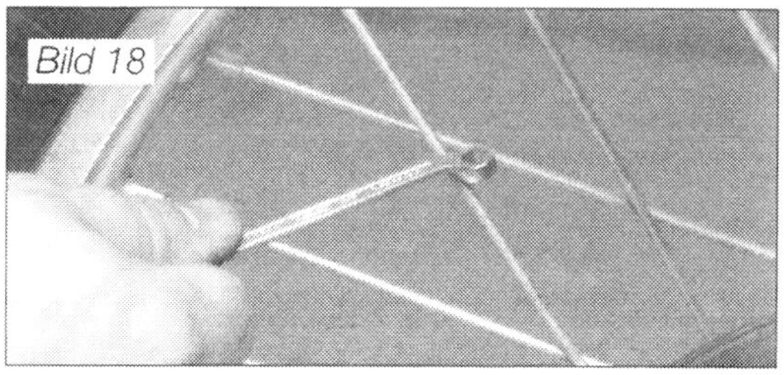

Bild 18: Speiche abklingeln.

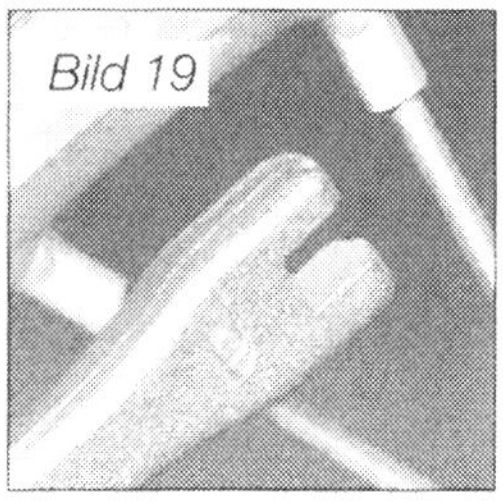

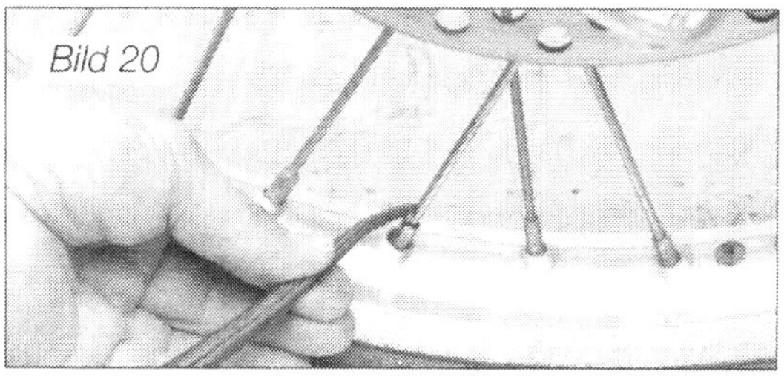

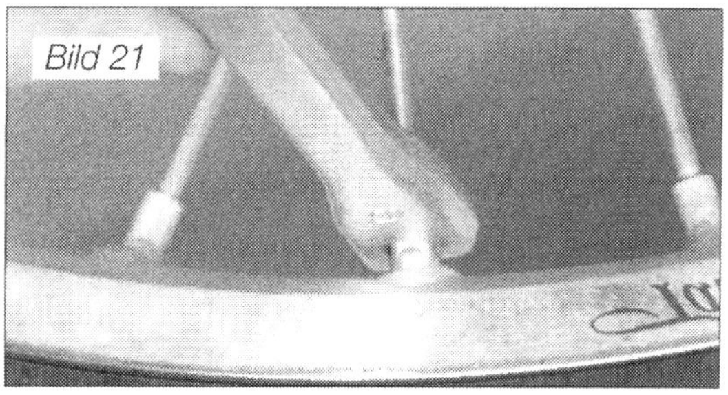

Bilder 19 und 21: Nippelschlüssel.

Bilder 22 bis 26: Im Lauftext sind die zu den Bildern gehörenden Arbeitsschritte nummeriert beschrieben.

■ Eine richtig gespannte Speiche klingt hell.
■ Eine zu lasch gespannte, »lose« Speiche klingt dumpf, matt und träge.

Zu lose gespannte Speichen müssen nachgespannt werden. Zum Spannen der Speichen wird ein spezieller Nippelschlüssel (»Speichenspanner«) benötigt, das ist ein extra breiter Gabelschlüssel, den es bei ordentlichen Motorradhändlern gibt (Bild 19).

Wichtig: Nicht mit einem normalen, schmalen Gabelschlüssel an die Nippel gehen, denn das Vierkant der (meistens aus Messing bestehenden) Nippel wird sonst vom Schlüssel rasch »rund« gedreht.

Speichen nachspannen

1. Zuerst in den Speichennippel einen Tropfen Öl geben (Bild 20) und etwas einwirken lassen.
2. Dann den Speichennippel vorsichtig nachziehen (Bild 21).
■ Meist genügt eine halbe bis eine Umdrehung, um die Speiche wieder straff zu spannen.

Wichtig: Nach jedem Spann-Arbeitsgang der Speiche(n) den Rundlauf des Rads prüfen!

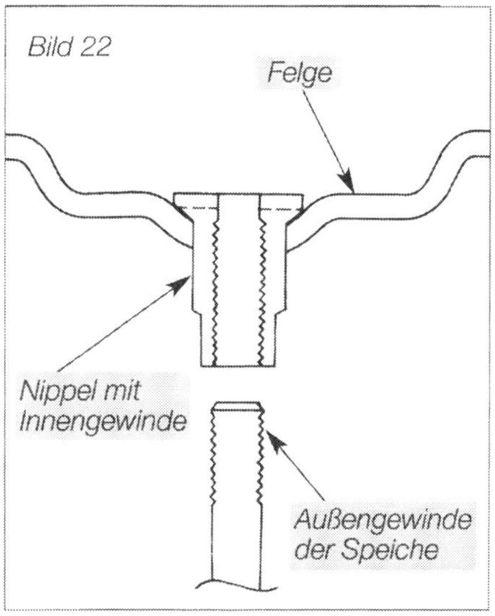

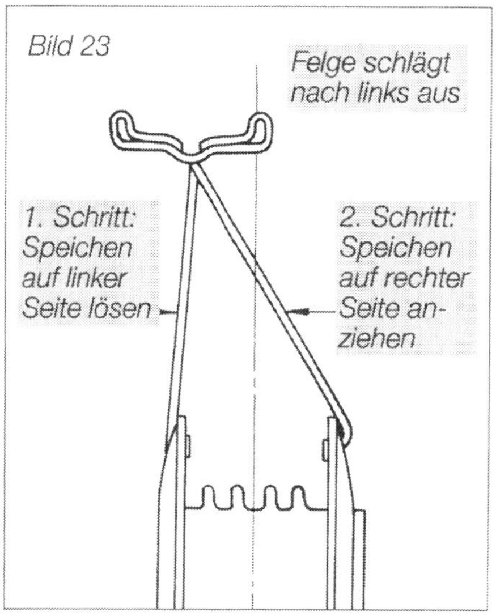

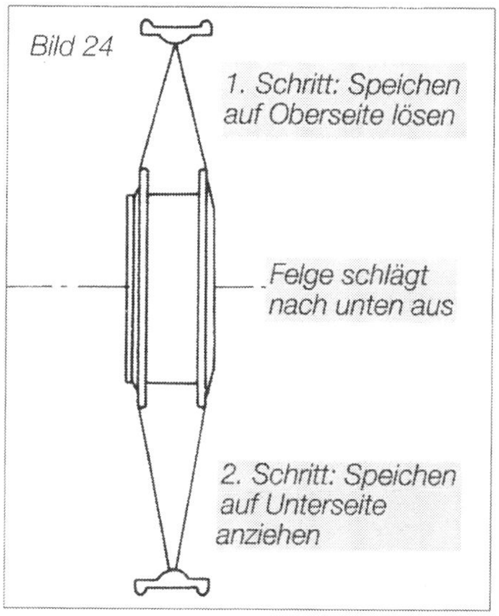

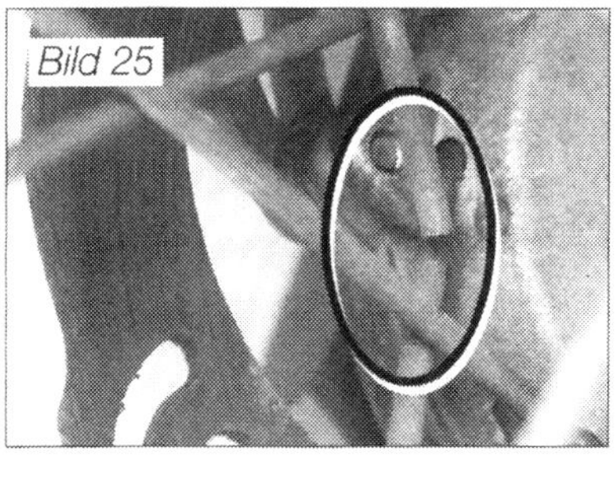

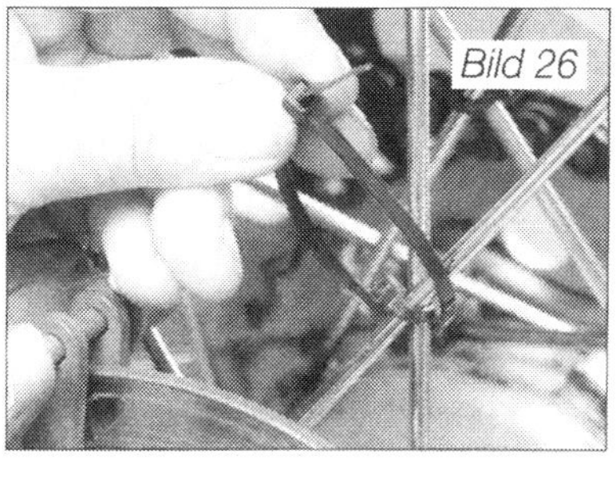

Speichenrad zentrieren

Wenn ein Speichenrad nicht mehr sauber rund läuft (einen »Schlag« hat), kann es bis zu einem gewissen Grad wieder einzentriert werden. Der Reifen sollte dazu abgezogen werden, damit die Felge und die Köpfe der Speichennippel entlastet sind. Zur Not kann man auch nur die Luft aus dem Schlauch ablassen und den Reifen ins Felgentiefbett drücken.

1. Alle Speichennippel ringsum putzen und einen Tropfen Öl in das Gewinde und den Sitz des Nippels in der Felge geben (Bilder 20 und 22). Einige Minuten warten, bis das Öl eingezogen ist.
2. Rad langsam drehen und Seiten- und Höhenschlag feststellen.
2.1. Ausschlagstelle(n) mit Buntkreide markieren.
3. Seitenschlag zentrieren (Bild 23):
3.1. Auf der Seite des Seitenausschlags zwei bis drei Speichennippel etwas lösen.
3.2. Auf der Seite gegenüber zwei bis drei Speichennippel um den Lösebetrag fester ziehen.
4. Höhenschlag zentrieren (Bild 24):
4.1. Drei bis vier Speichen im Bereich des Höhenschlags etwas fester ziehen.
■ Eventuell Speichen auf der anderen Seite lösen.
5. Nach jeder bearbeiteten Seite den Rundlauf bzw. Felgenschlag erneut messen.

Gerissene Speiche ersetzen

Wenn eine Speiche abreißt (Bild 25), muss sie umgehend durch eine neue ersetzt werden, sonst reißen weitere Speichen, das Rad wird weich und bricht irgendwann zusammen. Je nachdem, welche Speiche gerissen ist, muss das Rad zum Ausbau der alten Speiche und Einbau der neuen ausgebaut werden!
1. Speichennippel der gerissenen Speiche putzen und einen Tropfen Öl in das Gewinde und den Sitz des Nippels in der Felge geben (Bild 20). Einige Minuten warten, bis das Öl eingezogen ist.
2. Gerissene Speiche ausdrehen.
■ Wenn sie im Nippelgewinde fest sitzt, Speiche mit einer Wasserpumpenzange festhalten und den Nippel mit dem Nippelschlüssel drehen.
3. Neue Speiche einfädeln, in den Nippel einführen, Nippel festziehen.
4. Rad auf Höhen- und Seitenschlag kontrollieren, ggf. zentrieren.

Der Kabelbinder-Trick: Damit sich eine gerissene Speiche nicht auf- oder querstellen kann, alle Speichenkreuzungen mit Kabelbindern sichern (Bild 26). Dieser Trick enthebt den Fahrer natürlich nicht von seiner Sorgfaltspflicht, ab und zu die Speichen per Auge zu kontrollieren, ob sie noch alle in Ordnung sind!

Gussräder kontrollieren

Alte Gussräder sind immer eine heikle Angelegenheit. Kontrollieren Sie diese bei jeder größeren Putzaktion auf Risse, Dellen, abgeplatzten Lack. Wenn der Felgenrand verstoßen ist, wie es bei einer Auffahrt auf einen hohen Bordstein mit zuwenig Luft in den Reifen passiert, dann kann das Felgenhorn eventuell wieder gerichtet wer-

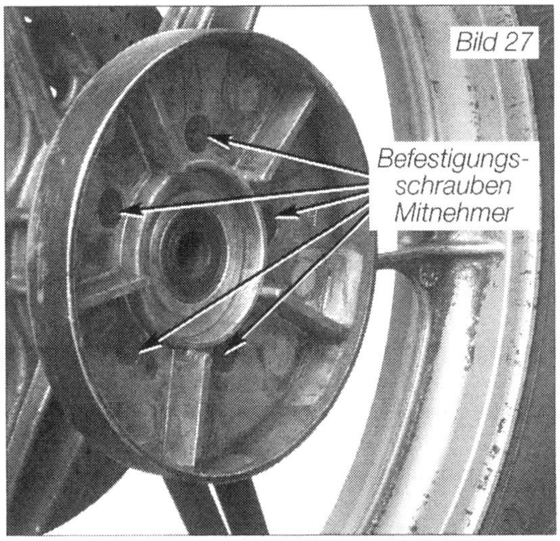

Bilder 27 und 28: Bei jedem Radausbau alle Schrauben auf Festsitz kontrollieren, Rad per Auge auf Verformungen, abgeplatzten Lack und Dellen untersuchen.

Bild 29

Bilder 29 bis 32: Im Lauftext sind die zu den Bildern gehörenden Arbeitsschritte nummeriert beschrieben.

Bild 30

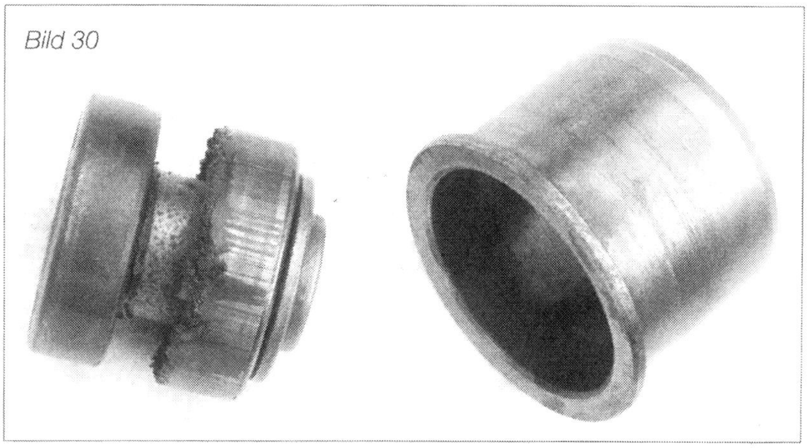

Bild 31

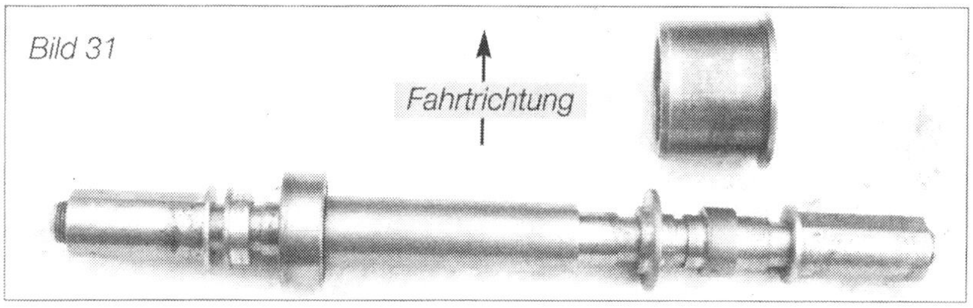

Bild 32

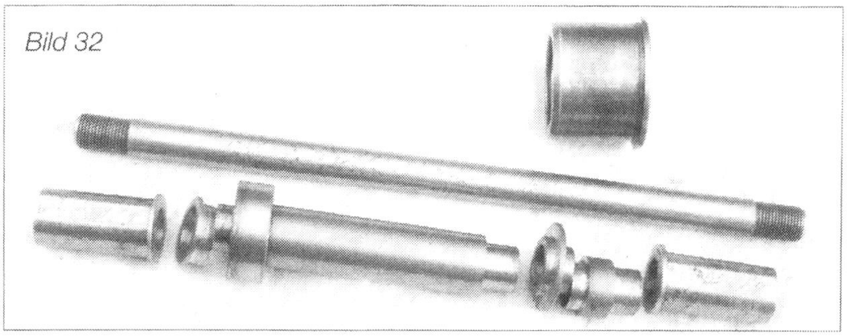

den. Machen Sie sich aber bitte nicht selbst mit einem Hammer darüber her, sondern suchen Sie sich einen »Felgendoktor« in Ihrer Nähe, der auf das Herrichten von Alu-Autorädern spezialisiert ist. Helfen kann eine Anfrage beim (motorradfahrenden) Meister eines Autohauses, denn Alufelgen auf Autos werden oft durch rüde Fahrweise beschädigt (und das nicht nur von Frauen am Steuer, ja?!)

Bei jedem Radausbau kontrollieren, ob die Befestigungsschrauben von Kettenblattträger-Mitnehmer (Bild 27) und Bremsscheiben (Bild 28) wirklich fest sind.

Falls sie lose sind:

1. Schrauben ausdrehen.
2. Mitnehmer abnehmen, Gewinde und Anlageflächen reinigen.
3. Einen Tropfen Loctite »mittelfest« an die Gewinde der Schrauben geben, eindrehen und über Kreuz in mehreren Schritten bis auf 25 bis 30 Nm festziehen.

Kettenblattträger der Ducati

Im Kapitel 5 »Richtig schrauben« haben wir erklärt, wie Radlager gewechselt werden. Bei einigen Rädern italienischer Motorräder sind die Distanzbuchsen mit Passbund ausgeführt und in Lagerinnenringen eingepasst. Beim Ausbau der Lager muss man die Buchse von der einen Seite mit einem möglichst exakt in den Durchmesser des Lagerinnenrings passenden Dorn ausschlagen, dann kommt das Lager auf der anderen Seite heraus (Bild 29).

Ziemlich aufwändig ist bei der Ducati die Lagerung in der Aufnahme des Kettenblattträgers ausgeführt: In die Alu-Aufnahme ist eine Stahlbuchse eingeschrumpft (Bild 30). Wenn die beiden Kugellager defekt sind, was häufig vorkommt, am besten zuerst die Stahlbuchse ausbauen: Kettenblattträger auf einer Heizplatte auf 100 bis 120 °C erwärmen und die Buchse austreiben.

Die Einbaulage der verschiedenen Distanzbuchsen ist in den Bildern 31 und 32 dargestellt. Auch die Zeichnungen in Bild 33 machen deutlich, wie die Lagerung des Vorder- und Hinterrads ausgeführt ist. Wenn auch nur eine Abstands- oder Distanzbuchse an verkehrter Stelle eingebaut wpird, passt alles nicht mehr zusammen!

Vorderrad mit einzelnen Bauteilen

1 *Radlager*
2 *Radlager-Distanzbuchse*
3 *Lager im Kettenblattträger*
4 *Lageraufnahme Buchse im Kettenblattträger*
5 *Distanzbuchse zwischen den Lagern im Kettenblattträger*
6 *Distanzbuchse zwischen den Lagern des Kettenblattträgers und den Radlagern*
7 *Achsaufnahmen in den Schwingenholmen*
8 *Distanzbuchse*
9 *Hinterachse*
10 *Hinterachsmuttern*
11 *Scheiben*
12 *Rückdämpfer*
13 *Einsätze*
14 *Kettenblattträger*
15 *Kettenblatt*
16 *Sicherungsbleche*
17 *Befestigungsschrauben für Kettenblatt*
18 *Muttern für Befestigungsschrauben*
19 *Bremsscheibe*
20 *Befestigungsschrauben der Bremsscheibe* ▩ *plus Loctite »hochfest«*
21 *Sprengring oder Unterlagscheibe*

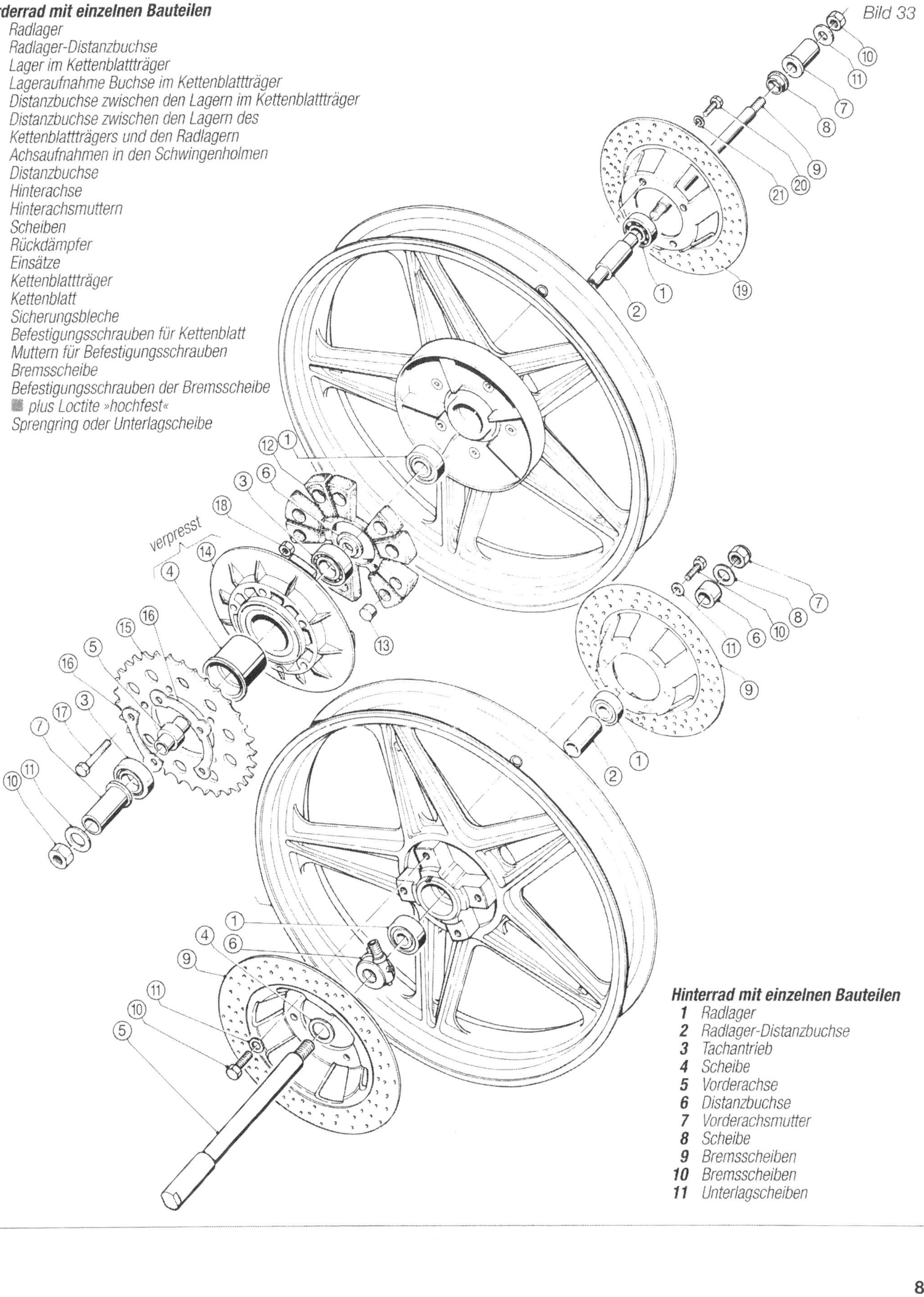

Hinterrad mit einzelnen Bauteilen

1 *Radlager*
2 *Radlager-Distanzbuchse*
3 *Tachantrieb*
4 *Scheibe*
5 *Vorderachse*
6 *Distanzbuchse*
7 *Vorderachsmutter*
8 *Scheibe*
9 *Bremsscheiben*
10 *Bremsscheiben*
11 *Unterlagscheiben*

Reifen

In diesem Kapitel: Gute Reifen sind wichtig · Luftdruck · Reifen für ältere Maschinen · Reifenverschleiß · Reifenbezeichnungen · Reifenbescheinigung · Auswuchten · Reifenprofile von Avon · Reifenmontage.

Gute Reifen sind wichtig

Reifen sollen unauffällig ihren Dienst verrichten, auf der Straße haften, das Fahrzeug sicher führen und eine möglichst lange Lebensdauer haben. Reifen müssen enorme Kräfte übertragen:

- Der Hinterradreifen muss Antriebs- und Bremskräfte übertragen.
- Der Vorderradreifen muss Brems- und Lenkkräfte überragen.
- Hinter- und Vorderradreifen müssen zusätzlich noch Seitenkräfte übertragen, wie sie bei Kurvenfahrten auftreten.

Reifen schaffen die Verbindung des Fahrzeugs zur Straßenoberfläche. Doch augenscheinlich wird diese Tatsache von vielen Fahrern nicht ernst genommen, denn Italiener der Youngtimer-Generation rollen oft nach der Restauration auf alten Reifen – manchmal sogar auf denen, die damals in der Erstausrüstung montiert waren und auf denen das wiederentdeckte Lieblingsmotorrad Jahrzehnte lang im Schuppen stand.

Sorry, wenn wir den Zeigefinger heben, aber das ist die falsche Art zu sparen! Reifen haben eine maximale Lebensdauer von fünf bis sechs Jahren, danach haben sie die ihnen als Neureifen zugesagten Eigenschaften verloren: Sie verlieren an Haftung, ihre Oberfläche wird rissig, sie (bzw. bei Schlauchreifen die Schläuche) halten die Luft nicht mehr und bei starker Belastung kann ein Reifen sogar platzen.

Deswegen achten Sie bei Ihrem Lieblingsitaliener auf die Reifen, gönnen Sie denen die nötige Beachtung in Sachen Luftdruck und Verschleiß und spendieren Sie Ihrer Maschine (und damit sich selbst!) rechtzeitig neue Reifen, die möglichst »frisch« sein müssen – das Produktionsdatum steht auf der Seitenwand, die Entschlüsselung erklären wir später in diesem Kapitel.

Luftdruck

Die Luft in den Reifen »trägt« die Last, die sich aus dem Eigengewicht des Fahrzeugs plus dem Gewicht der Besatzung und des Gepäcks zusammensetzt. Achten Sie immer auf korrekten Luftdruck, der bei kaltem Reifen gemessen werden soll. Je nach Hubraum, Gewicht, Zuladung und Fahrzeugtyp sind die vorgeschriebenen Reifenluftdrücke unterschiedlich. Der für Ihr Motorrad vorgeschriebene Luftdruck steht in der Betriebsanleitung.

Als Faustformeln gelten für Motorräder ab 600 cm^3, ab 50 PS und 200 kg Trockengewicht:

- 2,1 bis 2,3 bar vorne, 2,2 bis 2,7 bar hinten

Die weite Spanne »2,1 bis 2,3 bar vorne, 2,2 bis 2,7 bar hinten« rührt daher, dass Federung und

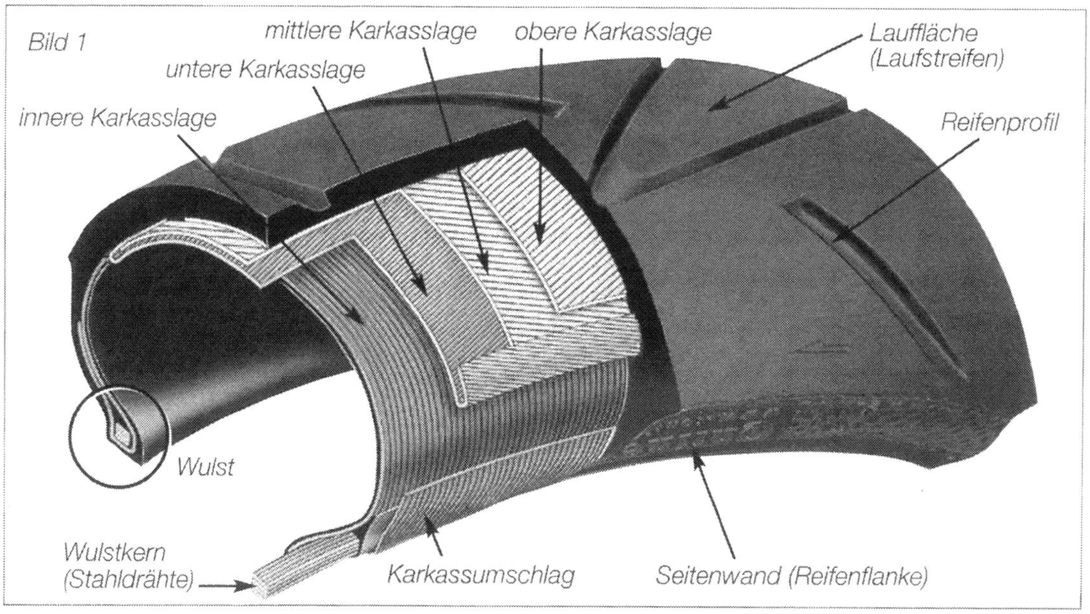

Bild 1: Schnittbild durch einen Reifen. Die Karkasslagen sind meist aus Rayon- oder Nylongewebe gefertigt, was den Reifen »geschmeidig« macht. Die Profiltiefe beträgt ca. 5 mm am Vorder- und ca. 8 mm am Hinterradreifen. Hauptverantwortlich für Haftung auf trockener und nasser Straße sind Gummimischung und Qualität des Laufstreifens sowie Breite und Höhe der Profilrillen.

Dämpfung älterer italienischer Motorräder auf einen eher geringen Reifenluftdruck abgestimmt waren, denn bei geringem Luftdruck nimmt das Gefühl, dass die Federung »komfortabel« ist, stark zu; während bei hohem Luftdruck das Gefühl »Fahrwerk ist hart!« vorherrscht.

Die von den italienischen Fahrzeugherstellern in den 70er- und 80er-Jahren vorgeschriebenen Reifenluftdrücke von z. B. »1,8 atü vorne, 2,0 atü hinten« bei einer Morini 3 1/2 von 1974 oder »2,2 atü vorne, 2,4 atü hinten« bei einer Moto Guzzi 750-S3 von 1975 waren bezogen auf die damalige Serienbereifung in Ordnung, aber für heutige Reifen gelten grundsätzlich höhere Luftdrücke. Denn damals waren die Karkassen steifer, wogegen sie heute aufgrund modernerer Grundmaterialien und Gummimischungen elastischer sind, dabei aber formstabiler als damals.

Deswegen gilt: Moderne Reifen sollten mit einem zehn bis 20 Prozent höherem Luftdruck gefahren werden als für die Serienreifen damals vom Werk vorgeschrieben wurde. Für eine mit modernen Reifen bestückte, schnell bewegte Ducati 750 SS oder eine Laverda 1000 sind vorne 2,3 bis 2,5 und hinten 2,7 bis 2,9 bar das Richtige, ohne dass Komfort und Haftung leiden.

Bitte beachten: Der Reifenluftdruck sollte weder zu hoch noch zu niedrig sein:
- Ein zu hoher Luftdruck verschlechtert den Komfort und verringert die Haftung.
- Ein zu niedriger Luftdruck sorgt für eine schlechte Straßenlage und ist vor allem bei Sozius- und Gepäckbetrieb sehr bedenklich, da ein Reifen mit zu niedrigem Luftdruck unter großer Last rasch überhitzen kann.

Der Luftdruck sollte mindestens alle zwei Wochen überprüft werden. Immer gut schließende Ventilkappen mit einwandfreier Gummidichtung verwenden! Wenn keine Kappe aufgeschraubt ist, kann Schmutz ins Ventil gelangen oder bei hohen Geschwindigkeiten aufgrund der auftretenden starken Fliehkräfte der Ventileinsatz öffnen und Luft entweichen.

Reifendruckprüfer

Verlassen Sie sich bei der Kontrolle des Reifendrucks nicht auf das Tankstellengerät, sondern kontrollieren Sie den Luftdruck mit einem speziellen Luftdruckprüfer, der im Bordwerkzeug immer mitgeführt werden sollte. KEIN Plastikteil aus dem Baumarkt kaufen, sondern ein Präzisionsmessgerät. Das beste Druckmessgerät, das wir kennen und in unserer Werkstatt verwenden, stammt vom deutschen Hersteller Flaig und hat ein stabiles Alugehäuse, es kostet um die 20 Euro. Erhältlich ist es bei mobil-tech (*www.mobil-tech.de*) oder bei gut sortierten Motorradhändlern.

Reifen für ältere Maschinen

In den 60er-, 70er- und 80er-Jahren waren bei Italienern vorne/hinten 18/18 oder 19/18 Zoll-Reifen montiert. Neue Reifen in diesen Größen gibt es von allen bekannten Reifenmarken, die auch für ältere Maschinen passen. Sie tragen jedoch nicht mehr die Zoll-Bezeichnungen von damals, also z. B. 3.25 H 19, sondern werden in Millimetergrößen angeben.

Reifenbreiten im Vergleich

Alte Zoll-Größen	Neue mm-Größen
2.50, 2.75, 3.10	80/90
3.00, 3.25, 3.60	90/90
3.50, 4.10	100/90
4.00, 4.25/85	110/90
5.00, 5.10	130/90

Ein besonders großes Programm neuer Reifen in alten Größen hat die englische Reifenmarke AVON. Für Youngtimer mit den Reifengrößen 18/18 und 19/18 hat sich der japanische Reifengigant Bridgestone sehr verdient gemacht, die BT 45 sind erste Sahne. Mit ihnen rollen italienische Klassiker wie auf Schienen – und zwar bei normaler Fahrt auf der Straße wie bei der gelegentlichen Rennstreckenhatz!

Natürlich gibt es auch von den anderen großen Reifenmarken wie Continental, Dunlop, Heidenau,

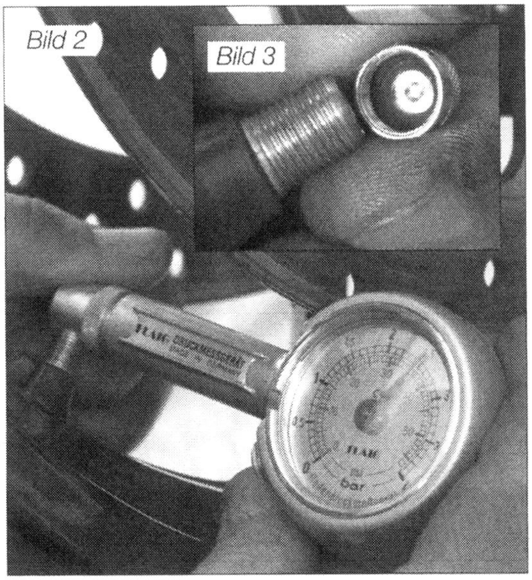

Bild 2: Luftdruck alle zwei Wochen bei kalten Reifen prüfen.

Bild 3: Auf das Ventil gehört eine Ventilkappe mit einwandfreier Gummidichtung.

Sichtprüfung Messen

Bilder 4 und 5: Anstatt alter Pirellis moderne BT45.

IRC, Metzeler, Michelin und Pirelli noch verschiedene Reifen in den heute nicht mehr aktuellen Größen 18 und 19 Zoll, doch sind diese mehr oder weniger lückenhaft (suchen Sie mal heute einen Pirelli-Vorderradreifen in 3.60 H 19 für eine Ducati GT 750!). Im Kapitel 26 »Adressen« haben wir die Adressen der Reifenhersteller und -Importeure aufgelistet, auf deren Internetseiten können Sie fündig werden.

Reifenbreiten in Millimeter in Abhängigkeit von den Felgenbreiten in Zoll

Felgenbreite	1,50	1,60	1,85	2,15	2,50	2,75	3,00	3,50	3,75	4,00	4,25	4,50
Reifenbreiten	80	80	80									
		90	90	90								
			100	100	100							
			110	110	110	110						
				120	120	120						
				130	130	130	130					
					140	140	140	140				
						150	150	150	150	150		
							160	160	160	160	160	
							170	170	170	170	170	
Felgenbreite	1,50	1,60	1,85	2,15	2,50	2,75	3,00	3,50	3,75	4,00	4,25	4,50

Grau unterlegt ist die beste Reifenbreite passend zur jeweiligen Felgenbreite

Bild 4

Damalige Serien-Reifengrößen
- *Vorderradreifen 3.50 V 18 auf Felge 2.15 x 18*
- *Hinterradreifen 120/90 V 18 auf Felge 2.50 x 18*

Neuer Reifen, neuer Schlauch!
Egal ob bei einem Speichen- oder Gussrad ein neuer Reifen aufgezogen wird, in den ein Schlauch eingezogen werden muss, unbedingt einen neuen Schlauch zum neuen Reifen kaufen! Denn Schläuche, die lange in Betrieb waren, haben sich ausgedehnt, weswegen bei einer erneuten Montage die Gefahr besteht, dass der Schlauch Falten wirft. Auch hat sich ein lang montierter Schlauch oft auf der Felge (oder dem Felgenband) verklebt und wird bei erneuter Montage an diesen Stellen undicht.

Reifenverschleiß

Reifen sind Verschleißteile, irgendwann sind sie abgefahren: Die Oberfläche (»Lauffläche«) wird immer dünner, die Rillen (»Profilrillen«) immer niedriger. Der Gesetzgeber schreibt eine Mindestprofiltiefe von 1,6 mm vor. Wir empfehlen, schon bei 2 mm neue Reifen aufzuziehen.

Die Stellen am Reifenprofil, an denen die Profiltiefe gemessen werden sollen, sind seitlich auf dem Reifen mit TWI gekennzeichnet. TWI ist die Abkürzung von Tread Wear Indicator. In Richtung der seitlich aufgebrachten TWI's quer über die Lauffläche hinweg befinden sich in den Profilrillen der Lauffläche kleine, 1,0 mm hohe Erhebungen. Die tatsächliche Profiltiefe wird neben diesen Erhebungen gemessen. Und wenn das Profil so weit abgefahren ist, dass sich die Erhebungen mit der Laufflächenoberfläche decken, beträgt die tatsächliche Profiltiefe nur noch 1,0 mm und es ist überhöchste Zeit, neue Reifen aufzuziehen.

Bild 5

Folgende heutige Reifen sind optimal:
- *Vorderradreifen 100/90-18 56H*
- *Hinterradreifen 120/80-18 62H*

Was auf dem Reifen steht

Beispielhaft werden für eine Ducati 900 SS von 1978 neue Reifen gesucht. Serienmäßig waren Reifen in folgenden Größen montiert:

- Vorderrad 3.50 V 18 (auf Felge 2.15 x 18)
- Hinterrad 120/90 V 18 (auf Felge 2.50 x 18)

Folgende heutige Reifen bewerten wir optimal:

- Vorderradreifen 100/90-18 56H
- Hinterradreifen 120/80-18 62H

Die Zahlen bedeuten:

- **100** bzw. **120** = Reifenbreite in mm
- **/90** bzw. **/80**= Querschnittsverhältnis Höhe zu Breite = 90:100 (90% von 100) bzw. 80:120 (80% von 120)
- **-18** = Felgendurchmesser in Zoll (1 Zoll = 25,4 mm)
- **56** bzw. **62** = Tragfähigkeitsindex: der 56er-Vorderradreifen darf maximal mit 224 kg belastet werden, der 62er-Hinterradreifen mit 265 kg (siehe später folgende Tabelle in diesem Kapitel)
- **H** = Symbol für die zugelassene Höchstgeschwindigkeit, H steht für 210 km/h

In Abhängigkeit von der Breite der Felgen können auch Reifen in anderen Dimensionen montiert werden. Wenn Sie für Ihre Maschine neue Reifen suchen und Ihnen dieses Kapitel nicht weiterhelfen kann, dann fragen Sie beim Reifenhändler, -Hersteller oder -Importeur unter Vorlage Ihres Kfz-Briefs sowie der Felgengröße detailliert nach.

Geschwindigkeits-Kennbuchstaben

Die zulässigen Höchstgeschwindigkeiten für Reifen sind mit einem bestimmten Buchstaben gekennzeichnet, er nennt sich »Speed Index« (SI):

- maximal **100 km/h** = Speed Index **J**
- maximal **110 km/h** = Speed Index **K**
- maximal **120 km/h** = Speed Index **L**
- maximal **130 km/h** = Speed Index **M**
- maximal **140 km/h** = Speed Index **N**
- maximal **150 km/h** = Speed Index **P**
- maximal **160 km/h** = Speed Index **Q**
- maximal **170 km/h** = Speed Index **R**
- maximal **180 km/h** = Speed Index **S**
- maximal **190 km/h** = Speed Index **T**
- maximal **200 km/h** = Speed Index **U**
- maximal **210 km/h** = Speed Index **H**
- maximal **240 km/h** = Speed Index **V**
- maximal **270 km/h** = Speed Index **W**
- über **270 km/h** = Speed Index **(W)**

Der Speed Index muss in jedem Fall höher sein als das Motorrad schnell ist (also was an Höchstgeschwindigkeit im Kraftfahrzeugbrief eingetragen ist).

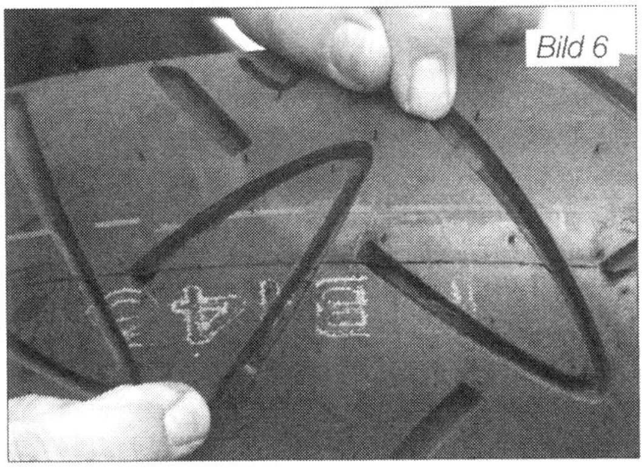
Bild 6

Bild 7

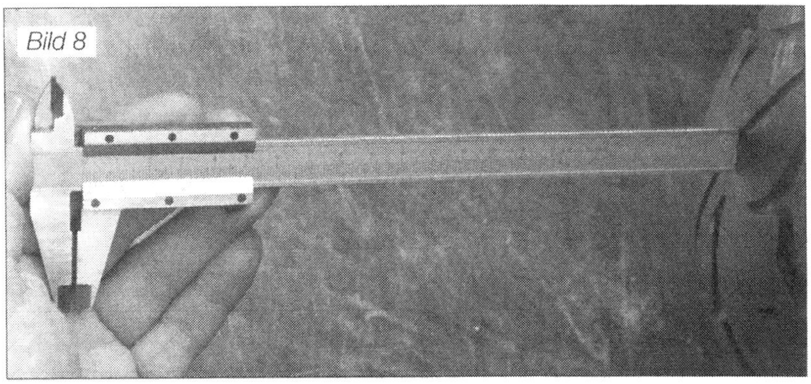
Bild 8

Bilder 6, 7 und 8: Die TWI-Kennzeichnung auf der Seitenwand (Oval in Bild 7) zeigt die Lage der Verschleißanzeiger (Bild 6). Die Profiltiefe wird neben diesen Erhebungen gemessen (Bild 8).

Bild 9

Bild 9: Das Produktionsdatum ist neben der DOT-Nummer ausgeprägt. Dieser Reifen wurde in der 35. Woche 2003 gefertigt.

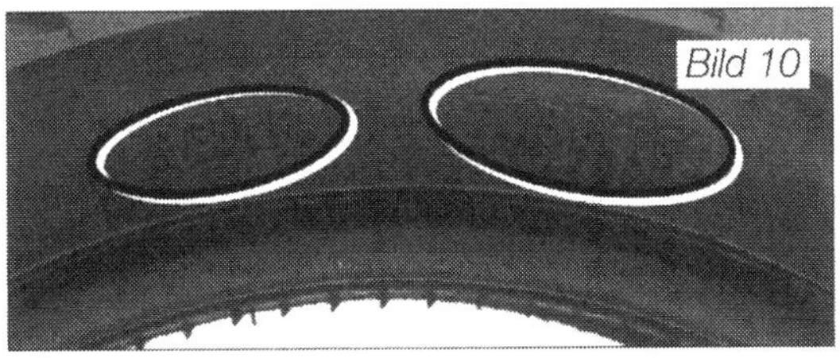
Bild 10

Bild 10: «Reinf.« steht für verstärkte Bauart, »Tubeless« für schlauchloser Reifen.

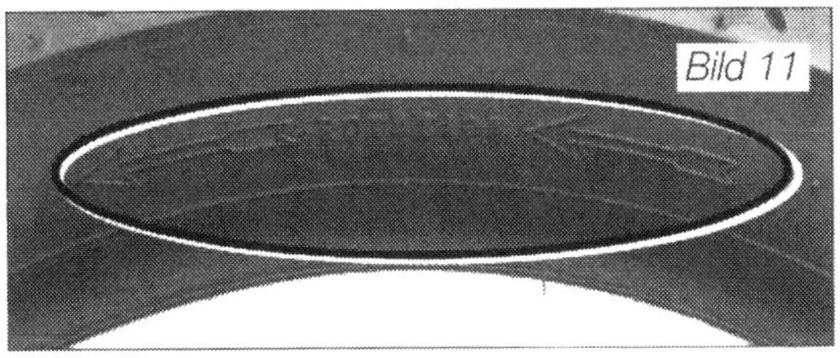
Bild 11

Bild 11: «Rotation« schreibt die Drehrichtung des Reifens vor.

Was noch auf der Seitenwand steht:

1. TT = Tube type = Schlauchreifen, darf nur mit Schlauch auf einer Schlauchfelge gefahren werden.

2. TL = Tube less = schlauchloser Reifen, muss auf einer Schlauchlosfelge ohne Schlauch montiert werden.

- Ein Schlauchlosreifen darf unter bestimmten Umständen auch mit Schlauch auf einer Schlauchfelge gefahren werden (Händler, Hersteller oder Importeur fragen!).

3. reinforced oder Reinf. = verstärkter Unterbau, erhöht die Tragfähigkeit des Reifens.

- Es kann auch **4 PR** oder **6 PR** darauf stehen, dies bedeutet »4 Lagen« oder »6 Lagen«, gemeint sind dabei die Anzahl der Gewebelagen im Reifen (siehe dazu auch die Zeichnung in Bild 1).
- Wird ein solcher Reifen erneuert und ist mit dem Zusatz »4 PR« oder »6 PR« nicht mehr lieferbar, muss der neue Reifen mit einem entsprechenden »Load Index« versehen sein. Was der Load Index ist, erklären wir nachfolgend.

4. Richtungspfeil, bei manchen Reifen noch mit dem Zusatz **FRONT** oder **REAR**:

- Wird ein Reifen vorne montiert, muss der FRONT-Pfeil in Drehrichtung zeigen;
- wird er hinten montiert, muss der REAR-Pfeil in Drehrichtung zeigen.

5. Reifen-Produktionsdatum: An einer Stelle der Seitenwand ist eine mehrstellige Buchstaben- und Zahlenkombination hinter der Bezeichnung DOT einvulkanisiert. Die letzten vier Ziffern nennen die Produktionswoche und das Produktionsjahr. Beispiel: »3505« steht für die 35. Kalenderwoche des Jahres 2005.

Reifenhaltbarkeit

Bei neuen Reifen garantiert jeder Reifenhersteller die von ihm zugesagten Qualitätseigenschaften für den Zeitraum von mindestens fünf Jahren bei korrekter Lagerung: kühl und trocken (15 °C) ohne Einfall von UV-Strahlen. Wenn Sie also einen neuen Reifen kaufen, der laut Produktionscode vor drei Jahren produziert wurde, gilt dieser Reifen als »frisch«.

Anders sieht es bei bereits aufgezogenen, also gebrauchten Reifen aus: Wenn ein angefahrener Reifen, der noch genügend Profil hat, mehr als fünf Jahre alt ist, sollte er sicherheitshalber gewechselt werden. Dies gilt vor allem bei gebrauchten Reifen ungewisser Herkunft – aber das haben wir ja schon am Anfang dieses Kapitels gesagt.

Der »Load Index«

Der »Load Index« (»Tragfähigkeitsindex«) sagt aus, mit wie viel Gewicht ein Reifen belastet werden darf. Das ist abhängig von der Konstruktion des Reifenunterbaus und dem vorgeschriebenen Luftdruck im Reifen. Wenn alte Zollreifen durch Millimeter-Reifen ersetzt werden sollen, müssen die alten Angaben herangezogen werden, nach denen der Reifenhändler den neuen Reifen aussucht.

Der Reifenunterbau ist zusammen mit dem (vom Reifenhersteller vorgeschriebenen!) Luftdruck im Reifen verantwortlich dafür, mit wie viel Gewicht der Reifen belastet werden darf. Die Norm des Load Index (LI) geht los bei LI 0 für 45 kg Tragkraft und endet bei LI 89 für 580 kg. Reifen für italienische Klassiker, die in diesem Buch besprochen werden, bewegen sich meist in den LI-Bereichen 50 bis 64:

- Load Index 50 = Tragfähigkeit 190 kg
- Load Index 51 = Tragfähigkeit 195 kg
- Load Index 52 = Tragfähigkeit 200 kg
- Load Index 53 = Tragfähigkeit 206 kg
- Load Index 54 = Tragfähigkeit 212 kg
- Load Index 55 = Tragfähigkeit 218 kg
- Load Index 56 = Tragfähigkeit 224 kg
- Load Index 57 = Tragfähigkeit 230 kg
- Load Index 58 = Tragfähigkeit 236 kg
- Load Index 59 = Tragfähigkeit 243 kg
- Load Index 60 = Tragfähigkeit 250 kg
- Load Index 61 = Tragfähigkeit 257 kg
- Load Index 62 = Tragfähigkeit 265 kg
- Load Index 63 = Tragfähigkeit 272 kg
- Load Index 64 = Tragfähigkeit 280 kg

Reifenbescheinigung

Der Reifenhersteller bzw. -Importeur stellt für die neuen Reifen in mm-Maßen eine fahrzeugspezifische Bescheinigung aus, mit der die neuen Reifen in die Kfz-Papiere eingetragen werden können.

Fordern Sie schriftlich (!) beim Reifenhersteller oder -Importeur eine »**Unbedenklichkeitsbescheinigung** zur Eintragung der Reifen in die Kraftfahrzeugpapiere« an, wenden Sie sich an die »Abteilung technischer Kundendienst«. Senden Sie für Ihre Anfrage eine Kopie des Kfz-Briefs ein und nennen zusätzlich folgende Facts:

1. Damalige Modell-Verkaufsbezeichnung und Modelljahr Ihrer Maschine (z. B. Moto Guzzi 750-S3, 1976).

2. Serienmäßige Größe von Vorderrad- und Hinterradreifen (z. B. vorne 3.25 H 18, hinten 4.25/85 H 18).
3. Felgengröße der eingebauten Räder (z. B. vorne 2.15 x 18, hinten 2.50 x 18).
■ Die Felgengröße ist auf einer Seite auf der Felge eingraviert (bei Speichenfelgen) bzw. erhaben aufgegossen (bei Gussrädern).
4. Ihre Adresse mit Telefonnummer und e-mail.

Auswuchten

Ein neu montierter Reifen muss ausgewuchtet werden, damit das Rad auch wirklich »rund« läuft. Ist es nicht (oder nicht gut) ausgewuchtet, beginnt es ab einer bestimmten Geschwindigkeit (ca. 60 bis 80 km/h) zu »hüpfen«. Ein unwuchtiges Rad stört das Fahrwerk, verschleißt Federung und Stoßdämpfer rasend schnell und ist überdies einer guten Straßenlage und damit der Fahrsicherheit sehr abträglich. Schlechte Wuchtung führt im Extremfall dazu, dass das Rad während der Fahrt den Bodenkontakt verliert!

Die leichteste Stelle des Reifens wurde im Werk mit einem Farbpunkt markiert, dieser muss beim Ventil stehen. Beim Auswuchten werden gegenüber der schwersten Stelle des Reifens entsprechende Gewichte angebracht, entweder über

AVON-Reifenprofile für Young- und Oldtimer

Die Größenangaben sind unabhängig vom Reifendurchmesser (16, 17, 18, 21 Zoll)				Roadrider AM26	Venom AM41	Venom AM42	Roadrunner AM20*	Roadrunner AM21*	Super Venom AM20*	Super Venom AM18*	Speedmaster*	S.M MKII*	Universal*	Sidecar
alte Zoll-Größen		neue Millimeter-Größen	noch aktuelle US-Größen											
2.50/2.75	3.10	80/90	MH90	❍										
3.00/3.25	3.60	90/90	MJ90	❍	❍		❍				❍			
3.50	4.10	100/90	MM90	❍	❍			❍		❍	❍	❍	❍	❍
4.00	4.25/85	110/90		❍	❍			❍	❍	❍		❍		
4.50/4.75	4.70	120/90	MR90	❍	❍			❍		❍				
5.00	5.10	130/90	MT90	❍	❍	❍	❍	❍		❍		❍	❍	

* = Für Rennmaschinen auch als Rennreifen mit spezieller Gummimischung erhältlich, nicht zulassungsfähig

Roadrunner AM20

Roadrunner AM21

Roadrider AM26 F

Roadrider AM26 R

Roadrunner Universal

Venom X-F AM41
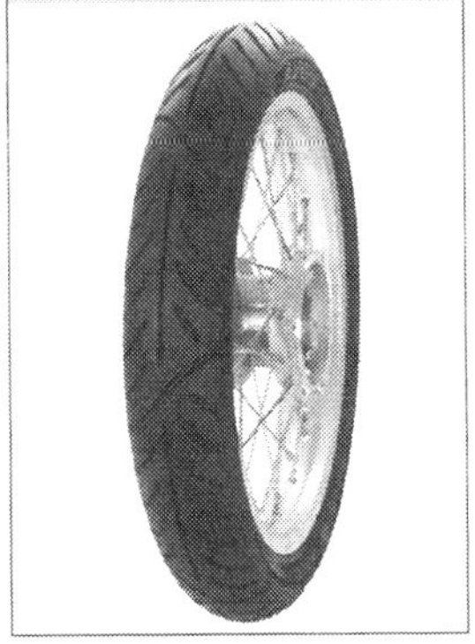

Venom X-R AM42

Super Venom AM20

Super Venom AM18

Speedmaster
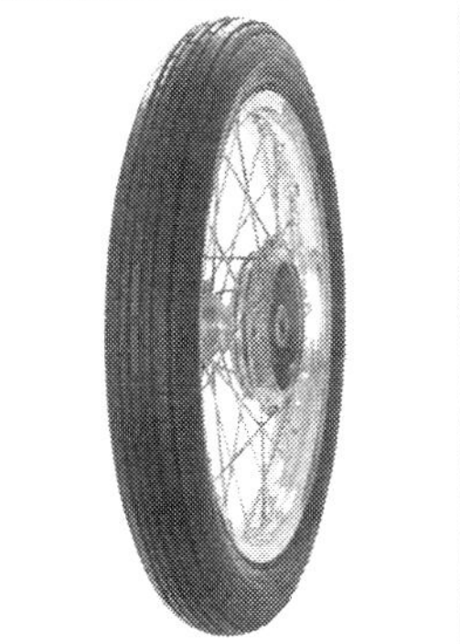

S.M MKII 5.00

S.M MKII

Sidecar Triple Duty

Bild 12

Bild 12: Rad auf einem manuellen Auswuchtbock. Auf dem linken Teil der Achse sind für das Foto eine Reihe Klebegewichte angeordnet.

Bilder M1 bis M14: Im Lauftext sind die zu den Bildern gehörenden Arbeitsschritte nummeriert beschrieben.

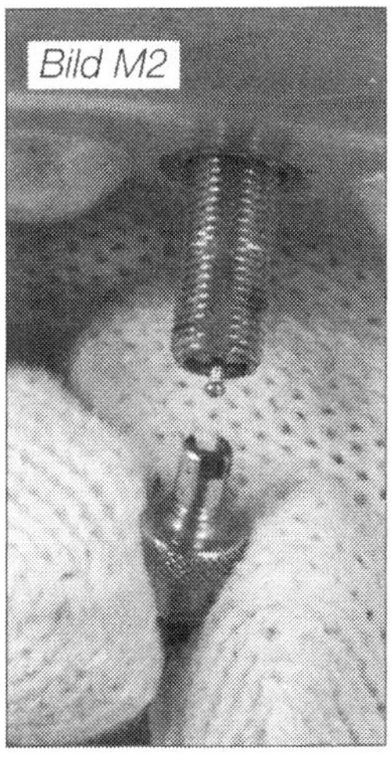
Bild M2

die Speichennippel gestülpt oder auf der Felge aufgeklebt. Pro Rad sind maximal 60 Gramm an Wuchtgewichten zulässig.

Man kann ein Rad statisch auswuchten, indem man das Rad in leichte Drehung bringt und es auspendeln lässt – die schwerste Stelle bleibt unten stehen. An der gegenüberliegenden Stelle werden auf der Felge entsprechende Auswuchtgewichte aufgeklebt oder an der Speiche angebracht. Diese Auswuchtgewichte kann man beim Motorrad- oder Reifenhändler kaufen.

Bevor Sie sich mit der Auswuchtung abmühen: Wir empfehlen, das Rad dynamisch auf einer Auswuchtmaschine wuchten zu lassen. Sowohl Reifenmontage als auch Auswuchtung machen Motorrad- oder Reifenfachhändler zu moderaten Preisen.

Bild M1

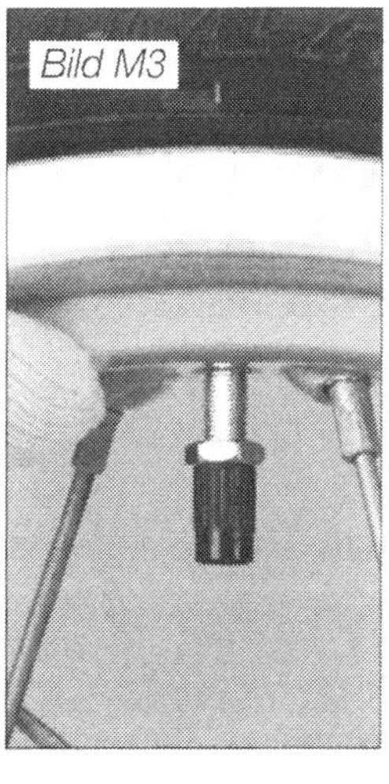
Bild M3

Bild M4

Tipp: Wenn Sie einen neuen Reifen selbst montieren, dann schon während der Montage des neuen Reifens die (später durchzuführende) Wuchtung berücksichtigen: Die leichteste Stelle des Reifens ist mit einem Farbpunkt markiert, der beim Ventil montiert werden muss.
■ Wenn die nötigen Wuchtgewichte trotzdem 60 Gramm überschreiten, kann der Farbpunkt im Reifenwerk an der falschen Stelle aufgebracht worden sein.
■ Wenn ein ausgebautes Rad mit einem gebrauchten Reifen auf dem Wuchtbock ausgependelt wird und sich zeigt, dass die Wuchtung nicht mehr stimmt: Durch Verschleiß können sich die Wuchtverhältnisse geändert haben.
■ Wenn dann beim Nachwuchten mehr als 60 Gramm Auswuchtgewichte aufgebracht werden müssen, folgendermaßen vorgehen: Luft ablassen, Reifen ins Tiefbett drücken, auf der Felge um 180 Grad drehen, aufpumpen, Unwucht erneut messen.

Reifenmontage

Unterwegs ein Plattfuß? Ja und? Wenn die Maschine mit Schlauchreifen ausgerüstet ist und im Tankrucksack ein Reifenmontierwerkzeug ist, kann man einen neuen Schlauch einziehen (sofern man einen dabei hat!) oder das Loch flicken. Das haben wir ja schon als Kinder beim Fahrrad gelernt, oder?

Bild M1: Zur Schonung der Felgenhörner durch die Montierhebel einen Felgenschutz aus vorgeformtem Kunststoff verwenden.
Wichtig: Bei der Reifenmontage nur ordentliche Montierhebel verwenden, keine Schraubenzieher, Gabelschlüssel oder Flacheisen!
■ Felgenschützer und stabile Montierhebel gibt's für kleines Geld beim Motorradhändler oder im Zubehör-Shop.

Bilder M2 und M3: Vor der Reifendemontage die Luft ablassen, nach der Reifenmontage die Felgenmutter nicht gegen die Felge, sondern gegen das Ventilkäppchen kontern.

Bild M4: Anstatt eines Felgenbandes, das bei der Reifenmontage immer gerne verrutscht, kann man auch eine Lage ca. 25 mm breites Klebeband ins Felgenbett einkleben.

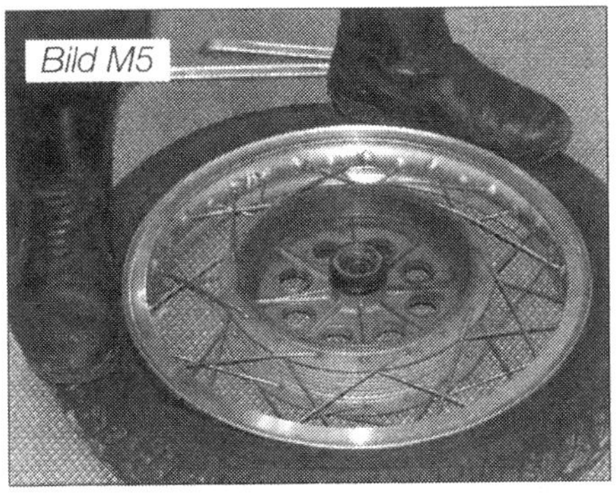
Bild M5

Bild M5: Luft ist abgelassen, Rad platt auf dem Boden, Lappen unter der Radnabe (oder das Rad liegt auf einem sauberen Teppich). NICHT auf der Bremsscheibe ablegen! Reifen mit dem Fuß ringsum ins Felgenbett drücken.

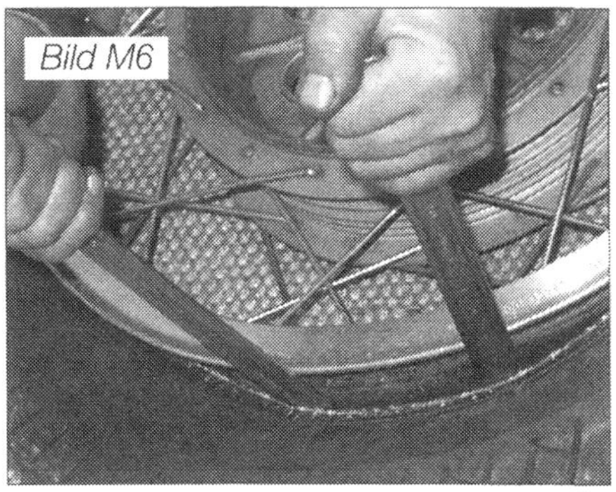
Bild M6

Bild M6: Montierhebel rechts und links kurz neben dem Ventil ansetzen und beginnen, den Reifenwulst vorsichtig über das Felgenhorn zu hebeln.

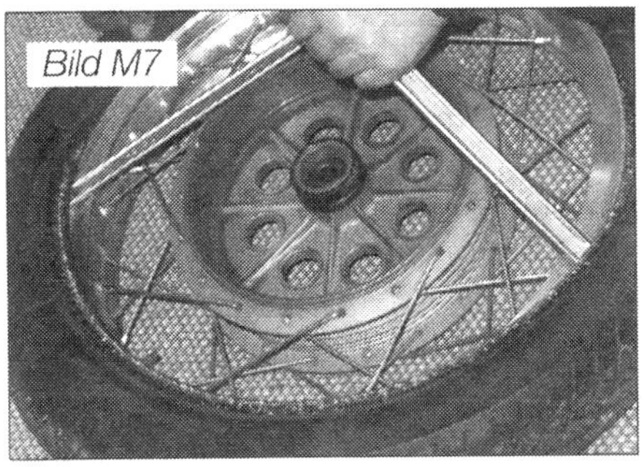
Bild M7

Bild M7: Reifenwulst Stück für Stück abwälzen. Darauf achten, dass der Wulst gegenüber der Arbeitsstelle sicher im Tiefbett sitzt (mit dem Stiefel nachtreten). Wenn der Reifenwulst ganz abgewälzt ist, Schlauch herausziehen.

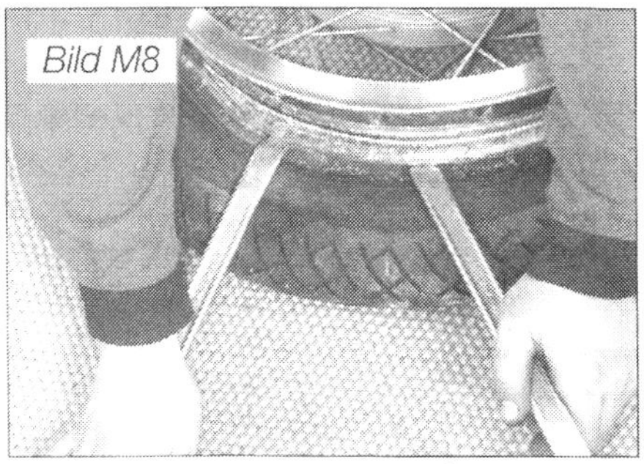
Bild M8

Bild M8: Anderen Reifenwulst über das Felgenhorn drücken und heben. Reifen von der Felge trennen.

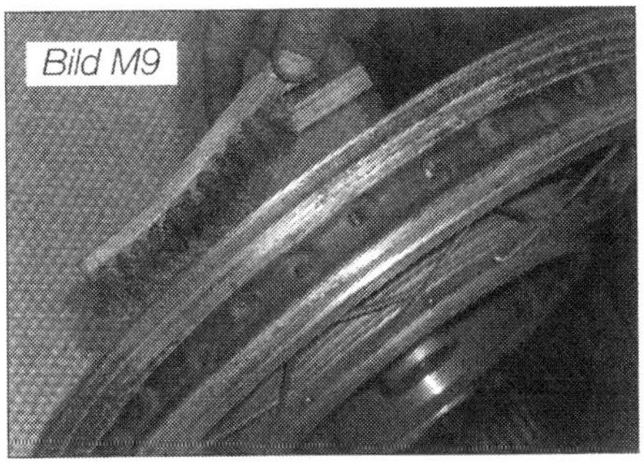
Bild M9

Bild M9: Felgenbett putzen. Dazu eine nicht zu harte Stahlbürste nehmen. Felgenband erneuern (Notfall: Auf unbeschädigten Zustand und genügend Spannung kontrollieren!) oder durch Klebeband ersetzen (siehe Bild M3).

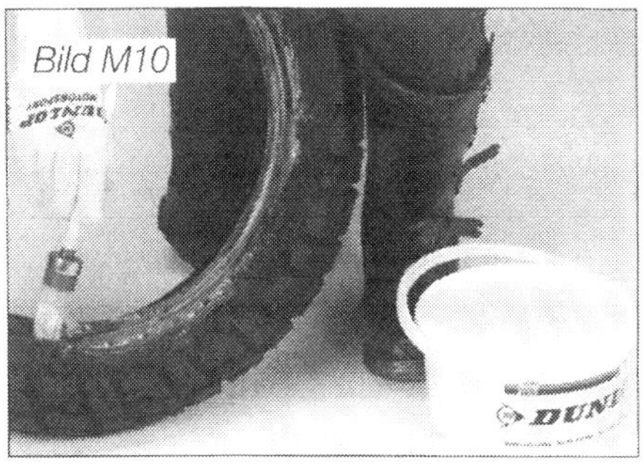
Bild M10

Bild M10: Wulst des neuen Reifens mit Montagepaste einschmieren. Unterwegs genügt auch Seifenlauge (oder Spucke).

Bild M11

Bild M11: Reifen mit einer Seite über das Felgenhorn heben und ringsum ins Tiefbett eindrücken. VORHER die Drehrichtung beachten!

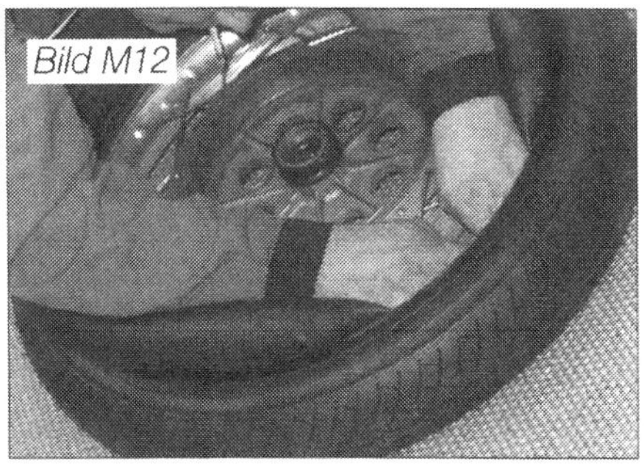
Bild M12

Bild M12: Rad umdrehen. Schlauch leicht aufpumpen, in Reifen einlegen. Streng darauf achten, dass er weder Falten bekommt noch verdreht wird. Ventil ins Ventilloch der Felge einführen.

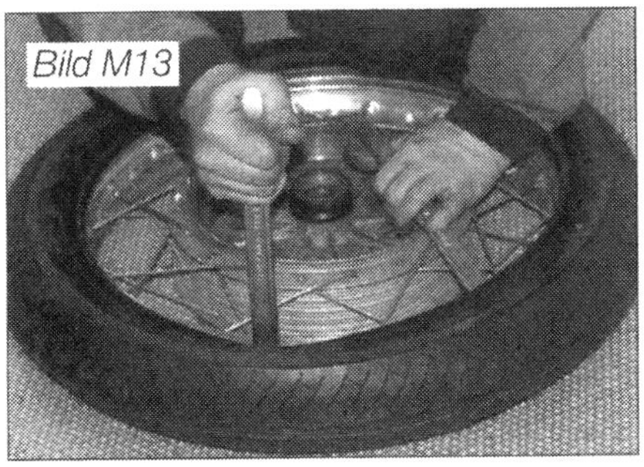
Bild M13

Bild M13: Montierhebel gegenüber vom Ventil ansetzen, Reifenwulst Stück für Stück über Felgenhorn heben.

Bild M14

M14: Erst zum Schluss kommt der Bereich am Ventil! Wenn der Reifenwulst auf der Felge sitzt: Reifen aufpumpen mit 3,5 bis 4 bar (maximal!), damit er ringsum sauber kommt. Reifen auf Rundlauf prüfen, ggf. korrigieren.

Scheibenbremsen

In diesem Kapitel: Funktion der Scheibenbremse · Kontrolle der Scheibenbremse · Bremsflüssigkeit nachfüllen · Bremse entlüften, Bremsflüssigkeit wechseln · Bremsklötze wechseln · Bremsscheiben · Bremssattel überholen · Bremspumpe überholen · Stahlflexleitungen.

Funktion der Scheibenbremse

Funktion der Scheibenbremse (Bild 1): Beim Betätigen des Bremshebels wird vom Kolben im Hauptbremszylinder ein Druck auf die Bremsflüssigkeit aufgebaut, der sich auf die Kolben im Bremssattel überträgt. Dadurch werden die Bremskolben nach außen bewegt und pressen die Bremsbeläge gegen die sich drehende Bremsscheibe: Eine Reibkraft wird aufgebaut, die das Rad abbremst. Um den Betrag, den die Bremsbeläge verschleißen, wandern die Kolben immer weiter aus ihren Bohrungen hinaus. Dementsprechend läuft Bremsflüssigkeit nach, wodurch der Pegelstand im Flüssigkeitsbehälter absinkt. Daher muss der Bremsflüssigkeitsstand regelmäßig überprüft und ggf. ergänzt werden.

Bild 1: Funktion einer Scheibenbremse in der schematischen Darstellung.

Kontrolle der Scheibenbremse

Bei einem normal auf der Straße bewegten Motorrad müssen die Bremsen mindestens einmal im Jahr intensiv überprüft werden. Größere Belastungen, wie z. B. Einsatz der Maschine auf Rennstrecken oder häufige Gebirgstouren mit langen Passabfahrten, erfordern eine intensivere Kontrolle der Bremsen. Dabei muss auch der Zustand der Bremsscheiben auf Verfärbung durch große Hitzebelastung einbezogen werden.

Bild 1

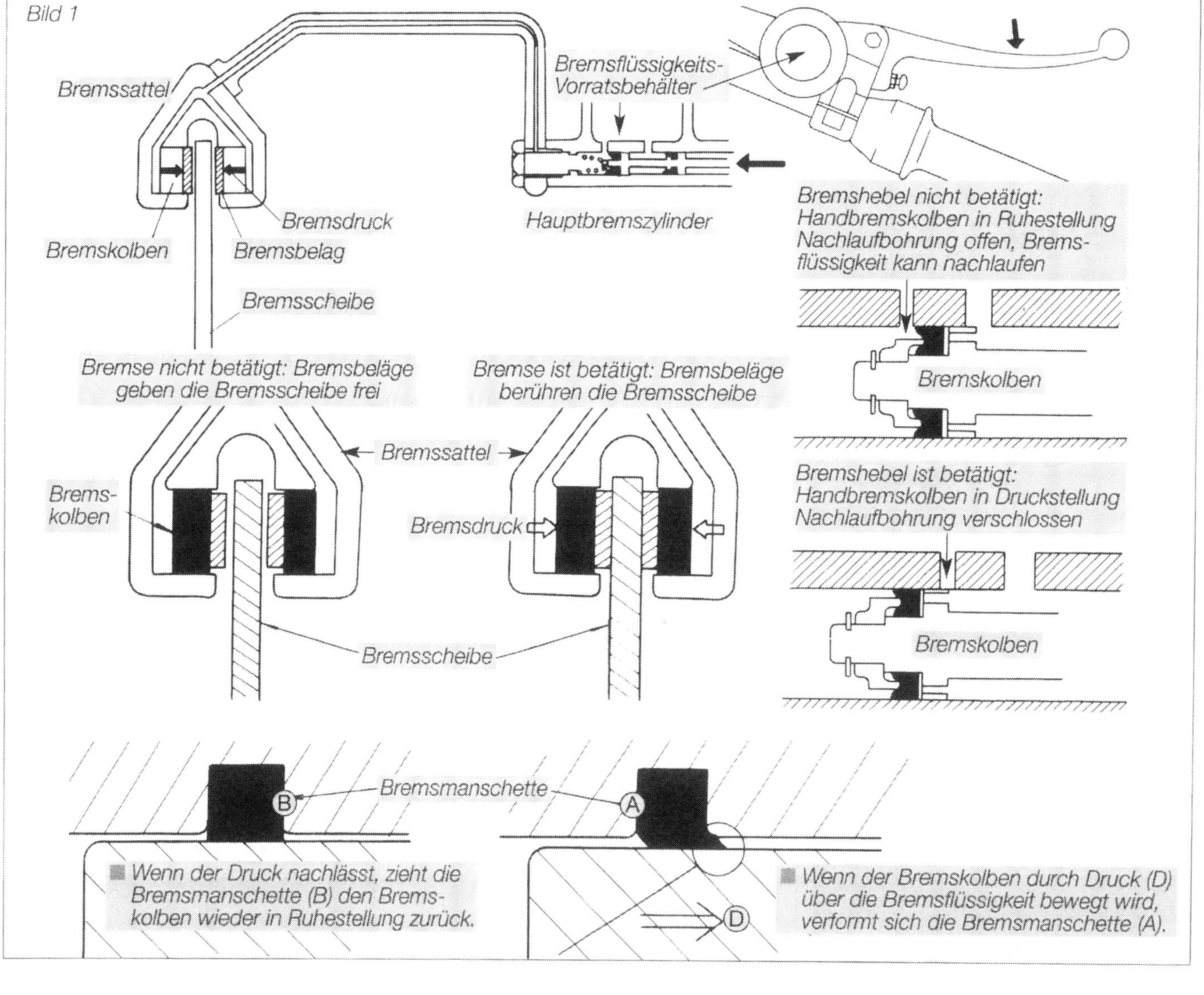

Nachstehend die wichtigsten Kontrollpunkte der Bremse. Zu jedem Punkt gehen wir im Laufe dieses Kapitels noch mehr in die Tiefe.

1. Bremsbeläge: Entweder von oben in den Bremssattel schauen, vorher ggf. die Abdeckkappe (Bild 2) abhebeln, oder an der Bremsscheibe entlang. Der Bremsbelag auf der Trägerplatte (beide zusammen sind der »Bremsklotz, Bild 4) muss mindestens noch 1,5 bis 2 Millimeter dick sein. Neue Bremsbeläge sind zwischen 5 und 7 mm dick.

1.1. Verglaste, riefige, abgenutzte, alte oder verschmutzte Bremsbeläge reduzieren die Bremswirkung. Bis zu einer gewissen Verschmutzung kann man sie mit einer Stahlbürste reinigen.

■ In jedem Fall ist es besser, einen Satz Bremsklötze, die man aufgrund ihrer Abnutzung und dem Allgemeinzustand als »schlecht« einstuft, durch Neuteile zu ersetzen. Bremsklötze immer nur satzweise wechseln. Ein Satz Bremsklötze sind zwei Stück pro Scheibe.

1.2. Wenn die Bremsbeläge über den Außendurchmesser der Bremsscheibe überstehen, bildet sich mit der Zeit eine Stufe (Bild 5). Bei fortschreitendem Verschleiß der Bremsbelagfläche, die mit der Bremsscheibe in Kontakt ist, wandern die beiden Stufen immer weiter zueinander, bis sie irgendwann aneinander aufstehen. Dann geht die Bremswirkung gegen null! Deswegen schon beim Einbau neuer Bremsbeläge den Überstand so abfeilen, dass der Außendurchmesser der Bremsscheibe gegenüber der oberen Kante des Bremsbelags um ca. 2 mm übersteht.

2. Bremsscheiben mit Bremsenreiniger reinigen, Dicke mit Schieblehre oder Mikrometerschraube (besser, weil genauer!) messen. Bei alten Bremsscheiben ist das Erkennen der Verschleißgrenze schwierig, denn es ist meistens keine Zahlenangabe dafür zu finden.

3. Bremsflüssigkeitsstand: Die Bremsflüssigkeits-Vorratsbehälter am Lenker und der hinteren Bremspumpe sind meistens transparent. Außen sind zwei umlaufende Rippen angebracht, das sind die Markierungslinien für den minimalen und maximalen Stand der Bremsflüssigkeit (Bild 11).

■ Wenn der Bremsflüssigkeits-Vorratsbehälter mit einem Auge ausgestattet ist, darf darin keine oder nur eine kleine Luftblase zu sehen sein.

3.1. Bremsflüssigkeit wechseln: Unabhängig von der Fahrleistung muss die Bremsflüssigkeit alle zwei Jahre gewechselt werden, denn sie verhält sich hygroskopisch, zieht im Laufe ihres Lebens Feuchtigkeit aus der Luft und wird deswegen weniger hitzeresistent: Neue Bremsflüssigkeit hat einen Siedepunkt von ca. 250 °C, der schon nach einem Jahr auf rund 150 °C abgesunken ist. Drei Jahre alte Bremsflüssigkeit liegt bei weniger als 100 °C!

4. Bremsschläuche aus Gummi sollten spätestens nach vier Jahren erneuert werden, Stahlflexleitungen brauchen nicht gewechselt zu werden. Auf die Bremsschläuche sind kleine Ringe aufgeschoben, auf denen das Herstellungsjahr vermerkt ist (Bild 6). Wenn eine alte Italienerin mit Gummischläuchen bestückt ist, dann sind diese meist so alt wie das Motorrad selbst und gehören eigentlich erneuert oder gleich auf Stahlflex umgebaut. Egal wie alt die Bremsschläuche sind: Kontrollieren Sie diese sorgfältig auf Risse, Knicke und Scheuerstellen, alle Anschlüsse müssen staubtrocken sein.

5. Verzug (»Schlag«) der Bremsscheiben mit Messuhr ermitteln, als Verschleißgrenze gelten 0,2 bis 0,3 mm Schlag (Bild 7).

Bilder 2 und 3: Die Dicke der Bremsbeläge kann von außen kontrolliert werden. Dazu einfach die Kappe abziehen und in den Bremssattel schauen.

Bild 4: Die Nut im Bremsbelag ist eine optische Verschleißanzeige.

Bild 5: Überstand am Bremsbelag kann sehr gefährlich werden!

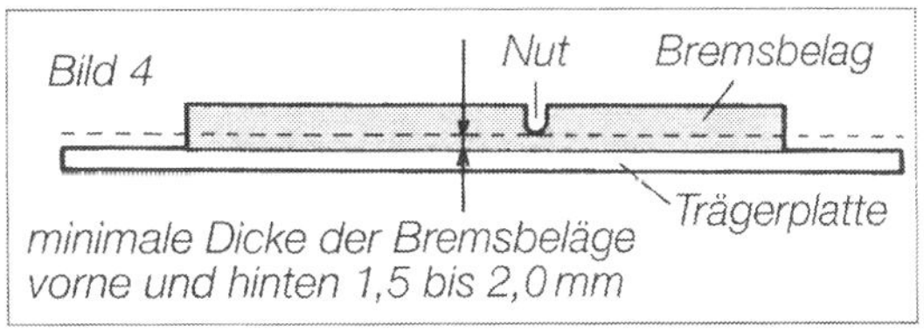

Bild 6: Herstellungs-Monat und Jahr auf dem Bremsschlauch.

Bild 7: Schlag der Bremsscheibe mit Messuhr feststellen.

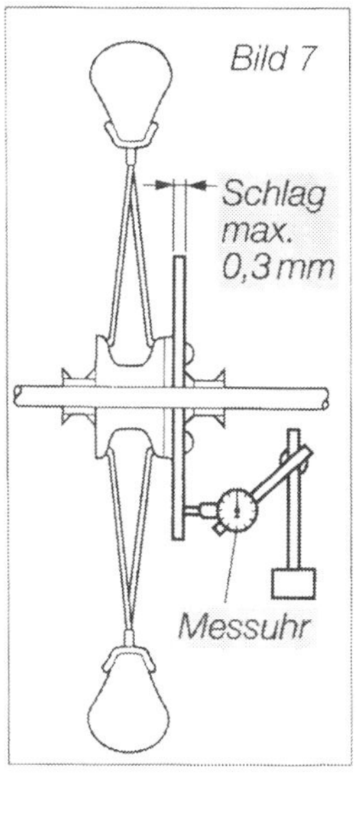

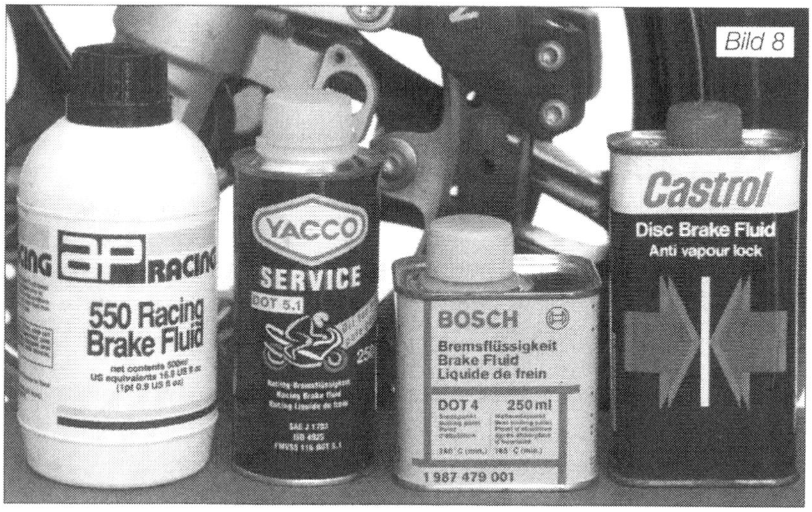

Bild 8

Bild 9: Vorgeschrieben ist meist Bremsflüssigkeit der Qualität DOT 3, 4 oder höherwertig.

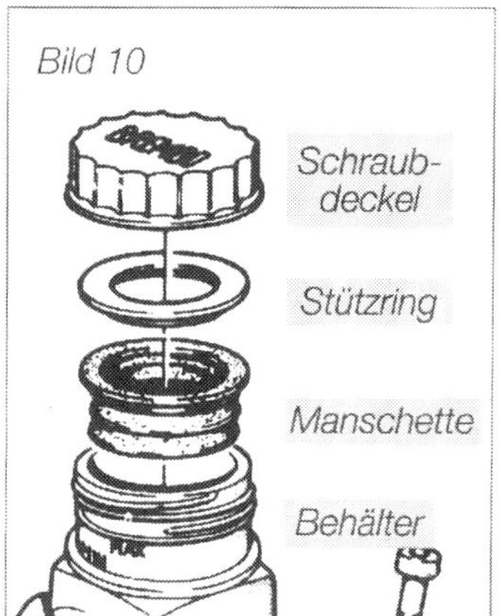

Bild 10

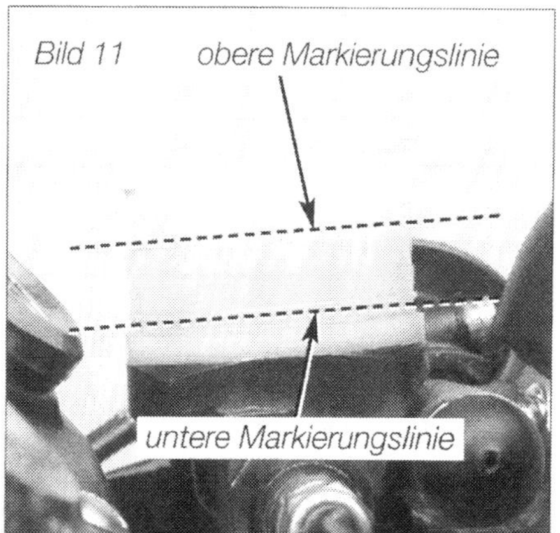

Bild 11

Bilder 8 bis 12: Im Lauftext sind die zu den Bildern gehörenden Arbeitsschritte nummeriert beschrieben.

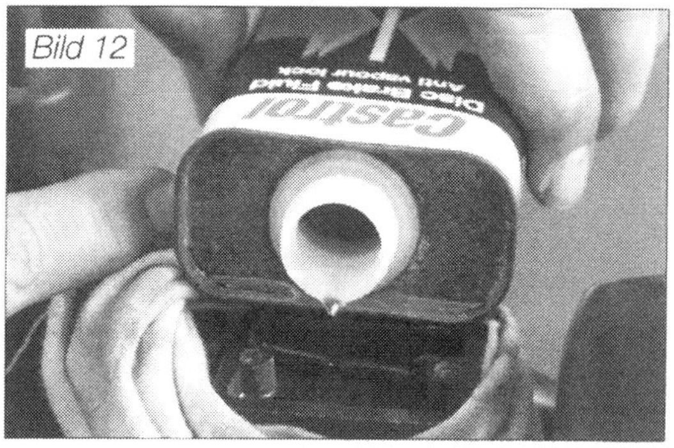

Bild 12

Bremsflüssigkeit

Für hydraulische Bremssysteme ist Bremsflüssigkeit in der Qualität DOT 3 oder 4 vorgeschrieben. Die teuerste Bremsflüssigkeit DOT 5.1 kann ebenfalls verwendet werden (Bilder 8 und 9).

Bitte beachten!

1. Keine Flüssigkeiten anderer Art in das Bremssystem einfüllen oder dazumischen und nie ältere Bremsflüssigkeitsreste einfüllen.

2. Im Zweifelsfalle immer neue Bremsflüssigkeit aus einer neuen, ungeöffneten Dose benutzen. Keinesfalls dürfen Verunreinigungen, Schmutz oder Wasser in den Behälter gelangen. Bremsflüssigkeit gibt es in kleinen, preiswerten Gebinden. Zu einem Wechsel der Bremsflüssigkeit braucht man ungefähr 0,5 Liter.

3. Sehr wichtig: Soll anstatt DOT 3, 4 oder 5.1 eine Silikonbremsflüssigkeit der Qualität DOT 5.0 verwendet werden, muss man die Bremsanlage komplett zerlegen, reinigen und mit neuen Manschetten bestücken. Denn wenn gebrauchte, mit DOT 3, 4 oder 5.1 betriebene Manschetten und Bremsschläuche mit DOT 5.0 in Kontakt kommen, dann quellen sie oder lösen sich auf, was bis zum Festsitzen der Bremskolben (und damit Blockieren der Bremse!) führen kann.

Bremsflüssigkeit nachfüllen

Zum Nachfüllen der Bremsflüssigkeit den Lenker so drehen, dass der Bremsflüssigkeitsbehälter waagerecht steht. Lappen um den Bremsflüssigkeitsbehälter wickeln (Bild 12), bevor der Deckel abgeschraubt wird, damit eventuell überschwappende Bremsflüssigkeit aufgesogen wird und nicht auf Lack-, Chrom- oder Aluteile gerät.

■ Benachbarte Bauteile mit etwas Wasser einsprühen, dann kann herumspritzende Bremsflüssigkeit keine Schäden anrichten.

1. Deckel auf dem runden Behälter abdrehen, abnehmen, Stützscheibe und Gummimembran vorsichtig herausnehmen (Bild 10), damit keine Bremsflüssigkeit herumspritzt.

2. Bremsflüssigkeit bis zur oberen Markierung (die ist auf der Behälterwand zu sehen, Bild 11) bzw. bis Mitte des Schauglases auffüllen.

3. Deckel, Stützscheibe, Gummimembran und Behälterrand mit sauberem, nicht fusselndem Lappen reinigen.

4. Membran behutsam einsetzen, Stützscheibe aufsetzen, Deckel aufdrehen, gut handfest anziehen.

■ Bremsflüssigkeitsreste von Behälter und Umgebung mit reichlich Wasser abspülen.

Bremsflüssigkeit wechseln und Bremse entlüften

Alle 20 000 Kilometer (spätestens alle zwei Jahre!) soll die Bremsflüssigkeit erneuert werden. Wenn ein anderer Bremssattel oder andere Bremsschläuche angebaut wurden, muss die Bremse neu befüllt und entlüftet werden.

Ein automatisches Bremsentlüftungs-Gerät, mit dem man ohne Kontakt zur Bremsflüssigkeit und ohne Gefahr des Verschüttens die Bremsflüssigkeit wechseln und Bremsen entlüften kann, ist auch für Hobbymechaniker zu empfehlen (Bild 13). Dazu braucht man allerdings einen Druckluftanschluss (und auch einen Kompressor, den ja nicht jeder in seiner Werkstatt hat!).

Man kann die Bremse auch mit einfachen Werkzeugen und Hilfsmitteln (Bild 15) mit neuer Bremsflüssigkeit befüllen und entlüften.

1. Deckel des Bremsflüssigkeits-Vorratsbehälters und Membran entfernen.
2. Alte Bremsflüssigkeit aus dem Behälter absaugen, z. B. mit einer Einwegspritze.
2.1. Behälter mit einem sauberen Lappen gut reinigen.
3. Frische Bremsflüssigkeit einfüllen.
4. Gummikappe am Entlüftungsnippel des Bremssattels (Bild 14) entfernen, einen passenden Ringschlüssel auf den Sechskant des Entlüftungsnippels aufstecken (Bild 15).
4.1. Einen passenden durchsichtigen Schlauch, der in einem Auffanggefäß endet, über den Entlüftungsnippel stülpen (Bild 15).
5. Etwas Bremsflüssigkeit in das Auffanggefäß geben, Schlauchende eintauchen (Bild 15).
5.1. Behälter so aufhängen, dass er etwas höher steht als der Entlüftungsnippel (Bild 15).
6. Bremshebel/Bremspedal ein paar Mal anziehen/runterdrücken, bis Widerstand spürbar ist.
■ Schön langsam pumpen und den Hebel bzw. das Pedal zwischendurch immer einige Sekunden in Ruhestellung lassen, damit Bremsflüssigkeit luftfrei nachläuft.
7. Bremshebel/Bremspedal am Widerstandspunkt gezogen bzw. gedrückt halten.
8. Entlüftungsnippel 1/4 bis 1/3 Umdrehung öffnen, Bremshebel/Bremspedal ganz durchziehen/durchdrücken, gedrückt lassen (!) und gleichzeitig den Entlüftungsnippel festziehen (bitte mit Gefühl!).
9. Bremshebel/Bremspedal langsam loslassen. Einige Male pumpen, Bremshebel/Bremspedal in Druckposition halten, Entlüftungsnippel aufdrehen und wieder schließen.
■ Diese Vorgänge so lange wiederholen, bis aus dem Schlauch nur noch saubere Bremsflüssigkeit kommt.
9.1. Dazwischen immer wieder nachsehen, ob der Vorratsbehälter noch genügend Bremsflüssigkeit enthält. Der Pegelstand (Bild 11) sollte nicht unter die Minimum-Marke fallen. Rechtzeitig nachfüllen, damit keine Luft ins System gelangt.

Bild 13: Mit Druckluft betriebenes Bremsentlüftungs-Gerät.

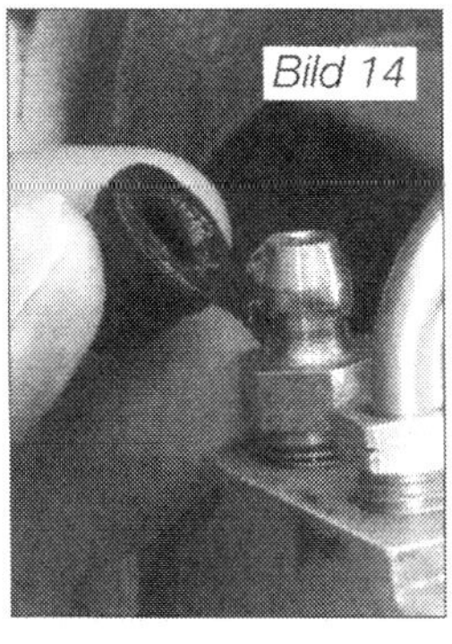

Bild 14: Nach Abschluss der Entlüftungsarbeiten die restliche Bremsflüssigkeit aus dem Entlüftungsnippel putzen und die Gummikappe mit etwas Silikon eingeschmiert aufsetzen.

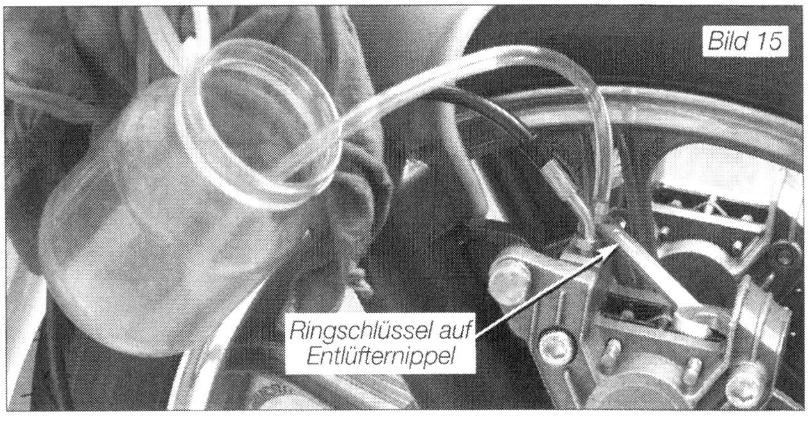

Bild 15: Schlauch und durchsichtiges Gefäß zum Entlüften der Bremse von Hand.

Sichtprüfung Messen

10. Tritt am Entlüftungsschlauch nur noch frische Bremsflüssigkeit ohne Luftbläschen aus, Bremshebel/Bremspedal nochmals durchziehen/durchdrücken und gleichzeitig den Entlüftungsnippel fesziehen mit ca. 10 bis 15 Nm.
11. Bremsflüssigkeitsstand prüfen, ggf. auffüllen.

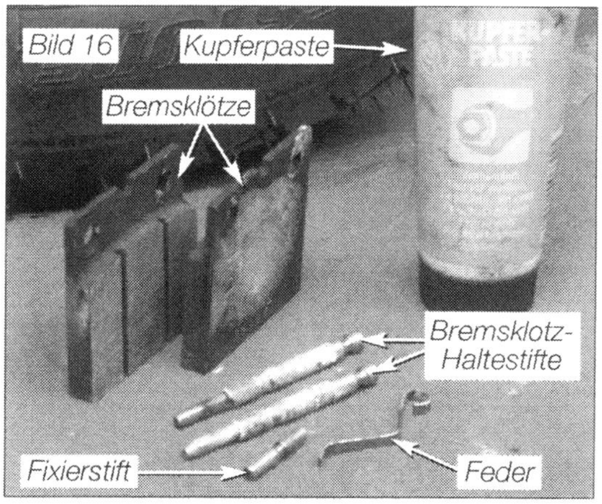

Bild 16: Vorbereitung der Bremsklötze zum Einbau.

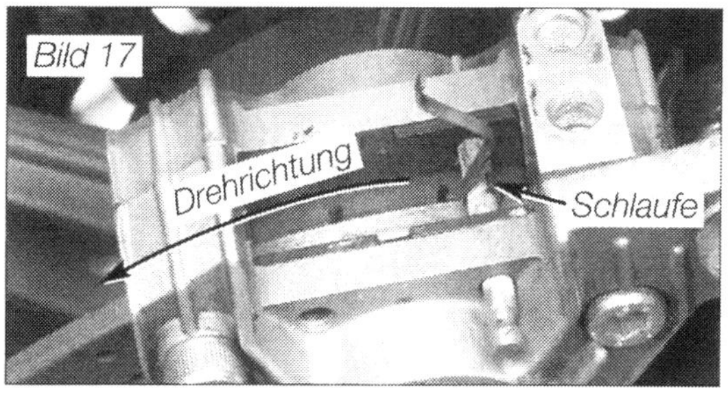

Bild 17: Die Schlaufe der Feder kommt, in Drehrichtung des Rades gesehen, auf den ersten Haltestift.

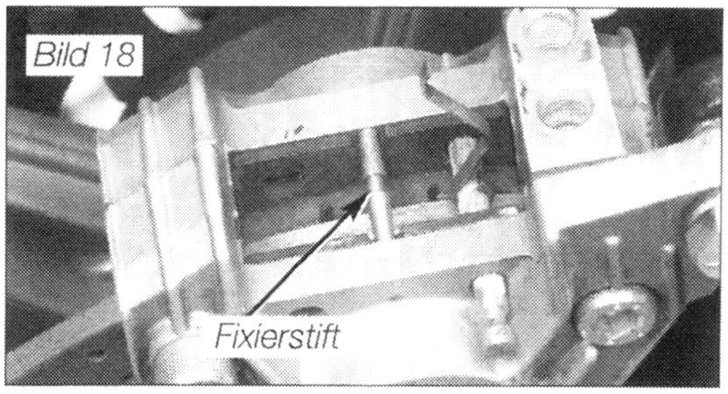

Bilder 18, 19 und 20: Einbau des Fixierstifts, der Feder und des zweiten Bremsklotz-Haltestifts.

Bremsklötze wechseln

Zum Wechseln der Bremsklötze müssen die Bremssättel meist nicht abgebaut werden. Ein Abbau ist jedoch zu empfehlen, denn wenn die Bremsbeläge abgenutzt sind und gewechselt werden müssen, hat der Bremssattel eine gründliche Reinigung nötig. Dazu speziellen Bremsenreiniger, Flaschenbürste (oder alte Zahnbürste) und weiche, nicht fusselnde Lappen verwenden.

Wichtige Punkte:
1. Vor dem Einsatz des Bremsenreinigers alle Teile im Umkreis der einzusprühenden Bremssättel mit Lappen großflächig abdecken.
2. Bremsenreiniger sparsam und gezielt einsetzen! Sprühkopf direkt auf die zu reinigende Stelle richten, maximal zwei Sekunden betätigen.
3. Teile nach Einsprühen mit Bremsenreiniger sofort durchputzen.
■ **NIEMALS** den Bremssattel mit Ölspray oder ölgetränktem Lappen reinigen!
■ **NIEMALS** den Bremssattel mit harter Pressluft ausblasen! Pressluft beim Reinigen des Bremssattels sparsam und ganz gezielt einsetzen.
4. Bremsklötze mit Bremsenreiniger nur leicht und kurze Zeit einsprühen, NICHT darin »baden«! Zu viel Bremsenreiniger kann die Verklebung zwischen Bremsbelag und Trägerplatte angreifen, sie wird »weich«, was zum Ablösen des Bremsbelags von der Trägerplatte führt!

Bremsklötze ausbauen

Beispielhaft beschreiben wir den Aus- und Einbau der Bremsklötze aus einem weit verbreiteten Brembo-Bremssattel. Singngemäß gilt dies auch für Grimeca-, Scarab- und Lockheed-Sättel.
1. Motorrad sicher aufbocken: Am besten auf den Mittelständer und von unten mit Holzklötzen unterbauen, damit beide Räder frei kommen.
2. Feder direkt am Bremsklotz-Haltestift niederdrücken (Bild 19) und den Bremsklotz-Haltestift mit einem Durchschlag ausschlagen:
■ Durchschlag auf der Mitte des Haltestifts ansetzen und kurze, leichte Schläge mit dem Hammer darauf geben, der Stift rutscht Stück für Stück heraus.
3. Feder anheben, Fixierstift herausnehmen.
4. Anderen Bremsklotz-Haltestift ausschlagen, Feder entnehmen.
5. Beläge herausziehen, Bremssattel und ausgebaute Teile gründlich reinigen.

Bremsklötze einbauen

1. Platz schaffen für die neuen (dicken) Bremsklötze: Die alten wieder in den Schacht einschieben, mit Handkraft gegen die Bremskolben drücken und diese ganz zurückschieben.

■ Die Bremskolben lassen sich zwar nicht leicht zurückschieben, dürfen sich aber nicht sehr schwer bewegen. Wenn übermäßig viel Kraft aufgewendet werden muss, um sie zurückzudrücken, oder wenn es gar nicht geht, sind wahrscheinlich die Kolbenmanschetten gequollen. Dann müssen die Bremssättel zerlegt, gereinigt und neue Manschetten eingebaut werden. Wie das geht, steht weiter hinten in diesem Kapitel.

2. Auf die neuen Bremsklötze etwas Kupferpaste auf die Rückseite und Kanten der Trägerplatte geben (Bild 16) .

■ NICHTS auf den Bremsbelag schmieren!

2.1. Bremsklötze mit Belägen zur Scheibe hin (!) in Bremssattel einschieben (Bilder 16 und 17).

3. Feder so ansetzen, dass die Schlaufe an der ersten Bohrung sitzt, bezogen auf die Drehrichtung des Rades (Bild 17).

4. Bremsbelag-Haltestift durch Bohrungen in Bremssattel, Bremsklötze und Schlaufe der Feder durchschieben und so weit eintreiben, bis die Schlaufe in der Eindrehung und die Feder mittig im Bremssattel sitzt (Bild 17).

5. Fixierstift in die Ausschnitte auf den Oberkanten der Bremsklötze einsetzen (Bild 18), Feder nach unten klappen.

6. Vorderen Bremsbelag-Haltestift einschieben, Feder mit einem Finger nach unten drücken, Bremsbelag-Haltestift weiter einschieben (Bild 19) und so weit eintreiben, bis das gebogene Federende in der Eindrehung und die Feder mittig im Bremssattel sitzt (Bild 20).

7. Durch Pumpen am Bremshebel Druck im System aufbauen, bis die neuen Bremsbeläge an der Scheibe anliegen. Bremsflüssigkeitsstand kontrollieren, ggf. nachfüllen!

Wichtig: Erst bei deutlich fühlbarem Druckpunkt ist die Bremse betriebsbereit!

Bremsscheiben

Bremsscheiben kontrollieren

1. Der maximal zulässige Schlag der Bremsscheibe darf 0,2 bis 0,3 mm (Bild 7) betragen. Verzug (Schlag) der Bremsscheiben mit Messuhr ermitteln. Er sollte möglichst nicht messbar sein.

2. Dicke der Bremsscheibe mit Präzisions-Messschieber oder Mikrometer an mehreren Punkten messen (Bild 21): Die gemessenen Werte sollten nicht mehr als 0,05 mm voneinander abweichen.

2.1. Sollte die Bremsscheibe »eiern«, was sich beim Bremsen am Hand- oder Fußbremshebel durch Pumpen bemerkbar macht, nicht nur die Bremsscheibe prüfen, sondern auch die Radlager. Möglicherweise liegt auch hier ein Defekt vor.

3. Ältere Bremsscheiben haben Riefen (Bilder 22 und 23), die man beim Drüberfahren mit dem Fingernagel spürt. Die Beurteilung, wann eine riefige Bremsscheibe ausgetauscht werden muss, erfordert Erfahrung: Auf den Rat des Meisters in der Fachwerkstatt verlassen!

3.1. Wenn eine Bremsscheibe innen viel mehr verschlissen ist als außen am Rand (Bild 22), sollte man eine neue montieren.

Bild 21: Messen der Bremsscheibe mit einem Mikrometer.

Bilder 22 und 23: Wenn die Bremsscheibe stark riefig ist und noch nicht ihre Minimaldicke erreicht hat, kann sie nachgeschliffen werden.

Bremsscheibe ab- und anbauen
Zum Abbau der Bremsscheibe einen exakt in die Inbus- bzw. auf die Sechskantköpfe passenden Schlüssel nehmen, denn die Bremsscheibenschrauben sind eingeklebt und gehen entsprechend schwer heraus.

Abbauen:
1. Bremsscheibenschrauben vom Kopf her mit einem Föhn kurz und heftig erwärmen. Dadurch löst sich der Schraubenkleber und die Schrauben können leicht ausgedreht werden.
Wichtig: Schrauben beim Ausdrehen immer über Kreuz Schritt für Schritt öffnen, damit sich der Anlagering nicht verzieht.
2. Einbaulage und Drehrichtung der Bremsscheibe mit Filzstift markieren, Bremsscheibe vom Rad abnehmen. Anlageflächen der Bremsscheiben und die Schraubgewinde peinlichst von Rückständen des Schraubenklebers säubern.

Anbauen:
1. Bremsscheibe auf den Bund der Nabe setzen, etwas hin und her drehen.
2. Auf die gereinigten Schraubengewinde einen Tropfen Loctite »hochfest« geben, eindrehen.
3. Bremsscheibenschrauben kreuzweise in mindestens 5 Schritten auf das vorgeschriebene Drehmoment anziehen (M8 mit 20 bis 25 Nm, M10 mit 35 bis 40 Nm).
■ Das »kreuzweise anziehen« ist sehr wichtig, damit sich der Anlagering nicht verzieht.
4. Bremsscheibe vor dem Radeinbau mit Bremsenreiniger säubern.

Bild 24: Zur Überholung zerlegter Bremssättel. Man beachte die abgerissene Verbindungsschraube und den ausgebohrten Schraubenrest.

Bild 24

Bremssattel überholen

Bei einem alten oder schlecht gewarteten Motorrad kann es vorkommen, dass die Bremskolben durch starke Verschmutzung oder langes Stillstehen der Maschine festsitzen, die Kolbendichtungen undicht sind, Schmutz in der Bremsleitung steckt und dadurch die Bremse nicht mehr einwandfrei funktioniert. Falls Dreck in die Bremsanlage gekommen ist, zum Beispiel bei einem Sturz, bei dem Teile der Bremsanlage zerstört wurden, muss die komplette Bremse zerlegt und gereinigt werden.

Arbeiten an Bremssätteln und Bremspumpen setzen meisterliche Fähigkeiten und reichlich Motorraderfahrung voraus. Wenn Sie Probleme mit der Bremsanlage haben, gehen Sie als Erstes zum Markenhändler.

Es gibt auch spezielle Bremsenfachbetriebe, bei denen man Bremspumpen und Bremssättel überholen lassen kann. Zur fachgerechten Überholung von Bremspumpen und Bremssätteln gibt es Dichtungskits als Originalersatzteil bei Händlern, die sich auf ältere italienische Motorräder spezialisiert haben. Wenn die alten Teile so kaputt sind, dass sie nicht mehr überholt werden können, sind neue Bremspumpen und Bremssättel die bessere Empfehlung – sofern diese noch lieferbar sind!

Generelle Tipps zuvor
1. Wenn ein Bremssattel überholt werden muss, rechtzeitig vorher die benötigten Neuteile wie Staubdichtringe, Kolbenmanschetten und O-Ringe besorgen! Ein »Repairkit« für einen Brembo-Bremssattel umfasst folgende Teile (Bild 24):
■ 2 Stück Kolbenmanschetten
■ 2 Stück Staubdichtungen
■ 2 Stück Bremssattel-Verbindungsschrauben
■ O-Ring für die Bremsflüssigkeits-Verbindungsbohrung zwischen den Bremssattelhälften.
2. Beim Lösen der Bremsschlauchanschlüsse und Zerlegen der Bremssättel und Bremspumpen reichlich frische Lappen bereithalten und unterlegen.
3. Die Hohlschraube, mit der der Bremsschlauch am Bremssattel befestigt ist, schon dann lösen und abschrauben, wenn der Bremssattel noch an seiner Halterung festgeschraubt ist.
4. Auch die Verbindungsschrauben der Bremssattelhälften schon dann öffnen, wenn der Bremssattel noch festgeschraubt ist.
4.1. Wenn die Verbindungsschrauben gefressen

haben: Gewindebohrungen mit Kriechöl (WD-40) einsprühen, einziehen lassen und den Bremssattel im Bereich der Gewinde mit einem Werkstattföhn anwärmen.
4.2. Wenn die Schraube abreißt, den Gewinderest ausbohren (Bild 24) und das Gewinde in der Bremssattelhälfte mit Heli-Coil bestücken (siehe Kapitel 5 »Richtig schrauben«).
5. Später beim Zusammenbau und beim Anbringen der Bremsschläuche unbedingt neue Dichtringe verwenden, diese also rechtzeitig vorher kaufen.

Bremssattel zerlegen
1. Vorbereitende Arbeiten: Bremsklötze ausbauen, Anschlüsse der Bremsschläuche lösen und abnehmen, Halteschrauben der Bremssattelhälften lösen, Bremssattel abbauen.
2. Bremssattel zerlegen: Verbindungsschrauben ausdrehen und die beiden Hälften voneinander trennen. Wenn sie verklebt sind, helfen leichte (leichte!) Schläge mit einem Plastikhammer auf die Gehäusehälften.
3. Bremskolben herausdrücken: Staubdichtringe abziehen, Lappen über Bremskolben legen, Bremssattelhälfte umdrehen, auf eine feste Holzunterlage legen.
4. Druckluft durch die Bremsflüssigkeits-Zulaufbohrung in den Bremssattel blasen (Bild 25), der Bremskolben wird dadurch herausgestoßen.
Wichtig: Vorsicht beim Umgang mit Druckluft! Luftdruck vorsichtig dosieren, damit die Bremskolben nicht herausschießen! Keine Finger im Bremssattel!
5. Bremsmanschetten mit einem Zahnarzthaken (Bild 26) oder kleinem, stumpfen Schraubenzieher herausziehen.
■ Ausgebaute Kolben, Bremskolben-Bohrungen und Dichtringnuten nicht beschädigen.

Bauteile des Bremssattels prüfen, vermessen
1. Bremskolben (Bild 27) und ihre zugehörigen Bohrungen in den Bremssattelhälften (Bild 28) dürfen keine Riefen, Kratzer, Rostnarben oder sonstige Beschädigungen aufweisen. Wenn doch, müssen sie erneuert werden.
2. Festsitzenden Dreck mit reichlich Bremsenreiniger und rauem Lappen abrubbeln.
2.1. Weder Bremskolben noch Kolbenbohrungen mit grobem Schmirgelpapier bearbeiten!
3. Wenn Präzisionsmessgeräte zur Verfügung stehen, kann man das Spiel zwischen Bremskolben (Außendurchmesser) und Gehäusebohrung (Innendurchmesser) messen: Es darf ca. 0,1 mm betragen!

4. Staubdichtringe und Kolbenmanschetten sollten immer erneuert werden.

Extra Schraubertipps:
Falls Sie sich an einem unwirtlichen Ort dieser Welt aufhalten und dort Bremspumpe oder Bremssattel zerlegen müssen, weil die Bremskolben nicht mehr gängig sind (oder es über-

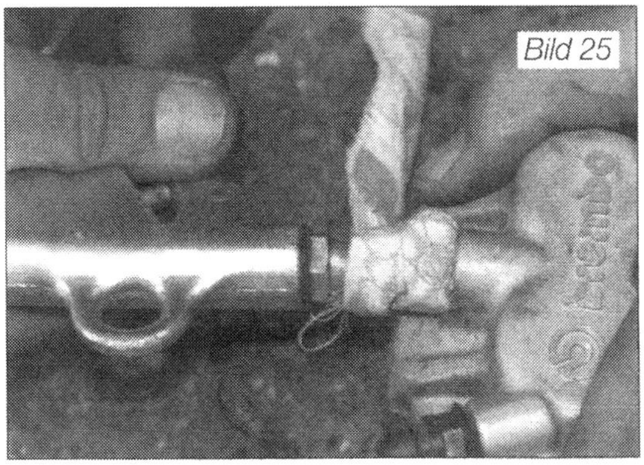

Bild 25: Bremskolben mit Druckluft ausstoßen.

Bild 26: Ausbau der Kolbenmanschette.

Bild 27: Bremskolben in verschiedenen Verschleißstadien, die drei linken sind ziemlich fertig.

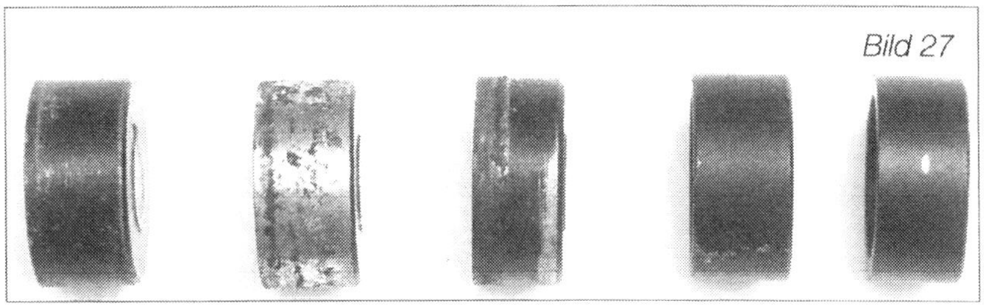

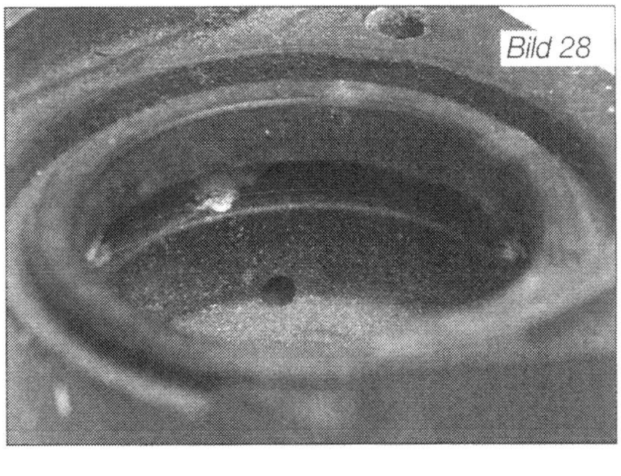

Bild 28: Riefige Kolbenbohrung mit korrodierter Nut. Nur Spezialisten können diesen Bremssattel noch retten.

Sichtprüfung Messen

Bilder 29 bis 34: Im Lauftext sind die zu den Bildern gehörenden Arbeitsschritte nummeriert beschrieben.

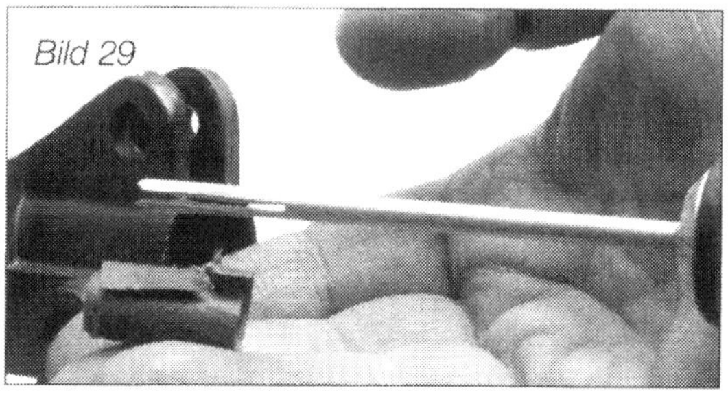
Bild 29

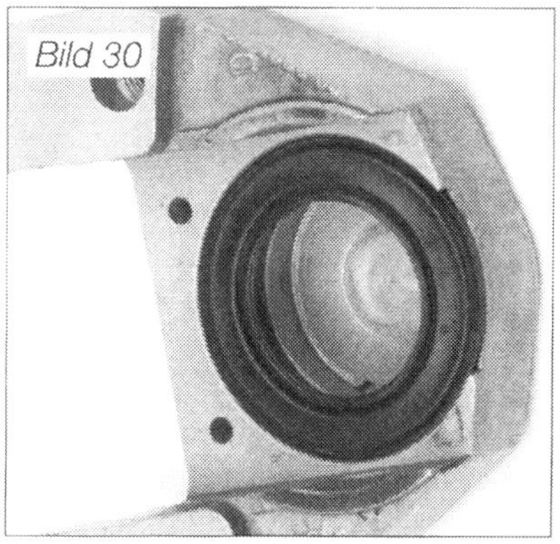
Bild 30

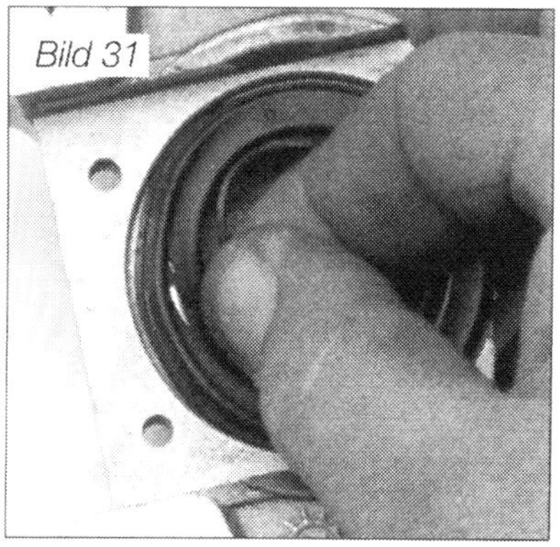
Bild 31

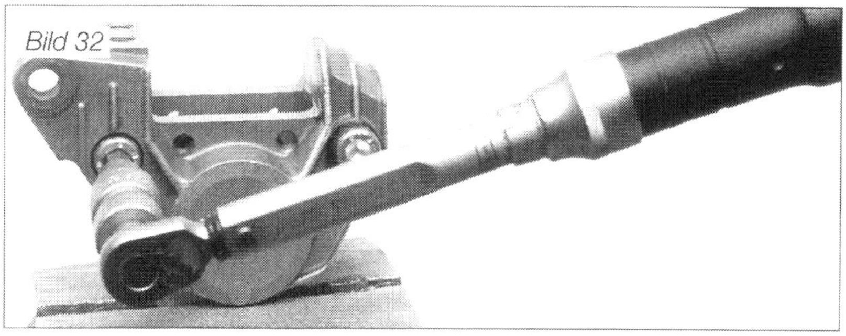
Bild 32

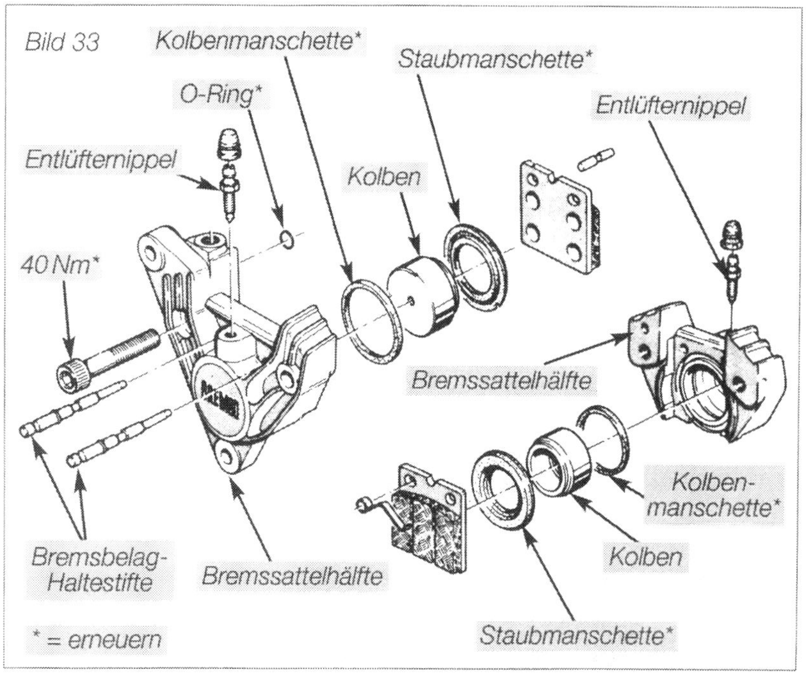

Bild 33

haupt keine Ersatzteile mehr gibt für die alten Dinger!), weil die Bremskolben und/oder die Bohrungen riefig sind, aber keine Chance haben, an Neuteile zu kommen:

1. Beschädigte Kolbenoberfläche: Mit feinstem Läppleinen (Körnung mehr als 400) unter Zugabe von reichlich Schleiföl (dünnes Motoröl geht auch) sorgfältig abziehen.

2. Riefige Bohrungen: In ein Stück 5er-Rundeisen einen Schlitz einsägen (Bild 29), in Handbohrmaschine spannen, Läppleinen um Rundeisen wickeln, in die Bohrung einfahren und mit niedriger Drehzahl und geringstem Druck die Bohrung mit viel Gefühl »ausläppen«.

3. Prüfen: Bearbeitete und gereinigte Kolben in die bearbeiteten und gereinigten Bohrungen einschieben, hin und her bewegen: Es muss leicht und »saugend« gehen, nichts darf haken.

4. Wenn Sie partout keine Ersatzteile haben und deswegen die Kolbenmanschetten und Staubdichtungen wieder verbauen müssen, gehen Sie beim Zerlegen sehr sorgsam damit um.

4.1. Ausnahmen:

- Wenn Manschetten und Dichtringe rissig und die Kolbenoberflächen so stark riefig sind wie bei den drei linken Kolben in Bild 27 und Kolbenbohrungen so kaputt sind wie in Bild 28, geht nichts mehr: Neuteile!
- Staubmanschette (Bild 30) nach dem Reinigen vorsichtig ziehen: Dabei wird auch das kleinste Loch sichtbar (Bild 31). Neuteil!

Bremssattel zusammenbauen

1. Sauberkeit der Nuten kontrollieren, bevor die neuen Kolbenmanschetten eingesetzt werden!

2. Kolbenmanschetten mit reinem Silikonfett oder speziellem Bremsenfett satt einschmieren.

Bild 34

3. Gefettete Kolbenmanschetten sorgfältig in ihre Nuten einsetzen.
4. Bremskolben einbauen: Exakt ansetzen und nicht verkanten. Ganz tief in ihre Sackbohrungen eindrücken.
■ Offene Seite der Bremskolben muss nach außen zu den Bremsbelägen gerichtet sein.
■ Dichtlippen der Kolbenmanschetten dürfen sich beim Einführen der Kolben nicht umwenden!
5. Andere Bremssattelhälfte ebenso zusammenbauen.
6. Den kleinen O-Ring mit Silikonfett einfetten und in eine Einsenkung der Bremsflüssigkeits-Verbindungsbohrung einer Bremssattelhälfte einsetzen.
7. Bremssattelhälften passgenau zusammensetzen. In die Schraubenbohrungen etwas schweres Fett geben. Schrauben eindrehen und handfest anziehen.
8. Bremssattel an den Befestigungsaugen in einen Schraubstock spannen und die Schrauben mit einem Drehmomentschlüssel in mehreren Schritten bis auf 40 Nm festziehen (Bild 32). Bremssattel ist anbaufertig (Bild 34).

Bremspumpe überholen

Wenn ein Bremssattel überholt werden muss, weil Schmutz in die Bremsanlage gelangt ist oder sich über einige Jahre der Stilllegung gebildet hat, dann müssen auch die Bremspumpe zerlegt und die Bremsschläuche gereinigt werden.

Nachstehend beschreiben wir beispielhaft die Zerlegung und den Zusammenbau einer Brembo-Bremspumpe, wie sie in Massen an italienischen Motorrädern der 70er-, 80er- und 90er-Jahre verbaut wurden. Und weil das Teil so schön alt ist und deswegen auch kaum mehr Ersatzteile »über die Ladentheke« lieferbar sind, schon hier der gute Ratschlag: Kümmern Sie sich rechtzeitig vor Beginn der Arbeiten um Ersatzteile!

Ein »Repairkit« für eine solche Bremspumpe umfasst folgende Teile:
■ Pumpenkolben, einbaufertig mit Dichtringen
■ Rückstellfeder
■ Klemmring, Dichtring und Anschlagscheibe

Zum Einschlagen des Klemmrings beim Zusammenbau braucht man ein Spezialwerkzeug, das man sich leicht selbst machen kann, sofern man eine Drehbank hat (oder einen kennt, der eine hat). Es ist in Bild 35 zu sehen.

Bremspumpe zerlegen
1. Bremsflüssigkeit absaugen, Hohlschraube am Bremsleitungsanschluss ausschrauben, Bremshebel abschrauben, Bremslichtkabel abziehen, Bremspumpe abschrauben.
2. Bremspumpe an den Befestigungspunkten in einen Schraubstock spannen.
3. Bremsflüssigkeits-Vorratsbehälter abschrauben: Innen sind zwei Schrauben und eine große Scheibe zu sehen (Bild 36), Schrauben ausschrauben, Scheibe abnehmen, Behälter leicht drehen und aus dem O-Ring lösen, abnehmen.
4. Einen dünnen, langen Durchschlag von der Hinterseite durch die Bremsschlauchanschluss-Bohrung einfahren (Bild 37), einige kräftige Hammerschläge auf den Durchschlag geben: Klemmring mit Kolbensatz wird ausgetrieben (Bild 38).
5. Ausgetriebener Klemmring mit Kolbensatz, Feder und Federsitz herausnehmen.

Bremspumpe kontrollieren
1. Bremspumpe und ausgebaute Teile mit Bremsenreiniger und Druckluft reinigen. Festsitzenden

Bild 35
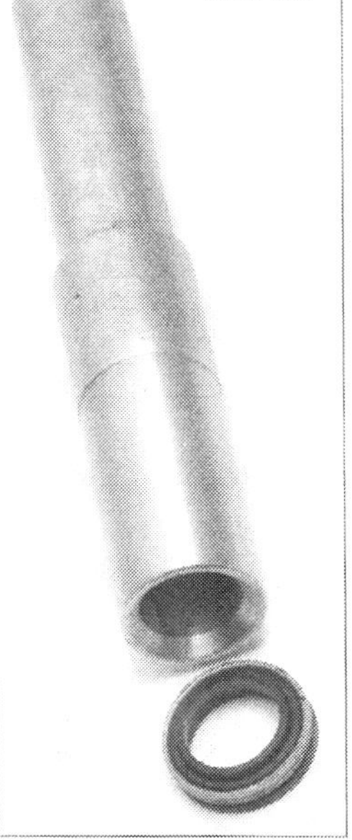

Bild 35: Selbstgemachtes Spezialwerkzeug zum Einschlagen des Klemmrings: Außendurchmesser 19,8 mm, innere Fase dem Dichtring angepasst.

Bild 36
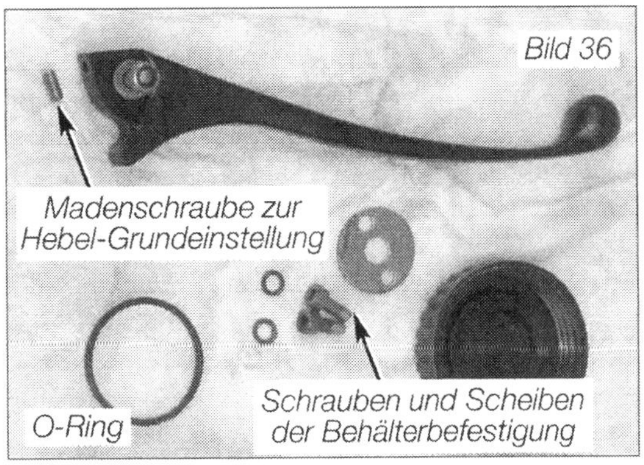

Bild 37
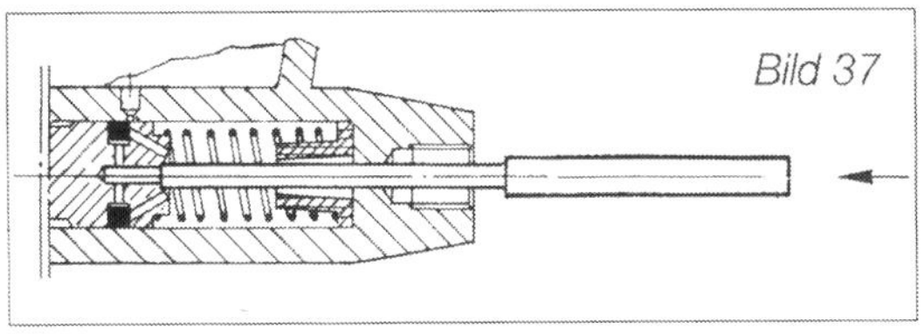

Bilder 36 bis 38: Im Lauftext sind die zu den Bildern gehörenden Arbeitsschritte nummeriert beschrieben.

Bild 38
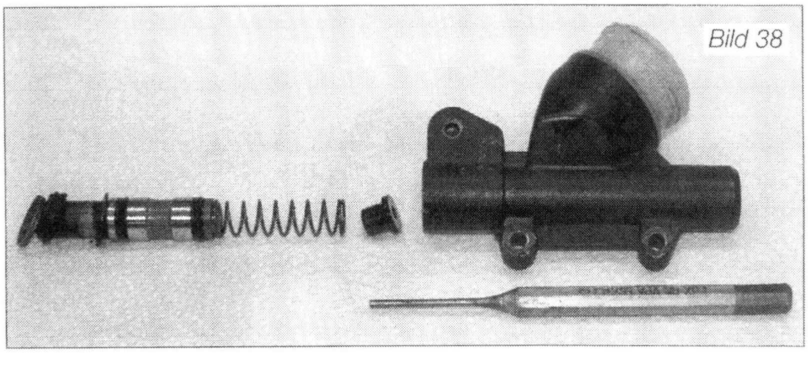

Dreck mit WD-40 einsprühen, einziehen lassen und mit rauem Lappen abrubbeln.

2. Mit einer Lupe unter gutem Licht die Kolbenbohrung untersuchen:

2.1. Wenn Sie nur leicht narbig ist, kann man sie ausläppen.

2.2. Wenn die Narben tief sind, wie in Bild 39, ist das Teil Schrott.

3. Bremskolben aus alten Bremspumpen zeigt Bild 40. Solche keinesfalls wieder einbauen, denn sebst wenn sich der Dreck abputzen lässt, sind die Manschetten garantiert porös!

Bremspumpe aufrichten

1. Schlitz in 5er-Rundeisen einsägen, in Handbohrmaschine spannen, Läppleinen um Rundeisen wickeln (Bild 41), in die Bohrung einfahren und mit niedriger Drehzahl und geringstem Druck die Bohrung mit Gefühl »ausläppen«.

2. In kurzen Abständen aufhören zu läppen, Bremspumpe reinigen und wieder mit der Lupe kontrollieren: Werden die Macken kleiner oder sind sie schon ganz verschwunden?

3. Nach Abschluss des Läppens die Bremspumpe penibelst reinigen!

Bremspumpe zusammenbauen

1. Bremspumpe senkrecht in einen Schraubstock spannen.

2. Klemmring auf Dichtscheibe setzen (Aufbaurichtung beachten, siehe Bilder 42 und 43!) und auf Kolbenende aufschieben.

3. Kolbensatz mit reinem Silikonfett oder spezieller Bremsenpaste einschmieren.

4. Feder auf Kolben aufstecken, Federsitz in Feder einstecken.

5. Auf das andere Kolbenende: Scheibe auf-

Bild 39

Bild 40

Bild 41

Bilder 39 bis 46: Im Lauftext sind die zu den Bildern gehörenden Arbeitsschritte nummeriert beschrieben.

Bild 42

Bild 43

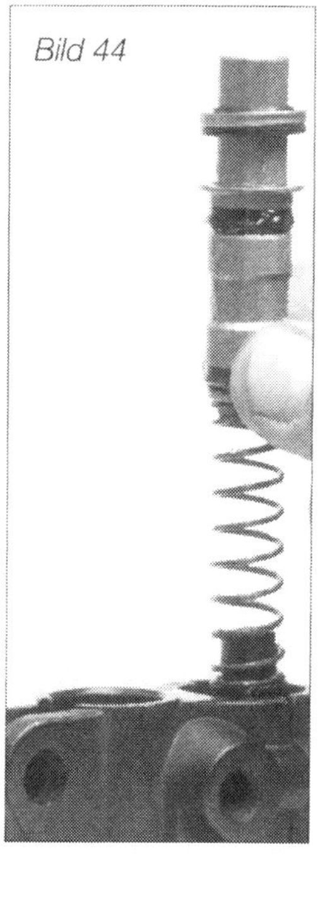
Bild 44

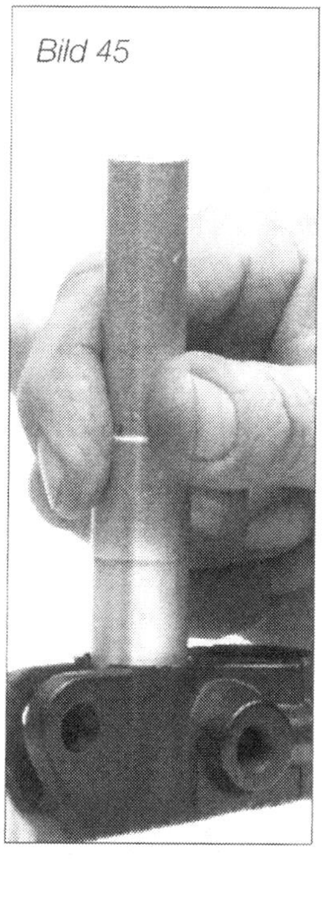
Bild 45

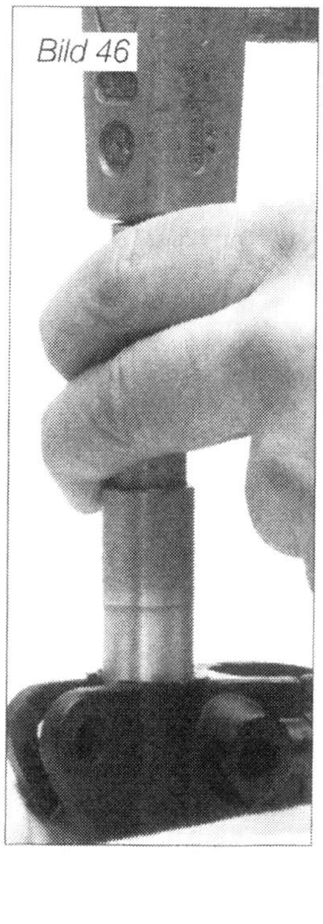
Bild 46

schieben, Dichtscheibe/Klemmring aufschieben.
6. Fertig zusammengebauten Kolbensatz in die Bremspumpe einführen (Bild 44) bis ganz nach unten.
7. Spezialwerkzeug exakt zentrisch aufsetzen, Kolbensatz ganz in Bohrung eindrücken (Bild 45).
7.1. Mit 150-Gramm-Hammer mit einigen trockenen Schlägen den Klemmring eintreiben (Bild 46).
8. Mit der Lupe kontrollieren, ob der Klemmring auch zentrisch und satt sitzt.
8.1. Pumpenkolben mit dem Daumen eindrücken, er muss »saugend« gleiten und alleine durch die Federkraft wieder zurück an den Anschlag gedrückt werden.
9. Bremshebel-Gelenkstelle mit etwas schwerem Fett einschmieren, Bremshebel ansetzen, Bundschraube eindrehen, Kontermutter aufdrehen und handfest anziehen.
9.1. Kontrollieren: Bewegt sich der Hebel leicht, lässt sich der Kolben damit ruckfrei eindrücken, wird der Kolben wieder ausgedrückt und geht der Bremshebel bis an seinen Anschlag zurück?
10. Bei fast allen Bremspumpen dieser Serie ist eine »Nulllagen-Anschlagschraube« eingebaut, das ist eine M4-Madenschraube mit Inbuskopf (Bild 36).
10.1. Madenschraube mit Loctite »leicht« einstreichen, eindrehen und damit den Bremshebel so einstellen, dass etwas »Luft« zwischen Bremskolben und Bremshebel ist, wenn der Bremskolben ganz ausgefahren und der Bremshebel in Ruhestellung ist.

Modernere Bremspumpen

Bei moderneren Bremspumpen ist der Bremskolben im Gehäuse mit einem Seegerring gesichert und wird folgendermaßen ausgebaut:
1. Staubschutzbalg aus Bremszylinder vorsichtig herausziehen.
2. Seegerring mit einer langen Seegerringzange ausbauen (Bild 47): Dabei mit dem Daumen den Kolben gegen die Feder eindrücken, damit der Seegerring entlastet ist.
3. Kolbensatz und Feder entnehmen.

Bremspumpe zusammenbauen

1. Beim Zusammenbau muss der konische Teil der Feder mit dem großen Durchmesser nach innen weisend eingesetzt werden (siehe dazu Bild 48).
2. Kolbensatz in Pumpe eindrücken, Seegerring einsetzen, Staubbalg einschieben.
3. Weiterer Zusammen- und Anbau wie oben beschrieben.

Bremspumpe anbauen

1. Bremsschlauchverbindungen mit neuen Dichtringen (!) anbauen: Hohlschrauben mit viel Gefühl bis auf maximal 15 Nm festziehen.
■ Befüllen des Hydrauliksystems und Bremse entlüften siehe Text weiter vorne in diesem Kapitel.

Stahlflexleitungen

Wie am Anfang dieses Kapitel gesagt, sollen Gummibremsleitungen nach spätestens 4 Jahre erneuert werden (siehe dazu Bild 6). Dieses Verfallsdatum ist bei älteren italienischen Maschinen natürlich meist weit überschritten und wer denkt, dass der Gummischlauch ja noch sooo gut aussähe, dem sei gesagt: Gummischläuche werden durch den ständigen Kontakt mit Bremsflüssigkeit porös und dadurch »weich«, was unter Druck bis zum Platzen führen kann! Man spürt eine weiche Bremsleitung in der Bremshand, denn der Druckpunkt wird immer weniger exakt definierbar.

Wenn wegen Originalität die Gummibremsleitungen erneuert werden, ist das mit Arbeits- und Materialkosten verbunden, weil die Originalleitungen oft nicht mehr lieferbar sind. Dann bietet sich ein Umbau auf Stahlflexleitungen an. Stahl-

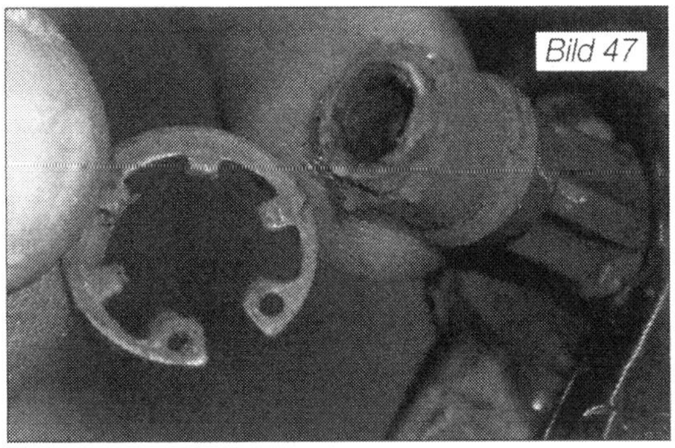

Bilder 47 und 48: Bei modernen Bremspumpen ist der Bremskolben durch einen Seegerring gesichert.

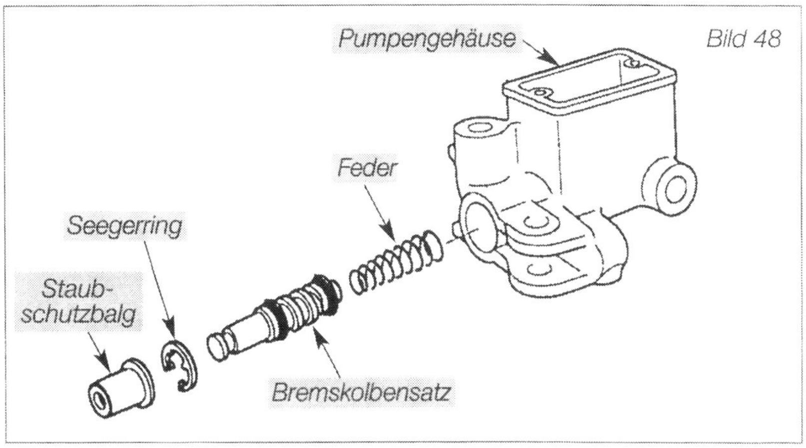

Sichtprüfung Messen

flexleitungen altern nicht, denn im Gegensatz zu Gummi ist Teflon nicht atmungsfähig und verhindert so eine Luftaufnahme der Bremsflüssigkeit.

Eine Stahlflexleitung besteht aus einem inneren Teflonschlauch, der mit einem flexiblen Geflecht aus Edelstahl ummantelt ist. Der Teflonschlauch übernimmt den Flüssigkeitstransport, während die Drahtumflechtung die Druckkräfte aufnimmt. Beide Komponenten zusammen bilden die Schlauchleitung.

Qualitativ hochwertige Stahlflexleitungen sind zusätzlich mit einem Kunststoffüberzug versehen, der andere Teile des Motorrads (z. B. Gabel- und Verkleidungsbauteile) vor Beschädigung schützt. Denn das äußere, sehr harte Edelstahlgewebe neigt im Laufe der Zeit durch die Bewegungen des Fahrzeugs dazu, sich in weichere Teile, an denen es auf- oder anliegt, einzuarbeiten wie ein Sägeblatt; es kann auch der Stahlflexschlauch selbst beschädigt werden. Der Kunststoffüberzug wird in verschiedenen Farben angeboten, so dass man seinem Motorrad über die Bremsleitungen einen zusätzlichen individuellen Farbtouch geben kann.

Bild 49

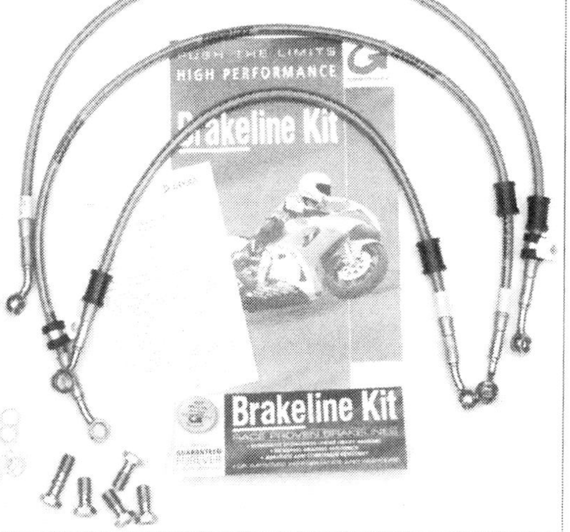

Bild 49: Stahlflex-Bremsleitungen.

Bild 50 Edelstahl-Fitting

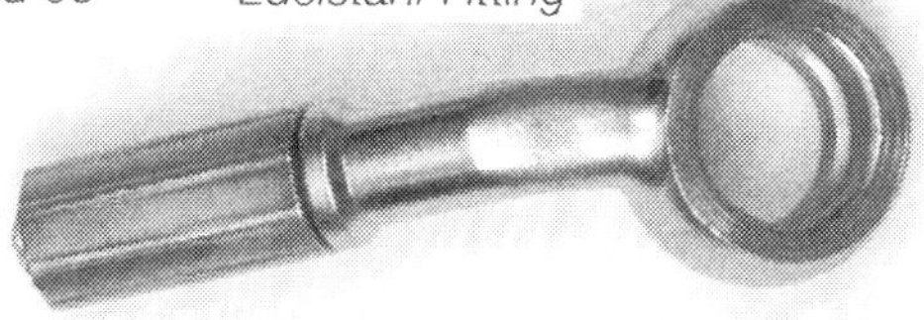

Bild 51 Aluminium-Fitting

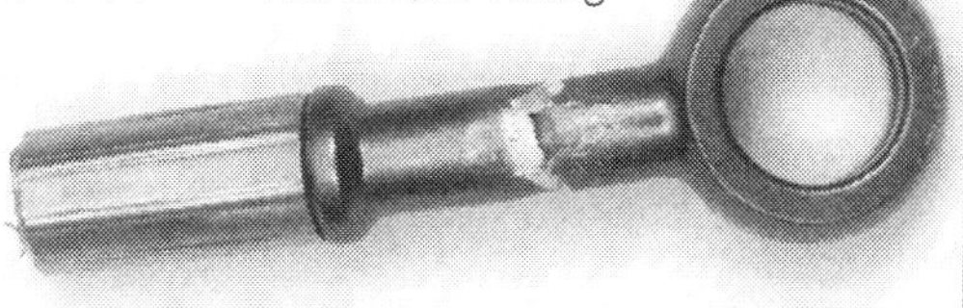

Bilder 50 und 51: Der Edelstahl-Fitting ist aufgrund seiner höheren Elastizität widerstandsfähiger gegen Verbiegung. Im Gegensatz dazu bricht der Aluminium-Fitting schon bei geringer Biegung, wie es z. B. bei einem Sturz vorkommen kann, spröde ab.

Neben dem Vorteil der Alterungsbeständigkeit ist ein weiterer Vorteil der Stahlflexleitung, dass sie sich unter dem Bremsdruck nicht ausdehnt und somit die Bremse direkter anspricht. Sportlich ambitionierte Motorradfahrer schwören auf den Einsatz der Stahlflexleitungen.

Stahlflexleitungen sind bei jedem gut sortierten Markenhändler sowie im Zubehörhandel erhältlich. Sie müssen fachgerecht angebaut werden:

- Die Leitungen dürfen nirgends scheuern oder gar geknickt werden.
- Es empfiehlt sich, die Stahlflexleitungen mit Kabelbindern neu zu fixieren (Bild 53), denn meist sind die serienmäßigen Anbindungen auf die dickeren Gummischläuche angepasst und passen nicht auf die dünneren Stahlflexleitungen. **Wichtig:** Kabelbinder nicht zu fest anziehen!
- Im Bereich der Gabel müssen Einfederweg und Negativfederweg berücksichtigt werden: Die Bremsleitungen müssen beim vollen Eintauchen der Gabel und beim vollständigen Ausfedern genügend Spiel haben, sie dürfen dabei keinesfalls spannen, also auf Zug belastet werden. Sonst können Beschädigungen an der Leitung auftreten, der Schlauch kann an der Anschlussstelle abknicken; im schlimmsten Fall bricht der Fitting (Ringanschluss) ab.

Bremsleitungen abbauen

1. Bremsflüssigkeit aus dem Bremsflüssigkeitsbehälter absaugen.
2. Schlauch auf Entlüftungsnippel am Bremssattel schieben, Ende in geeigneten Behälter stecken, Entlüftungsnippel öffnen, restliche Flüssigkeit abpumpen oder durch die Schwerkraft ablaufen lassen (Aufbau siehe Kapitelabsatz »Bremse entlüften« vorne in diesem Kapitel).
3. Hohlschraube der Bremsleitung am Bremssattel abschrauben, restliche Flüssigkeit in einen geeigneten Behälter abfließen lassen. Reichlich Lappen bereithalten!
4. Obere Hohlschraube der Bremsleitung lösen und herausdrehen, Bremsleitungen abnehmen.
5. Alle Anschlüsse sauber putzen, dazu Bremsenreiniger verwenden und nicht fusselnde Lappen.

- Falls Bremsflüssigkeit auf Bauteile gelangt ist, mit lauwarmem Spüli-Wasser abspülen und trocken putzen.

- Anlageflächen der Bremsleitungs-Hohlschrauben reinigen, neue Dichtscheiben verwenden.

- Vor dem Abbau der alten Bremsleitungen die Bremsflüssigkeit ablassen.

- Vor dem Anbau kontrollieren, ob die Stahlflexleitung in der Länge und den Winkeln der Anschlussstücke den Gummileitungen entspricht.

- Wenn der Ringanschluss verdreht werden muss, damit er sauber anliegt, den Ringanschluss vorsichtig in einen Schraubstock spannen und die Quetschhülse mit einer Wasserpumpenzange vorsichtig verdrehen.

- Hohlschrauben mit vorgeschriebenem Drehmoment festziehen.

Bremsleitungen anbauen
Bei neuen Stahlflex-Bremsleitungen sind meist auch neue Anschluss-Hohlschrauben und neue Alu- oder Kupferdichtringe dabei. Sollten diese nicht dabei sein, kaufen Sie in jedem Fall neue Dichtringe und vergleichen Sie die Dicke der Stahlflex-Anschlüsse mit denen der alten Leitungen, damit die Anschluss-Hohlschraube weder zu kurz noch zu lang ist. Sehr praktisch sind die mit einem Bremslichtschalter kombinierten Hohlschrauben (Bild 52).

1. Neue Stahlflex-Bremsleitungen mit den alten Gummileitungen auf Länge, Anschlüsse und Winkel der Ringanschlüsse vergleichen. Dazu beide Leitungen auf einer (sauberen!) Werkbank gestreckt parallel zueinander auslegen.
2. Stahlflexleitungen zuerst ohne Schrauben von Hand an den oberen Anschluss der Handbremspumpe und den unteren am Bremssattel anlegen. Die Anschlüsse müssen wie von selbst anliegen!
2.1. Falls nicht: Ringanschluss in einen Schraubstock mit glatten Backen spannen und das Anschlussrohrstück mit einer Wasserpumpenzange vorsichtig (!) etwas verdrehen.
3. Leitungen mit den neuen Hohlschrauben und neuen Dichtringen provisorisch befestigen.
■ Hohlschrauben noch nicht festziehen!
4. Halterungen der Bremsleitungen anschrauben und kontrollieren, ob die Leitungen durchgehend spannungsfrei verlegt sind.
5. Gabel und Schwinge einfedern und dabei die Leitungen beobachten: Leitungen an jeder Stelle scheuerfrei, knickfrei und nicht verdreht? Ansonsten korrigieren.
6. Hohlschrauben langsam handfest anziehen, dabei die Ringanschlüsse auf Position festhalten.
7. Hohlschrauben mit dem vom Hersteller vorgeschriebenen Anziehdrehmoment festziehen (Anhaltswert: 15 Nm).
7.1. Danach die Verlegung der Bremsleitung nochmals kontrollieren.
8. Bremsflüssigkeitsbehälter mit frischer Bremsflüssigkeit befüllen, langsam durchpumpen oder durch die Schwerkraft nach unten durchlaufen lassen.
■ Entlüftungsnippel unten am Bremssattel muss offen sein, Schlauchende muss in ein geeignetes Gefäß eingesteckt sein.
9. Ist die Bremsanlage mit genügend Bremsflüssigkeit befüllt, muss sie entlüftet werden (siehe dazu Text weiter vorne in diesem Kapitel »Bremsanlage entlüften«).

Stahlflex-Bremsleitungen werden meist mit einem Teilegutachten ausgeliefert. Der Anbau muss von einem Gutachter abgenommen und in die Kfz-Papiere eingetragen werden (Dekra, KÜS, TÜV). Eine Eintragung entfällt, wenn den Bremsleitungen eine ABE beiliegt.

Dieser musterhafte Umbau wurde mit Goodridge-Stahlflexleitungen durchgeführt. Außer Bremsleitungen bietet Goodridge auch hydraulische Leitungen für Kupplungen, Benzin, Wasser- und Ölversorgung an (Goodridge Deutschland, Talstr. 227, D-67434 Neustadt, *www.goodridge.net*).

Ein Wort zum Schluss: Mit einer auf Stahlflexleitungen umgebauten Bremsanlage muss man sich einige Zeit vertraut machen, denn die Bremse spricht schneller an und packt voll zu. Bei einer Schreckbremsung blockiert das Vorderrad schneller als bei einer Gummileitung, was bei ungeübten Fahrern zum Sturz führen kann.

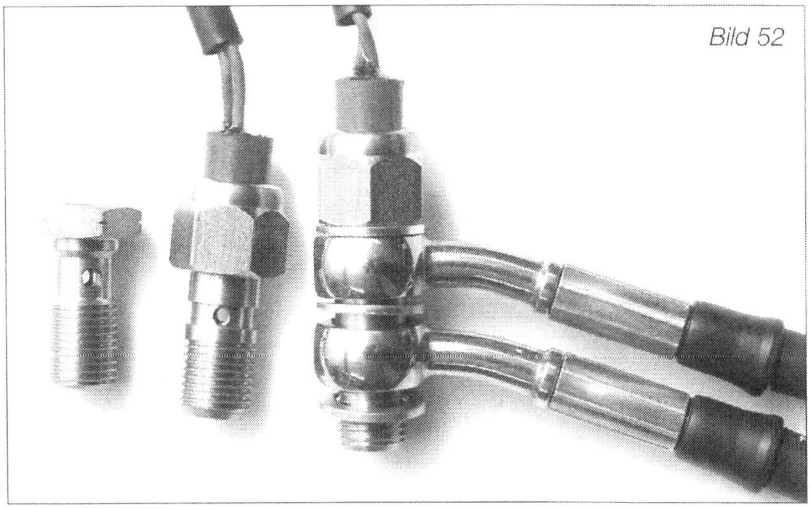
Bild 52

Bild 52: Hohlschrauben mit eingebautem Bremslichtschalter sind sehr zu empfehlen.

Bild 53

Bild 53: Sauber verlegte Stahlflex-Leitung.

Trommelbremsen

In diesem Kapitel: Funktion der Bremse · Regelmäßige Kontrollen · Trommelbremse einstellen und reinigen · Bremsprobleme · Trommelbremse warten · Bremsbacken wechseln.

Funktion der Trommelbremse

Bilder 1, 2 und 3: Funktion einer Trommelbremse.

Bild 4: Leerweg am Bremshebel.

Durch das Betätigen des Bremshebels (Bild 1) wird der Bremszug gespannt (oder das hintere Bremsgestänge betätigt) und bewegt über den Radbremshebel die Bremswelle (Bild 2), die in der Bremsankerplatte gelagert ist. Der innere Teil der Bremswelle ist beidseitig abgeflacht und bildet den Bremsnocken: Wird die Bremswelle um einen bestimmten Betrag gedreht, spreizt der Bremsnocken die Bremsbacken und die Bremsbeläge legen sich an den Bremsring an.

Regelmäßige Kontrollen

- Hand- und Fußbremshebel müssen sich leicht und ohne zu haken bewegen lassen und sicher ganz in ihre Ausgangslage zurückgehen.
- Das »freie Spiel« am Ende des Bremshebels, also bevor die Bremsbacken beginnen, leicht an der Bremstrommel anzuliegen, muss mindestens 10 bis 15 mm betragen (Bild 4), darf aber nicht mehr als 25 mm groß sein.
- Der Handbremshebel darf sich nicht bis an den Lenkergriff durchziehen lassen.
- Der Fußbremshebel darf beim Niedertreten kein Teil des Fahrzeugs berühren, z. B. Fußrastenhalterung oder Motorseitendeckel. Dies ist oft nach einem Sturz der Fall: Bremshebel richten!
- Bei jedem Radausbau zum Reifenwechsel die Bremsbeläge auf ausreichende Dicke sowie unbeschädigte Oberfläche überprüfen.

Bild 1

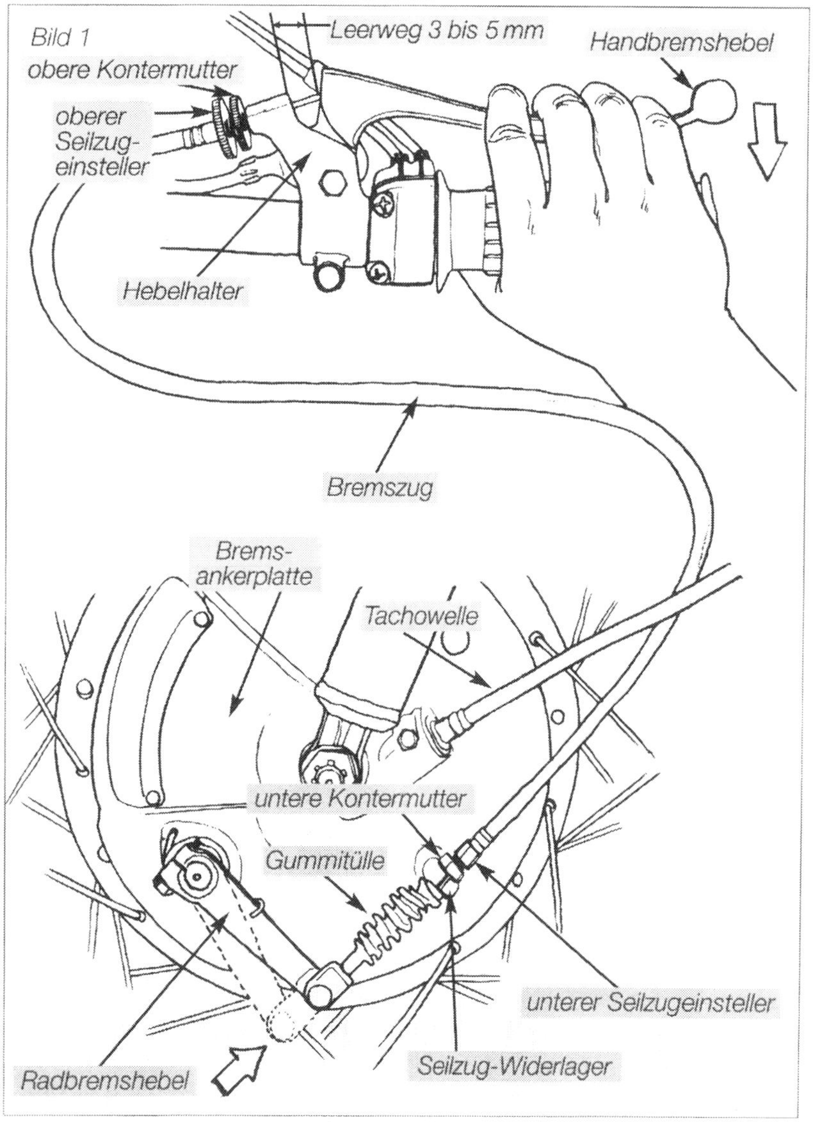

Bild 2

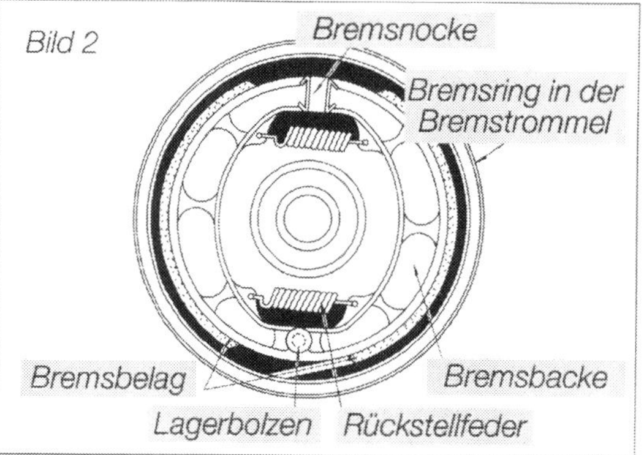

Bild 3

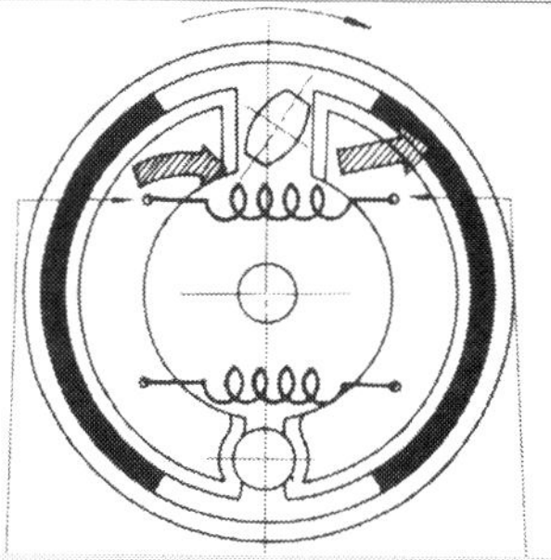

Bremse betätigt: Bremsbacken werden gespreizt und legen sich am Bremsring an

Bild 4

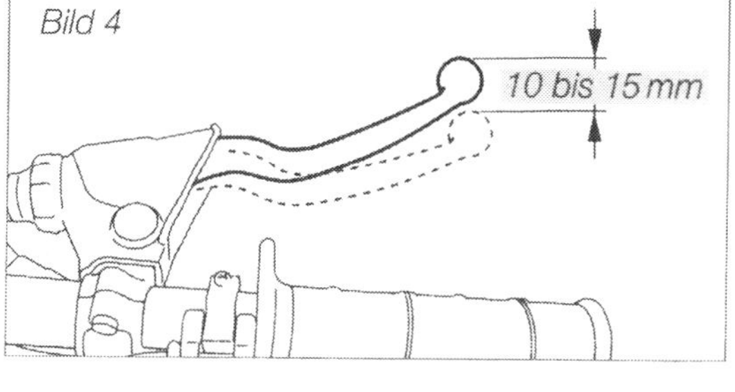

Stellung des Radbremshebels

■ Der Radbremshebel muss um einen bestimmten Winkelbetrag (ca. 10 bis 15 Grad) schräg zur Radaußenseite hin stehen (durchgezogene Linie in Bild 5). Anders herum gesagt: Der Winkel zwischen Radbremshebel und Seilzug (oder dem Gestänge!) muss kleiner sein als 90 Grad!

■ Zeigt der Radbremshebel dagegen zum Widerlager hin (gestrichelte Linie in Bild 5), muss er entweder auf dem Vielzahn der Bremswelle um einen Zahn versetzt werden oder (was wahrscheinlicher ist!) die Bremsbeläge sind so weit abgefahren, dass sie erneuert werden müssen.

Trommelbremse einstellen

Simplex-Trommelbremse

Zum Einstellen des Seilzugs einer Simplex-Trommelbremse Bilder 1 und 4 zu Hilfe nehmen.

1. Oberer Seilzugeinsteller: Kontermutter öffnen und ganz zurückdrehen, Seilzugeinsteller ca. 2/3 in den Bremshebelhalter eindrehen.

2. Unterer Seilzugeinsteller: Kontermutter lösen, mit dem Seilzugeinsteller den Bremszug so weit spannen, bis der Leerweg am oberen Hebel vom äußeren Ende des Bremshebels bis zum Lenker hin etwa 10 bis 15 mm beträgt (Bild 4).

2.1. Kontermutter zum Widerlager hin kontern.

3. Oberer Seilzugeinsteller: Fein einstellen, bis der Leerweg 10 bis 15 mm beträgt.

3.1. Kontermutter zum Hebelhalter hin kontern.

Bremseinstellung prüfen

1. Motorrad so aufbocken, dass sich das Rad frei drehen lässt.

2. Bremshebel sanft anziehen: Bremsbacken dürfen sich erst dann hörbar an den Bremsring anlegen, wenn der Hebel mindestens 10 bis 15 mm angezogen ist, Rad bremst langsam ab.

3. Bremshebel stärker anziehen: Er darf sich nur bis maximal 2/3 Hebelweg ziehen lassen, bis die Bremsbacken stark anliegen.

4. Rändel-Kontermutter des oberen Seilzugeinstellers gegen das Widerlager kontern.

■ NICHT mit einer Zange anziehen, sondern nur »gut handfest«.

Duplex-Trommelbremse

Bei einer Duplex-Trommelbremse müssen die Züge auf beiden Seiten des Rads gleichmäßig eingestellt sein, sonst zieht die Bremse »einseitig« und kann nicht ihre volle Bremsleistung bringen. Der »Waagebalken« im Bremshebel (Bild 6) dient zum Ausgleich beider Züge. Zum Einstellen einer Duplex-Trommelbremse Bilder 5 bis 8 zu Hilfe nehmen.

1. Oberer Seilzugeinsteller: Kontermutter öffnen und zurückdrehen.

2. Beide untere Seilzugeinsteller: Kontermuttern lösen. Mit beiden Seilzugeinstellern die Bremszüge so weit spannen, bis der Leerweg am oberen Hebel vom äußeren Ende des Bremshebels bis zum Lenker hin etwa 10 bis 15 mm beträgt (Bilder 4 und 7).

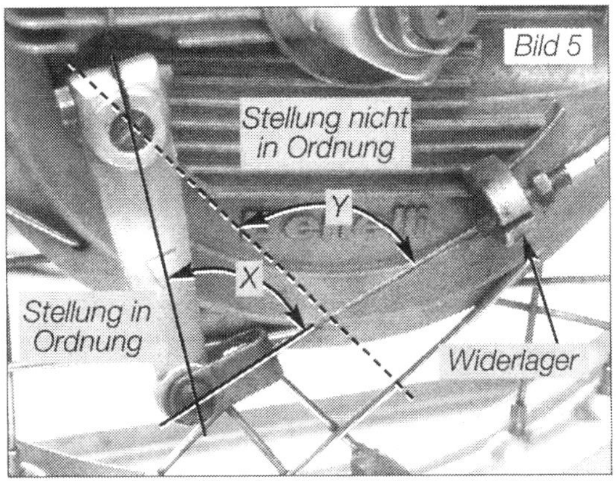

Bild 5: Der Winkel X zwischen Radbremshebel und Seilzug muss sowohl in seiner Grundstellung als auch bei gezogenem Handbremshebel weniger als 90 Grad betragen.

Bilder 6, 7 und 8: Bei der Einstellung der Seilzüge einer Doppelduplexbremse den Waagebalken beobachten.

3. Nun den Handbremshebel leicht anziehen (Helfer/in bitten, das zu tun!) und beobachten, ob sich die beiden Radbremshebel gleichmäßig bewegen.

■ Durch unterschiedliche Länge und Verlegung der beiden Bremszüge stellt sich nun der Waagebalken entweder senkrecht oder leicht schräg (dazu ist er auch da!)

4. Handbremshebel etwas weiter anziehen (Bild 8), bis die Bremsbeläge auf einer Seite beginnen am Bremsring anzuliegen: Es sind leichte Schleifgeräusche zu hören.

■ Handbremshebel in dieser Stellung halten!

5. Seilzug für die andere Radseite über den unteren Seilzugeinsteller so weit spannen, bis die Bremsbacken ebenfalls beginnen anzuliegen.

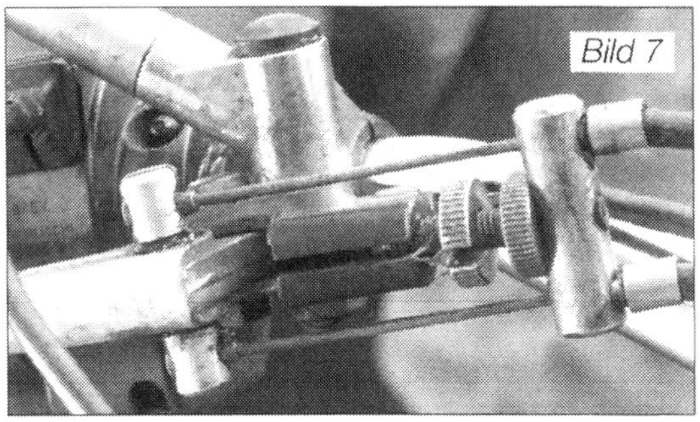

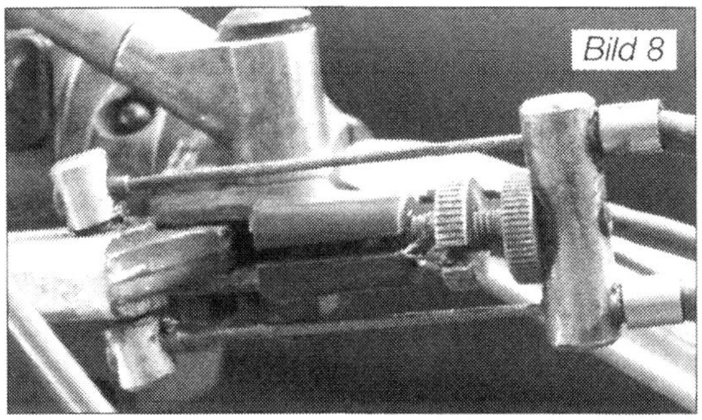

6. Bremshebel einige Male loslassen und anziehen: Rad drehen und prüfen, ob sich die Bremsbeläge beider Seiten gleichmäßig anlegen.
7. Kontermuttern unten und oben gut handfest anziehen.

Bremsprobleme

Bremsprobleme kündigen sich beim Betätigen der Bremse meist durch Quietschen und gehemmte Raddrehung an. Sie treten dann auf, wenn der Bremsnocken in seiner Lagerung in der Bremsankerplatte schwergängig oder nahezu festgefressen ist (meist Korrosion) oder der Bremszug bzw. die Lagerung des Bremshebels schwergängig ist. Diese drei Fehler treten oft gerne alle auf einmal auf!

Fehler erkennen: Bremshebel lässt sich nur schwer betätigen. Beim Lösen geht der Bremshebel am Rad nicht von alleine in seine Ausgangslage zurück, gibt also die Bremsbacken nicht frei. Das sind typische Fehler an Motorrädern, die schon älter sind und lange keine Werkstatt mehr von innen gesehen haben.

Fehler beheben: Wenn die Bremse festzugehen droht (oder schon fest ist!), fahren Sie keinen Meter mehr mit der Maschine, sondern beheben die Fehler: Bremse zerlegen, reinigen und wieder korrekt zusammenbauen.

Trommelbremse warten

Beim Ausbau der Räder z. B. zum Reifenwechsel sollten die Bremse gut gereinigt sowie Bremswelle und Bremsbacken auf ihren Drehstellen auf guten Sitz und freie Bewegung überprüft werden. Nach dem Putzen die Dreh- und Kontaktstellen mit etwas Kupferpaste einschmieren.

Achtung: Kein Fett oder Öl zum Schmieren der Bremsbacken-Drehpunkte verwenden, sondern nur spezielle Bremsen-Kupferpaste!

Bremstrommel kontrollieren

1. Die maximal zulässige Unrundheit einer Bremstrommel liegt bei 0,1 mm. Eine unrunde, verzogene Bremstrommel ist am Hand- oder Fußbremshebel durch rhythmisches Flattern zu spüren.

Bild 9: Ausblasen einer Bremse am besten im Freien machen.

Bild 10: Reinigen des Bremsrings mit Schmirgelleinen.

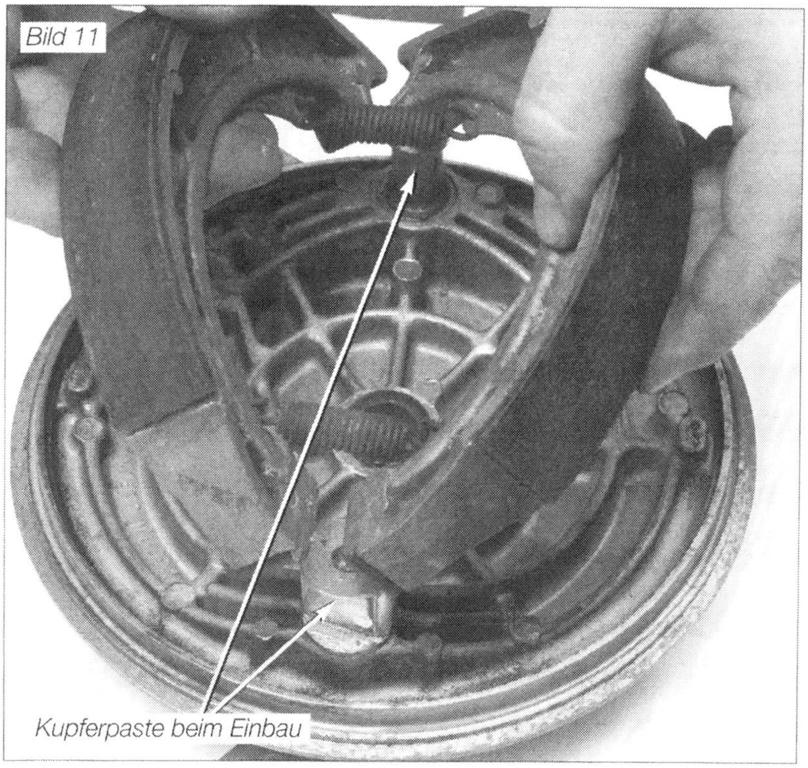

Bild 11: Abnehmen der Bremsbacken.

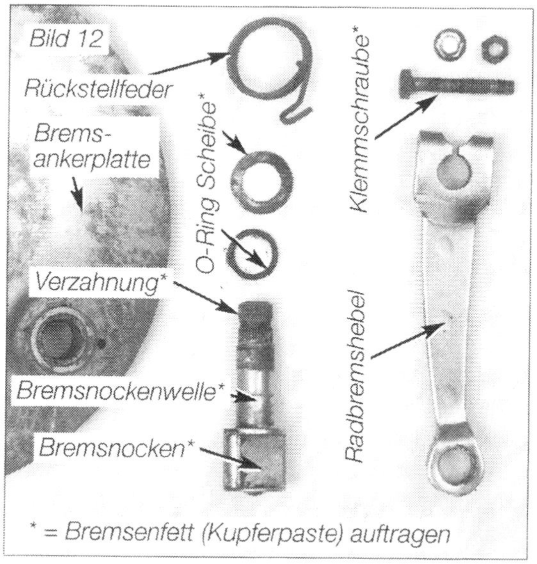

Bild 12: Einzelteile der Bremsnockenwelle.

2. Die Bremsringe älterer Bremstrommeln haben Riefen, die man beim Drüberfahren mit dem Fingernagel spürt. Bis zu einer gewissen Tiefe ist das ganz normal. Wenn der Nagel von Riefe zu Riefe deutlich stolpert, ist der Bremsring in der Bremstrommel verschlissen.
3. Weist der Bremsring im Übergang zur Fläche, die nicht vom Bremsbelag berührt wird, also am äußeren und inneren Rand, tiefe Absätze auf, ist die Bremstrommel verschlissen und muss erneuert werden.
Für 2. und 3. gilt: Gut ausgerüstete Bremsenfachbetriebe können Trommelbremsen ausdrehen und nachschleifen, wozu jedoch meistens die Nabe ausgespeicht werden muss.
4. Flugrost im Bremsring mit Schmirgelleinen entfernen (Bild 10).

Bremsbacken wechseln

Wenn die Bremsbeläge abgenutzt sind, werden die kompletten Bremsbacken erneuert. Bremsbeläge sind entweder auf die Bremsbacken aufgenietet oder aufgeklebt oder auch beides. Neue Bremsbeläge lässt man am besten in einem entsprechenden Fachbetrieb aufbringen. Auf italienische Motorräder spezialisierte Händler können weiterhelfen. Oft bieten sie auch Bremsbacken im Austausch an!
1. Rad ausbauen, Bremsankerplatte abnehmen.
2. Bremsbacken zusammen mit den Federn von der Ankerplatte abnehmen (Bild 11).
3. Ankerplatte, Federn und Bremsnocken mit WD-40 oder Bremsenreiniger und Druckluft reinigen.
■ Vorsicht, Bremsenstaub ist giftig! Nur im Freien arbeiten (Bild 9)! Druckluft vom Körper weg!
4. Bremsnocken ausbauen:
■ Radbremshebel abbauen, Bremsnockenwelle aus ihrer Lagerung ziehen (Bild 12).
■ Lagerstellen gut reinigen.
5. Bremsnockenwelle einbauen:
■ Lagerstelle in der Bremsankerplatte hauchdünn mit Kupferpaste einschmieren.
■ O-Ring und Scheibe (wenn vorhanden, siehe Bild 12) auf Bremsnockenwelle aufschieben, so positionieren, dass die stark abgerundete Kante zum zugehörigen Bremsbacken zeigt (Bild 13). Bremsnockenwelle in Lagerstelle einschieben, Rückstellfeder aufstecken, Bremshebel auf die Verzahnung aufstecken (Stellung beachten, siehe Bild 5), Bremshebel festschrauben.
6. Neue Bremsbacken einbauen:
■ Federn in beide Bremsbacken einhängen.
■ Auf die Lagerstellen der Bremsbacken und

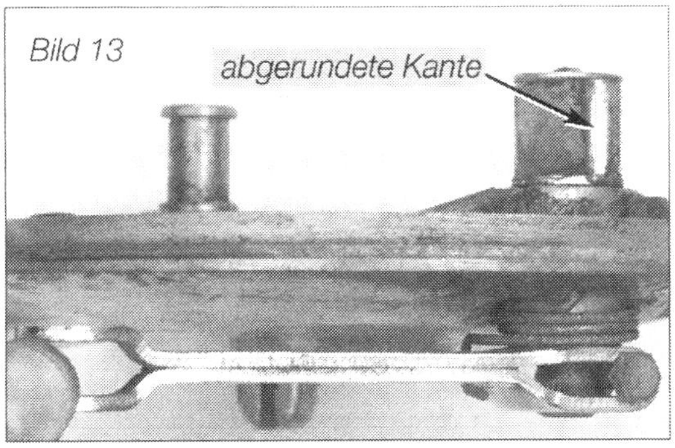

Bild 13: Bremsnockenwelle so einbauen, dass die abgerundeten Kanten am Bremsnocken den jeweiligen Bremsbacken öffnen.

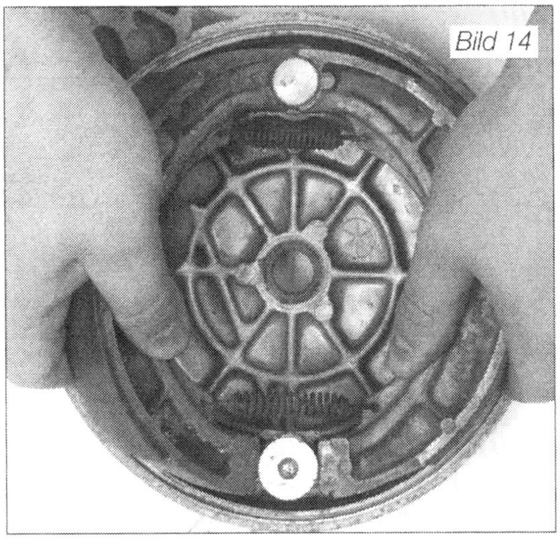

Bilder 14 und 15: Beim Aufsetzen der Bremsbacken beachten, dass die Lagerstellen sofort auf den Lagerbolzen richtig zum Sitzen kommen.

Bilder 16 und 17: Wenn die Augen der Bremsbacken auf ihrem jeweiligen Lagerbolzen mit Seegerringen gesichert sind, die Ringe vorsichtig abnehmen, damit sie sich nicht verziehen und beim Zusammenbau wieder verwendet werden können.

Sichtprüfung Messen

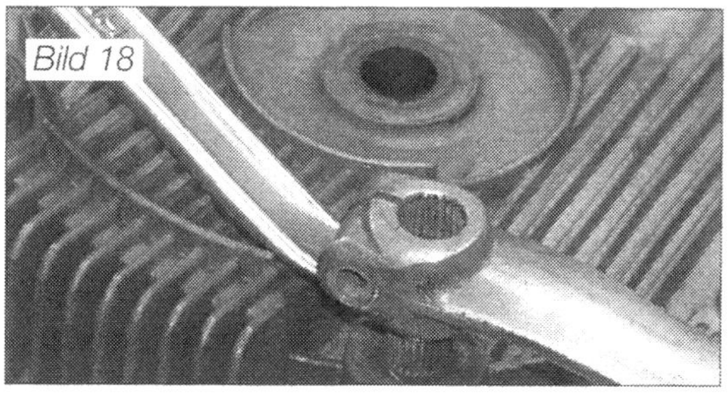
Bild 18

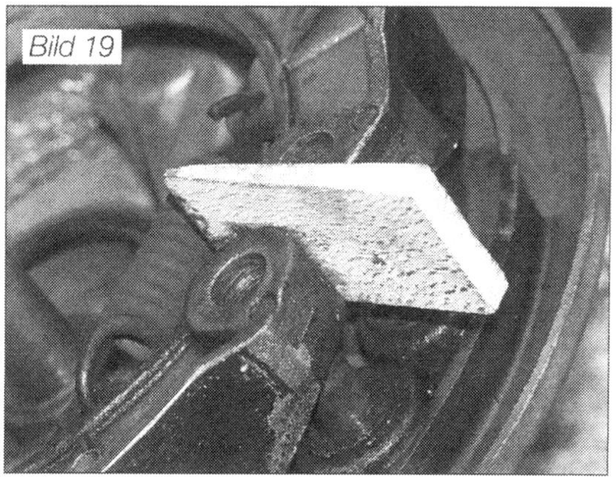
Bild 19

Bilder 18 bis 23: Im Lauftext sind die zu den Bildern gehörenden Arbeitsschritte nummeriert beschrieben.

Bild 20

die Flächen des Bremsnockens etwas Kupferpaste geben.

■ Bremsbacken gemeinsam auf Lagerstelle und Bremsnocken setzen (Bilder 11 und 14).

7. Rad einbauen, Seilzug einhängen, Einstellung des Bremsseilzugspiels siehe Text weiter vorne.

Zerlegung und Zusammenbau einer Duplexbremse

Etwas komplizierter als der eben beschriebene Aus- und Einbau, einseitig und offen gelagerte Bremsbacken, ist der Wechsel von Bremsbacken, die mit je einem geschlossenen Lagerauge auf Lagerzapfen gelagert sind (ab Bild 16).

Bremse zerlegen

1. Rad ausbauen, Bremsankerplatten abnehmen (Bild 16). Teile gut mit Druckluft reinigen.

2. Radbremshebel abnehmen: Klemmschraube lösen und ausdrehen, Radbremshebel abziehen bzw. mit einem Reifenmontiereisen abhebeln (Bild 18).

3. Seegerringe auf den Lagerbolzen der Bremsbackenaugen mit einer passenden Seegerringzange abnehmen (Bild 17).

■ Seegerringe nur so weit spreizen, wie zum Abziehen nötig ist. Damit verziehen sie sich nur minimal und können beim Zusammenbau wieder verwendet werden.

4. Einen dünnen, auf beiden Seiten möglichst glatten Weichholzkeil mit viel Gefühl zwischen die Lagerösen der Bremsbacken klöpfeln (Bild 19).

5. Bremsbacken von den Lagerbolzen abziehen und gleichzeitig die Bremsnockenwelle mit aus ihrer Lagerbohrung herausziehen (Bild 20).

6. Bremsbacken von der Bremsnockenwelle abnehmen (Bild 24), Federn aushängen.

7. Alle Teile mit WD-40 und sauberem Lappen gut reinigen (Bild 21).

■ Kein WD-40 auf die Bremsbeläge bringen! Diese am besten mit einer weichen Stahlbürste

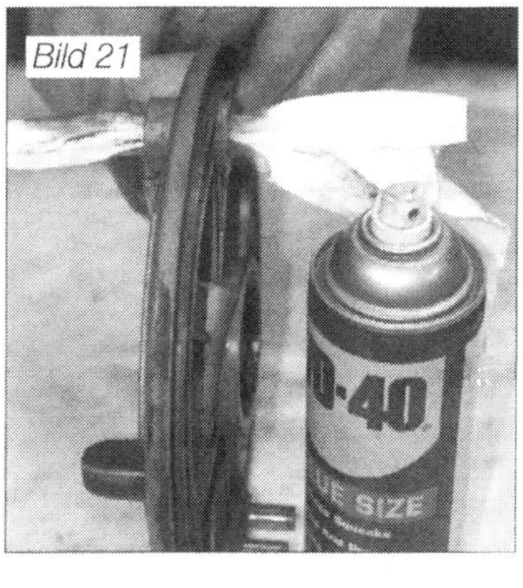

Bild 21

Bild 22

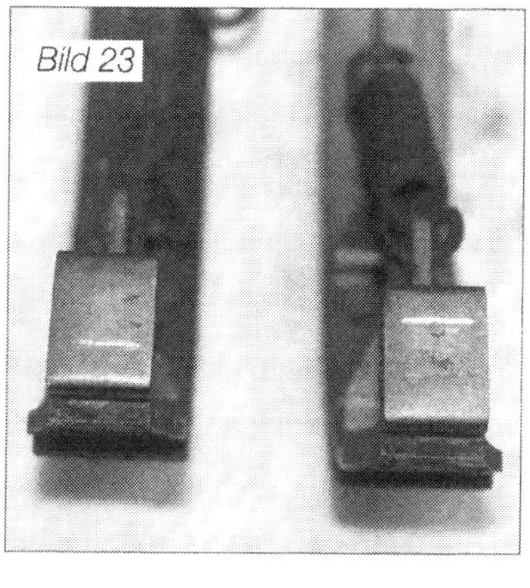
Bild 23

und Bremsenreiniger abziehen. Bremsbeläge nicht mit Bremsenreiniger »tränken«, sonst besteht die Gefahr, dass die Verklebung der Bremsbeläge auf den Backen ist!

8. Mit feinem Schmirgelleinen die Lagerstellen der Bremsbackenaugen (Bild 22), den Bremsnocken und deren Anlageflächen an den Bremsbacken (BIld 23) fein abschmirgeln.

9. Der mechanische Tachoantrieb ist meist mit einer Filzscheibe abgedeckt (Bild 28): Filzscheibe herausnehmen, reinigen und mit leichtem Fett einreiben.

9.1. In der anderen Ankerplatte ist ein dünner Simmerring eingesetzt (Bild 27): reinigen und innen leicht mit Fett einschmieren.

Bremse zusammenbauen

1. Etwas Kupferpaste dünn (!) an die metallischen Gelenk- und Anlagestellen von Bremsnockenwelle und Bremsbacken schmieren (Bild 25).

2. Bremsbacken, Federn und Bremsnockenwelle zusammenfügen (Bild 25).

3. Holzkeil wieder so weit zwischen die Lagerösen der Bremsbackenaugen stecken, dass die Feder etwas gespannt ist und die Augen im Abstand in etwa auf die Lagerbolzen passen.

4. Bremsnockenwelle in ihre Lagerbohrung einschieben, Lagerösen auf die Lagerbolzen ansetzen und aufschieben.

5. Seegerringe aufbauen:

5.1. Wenn sie stark verbogen sind, neue Seegerringe verwenden!

5.2. Wenn sie noch formstabil sind, mit einer Zange am Ende vorsichtig etwas zusammendrücken (Bild 26) und montieren: Die scharfe Kante des Seegerringes muss nach außen zeigen!

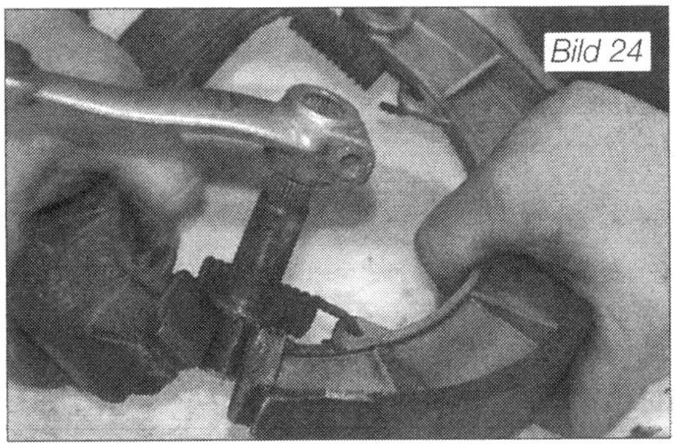

Bild 24: Bremsbacken ab- und aufbauen.

Bild 25: Kupferpaste dünn an die Lager- und Gelenkstellen geben.

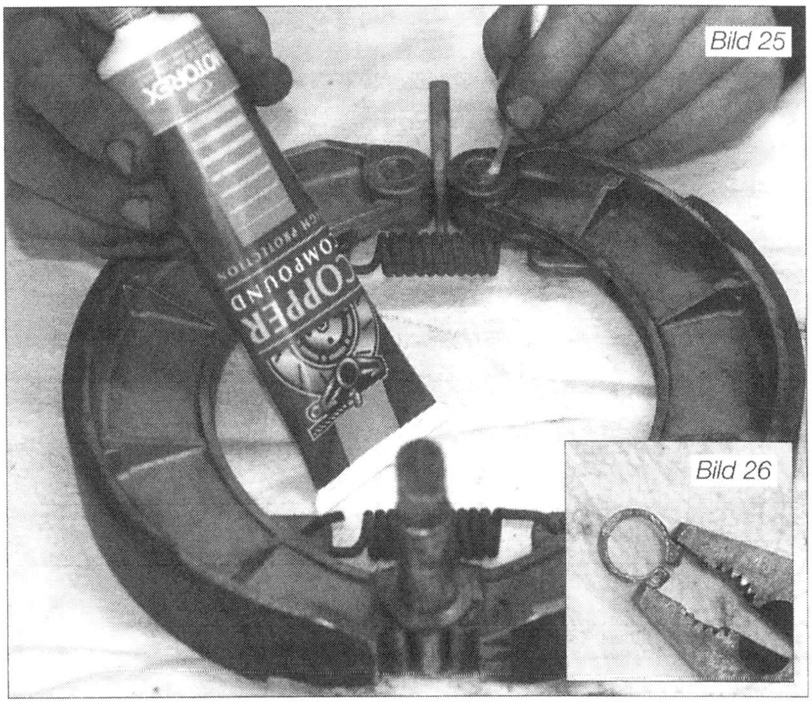

Bild 26: Seegerringe vorsichtig in Form bringen und vorspannen.

Bilder 27 und 28: Simmerring und Filzscheibe reinigen und leicht einfetten.

Bowdenzüge

In diesem Kapitel: Basisinformationen · Spiel an Brems- und Kupplungszug, Gaszug (Leerweg am Gasgriff) einstellen · Gaszug prüfen · Schwergängiger Bowdenzug · Bowdenzug erneuern · Neuen Bowdenzug einbauen · Bowdenzüge schmieren · Weitere Schmierstellen · Neuen Bowdenzug herstellen.

Basisinformationen

Bild 1: Funktion eines Bowdenzugs am Beispiel einer Trommelbremse.

Bild 2: Aufbau eines Bowdenzugs.

Ein Bowdenzug überträgt Bewegungen und Kräfte selbst an versteckt sitzende Bauteile. Bowdenzüge sind in der Regel wartungsarm und langlebig. Voraussetzung dafür ist, dass die drehbaren Nippel und das Innere des Zuges nicht verschmutzen. Weiterhin muss ein Bowdenzug in möglichst weiten Bögen verlegt werden und darf nicht geknickt sein (Bild 1).

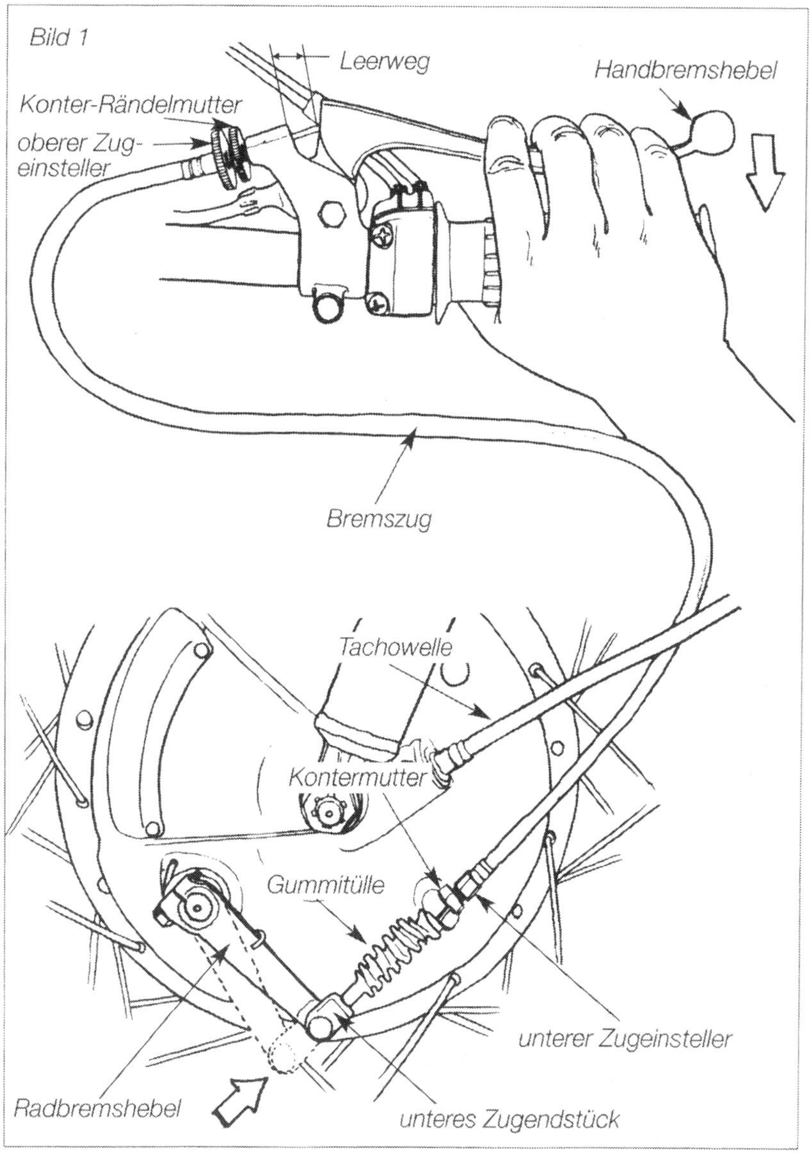

Ein Bowdenzug ist leicht, preiswert, zuverlässig und besteht aus folgenden Bauteilen (Bild 1):

- Der Innenzug ist aus mehreren dünnen Drähten (Bild 2) zu einem mehr oder weniger dicken Zug ähnlich einem Seil gewickelt, man nennt den Innenzug auch die »Seele des Bowdenzugs«.
- Die Seele ist an beiden Enden mit je einem Nippel versehen. Diese verbinden den Innenzug auf der einen Seite mit dem Bedienungsbauteil, z. B. Gasgriff, Kupplungshandhebel, und auf der anderen Seite mit dem Funktionsbauteil wie z. B. Gasschieber, unterer Kupplungshebel.
- Die Außenhülle ist aus dicht aneinanderliegenden, gewickelten Drähten (ähnlich einer Feder) hergestellt und mit einer Schutzhülle aus Kunststoff überzogen.
- Vorne und hinten sind je eine Endtülle angebracht sowie weitere zur Verlegung und Funktion benötigte Bauteile, z. B. Rohrbögen oder Rohrführungen, Einhäng- und Lagernippel, Gummitüllen, Federn, Einstellschrauben und -muttern.

Bowdenzüge werden an folgenden Stellen verwendet:
Gaszug: Überträgt die Drehbewegung des Gasdrehgriffs in eine Hubbewegung des Gasschiebers (Schiebervergaser) oder in eine Vierteldrehöffnung der Drosselklappe (Gleichdruckvergaser).
Bremszug: Überträgt die Winkelbewegung des Hand- oder Fußbremshebels zum Radbremshebel, der auf der Bremsnockenwelle sitzt und die innen in der Bremstrommel auf der Bremsankerplatte angebrachten Bremsbacken mehr oder weniger spreizt.
Kupplungszug: Überträgt die Winkelbewegung des Kupplungshandhebels zum Kupplungshebel unten am Motor (bzw. Getriebe).

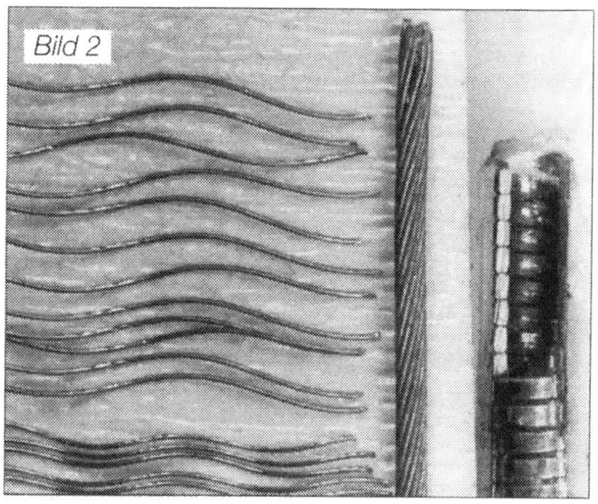

Besondere Aufmerksamkeit muss man den Endstücken der Bowdenzüge zukommen lassen:

- Die in die großen Nippel an den Radbremshebeln sowie die in die Handhebel eingesetzten, kleinen Zwischen- und Bowdenzugnippel brauchen gelegentlich etwas frisches Fett oder dickes Öl an ihren beweglichen Kontaktstellen.
- Wenn ein Schraubnippel am Ende des Zugs angebracht ist, muss dieser das Zugende jederzeit sicher verklemmen und es dürfen am freien Ende keine Drahtlitzen heraussprießen.

Spiel am Bowdenzug einstellen

Brems- und Kupplungszug

1. Oberen Einsteller so ein- oder ausdrehen, dass der Hebel am Ende nach außen zum Lenkergriff hin ca. 10 bis 15 mm Spiel (»Leerweg«) hat, bevor die Bremse beginnt zu greifen bzw. die Kupplung ausrückt (Bilder 3 und 4).

2. Oberen Einsteller so hindrehen, dass der Schlitz unten-hinten ist. Ist er oben oder vorne (Bild 5), werden während der Fahrt Staub, Schmutz und Nässe hineingedrückt, was dem Bowdenzug auf Dauer gesehen nicht gut tut.

3. Nach der Einstellung die Rändel-Kontermutter gegen das Hebelwiderlager kontern. KEINE Zange dazu benutzen, nur gut handfest anziehen.

Gaszug einstellen

Am Gasgriff muss ein gewisser Leerweg vorhanden sein, damit das Gas sauber dosiert werden kann und der Motor beim Konstantfahren nicht ruckelt. Der Leerweg beträgt 3 bis 5 mm (Bild 9). Die Grundeinstellung erfolgt unten am Vergaser (Bild 11), sie muss nur gemacht werden, wenn ein neuer Gaszug eingebaut wird.

Gaszug prüfen: Vor einer Einstellung des Leerwegs am Gaszug bei ausgeschaltetem Motor (!) den Gasgriff einige Male auf Vollgas drehen und loslassen, der Gasgriff muss von alleine in die Nullstellung zurückschnappen. Damit wird geprüft, ob Gasgriff und Gaszug leichtgängig sind.

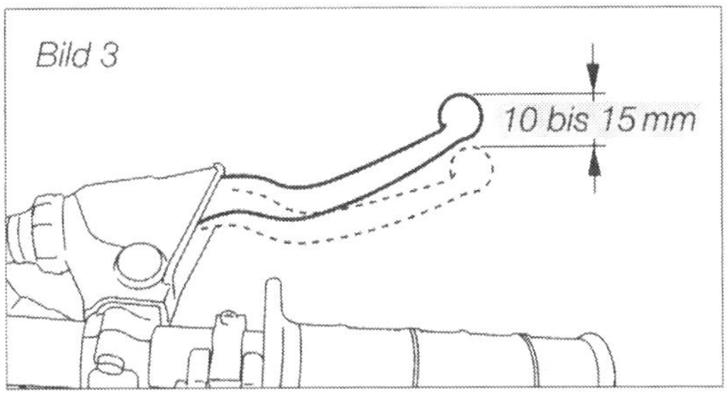

Bild 3

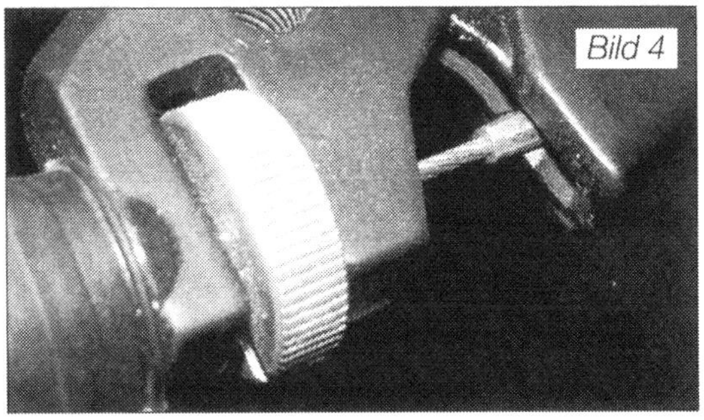
Bild 4

Bild 5

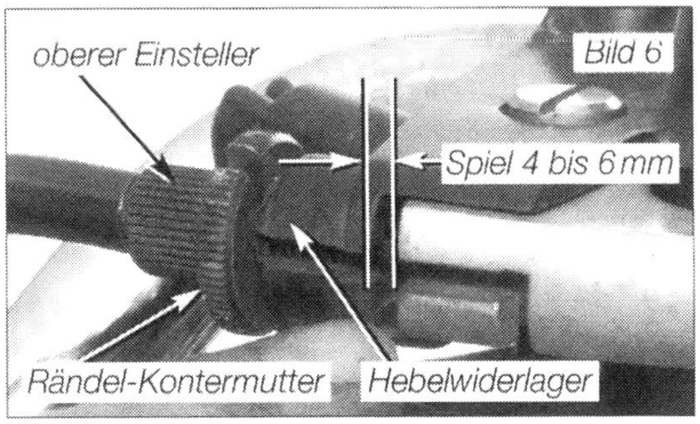

Bild 6

Bilder 3 bis 6: Leerweg am Brems- oder Kupplungshebel.

- *Schlitz im Einsteller des Brems- oder Kupplungszugs niemals zueinander offen einstellen, sonst drückt es Regenwasser und Schmutz in den Zug hinein.*
- *Das freie Spiel zwischen Hebel und Widerlager soll 4 bis 6 mm betragen.*

Bild 7: Kupplungszug unten am Motor.

Bild 8: Seilzugeinsteller.

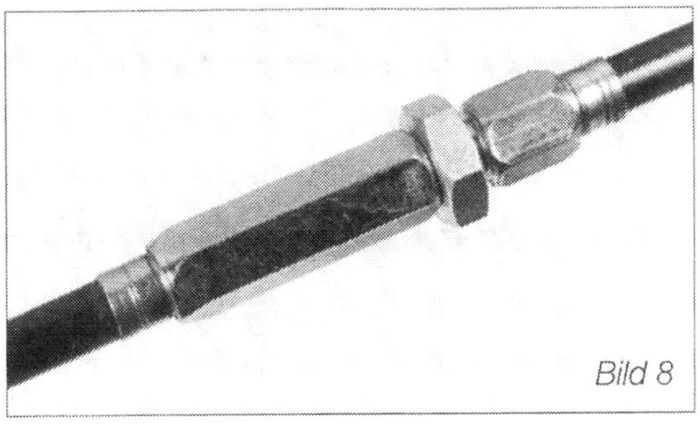
Bild 8

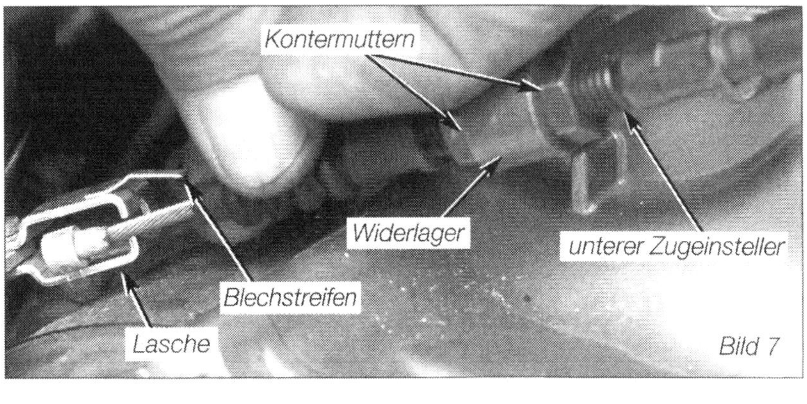

Bild 7

Dann den Motor starten und im Leerlauf laufen lassen. Lenkung einige Male ganz nach links und rechts einschlagen und dabei prüfen, ob der Leerlauf gleich bleibt.

- Falls »JA«, ist der Zug ordentlich verlegt.
- Falls »NEIN«, muss die Verlegung des Gaszugs überprüft und ggf. korrigiert werden: Er darf sich weder an einem anderen Bauteil spannen noch in sich geknickt sein.
- Wenn sich beim vollen Lenkeinschlag die Leerlaufdrehzahl verändert, ist wahrscheinlich das Leerspiel im Gaszug zu gering und muss überprüft und ggf. vergrößert werden. Die Feineinstellung wird am Gaszugeinsteller oben am Gasgriff (Bild 10) vorgenommen. Etwas an der Zughülle wackeln, das Spiel soll zwischen Hülle und Zugeinsteller 0,6 bis 1 mm betragen. Dieses kleine Spiel summiert sich am Umfang des Gasgriffs auf 3 bis 5 mm Leerweg.

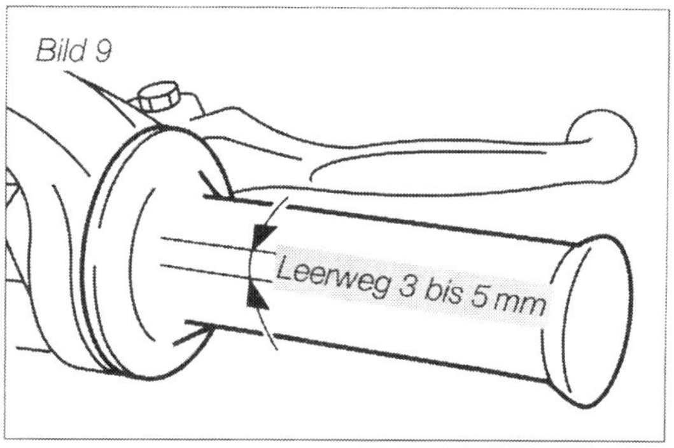

Bild 9: Leerweg am Gasgriff.

Bild 10: Die Feineinstellung wird am Gaszugeinsteller oben am Gasgriff vorgenommen.

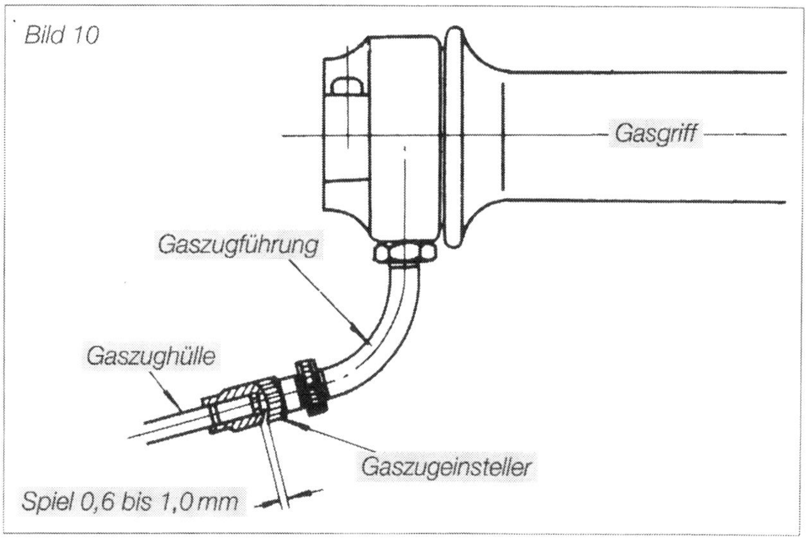

Bild 11: Unterer Zugeinsteller am Vergaser.

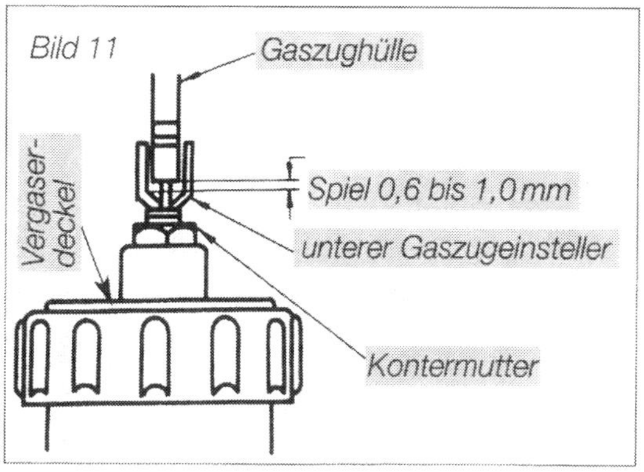

Beachten:

- Wenn ein vibrationshemmendes Gewicht im rechten Lenkerende vorhanden ist, muss zum Rand des Gasgriffgummis sowie zwischen dem Gasgriffgehäuse und dem inneren Bund des Gasgriffgummis ein Spalt von 1 bis 2 mm vorhanden sein, sonst schabt der Gasgriff daran und lässt sich nur schwer bewegen.
- Bewegt sich der Gasgriff schwer, lassen sich sowohl Gaszugspiel als auch Leerlaufdrehzahl nicht korrekt einstellen.

Schwergängiger Bowdenzug

Wenn ein Bowdenzug anfängt »schwer« zu gehen und auch, je nach Stellung des Bedienungshebels, ab und zu hakt, gibt es drei Gründe dafür:

1. Der harmloseste Grund liegt in schwergängigen Nippeln, wenn diese sich in den Hebelaufnahmen nicht mehr richtig bewegen. Dann wird beim Betätigen des Hebels der Zug geknickt und es besteht die Gefahr, dass er an der Knickstelle bald reißt.
Abhilfe: Gelenkstelle ausbauen, reinigen und mit einem Finger voll Fett wieder zusammenbauen.

2. Es können auch eine oder mehrere der dünnen Drähte der Seele gebrochen sein. Die Bruchenden (Bild 13) stellen sich auf und scheuern. Hakelnde Schwergängigkeit durch Risse oder Spliss sind ein erstes Alarmzeichen, dass der Zug bald reißt.
Abhilfe: Der Zug funktioniert zwar noch ein Weilchen, sollte aber rasch ausgetauscht werden, weil er bestimmt bald reißt.

3. Bowdenzug geknickt. Dies ist grundsätzlich auf einen Bedienungsfehler zurückzuführen, wenn z. B. am Zug grob gezogen wurde (beim Aufspannen des Tankrucksacks!). Dann ist die Außenhülle defekt.
Abhilfe: Zug erneuern.

Bowdenzug erneuern

1. Verlauf des Zugs vom Betätigungsbauteil bis zum Funktionsbauteil genau ansehen.
2. Vor Beginn der Arbeit überlegen, welche me-

chanischen Bauteile (z. B. Gasgriff, Bremshebel) und Verkleidungsteile zum Wechsel des Bowdenzugs abgebaut werden müssen.
3. Nur originale Bowdenzüge kaufen, die für das betreffende Modell exakt passen! Man kann zwar einen gerissenen Bowdenzug reparieren bzw. einen neuen Bowdenzug selbst machen, aber dafür erfordert es erstens sehr viel fundierte Zweiradmechaniker-Erfahrung und zweitens exakt passende Kleinteile wie Nippel, Rohrführungsbogen und Einstellschrauben, die man nicht überall kaufen kann.

Neuen Bowdenzug einbauen
1. Alten (gerissenen oder geknickten) Bowdenzug so verlegt lassen, wie er liegt – NOCH NICHT ausbauen!
2. Bauteile abbauen, die nötig sind, um den neuen Bowdenzug störungsfrei verlegen zu können, zum Beispiel Verkleidungsteile und Tank.
3. Neuen Bowdenzug parallel zum alten Zug verlegen. Die beiden Außenhüllen mit Tesafilm zueinander fixieren.
4. Am oberen Bedienungsbauteil (z. B. Gasgriff, Brems- oder Kupplungshebel) den alten Zug ausbauen, neuen Zug einbauen.
4.1. Gaszuggehäuse am Lenker aufschrauben. Meist sind die Gehäuse mit zwei Schlitzschrauben zusammengeschraubt. Gehäusehälften trennen, Gasgriff vom Lenkerrohr abziehen und gut reinigen (Bild 19).
Wichtig: Zur Reinigung des Gasgriffs keine aggressiven Lösungsmittel verwenden, wie zum Beispiel Bremsenreiniger, denn diese lösen die Verklebung des Gasgriffgummis! Gasgriff und Lenkerrohr mit Ölspray (WD-40) und einem sauberen Lappen reinigen.
■ Etwas Molykotefett auf das Lenkerrohr auftragen, Gasgriff auf den Lenker schieben, Gaszug einhängen, Gehäusehälften zusammenbauen, Verbindungsschrauben gut handfest anziehen – vordere Schraube zuerst festziehen.
5. Am Funktionsbauteil wie z. B. Gasschieber (Bilder 20 und 21), Gasseilzugrolle, Kupplungshebel (Bild 7) oder Radbremshebel den alten Zug ausbauen, neuen Zug einbauen.
■ An den oberen und unteren Einbaustellen darauf achten, dass der Innenzug beim Einhängen des Nippels nicht geknickt wird (Bild 4).
■ Etwas leichtes Lagerfett an die Nippel und die Führungsbohrung der Einstellschraube geben.
6. Alten Bowdenzug aus seinen Klemm- und Lagerstellen nehmen (Kabelbinder aufknipsen), neuen Zug einhängen, Klemmstellen schließen, ggf. neue Kabelbinder anbringen.

Bowdenzüge schmieren

In älteren Bowdenzügen bis ca. Modelljahr 1980 laufen die Seelen direkt in den aus Stahldraht gewickelten Hüllen. Diese Züge müssen regelmäßig gereinigt und geschmiert werden:
1. Bowdenzug oben aushängen und senkrecht stellen (ggf. ein Papprohr zuschneiden und über den Zug stülpen).

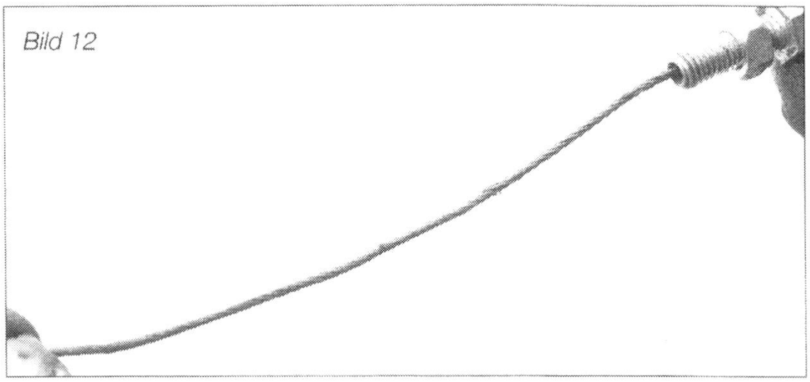
Bild 12

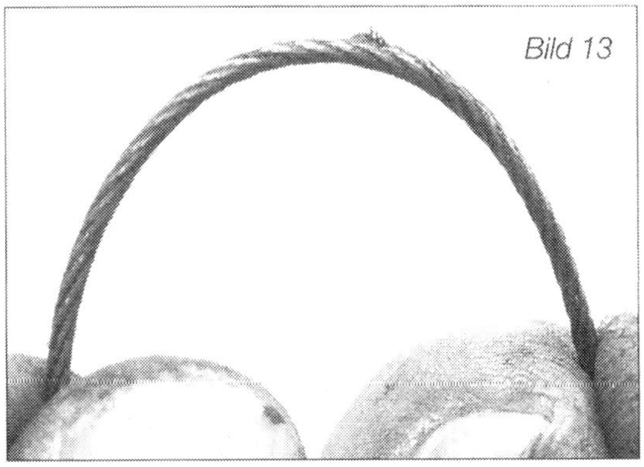
Bild 13

Bilder 12 und 13: Auf den ersten Blick sieht dieser Gaszug noch gut aus, beim Biegen sieht man einzelne gebrochene Drähte. Erneuern!

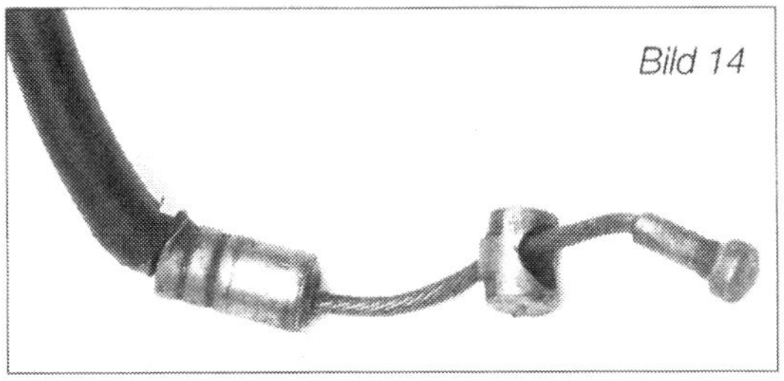
Bild 14

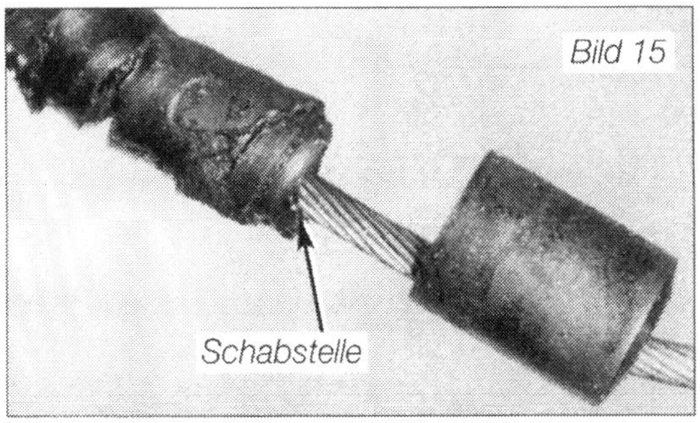

Bild 15

Bilder 14 und 15: Ein vergammelter Kupplungszug ist oft die Wurzel allen Übels in der Kupplungsbetätigung.

Bild 16: Bowdenzüge nur mit dünnem, harzfreiem Öl oder WD-40 einölen.

Bild 17: Kunststoffrohr über dem Innenzug.

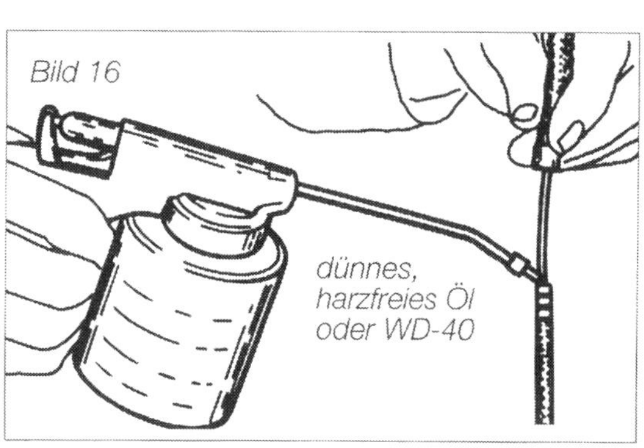

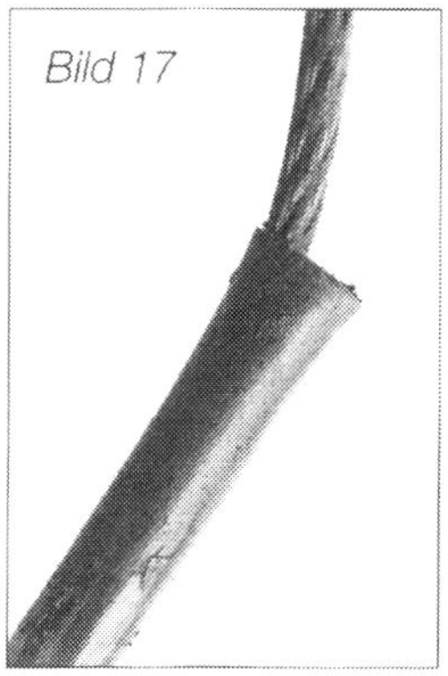

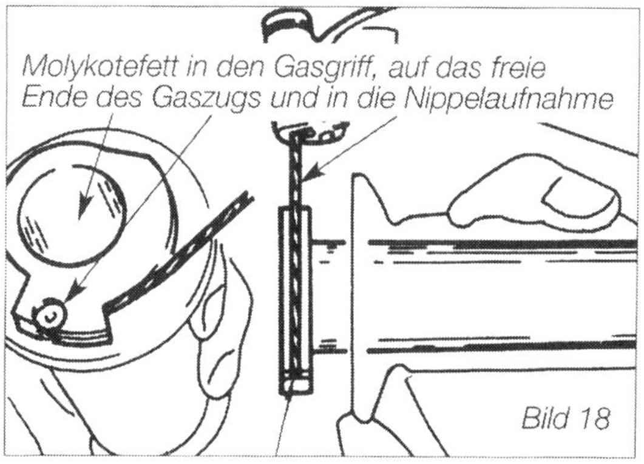

Bild 18: Molykotefett auf die Kontaktflächen von Gasgriff und Lenker, Zug und Nippel geben.

Bilder 19, 20 und 21: Zum Ausbau des Gaszugs muss der Gasschieber ausgebaut oder (bei Mehrversorgungsanlage) unten ausgehängt werden.

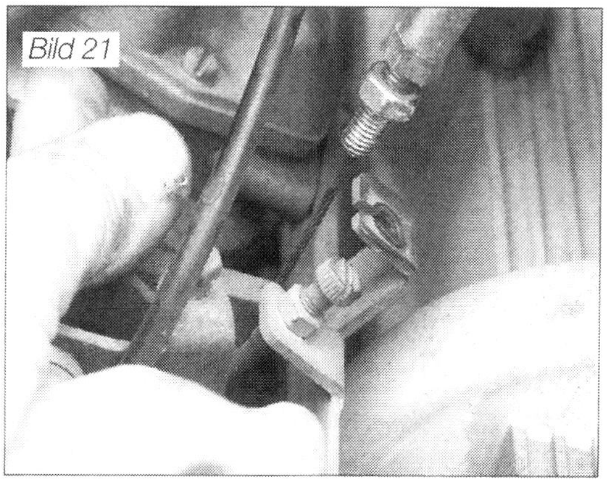

2. Dick gewickelten Putzlappen unter das untere Ende des Zuges legen.
3. Bremsenreiniger in den Bowdenzug von oben einsprühen und geduldig warten, bis es nach unten durchgelaufen ist. Wieder etwas sprayen. Zug etwas hin und her bewegen und beobachten: Unten läuft der Dreck heraus!
4. Etwas dünnes Motoröl (ca. SAE 5 bis 10) in den Zug geben (Bild 16).
5. Zug einbauen: Nippel mit schwerem Wälzlagerfett schmieren, Spiel einstellen.

Bei modernen Bowdenzügen, wie sie in italienischen Maschinen ab ca. Mitte der 80er-Jahre eingebaut wurden, ist der Innenzug zur leichteren Betätigung mit einem speziellen Kunststoff ummantelt (Bild 17), das die Reibung erheblich mindert. Diese »Teflonzüge« genannten Bowdenzüge brauchen keine Schmierung. Werden diese Bowdenzüge mit ungeeignetem Schmiermittel wie Motoröl oder Haushaltsöl geschmiert, kann es sein, dass sich die Kunststoffbeschichtung abrubbelt, es bilden sich kleine Röllchen, was mit der Zeit bis zum völligen Festgehen der Züge führen kann.

Wenn ein »Teflonzug« schwer geht und der Verdacht besteht, dass er verdreckt ist, ihn oben ausbauen, senkrecht stellen, WD-40 einsprühen und beobachten, wie schmutzig es unten ausläuft:

- Ist es tatsächlich schmutzig, noch einmal sprühen, bis das WD-40 unten sauber rausläuft. Geht der Gaszug dann wieder leicht, ist alles in Ordnung.
- Läuft der Zug aber nach der Reinigung immer noch nicht wieder leicht, hat er bestimmt innen einen Knick und sollte erneuert werden.

Weitere Schmierstellen

An den »freien Stellen« der Gaszüge, also ihre obere und untere Seite, wo sie z. B. über die Seilzugrollen des Gasgriffs bzw. der Vergaserbetätigung laufen (oder durch die Einstellschraube geführt sind), ist regelmäßig etwas frisches Fett nötig. Molykotefett ist das beste, die zweitbeste Wahl ist etwas leichtes Wälzlagerfett plus ein Tropfen harzfreies Nähmaschinenöl.

Neuen Bowdenzug herstellen

Wenn es keinen neuen Originalzug für Ihr Motorrad mehr gibt oder ein neuer zu teuer ist, kann man einen neuen Bowdenzug selbst machen. Bei einem neuen Bowdenzug sollten keine Schraubnippel verwendet, sondern Nippel angelötet werden. Wir nehmen an, dass die Löttechnik beherrscht wird und die dazu benötigten Werkzeuge und Hilfsmittel vorhanden sind: Lötkolben oder offene Flamme und Lötzinn als Draht mit eingebettetem Flussmittel (Bild 22).

1. Kaufen: Neuen Innenzug, neue Außenhülle (beides gibt es als Meterware am Stück), passende Lötnippel (Muster mitnehmen!).
2. Zuerst die Außenhülle am Motorrad verlegen, wie der Bowdenzug später liegen muss.
■ Wenn man das nicht weiß: Zughülle in weiten Bögen verlegen. Lenker nach rechts und links einschlagen, Zughülle darf sich weder knicken noch spannen!
3. Oberes und unteres Ende mit Filzstift markieren. Zughülle herausnehmen.
4. Zughülle mit einer scharfen Beißzange auf Länge abzwicken (genau so wie später den Innenzug, siehe Bild 23). Abgezwicktes Ende am Schleifbock etwas abschleifen. Endhüllen aufschieben.
5. Abgelängte Zughülle provisorisch einbauen, also genau so verlegen, wie der Zug später liegt. Obere und untere Einsteller einsetzen, jeweils auf die halbe Länge in ihre Widerlager eindrehen.
6. Neuen Innenzug einschieben. Länge feststellen und markieren.
7. Neuen Innenzug ausziehen, exakt auf Länge abzwicken (Bild 23). Testweise wieder einschieben und prüfen, ob die Länge stimmt!
8. Komplettes Zugprovisorium ausbauen.

Nippel verlöten
1. Zuerst das Ende des Bowdenzugs verdrillen (Bild 24) und mit Lötzinn »versiegeln« (Bild 25).
2. Dann den Lötnippel aufschieben, bis das Ende des versiegelten Bowdenzugs ein bis zwei Millimeter aus dem Nippel heraussteht.
3. Nippel mit dem Kopf nach oben in einen Schraubstock spannen und mit einem Körner oben aufweiten (Bild 26).
4. Umspannen: Zug mindestens 50 mm unterhalb des Nippels spannen, Nippel von hinten her endgültig verlöten.

Beachten, dass das Lot während des Lötens durch den Nippel durchlaufen muss (Bilder 27 und 28). Wird das Lot nur oben aufgebracht und unten angepappt, reißt der Nippel nach kürzester Zeit wieder aus!

Bild 22

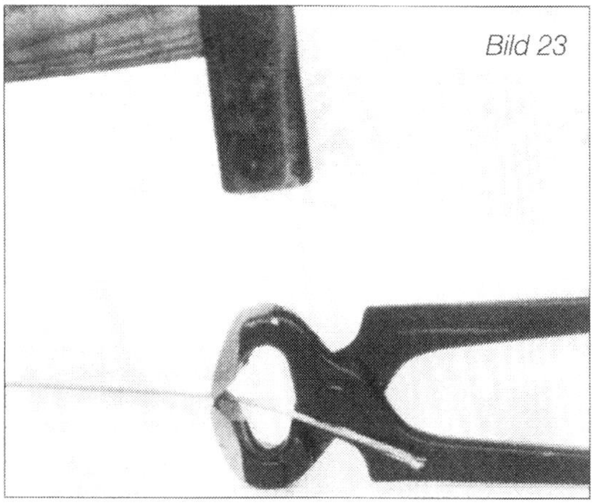
Bild 23

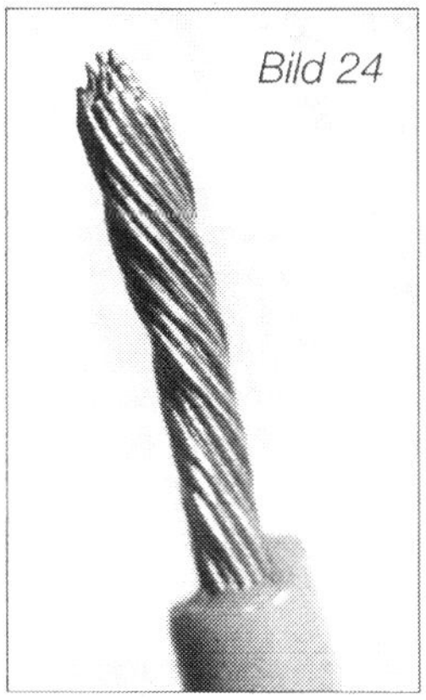
Bild 24

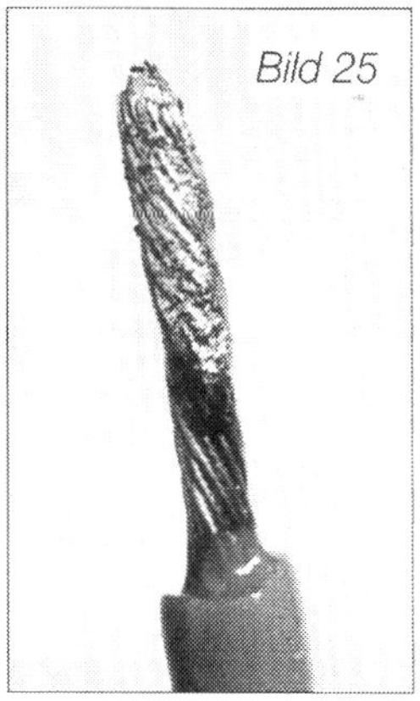
Bild 25

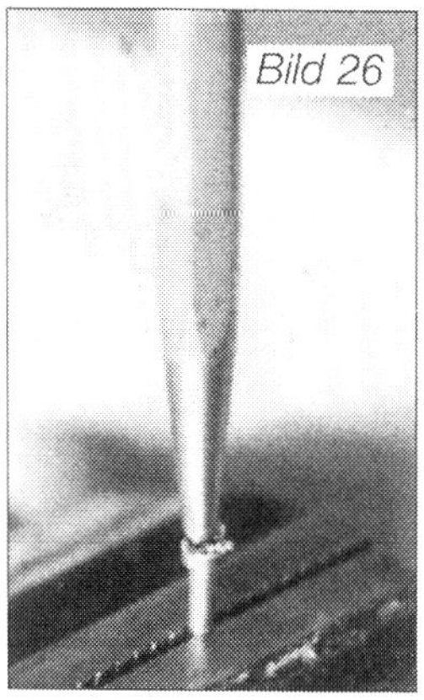
Bild 26

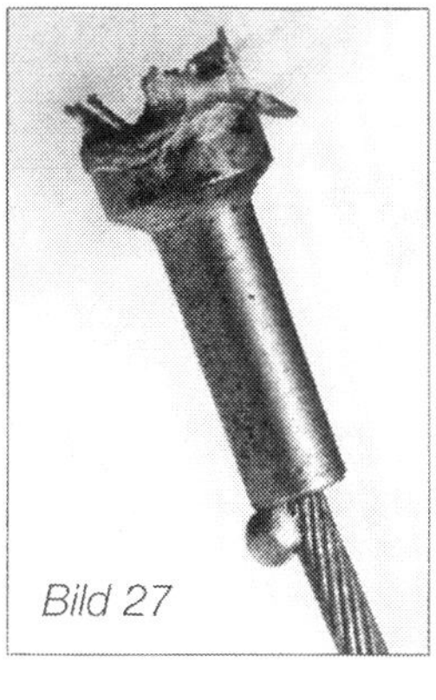
Bild 27

Bild 28

Bilder 22 bis 28: Im Lauftext sind die zu den Bildern gehörenden Arbeitsschritte nummeriert beschrieben.

Kette

In diesem Kapitel: Kettenverschleiß · Kette reinigen, kontrollieren, schmieren · Kettenspannung prüfen, einstellen · Kette wechseln · Neue Kette kaufen · Kettenräder wechseln, neue Kette aufziehen · Federclip-Kettenschloss · Nietschloss · Kettenritzel und Kettenrad festschrauben · Kettenräder, -ritzel für ältere Maschinen.

Bild 1

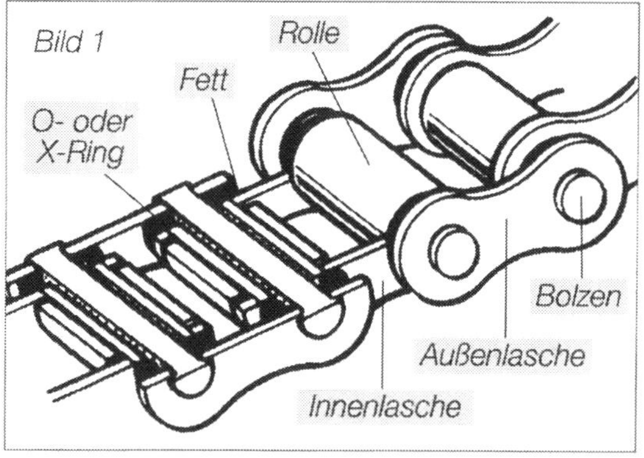

Bilder 1 und 2: Aufbau einer Hinterrad-Antriebskette (Enuma) mit O- oder X-Ringen zwischen den Laschen. Eine X-Ring-Kette ist teurer als eine O-Ring-Kette, hält aber auch länger.

Bild 2

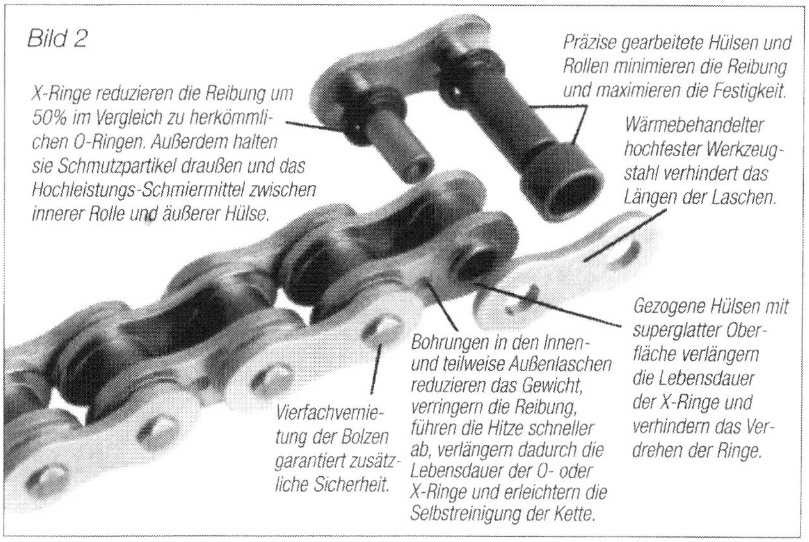

Bild 3

Bild 3: Lasermessgerät »Laser CAT« zur Einstellung der korrekten Kettenflucht (www.profi-products.de).

Achtung und Tipps für dieses Kapitel

Achtung: Bei allen Arbeiten an der Hinterradantriebskette gilt: Motor aus, Zündschlüssel abgezogen, Leerlauf eingelegt, Maschine aufgebockt.

Tipp: Im vorderen Bereich der Kette sammelt sich im Laufe der Zeit abgeschleuderte Kettenschmiere vermischt mit Straßendreck und backt zu festen Klumpen zusammen. Es ist bei jeder größeren Reinigung der Maschine und Kettenpflege zu empfehlen, die vordere Kettenritzelabdeckung und den Kettenschutz komplett abzuschrauben und den darin sitzenden Dreck herauszuputzen.

Tipp: Damit nach dem Kettenspannen das Hinterrad exakt in der Spur des Vorderrades läuft, empfehlen wir das Spezialwerkzeug »Laser CAT« (Bild 3, *www.profi-products.de*). Damit kann man die Kettenflucht exakt überprüfen und einstellen. »Laser CAT« ist klein, leicht und handlich und passt prima ins Bordwerkzeug.

Achtung: Falls Sie eine vernietete Kette aufflexen müssen, weil kein Kettentrennwerkzeug vorhanden ist, folgende Sicherheitsmaßnahmen beachten:

- Schutzbrille aufsetzen
- genügend Sicherheitsabstand einhalten zu Behältern mit brennbaren Flüssigkeiten oder Materialien, auch ölige Lappen und Sägespäne gehören dazu
- abgebauten Tank weit weg legen und zusätzlich abdecken
- Speziell zu Lack- und Verkleidungsteilen hin ein Schild gegen Funkenflug aufstellen

Werkzeuge

Zum Spannen der Kette werden folgende Werkzeugteile benötigt:

- Zange für den Splint in der Hinterachse
- passende Nuss für Hinterachsmutter und Gabel- oder Ringschlüssel zum Gegenhalten
- zwei Gabelschlüssel für Kettenspanner

■ Drehmomentschlüssel mit Einstellbereich bis mindestens 130 Nm
■ Kettenfluchttester »Laser CAT« (Empfehlung)
Wenn Kette und Kettenräder erneuert werden müssen, braucht man zusätzlich:
■ Schlüssel für die Schrauben der Kettenritzel-Deckung und die Kettenabdeckung
■ exakt passende Nuss für die Ritzelmutter mit Verlängerung zum Drehmomentschlüssel
■ Nuss für die Schrauben und/oder selbstsichernden Muttern am hinteren Kettenrad
■ kombiniertes Kettentrenn- und Vernietwerkzeug. Das in den Bildern 4 und 5 gezeigte Spezialwerkzeug zum Trennen und Vernieten von Ketten nennt sich »Roller Chain Cutter/Reviter« und stammt von Enuma (Schüller).
■ mittleren Hammer, kleinen Meißel, Durchschlag
■ Reinigungsmittel (Bremsenreiniger), reichlich Lappen, gutes Wälzlagerfett zum Einfetten der Keilnuten in der Getriebeabtriebswelle
■ Zum Öffnen der Ritzelmutter empfehlen wir zusätzlich einen Schlagschrauber, denn oft ist diese Mutter so fest, dass sie sich auch durch Gegenhalten des Hinterrads durch die Bremse und Benutzung einer langer Verlängerung nicht öffnen lässt. Wir verwenden in unserer Werkstatt einen Akku-Schlagschrauber von Hitachi.

Kettenverschleiß

Entscheidend für eine lange Lebensdauer von Kette, Kettenritzel und Kettenrad ist, dass die Kette richtig gepflegt und gespannt wird, sonst ist sie nach kurzer Zeit kaputt.
■ Wird eine Kette zu stark (also mit zu geringem Durchhang) gespannt, verzieht sie sich unregelmäßig und es besteht die Gefahr, dass sie reißt.
■ Bei zu starker Kettenspannung wird das Lager der Getriebeabtriebswelle, auf der das vordere Kettenritzel befestigt ist, zu stark belastet und geht in kürzester Zeit kaputt (es »läuft aus«).
■ Ist eine Kette zu wenig gespannt (also der Kettendurchhang zu groß), dann ruckelt es beim Fahren, die Kette peitscht und verschleißt zu schnell. Weiterhin besteht die Gefahr, dass die Kette von ihren Kettenrädern abspringt.
Das Lebensende einer Kette deutet sich an, wenn die Zähne der Kettenräder stark verschlissen sind und übermäßig »spitz« werden (Bild 6). Dann ist auch die Kette schon so weit verschlissen, dass sie sich am hintersten Punkt des hinteren Kettenrads mit den Fingern um mehr als eine halbe Zahnhöhe vom Kettenrad abheben lässt (Bild 7).

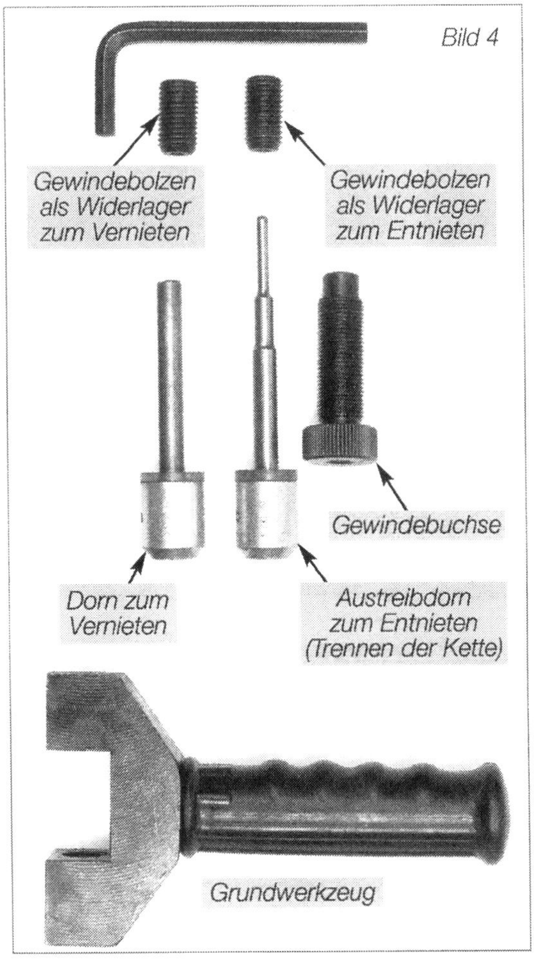

Bilder 4 und 5: Kombiniertes Ketten-Trenn- und Vernietwerkzeug.

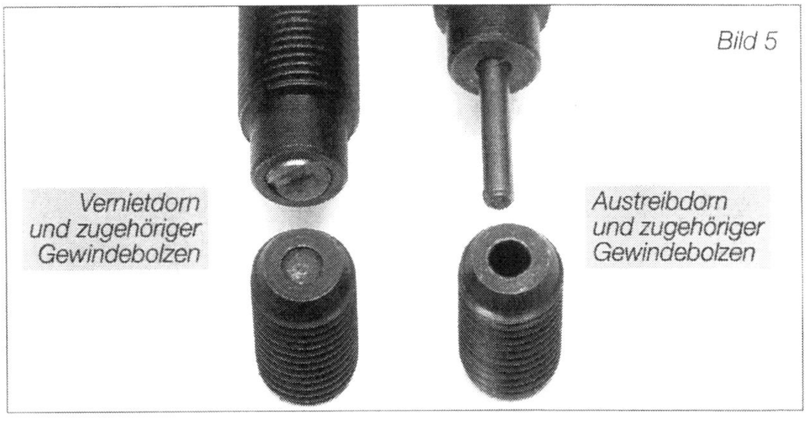

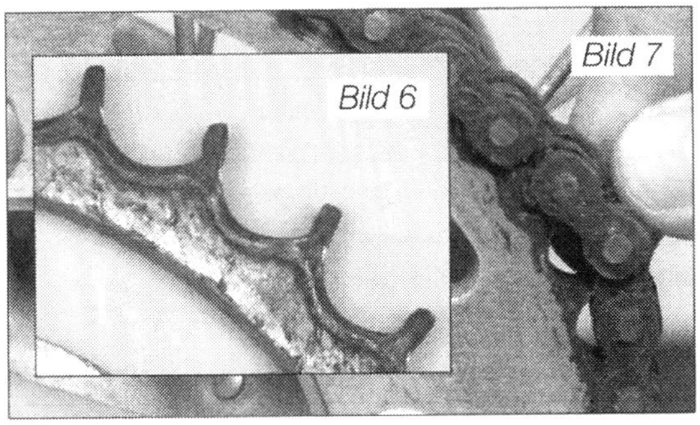

Bilder 6 und 7: Wenn sich die Kette um mehr als eine halbe Zahnhöhe abheben lässt, ist sie verschlissen. Diese Kette ist noch in Ordnung. Das Kettenrad in Bild 6 ist total hinüber.

Merke: ■ Eine neue Kette immer mit neuem Kettenritzel und neuem hinteren Kettenrad montieren.

■ Nie eine alte Kette auf neue Kettenräder oder eine neue Kette auf alte Kettenräder montieren.

Kette reinigen, schmieren

Kette vor dem Einstellen des Kettendurchhangs (»Kettenspannung«) reinigen und schmieren.

Bilder 8 bis 10: Kette sorgsam reinigen. Reifen zur Kette hin mit einem Stück Pappe abdecken.

Kette reinigen

1. Motorrad aufbocken, vordere Abdeckung des Kettenritzels abschrauben, Dreck herausputzen.
2. Kette mit speziellem Kettenreiniger und hartem Pinsel reinigen, mit nicht fusselnden Lappen abputzen und trocknen lassen (Bilder 8, 9 und 10).

Bild 8

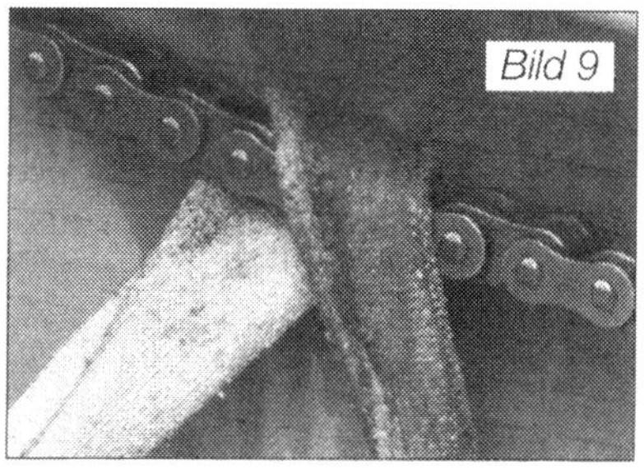
Bild 9

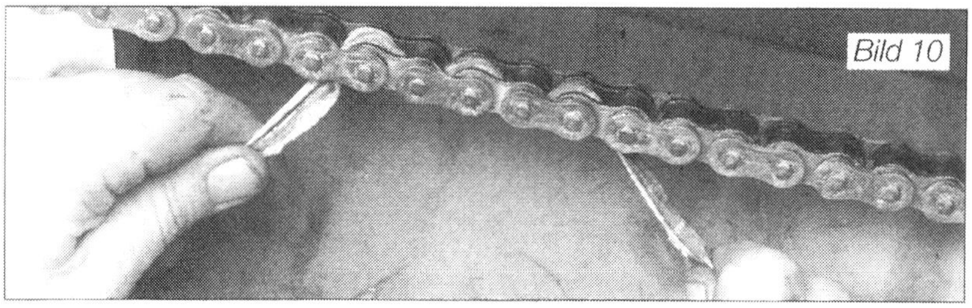
Bild 10

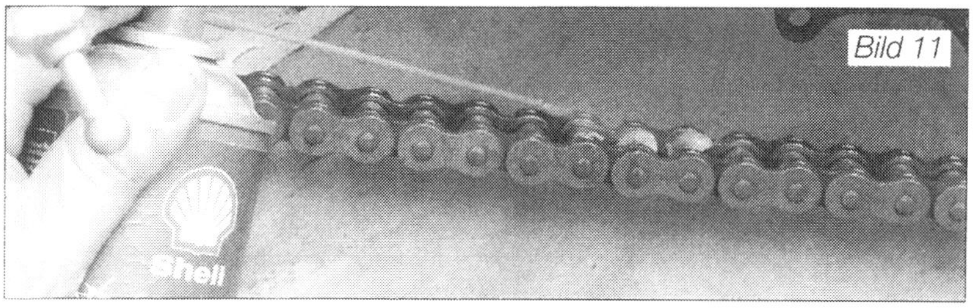

Bild 11

Bild 11: Kettenspray innen auf die Kette auftragen.

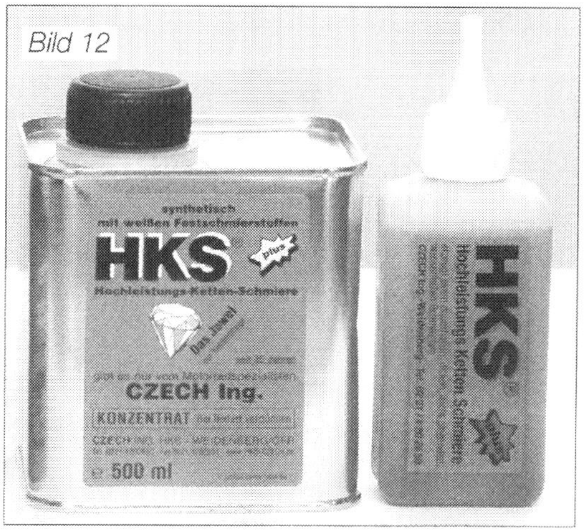

Bild 12

Bild 12: HKS-Kettenschmiermittel in Vorratsdose und Plastikflasche mit Spitze.

■ Dazu kein scharfes Reinigungsmittel verwenden!, denn dieses kann die O- oder X-Ringe in der Kette zerstören. Zur Kettenreinigung empfohlen ist z. B. der »Metall-Schnellreiniger« von Enuma (Bild 8), er greift bei richtiger Anwendung die O- oder X-Ringe nicht an.

Kette kontrollieren

1. Kette sorgfältig Glied für Glied auf lockere Stifte und beschädigte Rollen sowie trockene, verrostete, geknickte, verklemmte Glieder, übermäßige Abnutzung und fehlende O-Ringe überprüfen.
2. Kettenräder auf spitze oder abgebrochene, beschädigte Zähne kontrollieren (Bilder 6 und 7).
3. Muttern bzw. Befestigungsschrauben am hinteren Kettenrad und die Zentralmutter des Kettenritzels an der Getriebeabtriebswelle auf festen Sitz prüfen. Im Normalfall lösen sich diese Schraubverbindungen nicht.
■ »Normalfall« bedeutet: Kettenritzel und Kettenrad sind noch serienmäßig (Erstausrüstung) oder beim letzten Wechsel der Kette und Kettenräder wurde sorgfältig gearbeitet.
4. Prüfen, ob das Kettenschloss bzw. dessen Federclip noch vorhanden ist und richtig sitzt. Das Federclip-Kettenschloss muss mit der geschlossenen Seite in Laufrichtung der Kette weisen (Bild 26).

Kette schmieren

Zur notdürftigen Schmierung der Kette eignet sich dickes Motoren- oder Getriebeöl (ca. SAE 80); besser ist spezielles Motorrad-Kettenspray (Bild 11), wie man es überall kaufen kann, denn Kettenspray kriecht auch in dünne Ritzen und somit in die Rollen hinein. Noch besser sind Kettenfette in Dosen, die mit einem Pinsel (oder aus einer Flasche mit Auslaufpipette) Rolle für Rolle auf die Kette aufgebracht werden. Das dauert allerdings länger als einfaches Aufsprühen des Schmiermittels, aber diese Kettenschmiermittel sind preiswert und überaus effektiv.

Beispielhaft erwähnen wir die »HKS Hochleistungs-Ketten-Schmiere« (Bild 12) von Ing. Czech (*www.hks-czech.de*). HKS ist ein synthetisches Schmiermittel, das Festschmierstoffe enthält. Es erzeugt auf den Rollen einen nahezu dauerhaft dicken, wasserfesten Schmierfilm ähnlich einer Kunststoffversiegelung.

Wichtig ist sowohl beim Schmieren mit Öl, Kettenspray oder Kettenfett, dass die Kette nach dem Reinigen (also VOR dem Schmieren!) frei von Reinigungsmittelrückständen und absolut trocken ist.

■ Schmiermittel immer von innen auf die Kette auftragen (Bild 11).

■ Überschüssiges Kettenfett sorgfältig abputzen. Besonders das auf der Außenseite der Kettenlaschen aufgebrachte Schmiermittel nutzt nichts, sondern fliegt davon und versaut die Maschine!

■ Nach dem Schmieren nicht gleich losfahren, sondern gut zehn Minuten warten, denn die im Kettenschmiermittel enthaltenen Lösungsmittel müssen sich erst verflüchtigen. Noch besser ist es, die Kette abends zu reinigen, zu schmieren und das Schmiermittel über Nacht einziehen zu lassen.

Kettenspannung

■ Wenn das Hinterrad voll ausgefedert ist, ist die Kette am lockersten (Bild 13).

■ Je weiter das Hinterrad einfedert, desto weiter wandert die Hinterachse von der Getriebeabtriebswelle weg und desto straffer wird die Kette.

■ Wenn die drei Drehpunkte Getriebeabtriebswelle, Schwingendrehpunkt und Hinterachse eine gerade Linie bilden, ist die Ketten »am kürzesten« (Bild 14): Der Kettendurchhang soll dann ca. 20 bis 30 mm betragen.

■ Wenn das Hinterrad noch weiter einfedert, überschreitet der Federweg diese Linie, die Schwinge steht nach oben und die Kette wird wieder lose.

Messstelle suchen

Eine Kette verzieht sich im Laufe ihres Lebens unregelmäßig. Deswegen das Hinterrad mit der einen Hand drehen und mit der anderen Hand die Kette am unteren Kettentrum wippend leicht nach oben drücken, so wird die straffste Stelle gesucht, das ist die Messstelle.

Beachten: ■ Wenn das Motorrad auf dem Mittelständer abgestellt und das Hinterrad voll ausgefedert ist, dann ist die Kette »länger«, der Kettendurchhang größer: Er soll dann ca. 40 bis 50 mm betragen (Bild 13).

■ Wenn das Motorrad auf dem Seitenständer abgestellt und dadurch das Hinterrad etwas eingefedert ist, dann ist die Kette »kürzer«. Das ist die schlechteste aller Möglichkeiten, die Kettenspannung korrekt einzustellen!

Wenn man weder Mittel- noch Heckständer hat, auf dem sich das Motorrad so aufbocken lässt, dass die Schwinge einfedert und gleichzeitig das Hinterrad frei gedreht werden kann, dann setzen Sie sich auf die Maschine, bewegen sie ca. zwei Meter nach vorne oder hinten und suchen so die straffste Kettenstelle.

Kettenspannung einstellen

1. Achsmutter zwei Umdrehungen lösen, damit sich die Hinterachse leicht verschieben lässt.

2. Kontermuttern der Kettenspanner auf beiden Seiten um zwei Umdrehungen lösen.

3. Mit den Kettenspannschrauben (oder Muttern) die Hinterachse nach hinten spannen.

■ In Vierteldrehungen rechte Spannschraube – linke Spannschraube – rechte Spannschraube – linke Spannschraube vorgehen – bis die Kette den korrekten Durchhang erreicht.

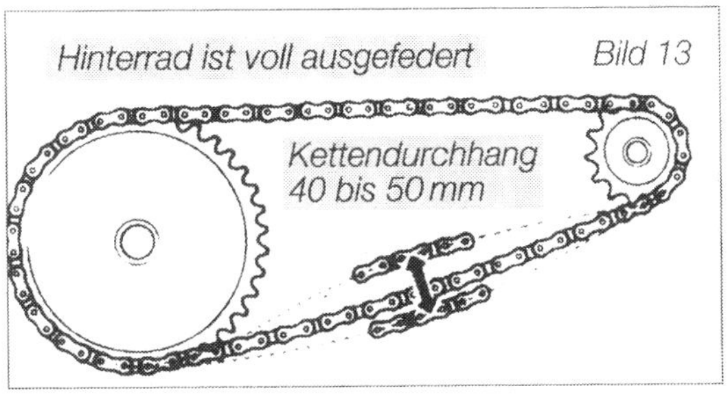

Bild 13: Kettendurchhang bei ausgefedertem Hinterrad.

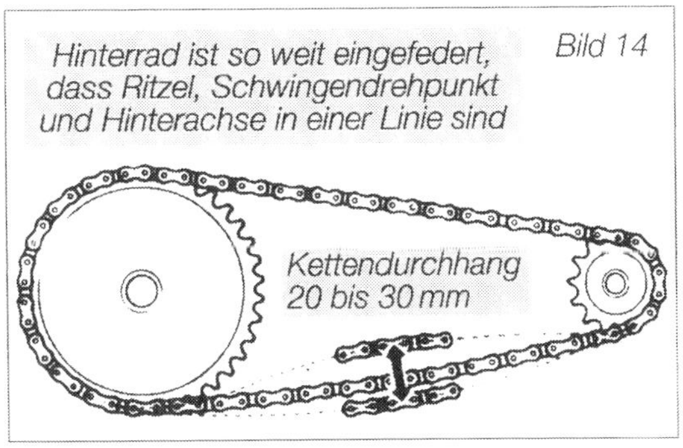

Bild 14: Kettendurchhang bei eingefedertem Hinterrad.

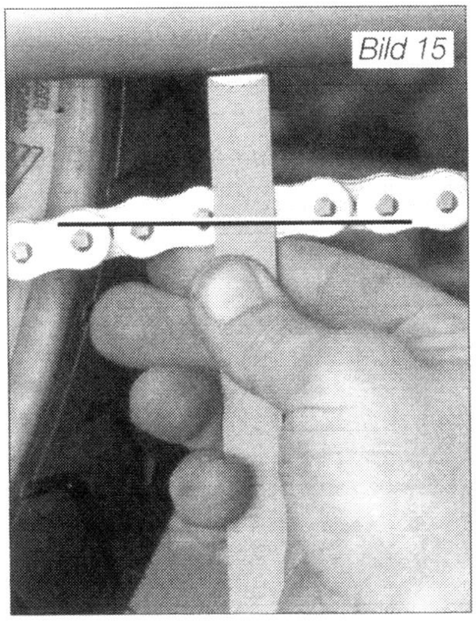

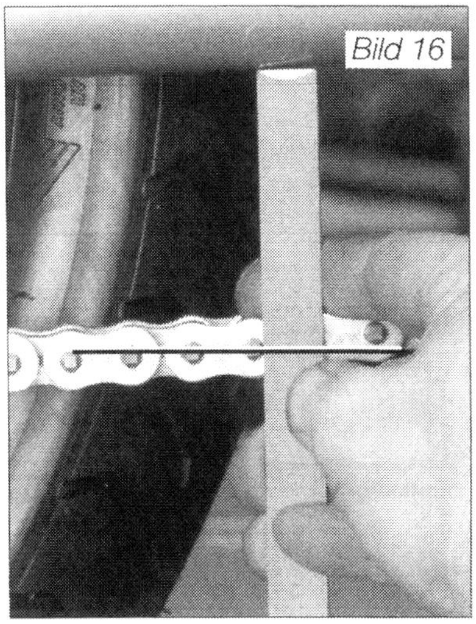

Bilder 15 und 16: Messen der Kettenspannung:
■ Kette nach oben drücken und nach unten ziehen, die Differenz ist der Kettendurchhang.

■ Dabei kann man sich grob an den Markierungen orientieren, die rechts und links am Ende der Schwinge angebracht sind.

3.1. Jetzt empfehlen wir den Einsatz des Spezialwerkzeugs »Laser CAT« (Bild 3), das auf dem hinteren Kettenblatt angesetzt wird und mit dessen Laserstrahl man an der Kette entlang nach vorne peilt zum Kettenritzel: Einfacher kann man die Kettenlinie nicht einstellen! Danach ist man sicher, dass nach dem Kettenspannen das Hinterrad in der Spur des Vorderrades läuft.

4. Achsmutter mit dem vorgeschriebenen Anziehdrehmoment festziehen.

■ Kettendurchhang erneut prüfen.

5. Kontermuttern festziehen.

Bild 17: Kettenabmessungen.

Bilder 18 und 19: Vergleich einer Industrie-Hülsenkette und einer Motorradkette.

Bild 17

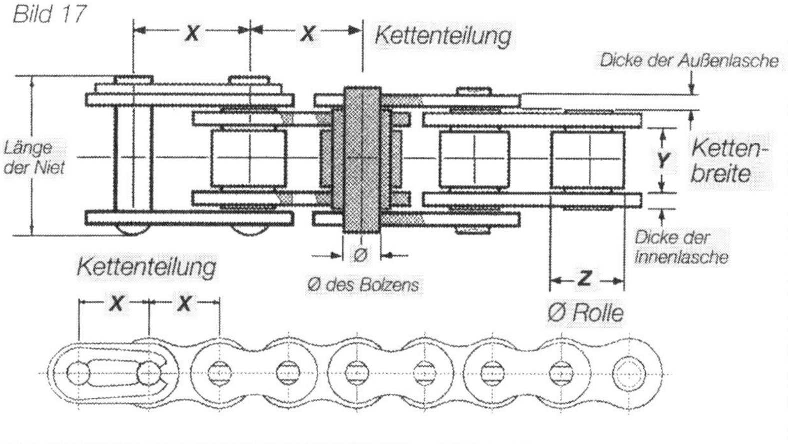

Kettenabmessungen (Enuma)				
Kürzel	**Zoll-Abmessung**	**mm-Abmessung**	**Ø der Rolle***	**Ritzelbreite**
415	1/2 x 3/16"	12,700 x 4,68 mm	7,77 mm	4,0 bis 4,6 mm
420	1/2 x 1/4"	12,700 x 6,25 mm	7,77 mm	5,6 bis 6,1 mm
428	1/2 x 5/16"	12,700 x 7,85 mm	8,51 mm	6,8 bis 7,5 mm
520	5/8 x 1/4"	15,875 x 6,25 mm	10,16 mm	5,6 bis 6,1 mm
525	5/8 x 5/16"	15,875 x 7,85 mm	10,16 mm	6,8 bis 7,5 mm
530/50	5/8 x 3/8"	15,875 x 9,40 mm	10,16 mm	8,7 bis 9,2 mm
532	5/8 x 3/8"	15,875 x 9,40 mm	11,10 mm	8,7 bis 9,2 mm
630	3/4 x 3/8"	19,050 x 9,40 mm	11,91 mm	8,7 bis 9,2 mm
632	3/4 x 3/8"	19,050 x 9,40 mm	12,70 mm	8,7 bis 9,2 mm

Bild 18

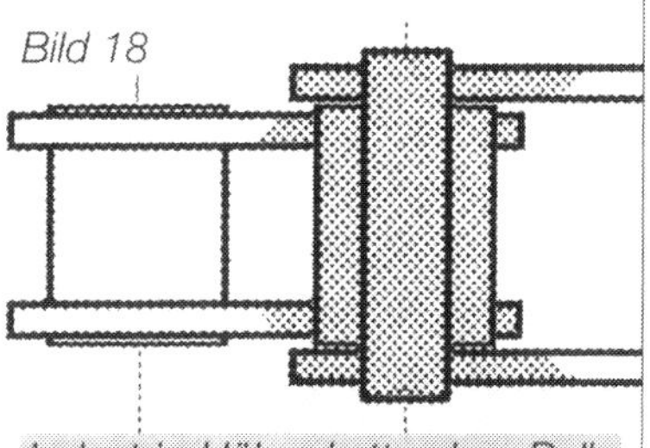

Industrie-Hülsenkette ohne Rolle

Bild 19

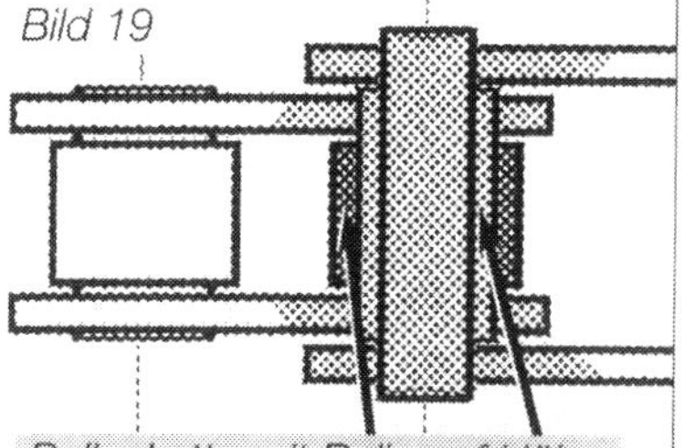

Rollenkette mit Rolle auf Hülse

Kette erneuern

Wenn eine neue Kette nötig wird, müssen auch die Kettenräder erneuert werden. Bei normalem Verschleiß sind Kettenräder und Kette zugleich verschlissen. Wenn man einen extrem billigen Kettensatz montiert, verschleißen die Kettenräder schneller als die Kette. Auch nie Alt- und Neuteile kombinieren, da sie sich gegenseitig extrem schnell abnutzen.

Neue Kette kaufen

Wenn Sie sich keine Originalkette kaufen können (oder möchten), haben Sie im Zubehörhandel die Wahl zwischen drei verschiedenen Ketten: endlos vernietete, solche mit Nietschloss oder mit Federclipschloss.

■ Bei einer endlos vernieteten Kette muss man zum Aufziehen eventuell die Schwinge ausbauen. Das ist ziemlich viel Arbeit.

■ Bei einer offenen Kette mit Nietschloss ist zum Vernieten ein Spezialwerkzeug erforderlich.

■ Eine Markenkette mit O- oder X-Ringen, Federclip- oder Schraubschloss ist bei Maschinen bis ca. 500 cm³ eine gute Wahl.

■ Ab ca. 600 cm³ sollte man eine Markenkette mit O- oder X-Ringen und Nietschloss kaufen.

■ Zu Ihrer eigenen Sicherheit der gute Ratschlag: Kaufen Sie in keinem Fall eine no-name-Billigkette ohne O-/X-Ringe und mit Federclipschloss!

Kettenabmessungen

Für eine Kette gelten drei Grundabmessungen:

■ **Kettenteilung:** Mittenabstand der Bolzen zueinander (***X*** in Bild 17).

■ **Kettenbreite:** Abstand der Innenlaschen zueinander (***Y*** in Bild 17), auch »Kettenweite« genannt.

■ **Durchmesser der Rolle:** ***Z*** in Bild 17.

In der nebenstehenden Tabelle finden Sie bei Motorrädern gängige Ketten und ihre Abmessungen. Die Abmessungen einer Kette haben auch heute noch das angelsächsische Inchsystem zur Grundlage, denn sowohl die Kettenteilung wie auch die Kettenbreite werden normgerecht in Zoll angegeben (1 Zoll = 25,4 mm).

Die Japaner mit dem für sie typischen Sinn für Pragmatismus haben die Kettenbezeichnungen vereinfacht, indem sie den verschiedenen Kettenabmessungen einfach je eine dreistellige Nummer zugewiesen haben. Dies wurde auch von den Italienern (Beispiel »Regina Extra«) übernommen. Die für einen drehmomentstarken Italiener mit 750, 900 oder 1000 cm³ gängige Kette ist die 530er in den Abmessungen 5/8 x 3/8".

Kettenräder müssen zur Kette passen
Die Breite der Kettenräder ist von der inneren Breite der Kette (also dem Maß zwischen Innenlaschen) abhängig:

- Bei einer 530er-Kette beträgt die Kettenbreite 3/8 Zoll (9,4 mm), das dazu passende Kettenrad darf 8,7 bis 9,2 mm dick sein.
- Bei einer 525er-Kette beträgt die Kettenbreite 5/16 Zoll (7,85 mm), das dazu passende Kettenrad darf 6,8 bis 7,2 mm dick sein.

Wer nun denkt, er könne eine breitere 530er-Kette auf 525er-Zahnräder montieren, denkt zwar grundsätzlich nicht falsch, aber dennoch nicht richtig: Denn wenn eine zu breite Kette auf zu schmale Kettenräder montiert wird, dann wird die Kette nicht sauber geführt und sie »tanzt« auf den zu schmalen Kettenrädern. Satter Verschleiß ist die Folge!

Eine 532er-Kette darf nicht auf Kettenräder der 530er-Kette montiert werden, denn die 532er-Kette ist eine 530er mit verstärkten Laschen, bei der die beiden Hauptabmessungen »Kettenteilung« und »Kettenbreite« mit der 530er zwar übereinstimmen, aber die Rollen der 532er-Kette sind dicker (11,10 mm) als die der 530er-Kette (10,16 mm).

Billige Industriekette nehmen?
Der ganz gescheite Alfred Sparfuchs spricht: »Mit meinem alten italienischen Schätzchen fahre ich pro Jahr nur 1000 Kilometer. Dazu brauche ich keine teure Kette mit O-/X-Ringen. Ich habe eine Industriekette montiert, kostete pro Meter 5 Euro«.

Recht hat Alfred Sparfuchs. Aber: Eine Industriekette wurde nicht konstruiert und gebaut, um der Wechselbelastung eines Motorrads standzuhalten.

- Industrieketten sind grundsätzlich Hülsenketten, also ohne zusätzliche Rolle (Bild 18).
- Eine auf einem Motorrad gefahrene Industriekette verschleißt extrem schnell.
- Wenn eine Industriekette auf einem Motorrad reißt, dann ist der (Fahr-) Tag gelaufen und meist auch ein großer Schaden am Motorrad, denn eine reißende Kette kann nicht nur das Hinterrad oder das Getriebe blockieren, sondern auch ein Loch ins Motorgehäuse schlagen. So wird Alfred Sparfuchsens Billiglösung dann richtig teuer.

Jetzt können Sie, lieber Leser, selbst entscheiden, welche Kette Sie kaufen.

Bild 20: Lösen des Sicherungsblechs mit Meißel und Hammer.

Bild 21: Zum Öffnen der Ritzelmutter eine Sechskantnuss benutzen.

Bilder 22 bis 24: Im Lauftext sind die zu den Bildern gehörenden Arbeitsschritte nummeriert beschrieben.

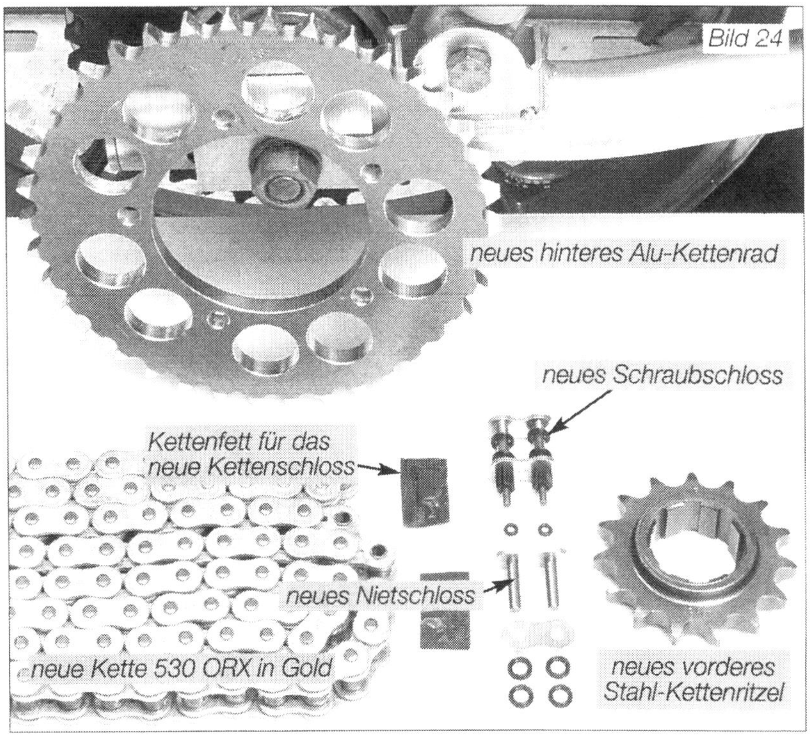

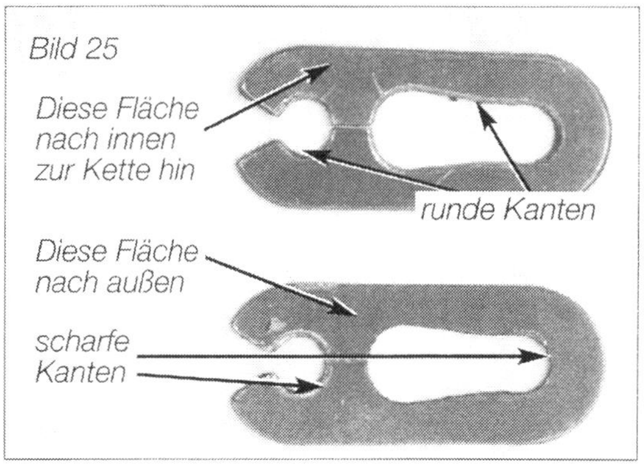

Bild 25

Bild 25: Federclip mit den scharfen Kanten nach außen montieren.

Bild 26

Bilder 26 bis 29:

■ Federclip richtig herum ansetzen.

■ Federclip auf die Bolzen aufsetzen.

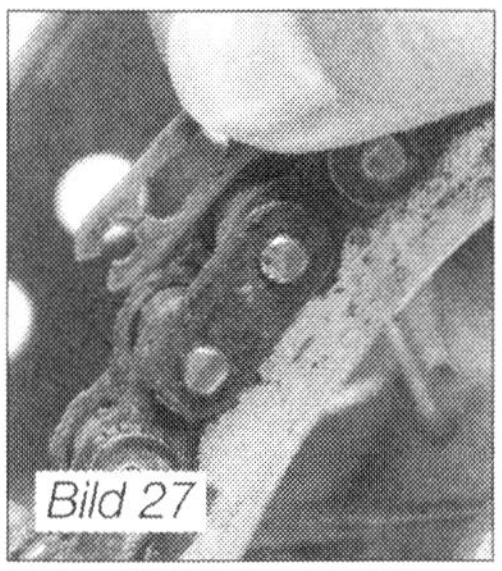
Bild 27

Bild 28

Bild 29

■ Federclip mit Zange aufschieben.

■ Noch einmal, weil wichtig: Laufrichtung des Federclips beachten!

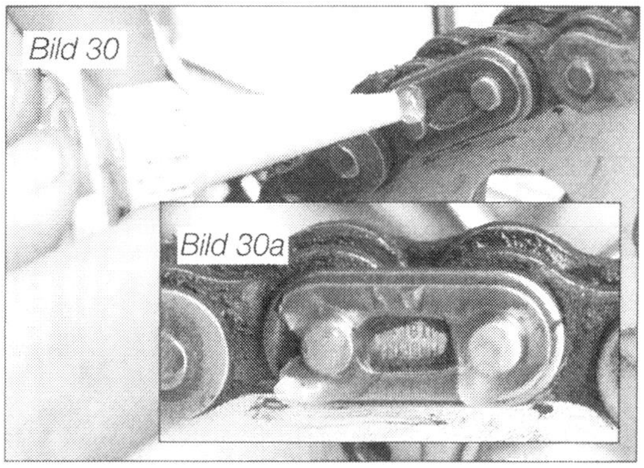
Bild 30
Bild 30a

Bilder 30 und 30a: Zwei Tropfen Silikondichtmasse sichern den Federclip.

Bild 31

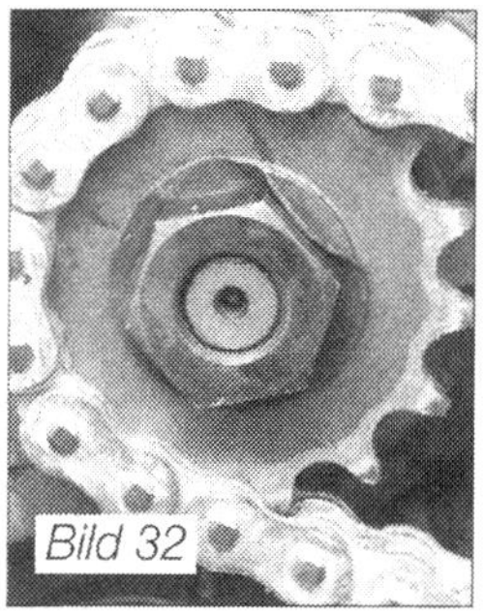
Bild 32

Bilder 31 und 32: Nach dem Festziehen der Ritzelmutter die Sicherungsscheibe umbiegen und an einer freien Fläche der Mutter fest anlegen.

Alte Kette abnehmen

Zum fachgerechten Wechsel einer vernieteten Kette braucht man ein Kettentrenn-Vernietwerkzeug (Bilder 4 und 5). Lesen Sie die Gebrauchsanleitung des Werkzeugs, BEVOR Sie anfangen damit zu arbeiten!

■ Man kann die Kette auch trennen, indem man die Kettenlaschen mit einem Winkelschleifer durchflext.

1. Motorrad steht sicher aufgebockt auf Heck- oder Montageständer.

2. Kettenschutz abnehmen. Vordere Ritzelabdeckung abschrauben.

3. Mutter des vorderen Kettenritzels lösen:

3.1. Umgebogene Seite des Sicherungsblechs unter der großen Mutter mit einem kleinen Meißel und sanften Hammerschlägen aufbiegen und so gerade wie möglich zurückbiegen (Bild 20).

3.2. Hinterrad durch Druck auf den Fußbremshebel blockieren.

■ KEINEN Gang einlegen und versuchen, die Ritzelmutter über dem stehenden Motor zu öffnen!

■ Bei Speichenrad: KEINEN Hammerstiel durchschieben, das verbiegt die Speichen!

3.3. Befestigungsmutter öffnen (Bild 21).

■ Zum Öffnen der Ritzelmutter mit einer exakt passenden Sechskantnuss arbeiten. NICHT versuchen, die Ritzelmutter mit einem Gabelschlüssel zu öffnen, denn das geht garantiert schief und man verletzt sich die Hände!

■ Falls sich das Hinterrad mitdreht, also die Bremskraft zum Gegenhalten beim Öffnen der Schraube nicht ausreicht, weil die Mutter extrem fest sitzt, die Kette mit einem dicken Schraubenzieher gegen das Kettenrad blockieren.

3.4. Befestigungsmutter einige Umdrehungen lose drehen, aber noch NICHT abdrehen.

4. Hintere Kettenrad-Befestigungsschrauben/-Muttern um je zwei Umdrehungen öffnen.

5. Kette mit dem Kettenwerkzeug trennen (Bilder 33 bis 37), oder mit dem Winkelschleifer aufflexen und abziehen.

Kettenräder wechseln, neue Kette aufziehen

1. Befestigungsmutter des Kettenritzels ganz abdrehen, Kettenritzel von der Getriebewelle abziehen (Bild 23).

2. Getriebeabtriebswelle mit Bremsenreiniger gut reinigen, Keilnuten mit Fett schmieren (z. B. SHELL Retinax, das ist ein spezielles Fett, das hohen Druck aushält).

3. Neues Ritzel aufschieben. Sicherungsblech aufschieben. Gereinigte und leicht eingefettete Mutter aufdrehen und handfest anziehen.

Kettenrad hinten wechseln

1. Hinterrad ausbauen, Kettenradschrauben ausdrehen bzw. -Muttern abdrehen, altes Kettenrad abnehmen.
2. Anlageflächen gut mit Bremsenreiniger reinigen, neues Kettenrad aufsetzen, Muttern aufdrehen und handfest anziehen.
3. Hinterrad einbauen, Kettenspannschrauben so weit es geht eindrehen und Hinterrad ganz nach vorne schieben.
4. Neue Kette auf die Kettenräder aufziehen.

Federclip-Kettenschloss montieren

1. Kettenschloss mit dem im Kettenkit mitgelieferten, originalen Kettenfett einschmieren (Bild 38).
2. Neue O-Ringe auf die Bolzen aufschieben.
3. Beide Kettenenden mit Kettenschloss verbinden: Kettenschloss von hinten einschieben.
4. Neue O-Ringe aufschieben, so positionieren, dass sie dicht an den Kettenlaschen anliegen.
5. Kettenlasche aufschieben, mit Kettenwerkzeug so weit aufpressen, bis die neue Kettenlasche so weit auf den Bolzen sitzt, dass die Nuten für den Federclip frei sind.
6. Rad so drehen, dass das Kettenschloss auf der hinteren Seite des Kettenblatts ist (Bild 27).
7. Federclip mit der geschlossenen Seite in Drehrichtung der Kette und mit der gewölbten Seite nach außen (Bild 25) auf beide Bolzen des Kettenschlosses aufschieben (Bild 28).
8. Federclip mit einer Zange auf beide Bolzen gleichzeitig aufschieben (Bild 29), es muss fühl- und hörbar klicken.
9. Einen Tropfen Silikondichtmittel zur Sicherung des Federclips auf Federclip und Bolzen des Kettenschlosses geben (Bild 30). Wenn der Tropfen Silikon abgelüftet und fest ist, sichert er den Federclip (Bild 30a).

Nietschloss montieren

1. Nietschloss mit dem im Kettenkit mitgelieferten, originalen Kettenfett einschmieren (Bild 38).
2. Neue O-Ringe auf die Bolzen aufschieben.
3. Nietschloss von hinten in beide Enden der Kette einschieben.
4. Neue O-Ringe aufschieben, so positionieren, dass sie dicht an den Kettenlaschen anliegen.
5. Neue Lasche aufschieben und mit Kettenwerkzeug etwas aufpressen.
■ Die neue Kette sieht jetzt schon fast fertig montiert aus, ist es aber noch nicht!
6. Abstandslehren auf beiden Seite der Kette einstecken (Bild 39): Damit werden die O- oder X-Ringe fixiert und es wird verhindert, dass die Kettenlasche zu weit aufgepresst wird.

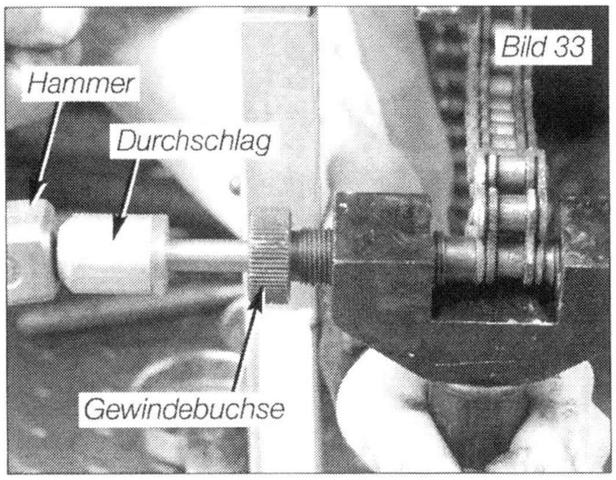

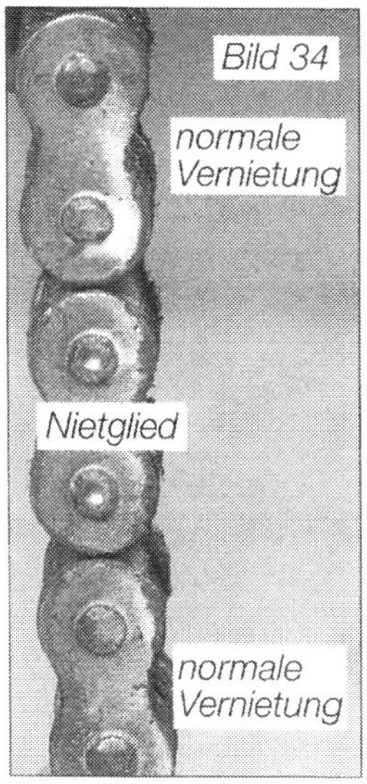

Bilder 33 bis 37: Im Lauftext sind die zu den Bildern gehörenden Arbeitsschritte nummeriert beschrieben.

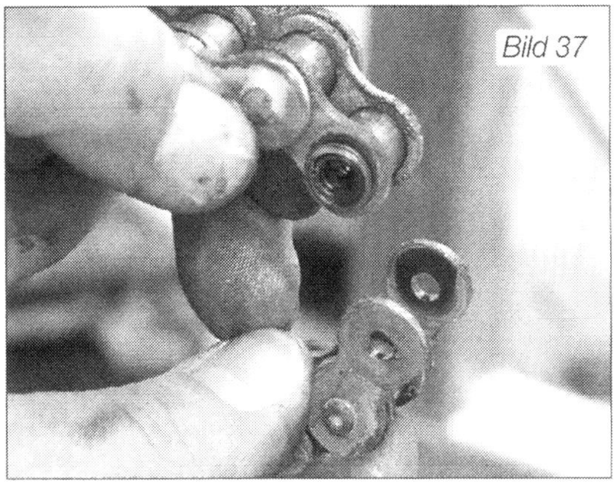

Sichtprüfung | Messen

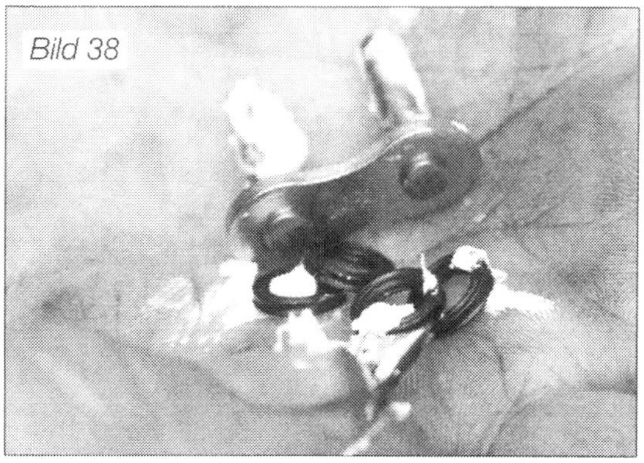
Bild 38

Bild 38: Vor dem Einbau des Kettenschlosses dieses gut einfetten.

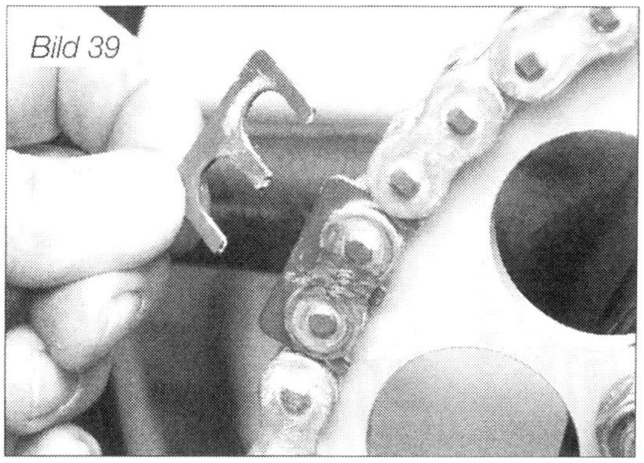
Bild 39

Bild 39: Abstandslehren sorgen beim Aufpressen der Außenlasche für exakten Sitz der O/X-Ringe.

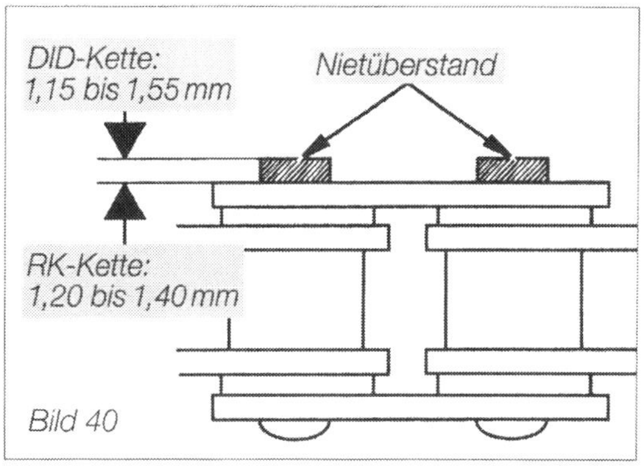

Bild 40

Bild 40: Maßbeispiele für DID- und RK-Ketten, wie weit die äußere Kettenlasche aufgepresst werden darf bzw. wie hoch der Nietüberstand der Bolzen sein muss vor der Vernietung.

Bilder 41 bis 43: Vernieten der Bolzenüberstände.

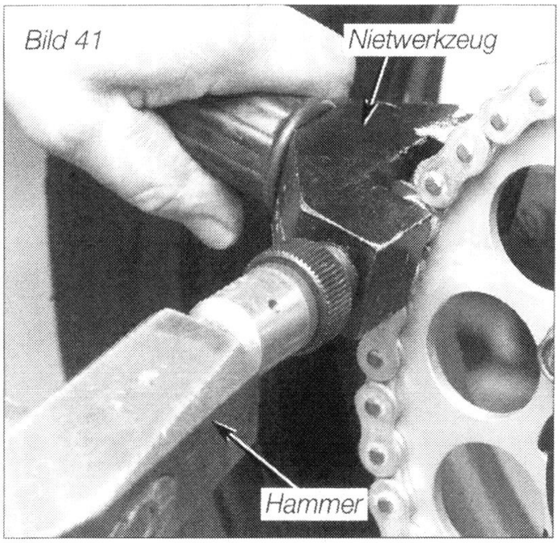

Bild 41

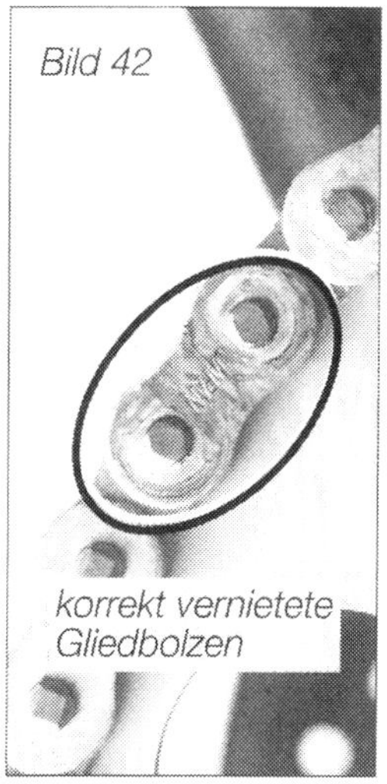

Bild 42

Wichtig: Bei verschiedenen Nachrüstketten ohne beigelegte Abstandslehren ist das exakte Maß für den Überstand der Nietbolzen im Beipackzettel vermerkt (Beispiele siehe Bild 40).

7. Kettenwerkzeug ansetzen, mit Gewindebuchse die Kettenlasche auf beide Bolzen aufpressen, bis sie auf den Abstandslehren anstehen.

8. Mit dem Kettenwerkzeug die Bolzenüberstände vernieten (Bilder 41 bis 44). Abstandslehren herausziehen.

Kettenritzel und Kettenrad festschrauben

1. Kettenspannung einstellen.

2. Muttern auf Kettenritzel und Kettenrad mit dem vorgeschriebenen Anziehdrehmoment festziehen:

- Anziehdrehmomente aus der Betriebsanleitung herauslesen oder beim Markenhändler erfragen.
- Faustformel für M8: 35 bis 50 Nm.
- Faustformel für M10: 50 bis 70 Nm.
- Faustformel für Mutter auf Kettenritzel: 70 bis 90 Nm.

2.1. Sicherungsscheiben am Kettenritzel und den hinteren Schrauben/Muttern der Kettenblattbefestigung gegen eine Fläche der Mutter umbiegen, dass sie satt anliegt (Bild 46).

3. Kettenspannung kontrollieren, ggf. korrigieren.

Kettenräder und -ritzel für ältere Maschinen

Viele Italiener sind ältere Semester, besonders die gehegten und gepflegten Schätzchen wie Ducati und Morini Ein- und Zweizylinder sowie die Laverda Zwei- und Dreizylinder. Dafür gibt es kaum mehr originale Antriebsersatzteile, also Kettenritzel, Kettenräder und Ketten.

Der Enuma-Importeur Reinhard Schüller ist ein alter Ersatzteilprofi, der sogar komplette Kettensätze für klassische Italiener wie bei der im Buch

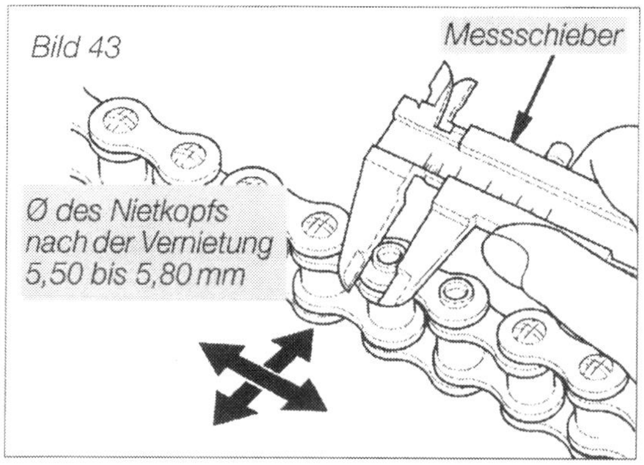

Bild 43

behandelten Ducati 900 SS in neuester Technik auf Lager hat. Sollte es für Ihr Motorrad tatsächlich keine Ritzel, Kettenräder und Ketten mehr geben, bietet Schüller einen Nachbau-Service an, der folgendermaßen funktioniert:

1. Mit genauem Motorradtyp und den abgebauten Kettenritzeln und Kettenrädern zu einem Motorradhändler gehen.
2. Der Motorradhändler sucht im Enuma-/Schüller-Kettenkatalog nach passenden Kettenritzeln und Kettenräder.
3. Falls es diese im Katalog nicht gibt, schickt der Händler Kettenritzel und Kettenrad zu Schüller.
4. Aufgrund der Musterteile ändert Schüller dann entweder Teile aus dem Katalog entsprechend ab oder fertigt mit Rohlingen die Teile mustergetreu nach. Lieferzeit ca. eine Arbeitswoche.
5. Ursprüngliche Stahl-Kettenräder werden von Enuma/Schüller aus hochfestem Aluminium hergestellt. Auf einem Alu-Kettenrad (Bild 24) läuft die Kette weicher ab, das Verschleißverhalten ist sogar besser als bei Stahl.
■ Ein aus Alu nach Muster hergestelltes Kettenrad kostet zwischen 50 und 80 Euro, ein Kettenritzel zwischen 25 und 40 Euro.
Wichtig: Enuma/Schüller liefert nur über Händler aus, also nicht direkt an Privatkunden. Entweder Sie suchen sich den nächsten Enuma-Händler in Ihrer Nähe über die Homepage *www.enuma.de* (in Deutschland und Österreich gibt es rund 1500 Enuma-Händler). Wenn Sie keinen Enuma/Schüller-Händler in Ihrer Nähe finden, können Sie auch zu einem anderen x-beliebigen Motorradhändler gehen, der wird von Enuma/Schüller ebenfalls beliefert.

Tipps für Kettenritzel und -räder:
1. Wenn das serienmäßige Kettenritzel einen Bund hat an der Innen- oder Außenseite oder gar an beiden Seiten, dann muss auch das Ersatzritzel mit Bund ausgestattet sein, sonst stimmt die Kettenflucht nicht (Bild 24).
2. Bei der Montage eines neuen Kettenritzels möglichst eine neue Sicherungsscheibe verwenden. Wenn keine zur Hand ist, kann man die alte mit dem Hammer vorsichtig platt klopfen und ein zweites Mal verwenden.
3. Wenn gar keine Sicherungsscheibe aufzutreiben ist, kann man auch einen Tropfen Loctite »mittelfest« in das Gewinde der Mutter geben.
4. Wenn die serienmäßige Ritzelmutter mit einem Innenbund (»Ausdrehung«) ausgestattet ist, hat das seinen guten Grund, weil die Mutter über der Verzahnung der Getriebeabtriebswelle festgezogen wird. KEINE Mutter ohne Bund verwenden, sonst steht diese an der Verzahnung auf und das Ritzel kann nicht ordentlich festgezogen werden.
5. Schrauben/Muttern der Kettenradbefestigung dann lösen bzw. festziehen, wenn das Hinterrad eingebaut ist (Bild 45).
6. Schrauben/Muttern der Kettenradbefestigung nicht zu stark festziehen, denn die Gewinde bzw. Stehbolzen kommen gerne aus dem Alu heraus! (Bild 45).
■ Wenn eines der Gewinde anfängt »weich« zu werden, sofort mit »HeliCoil« reparieren (siehe dazu Kapitel 5 »Richtig schrauben«).

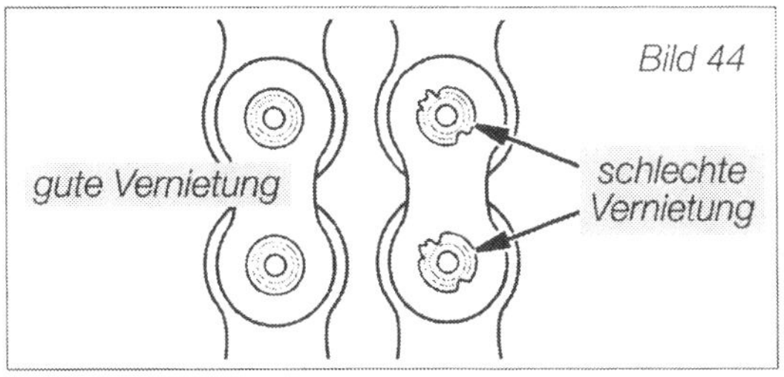

Bild 44: Auf gute Vernietung achten.

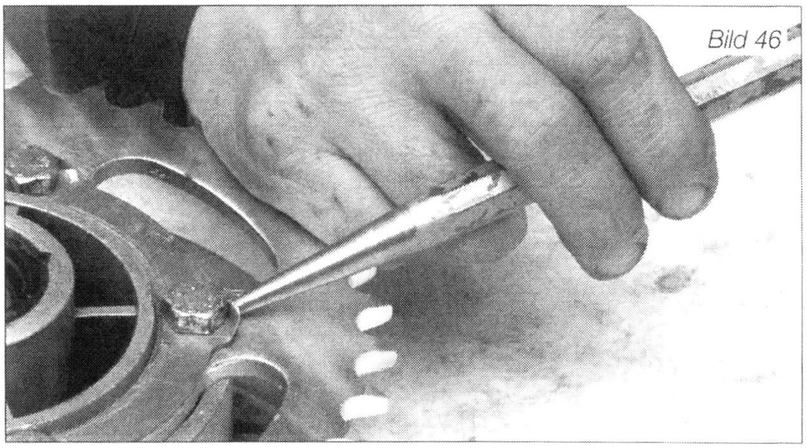

Bilder 45 und 46: Kettenrad-Befestigungsschrauben oder Muttern sorgfältig festziehen. Sicherungsblech umbiegen.

Vergaser · Tank

In diesem Kapitel: Vergaserfunktion · Vergaser ausbauen, zerlegen, reinigen, kontrollieren, zusammenbauen · Ansaugstutzen, Klemmschellen · Vergaser einstellen · Benzinhahn und Benzinfilter · Luftfilter reinigen · Vergaser tunen? · Tank reinigen.

Vergaserfunktion

Im Vergaser werden der zugelaufene Treibstoff und die angesaugte Luft zu einem zündfähigen Gemisch vermengt. In allen Öffnungsbereichen des Gasschiebers sollen Treibstoff und Luft auf den stöchiometrisch optimalen Wert von 1:14,7 vermischt werden: 1 Kilogramm Treibstoff auf 14,7 Kilogramm Luft (1 Liter Kraftstoff auf 9500 Liter Luft) bringt optimale Verbrennung.

In gewissen Leistungsbereichen des Motors muss das Gemisch jedoch etwas »fetter« sein, also mehr Treibstoff mit weniger Luft vermengt werden. Dies ist z. B. beim Beschleunigen der Fall, damit zur plötzlich vermehrt angesaugten Luftmenge auch die richtige Überdosis Treibstoff kommt (ca. 1 kg Treibstoff auf 14 kg Luft). Deswegen sind große Vergaser, wie z. B. die 40er-Dellortos an unserer Ducati 900 SS mit Beschleunigerpumpen bestückt: Beim Aufziehen der Gasschieber wird durch einen Hebel, der in einer schrägen Ebene des Gasschiebers läuft, ein Kolben betätigt und zusätzlicher Kraftstoff eingespritzt (»Beschleunigerpumpe«).

■ Zu fett darf das Gemisch jedoch auch nicht sein, sonst reicht die Zündenergie nicht aus, um das zu fette Gemisch zur Explosion und zur vollständigen Verbrennung zu bringen: Der Motor »säuft ab« (z. B. bei 1 kg Treibstoff auf 13 kg Luft).
■ Ist das Gemisch hingegen zu mager, dann zündet und verbrennt das Gemisch ebenfalls nur unzureichend, der Motor »verhungert« beim Gas geben (z. B. bei 1 kg Treibstoff auf 16 kg Luft).

Bild 1: Wirkung der verschiedenen Vergaserbauteile bei entsprechender Gasschieberöffnung.

Bild 1

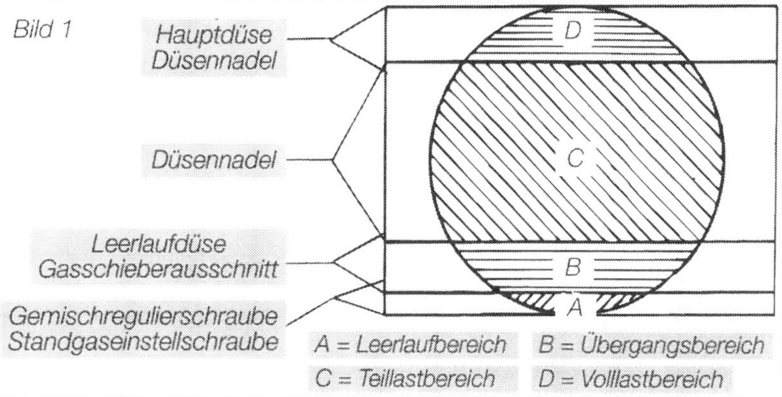

Im Schaubild 1 ist dargestellt, wie die verschiedenen Bereiche im Vergaser bei welcher Gasschieberöffnung wirken. Jetzt müsste klar sein, warum alle Bauteile im Vergaser sorgsam auf den Motor abgestimmt sein müssen, und wenn nur ein Bauteil nicht richtig eingestellt oder auch nur eine Düse verdreckt ist, bricht die Funktion des Vergasers in sich zusammen.

Wenn der Motor Probleme macht, die auf den Vergaser zurückzuführen sind, ist es ratsam, diesen komplett abzunehmen, um ihn auf der Werkbank (oder auf einer sauberen Arbeitsplatte) zu zerlegen, zu reinigen und zusammenzubauen.

■ Wenn der Vergaser überläuft, sollte man zuerst die Schwimmerkammer abnehmen und nachsehen, was los ist: Meist klemmt das Schwimmerventil (»Schwimmernadel«) durch Dreck, der bei abgenommener Schwimmerkammer sichtbar wird.
■ Wenn Dreck in der Schwimmerkammer sitzt, ist dieser auch meistens schon in die Düsen gelangt. Eine »verstopfte Düse« muss nicht total zugestopft sein, sondern es genügt, wenn kleinste Schmutzpartikel so in der Düse sitzen, dass nur ein Teil ihres Querschnitts frei gegeben wird.

Vergaser reinigen

Falls der Motor immer wieder hustet und spuckt und der Verdacht auf eine Verstopfung oder Verkrustung der Vergaserdüsen fällt, zuerst eine Flasche Kraftstoffsystemreiniger wie beispielsweise »Fuel Guard« besorgen und zum Benzin in den Tank schütten. Das Zeug ist zwar biologisch nicht ganz einwandfrei, aber äußerst wirkungsvoll, denn es reinigt blitzschnell Tank, Benzinleitungen und Vergaserbauteile und sorgt auch für eine Reinigung des Brennraumes von Verbrennungsrückständen (Ölkohle). »Fuel Guard« ist erhältlich bei *www.mobil-tech.de* und im Fachhandel.

Benzin aus Schwimmerkammer ablassen
Wenn man unterwegs auf Tour bei einem Vergaserproblem keine Zeit (oder Möglichkeit) hat, den Vergaser abzubauen und zu zerlegen, dann kann es schon etwas nutzen, wenn man die Ablassschraube an der Schwimmerkammer ausdreht und das Benzin ablässt, damit der Dreck mit herausgespült wird.

1. Motor abstellen, Benzinhahn zu.
2. Sauberes Gefäß unter die Ablassöffnung unterstellen, Schraube öffnen, Inhalt ablaufen lassen.
2.1. Nachsehen, ob sich Dreck darin befindet.
3. Benzinhahn öffnen und Schwimmerkammer mit dem nachlaufenden Benzin durchspülen.
■ Nachsehen, ob sich Dreck darin befindet.
4. Bei italienischen Vergasern kann man nach Ausbau der großen Zentralmutter unten an der Schwimmerkammer auch die Schwimmerkammer selbst abbauen. Doch Vorsicht: Der in die Nut der Schwimmerkammer eingesetzte O-Ring ist sehr dünn und zerreißt gerne beim Abnehmen der Schwimmerkammer, deswegen auf Tour unterwegs diese lieber im Einbauzustand lassen, wenn der Dreck durch das nachlaufende Benzin herausgespült wurde!

Vergaser ausbauen
1. Verbindungsstutzen zwischen Vergaser und Luftfiltergehäuse voneinander trennen. Klemmschelle am Ansaugstutzen lösen, Vergaser etwas verdrehen, aber noch nicht abnehmen!
2. Benzinschläuche und alle Ent- bzw. Belüftungsschläuche abziehen.
■ Klemmschelle vor Abziehen des Schlauchs mit einer Zange an den Enden zusammendrücken und nach oben von der Klemmstelle abziehen, dann erst lässt sich der Schlauch abziehen.
3. Gaszug aushängen:
■ Gasschieberdeckel oben auf dem Vergaser komplett abschrauben.
■ Gasschieber (Bild 2) fest in die eine Hand nehmen, mit der anderen Hand den Vergaserdeckel und die Gasschieberfeder gegen die Federkraft in den Gasschieber drücken und gleichzeitig den Bowdenzug aus dem Gasschieber aushängen.
4. Wenn ein seilzugbetätigter Choke montiert ist: Chokeventil ausdrehen: Überwurfmutter öffnen, gegen den Federdruck ausdrehen, Chokekolben herausziehen.
5. Vergaser vom Ansaugstutzen abziehen.

Vergaser zerlegen
Bitte nehmen Sie sich die Bilder 4 bis 9 zu Hilfe.
1. Befestigungsschraube(n) bzw. Haltemutter der Schwimmerkammer ausdrehen, Schwimmerkammer abnehmen.
■ Meistens ist die Dichtung zwischen Schwimmerkammer und Vergaser verklebt: Mit dem Griff eines mittelgroßen Schraubenziehers leicht auf die Schwimmerkammer klopfen und die Verklebung damit lösen.

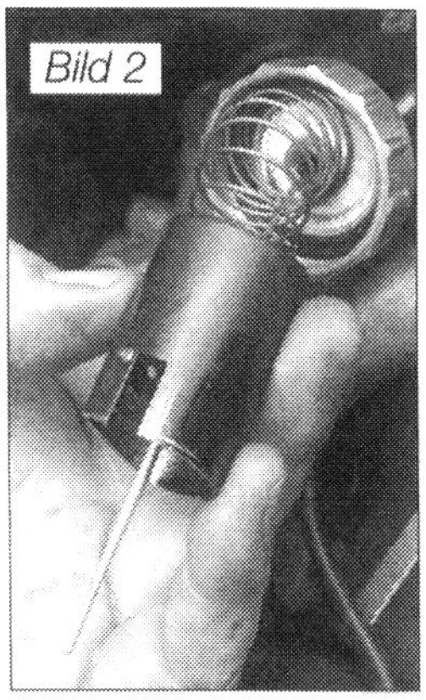

Bild 2: Ausgezogener Gasschieber.

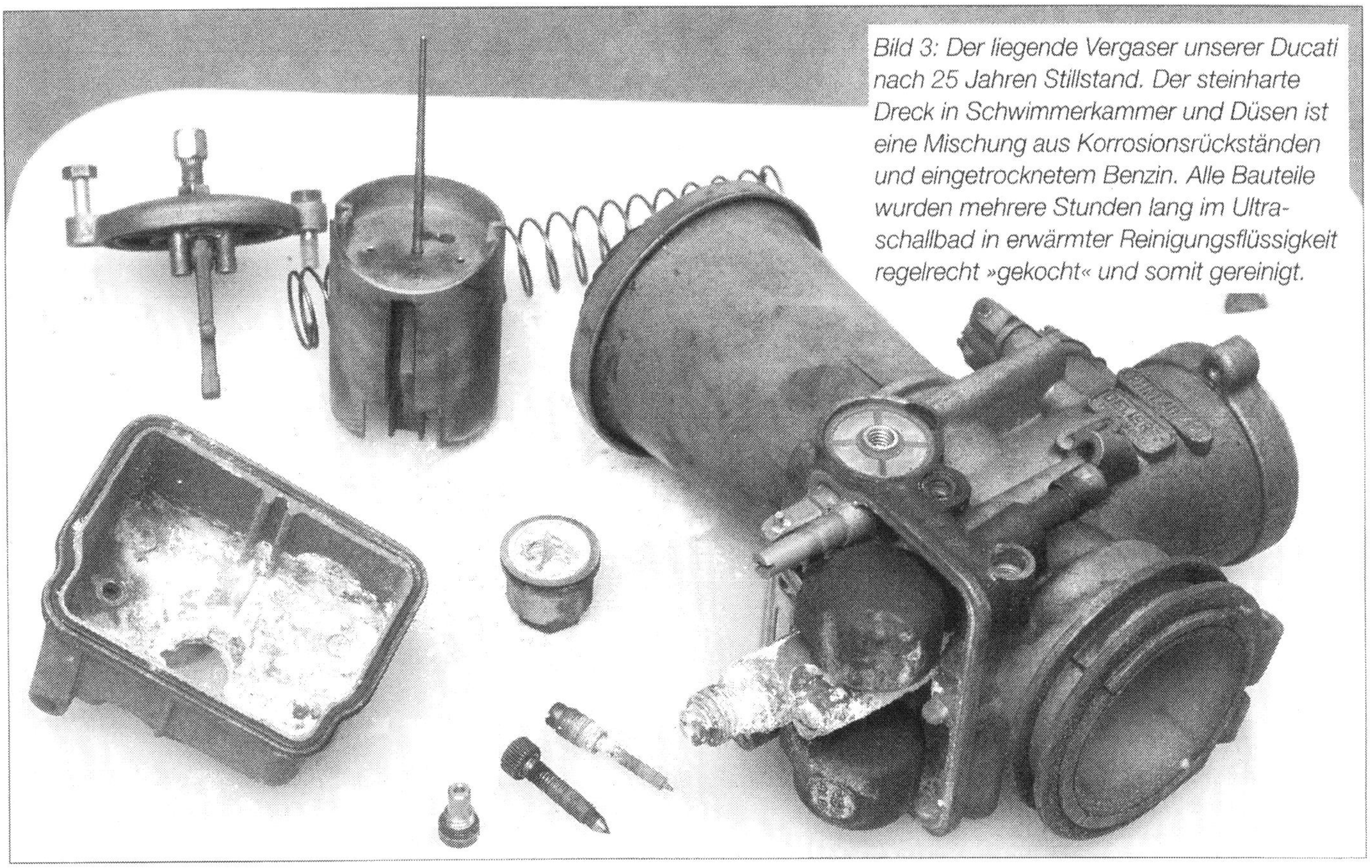

Bild 3: Der liegende Vergaser unserer Ducati nach 25 Jahren Stillstand. Der steinharte Dreck in Schwimmerkammer und Düsen ist eine Mischung aus Korrosionsrückständen und eingetrocknetem Benzin. Alle Bauteile wurden mehrere Stunden lang im Ultraschallbad in erwärmter Reinigungsflüssigkeit regelrecht »gekocht« und somit gereinigt.

Bilder 4 bis 9: Im Lauftext sind die zu den Bildern gehörenden Arbeitsschritte nummeriert beschrieben.

Bild 4:

Bild 8

Bild 5

Bild 6

Bild 7

Bild 9

2. Halteachse des Schwimmers mit einer Zange herausziehen (Bild 5) oder mit einem kleinen Splintdurchtreiber und sanften Hammerschlägen vorsichtig (ganz vorsichtig!) aus seinem Presssitz im Sockel lösen und ausziehen, Schwimmer mit anhängendem Schwimmerventil herausnehmen.
■ Merken, von welcher Seite die Halteachse eingesteckt war, beim Einbau von dieser (losen) Seite her auch wieder einstecken.
3. Hauptdüse, Nadeldüse, Düsenstock und Leerlaufdüse (Bild 6) herausdrehen bzw. ausziehen.
4. Gemischregulierschraube und Gasschieberanschlagschraube ausdrehen.
■ Wenn ein O-Ring eingesetzt ist: Mit einer feinen Reißnadel lösen und herausziehen (Bild 7). Beim Zusammenbau neuen O-Ring einsetzen!
5. Beschleunigerpumpe ausbauen: Pumpendeckel abschrauben, Membrane VORSICHTIG ablösen (Bild 8) und mit dem daran befestigten Kolben herausziehen.

Vergaser reinigen und kontrollieren
1. Gasschiebergehäuse und alle Bohrungen mit Vergaserreiniger säubern und mit Druckluft durchblasen.
■ Noch besser ist es, den zerlegten Vergaser inklusive aller Düsen in einem Ultraschallbad zu reinigen (Bild 13). Dies garantiert, dass alle Kanäle und Düsen frei werden von Ablagerungen. Jeder ordentliche Händler hat ein Ultraschallbad; eine Vergaserreinigung kostet um die 50 Euro.
2. Gasschieberfeder prüfen: Ist sie geschwächt (»ausgeleiert«), verzogen, beschädigt? Falls defekt, austauschen.
3. Oberfläche des Gasschiebers auf Sauberkeit, Riefen und raue Stellen kontrollieren. Gasschieber mit Vergaserreiniger reinigen. Falls aufgeworfene oder glänzende »Fressstellen« festgestellt werden, diese mit feinem Schleifpapier glätten.
4. Wenn vertrocknete Benzinrückstände an der Düsennadel haften (Bild 12), diese NICHT mit harten Gegenständen abkratzen oder mit einer Feile drangehen, sondern nur den Fingernagel dazu nehmen. Düsennadel dabei nicht verbiegen!
5. Chokekolben kontrollieren: Kolben sauber und unbeschädigt, vordere Dichtfläche beschädigt oder eingedrückt, Feder krumm oder gebrochen? Defekte Teile austauschen.
6. Schwimmer auf Risse und andere Beschädigungen überprüfen. In ein Gefäß mit Sprit legen: Wenn der Schwimmer einen Riss hat, zieht er sich mit Sprit voll und geht unter. Herausnehmen und schütteln, man hört den Sprit im Schwimmer gluckern.
7. Spitze der Schwimmernadel (Bild 10) und Sitz (Bild 11) mit Lupe überprüfen, alles muss glatt sein wie ein Kinderpopo! Jede noch so geringe Narbe, Druckstelle oder Vertiefung in der Spitze der Schwimmernadel oder im Nadelsitz macht das Schwimmerventil undicht. Wenn dem so ist: Neues Schwimmerventil einbauen.
8. Alte O-Ringe herausziehen und ihre Sitzbohrungen reinigen.

Vergaser zusammenbauen
Der Zusammenbau des Vergasers geschieht umgekehrt zur Zerlegung. Dabei besonders beachten:
1. Neue O-Ringe einbauen. Sie sind im »Vergaser-Dichtungskit« enthalten, den jeder ordentliche Italiener-Händler griffbereit auf Lager hat!
2. Schwimmerstand überprüfen:
2.1. Schwimmer samt Schwimmerventil einbauen, Vergaser auf den Kopf stellen: Das Schwimmerventil ist jetzt ZU.

Bild 10
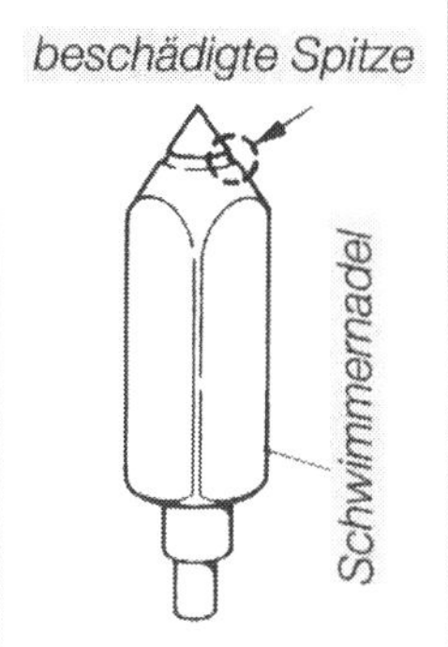

Bild 11
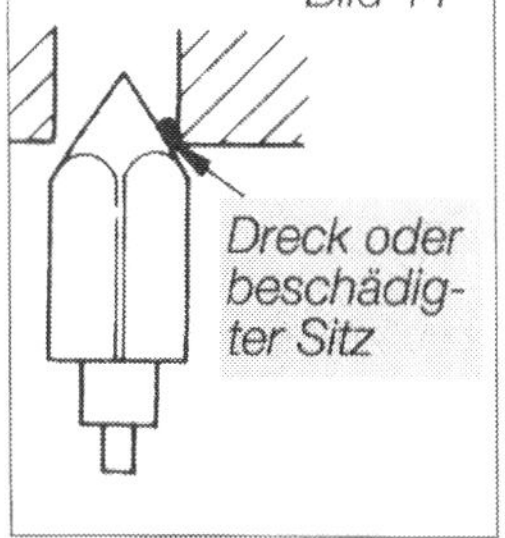

Bild 12
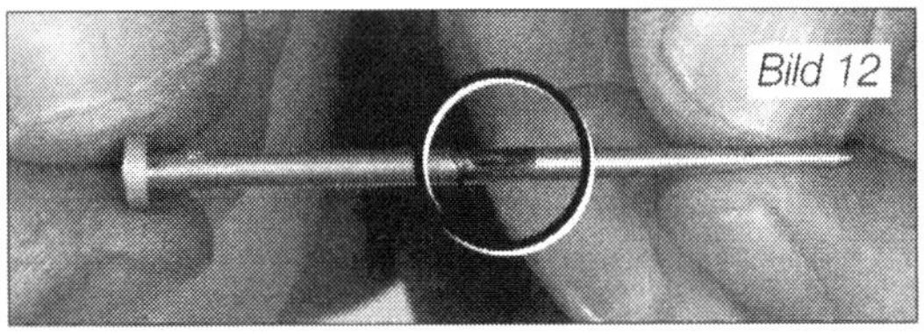

Bild 13

Bild 14
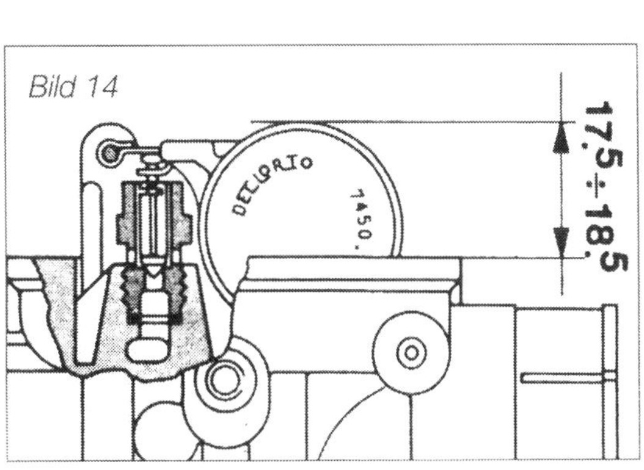

Bilder 10 bis 14: Im Lauftext sind die zu den Bildern gehörenden Arbeitsschritte nummeriert beschrieben.

2.2. Maß nehmen von der Oberseite des Schwimmers zur Dichtkante am Vergaser (Bild 14). Der Schwimmerstand ist sehr wichtig für die einwandfreie Funktion des Vergasers: Ist er zu hoch oder zu niedrig, läuft der Motor entweder zu fett oder zu mager!

▪ Die Maße sind von Vergaser zu Vergaser, von Modell zu Modell verschieden: Händler fragen, der muss es wissen, er hat die technischen Fahrzeugunterlagen.

3. Düsen in die dafür vorgesehenen Bohrungen eindrehen, nicht zu fest anziehen.

4. Die dicken Gasschieber der 40er-Dellortos (Bild 15) sehen schon nach knapp 20 000 km zum Fürchten aus, weil die Unterkante durch den Anschlag am Konus der Einstellschraube ziemlich tief eingeschlagen ist (Kreis in Bild 15) und sich das Standgas nicht mehr exakt einstellen lässt. Neue Schieber sind eine gute Investition.

▪ **Trick:** Man kann die Gasschieber einmal gegeneinander tauschen, dann schlagen die noch unbeschädigten gegenüberliegenden Kanten am Konus der Standgas-Einstellschrauben an!

5. Kolben der Beschleunigerpumpe einbauen. Die Membrane darf weder hart noch verformt oder rissig sein. Im Zweifelsfall neue Kolben mit Membranen einbauen, sonst »verschluckt« sich der Motor später beim Gas geben furchtbar!

6. Beim Anbau der Vergaser beachten:

▪ Benzin- und Entlüftungsschläuche sauber aufstecken, Klemmschellen anbringen.

▪ KEIN Schlauch darf geknickt sein!

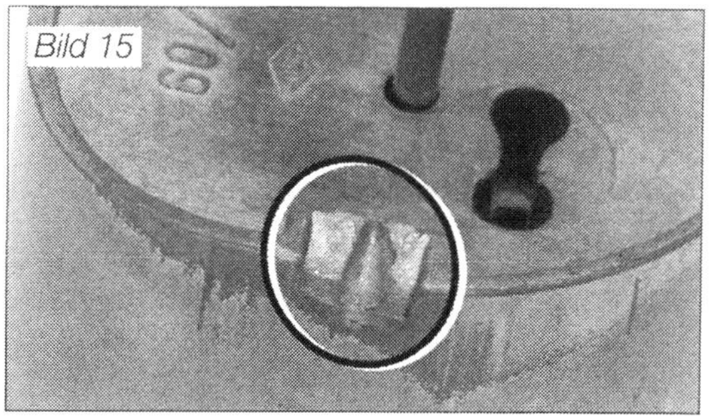

Bild 15: Verschlissene Kante am Gasschieber.

Ansaugstutzen, Klemmschellen

Gummi-Ansaugstutzen oder Gummi-Flanschdichtungen älterer Maschinen sind oft porös oder rissig. Bei laufendem Motor gehen die Risse durch die Vibrationen auf, es wird Falschluft angesaugt und das Gemisch magert ab; Kolbenklemmer oder ein Loch im Kolben sind die Folge.

Risse im Ansaugstutzen sieht man nicht auf den ersten Blick (Bild 16), deswegen vor dem Anbau des Vergasers den Ansaugstutzen etwas umwalzen: Wenn er rissig ist, gehen die Risse jetzt auf (Bild 17). Unbedingt Neuteile einbauen!

Klemmschellen: Für die Klemmstellen der Vergaser in den Ansaugstutzen nur spezielle Vergaser-Klemmschellen (Bild 18) verwenden. Wenn Wasserschlauchschellen (oder gar solche aus dem Baumarkt!) verwendet werden, dann drückt sich der Ansaugstutzen beim Anziehen der Schraube teilweise vom Vergaserstutzen weg, womit Falschluftansaugung garantiert ist.

Die kleinen Drahtklemmschellen der Schläuche (Bilder 19 und 20) sind wichtig zur Sicherung von Benzin- und Entlüftungsschläuchen. An den Enden zusammendrücken und von der Klemmschelle abziehen, dann erst den Schlauch vom Stutzen abziehen (bei der Montage umgekehrt).

Wenn eine Drahtschelle mit Schraube angebracht ist (in Bild 19 ganz rechts), die Schraube nicht zu stark anziehen, sonst schneidet der Draht den Schlauch durch.

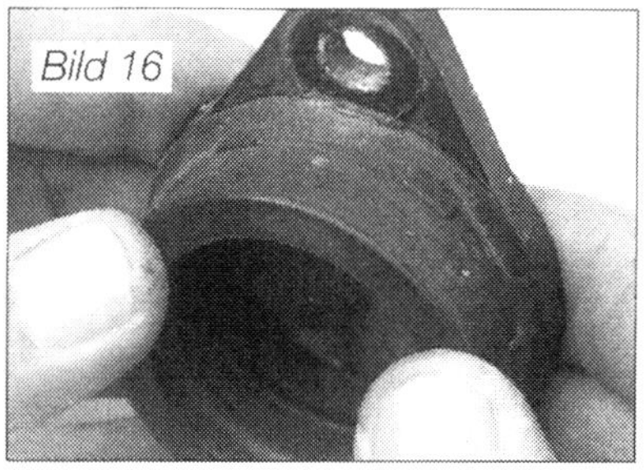

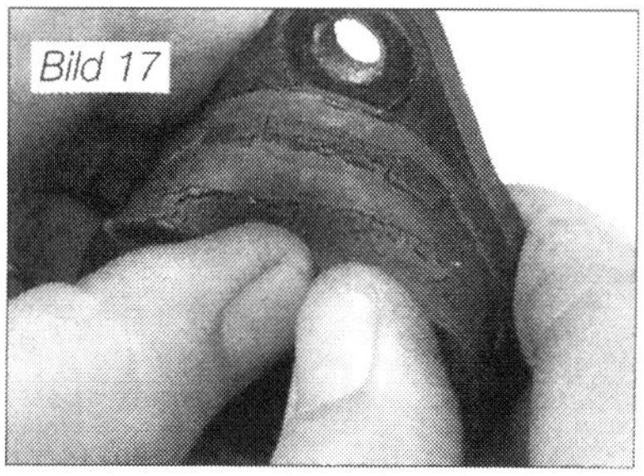

Bilder 16 und 17: Entdeckung eines porösen Ansaugstutzens.

Bilder 18 bis 20: Verschiedene Klemm- und Drahtschellen.

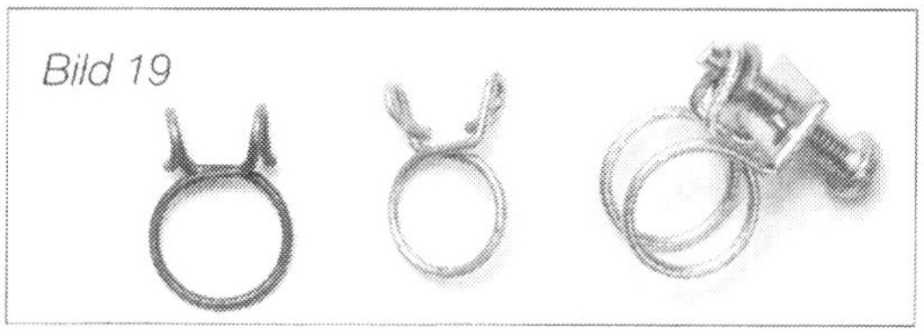

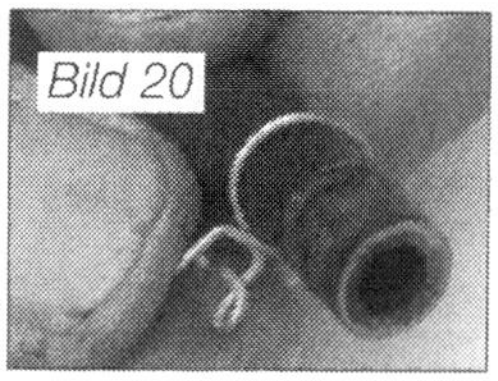

Vergaser einstellen

Eine Synchronisation der Vergaser mit einem Unterdruck-Messgerät bei laufendem Motor ist die beste Prüfung. Doch wenn man ein solches Gerät nicht hat, kann man die Vergaser mit einfachen Hilfsmitteln einstellen.

Gleichlauf der Gasschieber einstellen
Bei einem Mehrzylindermotor müssen alle Gasschieber gleichmäßig öffnen, das ist eine wichtige Voraussetzung für sauberen Motorlauf, guten Durchzug und beste Gasannahme. Zu nachfolgender Einstellung läuft der Motor nicht.
1. Lufttrichter abnehmen bzw. Schlauch zwischen Vergaser und Luftfilterkasten abziehen.
2. In einen Vergaser reinschauen, Gasschieber über den Gasdrehgriff so weit öffnen, bis seine hintere Kante mit der Oberkante des Durchlasses bündig ist. Gasgriff in dieser Stellung festhalten.
3. In den anderen Vergaser mit einem Finger reingreifen und prüfen, ob dessen Gasschieber in der gleichen Stellung ist.
3.1. Falls nicht, die Gaszug-Einstellschraube oben im Vergaserdeckel (Bild 21 a) entsprechend ein- oder ausdrehen und kontern.

Öffnung im Teillastbereich prüfen (Motor läuft hierbei ebenfalls nicht)
1. Gasschieber über den Gasgriff ungefähr zur Hälfte öffnen (Bild 22).
2. Gasgriff in dieser Stellung mit einem Gummispannband blockieren (Bild 23).
3. Mit einem flachen (ca. 30 Grad), schmalen Dreieck senkrecht in den Vergaser einfahren, bis es den Gasschieber an seiner Unterkante berührt (Bild 24). Markierung anbringen.
4. Dreieck in den anderen Vergaser einschieben: Es muss sich exakt so weit einschieben lassen wie beim ersten Vergaser.

Standgas einstellen
Motor starten und rund zehn Kilometer warm fahren. Oder einige Minuten warm laufen lassen, bis das Motoröl mindestens 80 °C hat. Falls das Standgas noch nicht eingestellt ist, den Motor mit rhythmischen Gasstößen am Leben halten.
1. Gasschieber-Anschlagschrauben beider Vergaser so weit ein- bzw. ausdrehen, dass der Motor mit leicht erhöhter Leerlaufdrehzahl läuft (1500 bis 1700/min).
■ Darauf achten, dass der Gaszug mindestens 0,6 bis 1,0 mm Spiel behält.
2. Gemischregulierschraube: Standardmäßig ist sie 1 1/2 Umdrehungen ausgedreht. Schon

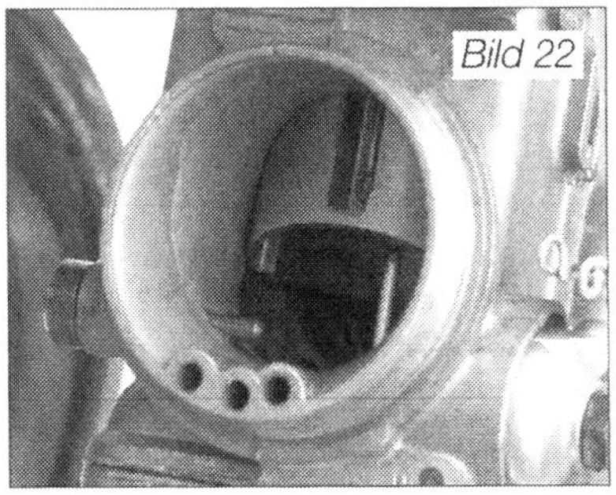

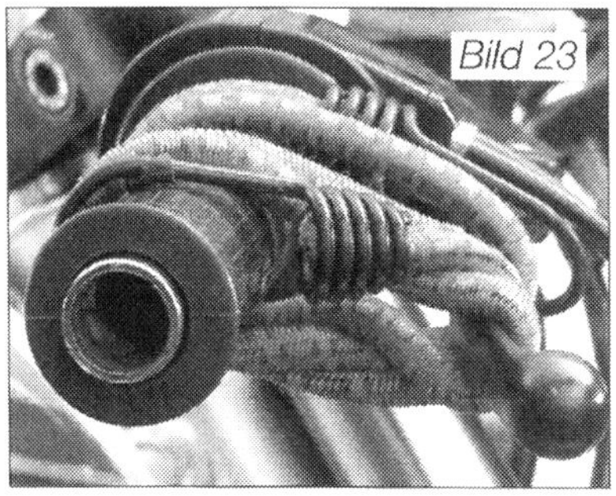

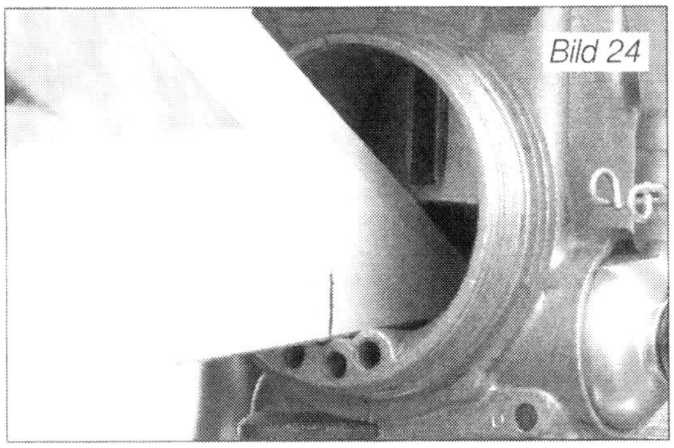

Bilder 21 bis 24: Die Vergaser an Mehrzylindermotoren müssen unbedingt gleich laufen bzw. exakt miteinander öffnen. Die Einstellung des Gasschieber-Gleichlaufs geschieht über die Gaszug-Einstellschrauben.

Sichtprüfung Messen

eine 1/8- bis 1/4-Umdrehung mehr ein- oder ausgedreht beeinflusst das Ansprechverhalten des Motors aus dem Standgas heraus.

■ Einen Vergaser nach dem anderen einstellen.

2.1. Aus dem Standgas heraus kurz und kräftig Gas geben:

■ Raucht der Motor beim Gas geben stark aus dem Auspuff und dreht nur zäh hoch, ist das Gemisch zu fett: Gemischregulierschraube um 1/8 bis 1/4 Umdrehung EINdrehen (Bild 21).

■ Stirbt der Motor ab oder dreht nur sehr zäh hoch, ist das Gemisch zu mager: Gemischregulierschraube 1/8 bis 1/4 Umdrehung AUSdrehen.

3. Standgas korrekt einstellen:

3.1. Gasschieber-Anschlagschraube eines Vergasers langsam so weit AUSdrehen, bis der Motor in der Drehzahl abfällt.

3.2. Gasschieber-Anschlagschraube am zweiten Vergaser langsam so weit AUSdrehen, bis der Motor in der Drehzahl abfällt.

3.3. Wenn der Motor jetzt ruhig und gleichmäßig »rund« läuft: Beide Hände im Respektsabstand hinter die Auspufföffnungen halten und fühlen, ob die Abgase mit gleichmäßigem Druck ausgestoßen werden.

Benzinhahn und Benzinfilter

Der Benzinhahn am Tank der meisten älteren Italiener ist ein manuell zu bedienendes Bauteil mit den Positionen »ON« (auf), »OFF« (zu) und »RES« (Reserve). Dabei geschieht die Kraftstoffzufuhr zum Vergaser durch einfaches Ablaufen des Benzins, weil der Tank höher angeordnet ist als der Vergaser. Im Benzinhahn ist ein Filter eingesetzt, der verhindert, dass Verunreinigungen aus dem Tank in den Vergaser gelangen. Der Benzinfilter im Benzinhahn sollte bei jeder Inspektion gereinigt werden, zweckmäßigerweise dann, wenn der Tank zu anderen Wartungsarbeiten abgebaut ist:

Bild 25: Zerlegter Benzinhahn.

Bild 25

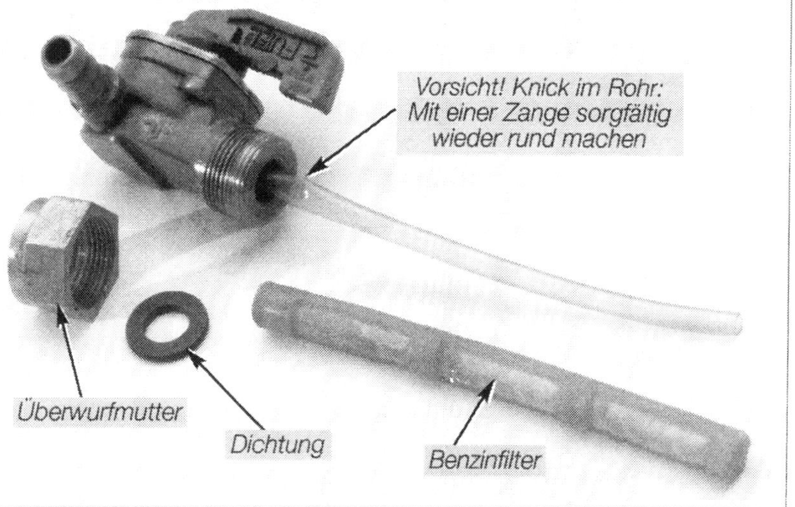

1. Benzin aus dem Tank komplett ablassen: Benzinschlauch am Vergaser abziehen, mit einem anderen Schlauch verlängern und in ein geeignetes Gefäß (Benzinkanister) einführen. Benzinhahn abschrauben und herausziehen.

2. Benzinfilter im Benzinhahn vorsichtig reinigen, denn er besteht meist aus einem feinen Nylon- oder Metall-Rohrsieb, das weder hart angepackt noch mit harter Druckluft ausgeblasen werden darf. Es ist meist eingeschraubt, seltener einfach nur eingesteckt.

3. Achten Sie auch darauf, dass das in den Tank ragende Abflussrohr keinen Knick hat (siehe dazu Bild 25). Wenn es geknickt ist, mit einer Zange vorsichtig in Form bringen.

4. Beim Einbau des Benzinhahns auf unbeschädigte Dichtung achten.

5. Der Benzinhahn ist meist mit einer Überwurfmutter am Tank befestigt, die innen ein Rechts- und ein Linksgewinde hat: Beim Festziehen der Überwurfmutter den Benzinhahn mit der Hand in der gewünschten Einbaustellung gegenhalten, Überwurfmutter gut handfest anziehen.

Luftfilter

Ältere italienische Motorräder werden meist mit offenen Vergasern gefahren, weil die Konstrukteure wie Taglioni & Co. mehr Wert auf Leistung legten als auf Verschleißfestigkeit der Motorinnereien. Auch ist das Ansauggeräusch gar so schön, wenn der Motor im Leerlauf schnüffelt und beim Gas geben so herrlich gurgelt!

Falls Ihr Motorrad mit einem Luftfilter ausgerüstet ist, sollte dieser spätestens alle 5000 km gereinigt und bei Bedarf erneuert werden. Bei Fahrten durch staubige Gebiete oder Nässe muss er öfter gereinigt werden.

■ **Trockenluftfilter:** Durch vorsichtiges Abklopfen von grobem Schmutz und Staub reinigen. Man kann den Dreck auch mit einem Staubsauger absaugen, Saugleistung auf »Minimum« einstellen, sonst zerrreißt das Filterpapier.

■ **Nassluftfilter:** Besteht aus einem Stück grobporigem, leicht eingeöltem Schaumstoff, das entweder über ein Kunststoffgitter gezogen ist oder in einem solchen sitzt und dadurch seine Passform erhält. Ein Nassluftfilter hält praktisch

Bild 26

Die Bauteile eines Dellorto-Vergasers

1 Beschleunigerpumpenventil mit O-Ring
2 O-Ring für Pumpendüse
3 Pumpendüse
4 Düsenhalter
5 Dichtring
6 Standgasschraube
7 Feder für Standgasschraube
8 Unterlegscheibe
9 O-Ring
10 Gemischregulierschraube
11 Feder für Gemischregulierschraube
12 Unterlegscheibe
13 O-Ring
14 Tupfer
15 Feder für Tupfer
16 Sicherungsring
17 Beschleunigerpumpenhebel
18 Feder für Beschleunigerpumpenhebel
19 Haltestift für Beschleunigerpumpenhebel
20 Schraube für Gasschieberdeckel
21 Gummikappe
22 Einstellschraube für Gaszug
23 Kontermutter
24 Gasschieberdeckel
25 Gasschieberfeder
26 Federclip für Düsennadel
27 O-Ring für Gasschieberdeckel
28 Hauptdüsennadel
29 Gasschieber
30 Mutter
31 Klemmschelle
32 Klemmschraube
33 Isolierhülse
34 Benzinfilter
35 Benzinzulaufdeckel
36 Schraube für Deckel
37 Ansaugventil
38 Leerlaufdüse
39 Dichtung für Schwimmerventil
40 Schwimmerventil
41 Schwimmer
42 Schwimmerachse
43 O-Ring für Schwimmerkammer

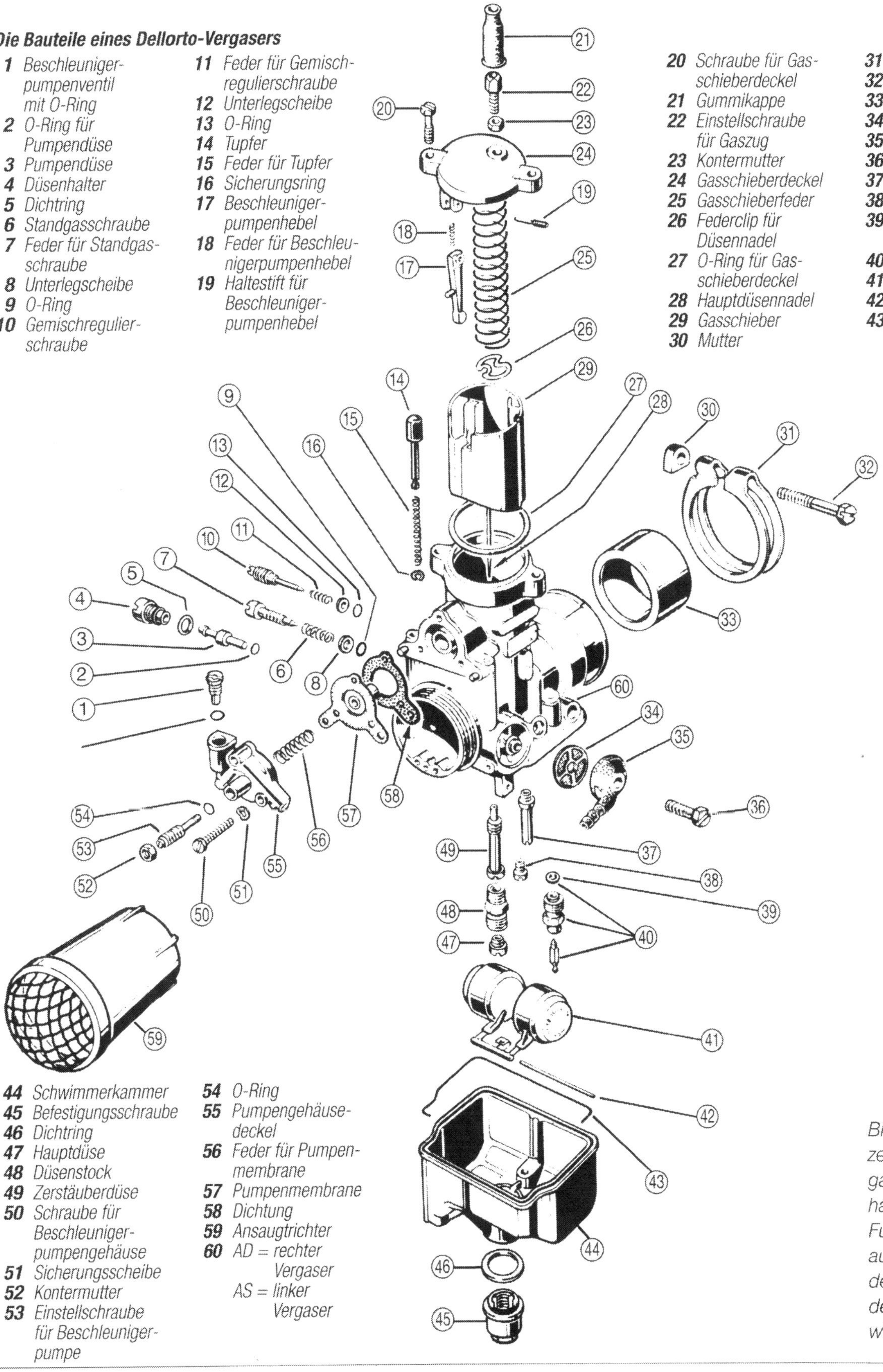

44 Schwimmerkammer
45 Befestigungsschraube
46 Dichtring
47 Hauptdüse
48 Düsenstock
49 Zerstäuberdüse
50 Schraube für Beschleunigerpumpengehäuse
51 Sicherungsscheibe
52 Kontermutter
53 Einstellschraube für Beschleunigerpumpe
54 O-Ring
55 Pumpengehäusedeckel
56 Feder für Pumpenmembrane
57 Pumpenmembrane
58 Dichtung
59 Ansaugtrichter
60 AD = rechter Vergaser
AS = linker Vergaser

Bild 26: Explosionszeichnung eines Vergasers. Jedes Bauteil hat eine bestimmte Funktion, und wenn auch nur ein O-Ring defekt ist, funktioniert der Vergaser nicht wie er soll.

ewig und kann einfach gereinigt werden.
Beim Ausbau des Luftfilters auf die Kantendichtung zwischen Luftfiltergehäuse und Deckel achten, sie klebt meist fest: Vorsichtig abnehmen, damit sie nicht zerreißt.

■ Luftfilter und Luftfilterkasten dürfen nicht verbogen, verzogen oder aufgerissen sein.

■ Verbindungsstutzen und Anschlüsse von Luftfilterkasten zu Vergaser müssen formstabil vorhanden sein und fest zueinander sitzen.

■ Das stützende Drahtgeflecht oder Kunststoffgitter des Nassluftfilters muss vorhanden und formstabil sein.

■ Dichtungen zwischen Luftfilter und Vergaser sowie Dichtung am Rand des Luftfilterdeckels müssen ihre Form haben und dürfen weder gerissen noch zu sehr gequetscht sein. Wenn doch: Neuteile einbauen!

Bild 27

Bild 28

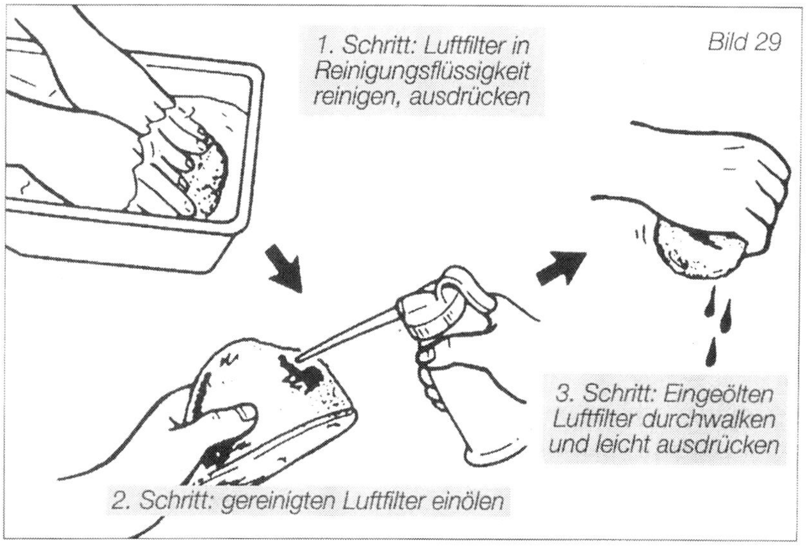

Bild 29

Bilder 27 bis 29: Filterelement in Reinigungsflüssigkeit ausdrücken, säurefesten Handschuh dabei tragen!

■ Gereiniges Filterelement leicht einölen, überschüssiges Öl ausdrücken.

Nassluftfilter reinigen

1. Luftfilter entweder einige Zeit in speziellen Luftfilterreiniger (Bild 27) legen oder in Benzin oder Dieselkraftstoff.

2. Luftfilter in der Reinigungsflüssigkeit einige Male ausdrücken (Bild 29).

■ Dabei unbedingt einen säurefesten Handschuh tragen, zur Not kann auch eine Plastiktüte über die Hand gestülpt werden!

3. Luftfilter vorsichtig auswringen, mit weicher Druckluft trocken blasen oder an der Luft trocknen lassen.

3.1. Kontrollieren, ob der Schaumstoff durchgehend unbeschädigt ist. Wenn er an irgendeiner Stelle ausgerissen oder porös und bröselig ist, ein neues Filterelement kaufen!

4. Luftfilter mit speziellem Luftfilteröl einsprühen oder darin tränken (Bild 28).

■ In der höchsten Not irgendwo unterwegs im Busch genügt auch dickes Getriebeöl SAE 80 oder frisches Motoröl – allerdings suppt dieses mit der Zeit aus, weil es nicht so klebrig ist wie spezielles Luftfilteröl und deswegen schlechter in den Poren des Schaumstoffs haftet.

■ Öl einziehen lassen, Luftfilter etwas durchkneten, damit das Öl in alle Poren dringt (Bild 29).

5. Luftfilterkasten mit einem mit Motorradreiniger getränkten Lappen ausputzen, Deckel ebenfalls.

6. Gereinigten Luftfilter auf das (bzw. in das) Kunststoffgitter aufziehen (einsetzen), exakt in den Luftfilterkasten einsetzen.

7. Luftfilterdeckel aufsetzen, es darf nichts klemmen oder von innen dagegen drücken. Gehäusedeckeldichtung muss exakt sitzen!

8. Schrauben eindrehen, gut handfest anziehen.

Vergaser tunen?

Falls Sie auf die Idee kommen, Ihren Motor ohne Luftfilter zu betreiben, weil die offenen Lufttrichter gar so schön sind und der Motor damit charaktervoll anzeigt (»er schnüffelt so schön«), dann müssen die Vergaser darauf neu abgestimmt werden.

Im Laufe dieses Kapitels müsste klar geworden sein, wie fein die Funktion der einzelnen Bauteile ineinander übergehen muss, damit der Motor sauber Gas annimmt und seine Leistung vollbringen kann. Im Kapitel 19 »Zündkerzen · Zündanlage« steht unter »Kerzengesicht« wie ein Fachmann prüfen kann, ob die Vergasereinstellung bei Volllast stimmt.

Doch wenn der Luftfilter außer Funktion gesetzt wird, ist es nicht nur damit getan, eine größere Hauptdüse einzuschrauben, sondern es müssen noch andere Düsen geändert werden. Überlassen Sie eine solche Arbeit dem Spezialisten, der einen Motorenprüfstand hat.

Tank reinigen

Ältere Stahltanks sind oft innen verrostet. Besonders gefährdet ist ein Tank, wenn die Maschine über Winter mit leerem Tank im Freien abgestellt war oder der Tank in abgebautem Zustand in einem feuchten Raum gelagert wurde.

Ein innen verrosteter Tank muss nicht unbedingt auf dem Schrottplatz landen! Im Kapitel 6 »Reparieren · Restaurieren« haben wir beschrieben, wie man einen innen unlackierten Tank mit Säure reinigt und versiegelt. Dies geht nur bis zu einem gewissen Rostgrad. Wenn der Tank entweder innen lackiert ist oder sehr tiefe Rostnarben hat (oder schon durchgerostet ist), muss man härtere Maßnahmen ergreifen.

- Man kann z. B. den Tank mit der Menge von zwei Hand voll Glasscherben oder Bleikugeln füllen und diesen dann kräftig und ausgiebig schütteln. Erspart fünf Stunden Fitness-Studio!
- Man kann auch den mit Glasscherben oder Bleikugeln gefüllten Tank dick in mehrere Decken einwickeln, Schnur drum herum binden, das Paket in eine Betonmischmaschine stecken und diese ein paar Stunden lang laufen lassen.

Kleine Bleikugeln kann man in Waffengeschäften als Bleischrot für Schrotflinten kaufen. Wenn Glasscherben verwendet werden sollen, müssen diese möglichst klein sein. Zu diesem Zweck alte Flaschen fest in ein dickes Tuch einwickeln und so lange mit dem Hammer draufdreschen, bis die Scherben klein genug (»bröselig«) sind.

Allerdings führen diese Methoden meist nicht zum erhofften Erfolg, weil die verwinkelten, kleinen Ecken innerhalb des Tanks von den Bleikugeln oder Glassplittern nicht erreicht und deswegen der Rost nicht abgeschliffen wird. Schon der kleinste Rest-Rostfleck reicht zur Bildung eines neuen Rostnestes aus, und alle Mühe war umsonst.

Eine gründliche Reinigung eines Tanks, und sei er noch so verrostet, ist Sache von Spezialbetrieben. Der Preis richtet sich je nach Zustand und Größe des Tanks und liegt meist zwischen 80 und 150 Euro. Je nach Wunsch und Umfang der Arbeiten erhalten Sie (gegen entsprechenden Aufpreis natürlich!) einen außen perfekt sandgestrahlten Tank mit kompletter Innenversiegelung.

Einer der führenden Tankreinigungs- und Beschichtungsspezialisten ist:
Der Tank-Spezialist GmbH
Blumenstraße 12, D-72739 Pfullingen
www.tank-spezialist.de

Bild 30: Blick in einen rostigen Tank.

Bild 31: Tank nach Reinigung und Beschichtung.

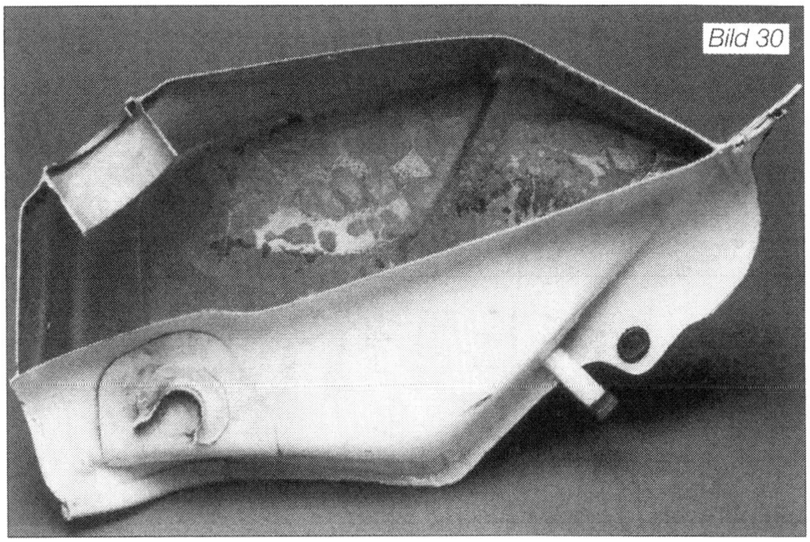
Bild 30

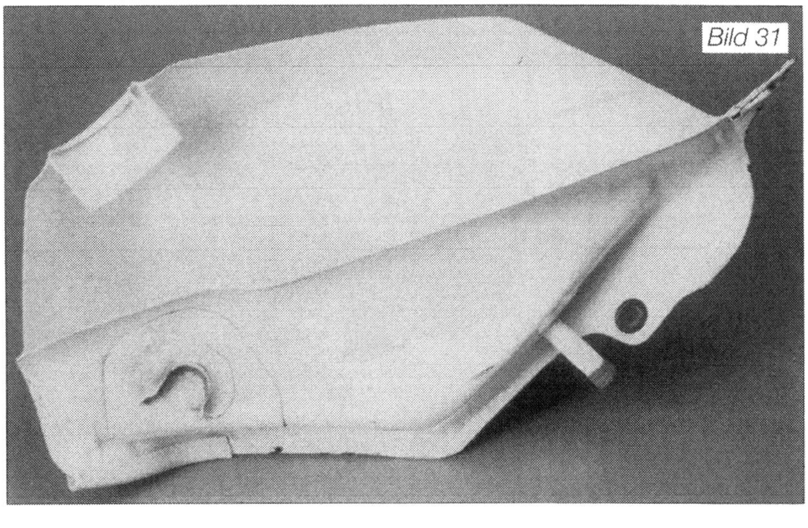
Bild 31

Schmierung

In diesem Kapitel: Schmiersystem · Motoröle · Mineralöl oder Synthetiköl? · Ölstand prüfen · Ölverbrauch · Öl nachfüllen · Ölwechsel · Neuen Ölfilter anschrauben, Öl einfüllen.

Schmiersystem

Alle italienischen Youngtimer-Motoren haben eine **Nasssumpf-Druckumlaufschmierung:** Das Motoröl wird in eine Ölwanne, die Bestandteil des unteren Motorgehäuses ist, eingefüllt und ist dort gelagert. Von einer Zahnrad-Ölpumpe wird das Öl aus der Ölwanne abgesaugt und zu den Schmierstellen im Motor gedrückt, von wo aus es zurück in die Ölwanne tropft.

Ein oder zwei Ölfilter sind ins Schmiersystem eingebaut:

- Ein »Ölsieb« quer unten in der Ölwanne in Verlängerung der Ölablassschraube im Hauptstrom bei Ducati, Morini und Laverda.
- Bei Ducati ist ab Modelljahr 1975 zusätzlich ein Feinstfilter im Nebenölstrom.
- Ein Feinstfilter ist im Hauptölstrom der Guzzi.

Bild 1: Schematische Darstellung des Ölkreislaufs im Ducati V2-Königswellenmotor.

Bild 1

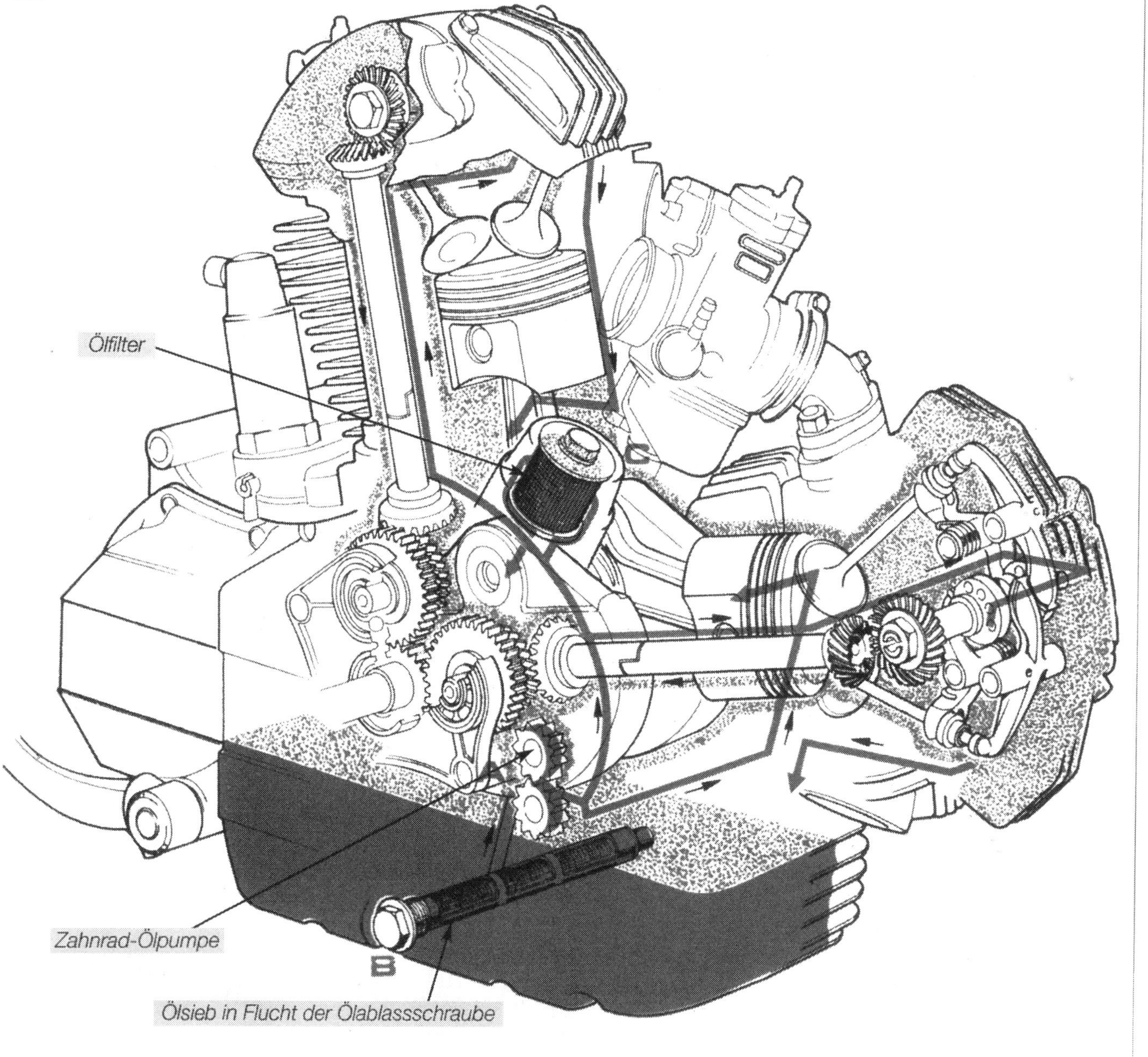

Die Reinigung des Schmieröls durch diese Filter ist keineswegs optimal. Bei Ducati und Laverda wird das Öl durch Kupplungsabrieb zusätzlich verunreinigt (um dies zu vermeiden, besitzt die Morini übrigens eine Trockenkupplung!). Wegen der miserablen Ölfilterung sind die Ölwechselintervalle sehr kurz: Ducati und Guzzi schreiben alle 3000 km einen Ölwechsel vor, Laverda alle 3500 bis 4000 km, Morini alle 5000 km.

Einige Italo-Zubehörfirmen bieten für Ducati, Guzzi und Laverda wirkungsvolle Umbauten des Schmiersystems auf Hauptölfilter an, mit denen nicht nur die Ölwechselintervalle auf die doppelte km-Zahl anwachsen, sondern auch die Motorinnereien weniger Verschleiß haben und deswegen länger leben. Auch größere Ölpumpen mit erhöhtem Fördervolumen sind im Angebot. Wer dauerhaft glücklich werden will mit seinem Italiener, sollte einen solchen Umbau durchführen (lassen).

Motoröle

Die italienischen Konstrukteure empfahlen für ihre damaligen Motoren entweder mineralisches Einbereichsöl (meist SAE 50) oder mineralisches oder synthetisches Mehrbereichsöl (SAE 10W40 oder 20W50) von Agip oder Castrol. Wichtig war jedoch damals einzig und alleine der Ölwechsel in kürzesten Intervallen. Ganz harte Freaks wechselten alle 1000 Kilometer und tun das heute noch!

Die Motoröle wurden in den letzten 30 Jahren rapide weiterentwickelt, aber der Glaube an die »richtige« Ölmarke, Ölsorte und Viskosität ist von Händler zu Händler, von Spezialist zu Spezialist verschieden: Einer empfiehlt Castrol, der andere ELF, der dritte Shell und der vierte Bel Ray.

Bild 2: Zerlegte Zahnrad-Ölpumpe. Kugel und Feder dürfen beim Einbau nicht vergessen werden!

Bild 2

Sicherheitshinweise Achtung und Tipps für dieses Kapitel

Achtung: Zur Kontrolle des Ölstands muss das Motorrad waagerecht und senkrecht stehen. Schon wenige Winkelgrade nach rechts oder links sowie Steigung oder Gefälle des Untergrunds verfälschen die Ablesung des Ölstandes.

Tipp: Vor einer längeren Fahrt zu Hause den Ölstand kontrollieren und ggf. mit dem richtigen Öl bis knapp an die obere Markierung auffüllen. Wenn Sie auf eine mehrtägige Fahrt gehen, besorgen Sie sich eine flache, 0,5 bis 1,0 Liter fassende Plastikflasche und befüllen diese mit dem Motoröl, das im Motor drin ist. Flasche auslaufsicher (!) ins Gepäck packen.

Tipp: Motoröl grundsätzlich in betriebswarmem Zustand wechseln, also vorher den Motor mindestens zehn Kilometer warm fahren. Damit wird sichergestellt, dass Metallabriebteile, die sich noch nicht abgesetzt haben, vom heißen Öl aufgenommen und beim Ablassen mit herausgespült werden.

Achtung: Dem Altöl keine anderen Flüssigkeiten beimischen, z. B. Bremsoder Kühlflüssigkeit. Diese giftigen Betriebsstoffe müssen in extra Behältern aufgefangen und zu Problemstoff-Sammelstellen gebracht werden. Altöl nicht einfach wegschütten, sondern an einer Sammelstelle oder Tankstelle abliefern. Jeder Ölverkäufer ist zur Rücknahme einer entsprechenden Menge Altöls verpflichtet! Beim Kauf von neuem Öl die Quittung aufbewahren und bei der Rückgabe des Altöls vorzeigen!

Achtung: Keine Getränkeflaschen als Altölbehälter verwenden! Besser sind etwa alte Benzinkanister, die mit einem dauerhaften Klebeetikett »Altes Motoröl« versehen werden.

Achtung: Wenn die Ölablassschraube ihren letzten Gewindegang erreicht hat, beginnt das Öl bereits zu laufen. Finger wegziehen! Es ist besser, die Ölablassschraube mit dem ersten Schuss Öl ins Auffanggefäß fallen zu lassen, als sich am heißen Öl die Finger zu verbrühen! Öl läuft erst im Strahl, nach einiger Zeit nur noch tropfenweise. Also geduldig warten, bis auch der letzte Tropfen im Auffanggefäß gelandet ist.

Tipp: Im Motorrad-Zubehörhandel gibt es für kleines Geld kombinierte Ölfangwannen-Behälter, bei denen das Öl in eine Wanne und von dort direkt in den Sammelbehälter läuft. Sie sind groß genug, um den Bereich von Ölablassöffnung und Ölfilter unter dem Motor nicht nur abzudecken, sondern stehen allseitig gut 10 Zentimeter über. Diese Ablass-Auffang-Transportbehälter sind verschließbar und mit einem Tragegriff versehen, also leicht transportabel.

Manche Spezialisten fahren sogar biologische Pflanzenöle (Andreas Nienhagen aus Stuttgart), andere wieder haben beste Erfahrungen mit ausschließlich Einbereichsöl gemacht.

Wirklich wichtig sind nur zwei Dinge: Ein Ölwechsel alle 1000 km ist ebenso Blödsinn wie das Stammtischwissen, dass man billigstes Autoöl aus dem Baumarkt oder von Aldi nehmen kann.

Italienische Motoren der Youngtimergeneration brauchen zwingend:

- Spezielle Motorrad-Motorenöle der Viskositätsklassen SAE 10W40 bei kühlen Temperaturen im Herbst, Winter und Frühjahr oder SAE 20W50 im Sommer.
- Ölzusätze brauchen nicht verwendet zu werden. Wir raten sogar dringend davon ab.
- Nicht verwendet werden sollten so genannte »Leichtlauföle« SAE 5 oder Ultra-Mehrbereichsöle SAE 0W-50. Diese Öle sind speziell für Automotoren entwickelt worden, bei denen weder Kupplung noch Getriebe im Ölbad laufen. Für Motorradmotoren mit ihrem andersartigen Ölkreislauf sind sie nicht geeignet.

Bild 3

Bild 3: Das richtige Öl für klassische italienische Motoren ist sowohl Ansichts- als auch Erfahrungssache.

Mineralöl oder Synthetiköl?

Es gibt zwei grundverschiedene Motoröle, nämlich Mineral- und Synthetiköle. Die so genannten halb- oder teilsynthetischen Öle bestehen aus einer Mischung beider Sorten. Neben dem Preis unterscheiden sie sich durch ihre Herstellungsweise, ihre Zusammensetzung und nicht zuletzt ihre speziellen Eigenschaften:

- Beim relativ einfach herzustellenden Mineralöl handelt es sich im Urzustand um Einbereichsöl, dessen Eigenschaften durch Zusatz von Additiven wie Viskositätsveränderern oder Verschleißschützern gezielt verbessert werden.

Wichtig: Mineralöl muss nach den vorgeschriebenen Intervallen gewechselt werden.

- Synthetiköle werden in einem aufwändigen Produktionsprozess für ihr Einsatzgebiet maßgeschneidert und sind typische Mehrbereichsöle, die mit weniger Additiven des Typs der so genannten »Viskositätsindexverbesserer« auskommen. Sie sind in Schmiersicherheit, Kaltfließverhalten sowie Alterungsbeständigkeit den Mineralölen gleicher Viskosität überlegen, jedoch auch deutlich teurer.

Wichtig: Vollsynthetisches Öl ist hitzebeständiger und verschleißfester als Mineralöl, weswegen die Ölwechselintervalle gestreckt werden können.

- **Sehr wichtig:** Wenn Sie ein gebrauchtes Motorrad mit hoher km-Leistung haben, das immer mit Mineralöl betrieben wurde, dann raten wir, auch weiterhin Mineralöl zu benutzen. Denn wenn ein alter Motor auf vollsynthetisches Öl umgestellt wird, kann es sein, dass der Motor von einem Kilometer auf den anderen kaputt geht, weil vollsynthetisches Öl eine hohe Reinigungskraft hat und in kürzester Zeit alle Ablagerungen aus dem Motor herausgewaschen werden. Eine komplette Umstellung von Mineralöl auf vollsynthetisches Öl sollte entweder beim ersten Ölwechsel bei 1000 km (z. B. nach einer Motorrevision) oder spätestens beim dritten (entsprechend ca. 8000 bis 10 000 km) erfolgen, nicht später.

Warum eher Einbereichsöl für Ducati?

In den V2-Motoren von Ducati sind sehr viele Kugel-, Nadel- und Rollenlager eingebaut und auch spiralverzahnte Kegelräder ständig im Eingriff (»Königswelle«); nicht zu vergessen der schrägverzahnte Primärantrieb. Weil die Flächenpressung speziell zwischen den Zähnen des Königswelllenantriebs enorm hoch ist, werden die Molekülketten des Motoröls regelrecht zerschnitten und ihre Verkettung löst sich auf. Dadurch leidet die Dauerschmierfähigkeit, was wiederum für Verschleiß sorgt.

Ein Mehrbereichsöl SAE 20W50 entspricht in kaltem Zustand einem SAE 20 und in heißem Zustand einem SAE 50. Das erleichtert das Starten und das Öl erreicht bei kaltem Motor schneller die Schmierstellen. Einbereichsöl ist in kaltem Zustand sehr dickflüssig (kaltes 50er-Öl ist fast so so zäh wie Honig!), bei Hitze wird es eher ein SAE 30, seine Viskosität ist konstanter. Deswegen schwören viele Ducati-Spezialisten für Sommerbetrieb auf Einbereichsöl SAE 50; im Frühjahr und Herbst SAE 40.

Die Molekülketten eines Einbereichöls sind stabiler (»länger«) als die im Mehrbereichsöl, weswegen Einbereichsöl für einen Ducati-Motor optimaler ist als Mehrbereichsöl. So lautet zumindest die persönliche Erfahrung des Mitautors dieses Buchs (Dipl. Ing. Helmut Städele), der schon mehr als 100 Königswellenmotoren zerlegt, restauriert und mehr als 30 Jahre Erfahrung damit hat.

Motor warm fahren!
Wichtiger als aller Glaube an das richtige Motoröl ist, dass ein italienischer Motor mindestens 10 Kilometer mit maximal Halbgas warm gefahren wird. Dadurch optimieren sich nicht nur die Laufspiele, sondern das Öl erreicht ab ca. 80 °C seine beste Schmierfähigkeit.

Ölfilter
Das Ölsieb (also der »Grob-Ölfilter«) muss bei jedem Ölwechsel ausgebaut und gereinigt werden. Der Feinstfilter (»Ölfilterpatrone«, wenn vorhanden) sollte bei jedem Ölwechsel erneuert werden, das nutzt dem Motor und tut ihm gut.

Zentrifugalölfilter der Ducati
In die Kurbelwelle der Ducati ist eine »Zentrifugalölfilterung« eingebaut. Das ist nichts anderes als eine Querbohrung in einer der beiden Kurbelwangen, die beidseitig durch Gewindestopfen verschlossen ist: Das Motoröl muss diese Ölbohrung auf dem Weg zum Pleuellager passieren und durch die Zentrifugalkräfte werden selbst feinste Schmutzpartikel am Ende der Bohrung abgesetzt. Mit der Zeit wächst die Querbohrung zu, bis sie irgendwann komplett verstopft ist und keinen frischen Dreck mehr aufnehmen kann.

Doch in zusammengebautem Zustand kann man die Stopfen zwar öffnen (wozu mindestens ein Zylinder abgebaut werden muss!) und den Dreck ausstoßen bzw. herausspulen, aber dann liegt mindestens die Hälfte davon in der Ölwanne und kann nicht herausgeputzt werden. Außerdem müssen zum Reinigen der Zentrifugalbohrung auch die beiden Verschlussdeckel auf den Enden des Hubzapfens entfernt werden, damit man die Ölbohrung im Hubzapfen reinigen kann.
Daraus folgt: Bei jeder Motorzerlegung müssen die beiden Gewindestopfen ausgedreht und die beiden Abschlussbleche abgenommen werden. Ölbohrungen piekfein reinigen. Gewindestopfen mit einem Tropfen Loctite »mittelfest« eindrehen, nach dem Festziehen leicht verkörnen. Neue Abschlussbleche auf die Enden des Hubzapfens aufsetzen (sie verspannen sich selbst).

Bilder 4 bis 7: Zentrifugal-Ölfilterung in der Ducati-Kurbelwelle. Bei der Überholung des Motors wurden die Gewindestopfen ausgedreht und der Schmutzkuchen herausgekratzt.

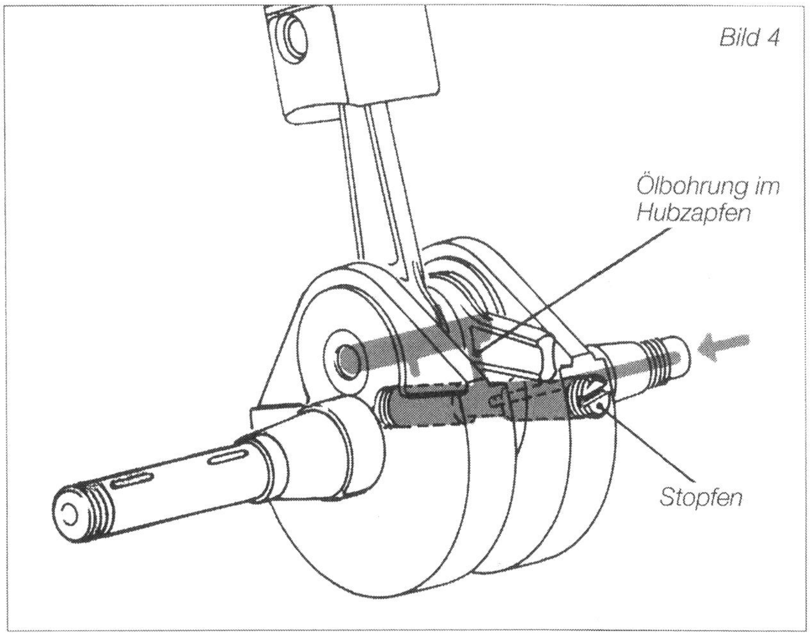

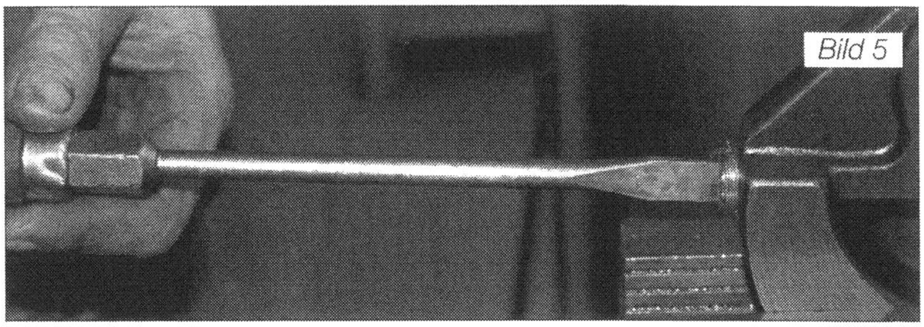

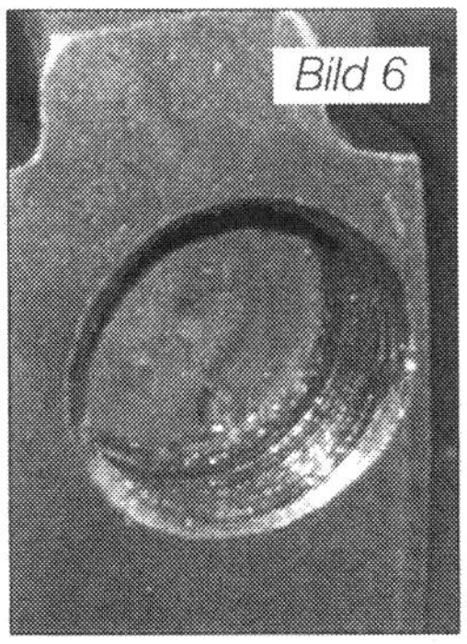

Sichtprüfung Messen

Ölstand

■ Motor zur Ölstandskontrolle AUSschalten!
■ Motorrad muss zur Ölstandskontrolle senkrecht und waagerecht stehen (also keinesfalls auf dem Seitenständer!).
■ Nach dem Abstellen des Motors eine bis zwei Minuten warten, bis sich das Öl beruhigt hat, erst dann den Ölstand beurteilen.
■ Die Ölmenge zwischen der unteren und der oberen Markierung am Ölschauglas oder am Ölpeilstab beträgt ca. 0,4 bis 0,5 Liter.
■ Der Ölstand sollte sich zwischen den beiden Markierung befinden, also weder darunter (dann ist zu wenig Öl im Motor) noch darüber (dann ist zu viel Öl im Motor).

Ölstand bei Peilstab: Bei Ölkontrolle mit Peilstab vergewissern Sie sich im Fahrzeughandbuch, ob der Ölstand bei *eingeschraubtem* oder *nicht eingeschraubtem* Stab geprüft wird.
■ **»Eingeschraubter Peilstab«** bedeutet: Motor abstellen, Peilstab ausschrauben, abputzen, in die Öleinfüllöffnung *einschrauben*, ausschrauben, Ölstand ablesen.
■ **»Nicht eingeschraubter Peilstab«** bedeutet: Motor abstellen, Peilstab ausschrauben, abputzen, in die Öleinfüllöffnung *nur einstecken*, bis der erste Gewindegang des Peilstabs auf der Gewindeöffnung aufsitzt, ausziehen, Ölstand ablesen.

Ölstand bei Ölschauglas: Bei späten Youngtimer-Motoren kann man den Ölstand am Ölschauglas ablesen, woran zwei Markierungen angebracht sind.
■ Die obere Markierung »F« bedeutet »full« und damit »maximaler Ölstand«.
■ Die untere Markierung »L« bedeutet »low« und damit »minimaler Ölstand«.

Ölverbrauch

Ein großer Italiener darf bis zu einem Liter Motoröl auf 1000 km verbrauchen. Die meisten Motoren begnügen sich mit 0,3 bis 0,5 Liter auf 1000 km.

Der Ölverbrauch hängt stark von den Betriebszuständen ab. Wenn Langstrecke mit hohen Geschwindigkeiten und damit hohen Drehzahlen gefahren wird, ist der Ölverbrauch höher als bei Bummelfahrten mit niedrigen Drehzahlen. Motoren mit entsprechend hoher Kilometerlaufleistung verbrauchen in der Regel etwas mehr Öl, was jedoch noch lange nicht bedeuten muss, dass der Motor defekt ist (z. B. Laufspiel der Kolben zu groß, Ölabstreifringe mit zu geringer Spannung, Ventilschaft-Abdichtungen hart und damit öldurchlässig).

Öl nachfüllen

Wenn Öl nachgefüllt werden muss: 0,2 bis 0,3 Liter reichen meistens aus, um den Ölstand in die Mitte der Markierungen zu hieven. Falls Sie unterwegs kein Öl zum Nachfüllen dabei haben, lassen Sie sich vom Tankwart nicht einen Liter vom teuersten Öl aufschwatzen, sondern verlangen exakt die Ölsorte, die im Motor drin ist. Sollte diese Sorte nicht erhältlich sein, kann man auch Öl anderer Marken verwenden, jedoch möglichst solches gleicher Viskosität (z. B. 10W-40). Dabei spielt es grundsätzlich keine Rolle, ob es sich um mineralisches oder synthetisches Öl handelt, weil die heutigen Öle untereinander mischbar sind.

Bilder 8 und 9: Kontrolle des Ölstands über Schauglas oder mit Ölmessstab.
■ Der Ölstand soll sich in der Mitte der Markierungen befinden.

Bild 10: Ablassen des alten Öls in ein spezielles Gefäß.

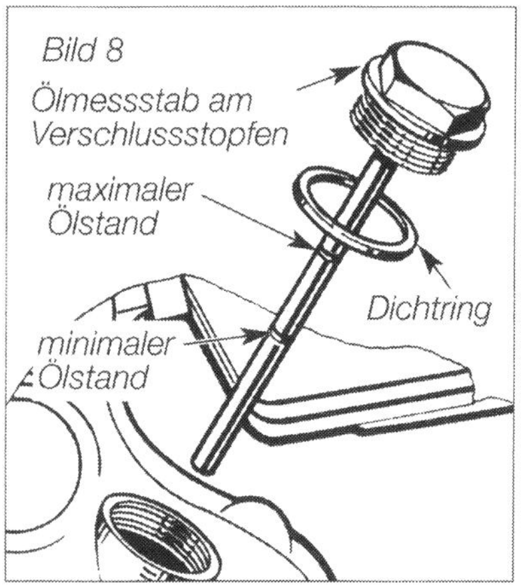

Bild 8

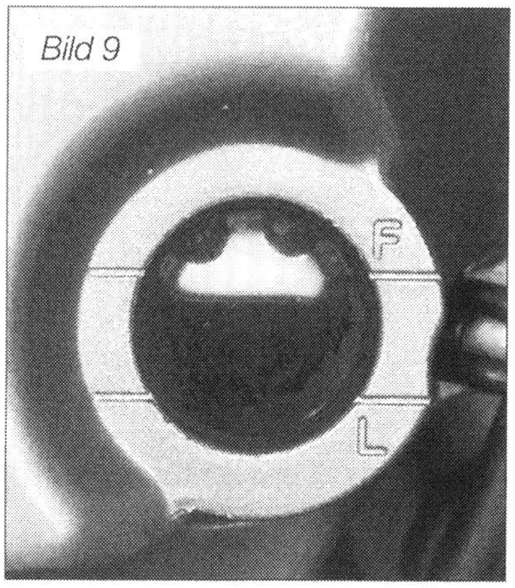

Bild 9

Bild 10

■ Beim Ölablassen ein ausreichend großes Gefäß unter den Motor stellen!
■ Finger weg, auslaufendes Öl ist heiß!

Ölwechsel

Motoröl-Füllmengen: Die Motorölfüllmenge bewegt sich zwischen 2 1/2 Liter (Morini) und 4 Liter (Ducati); die exakte Menge steht im Fahrzeug- oder Werkstatthandbuch. Es sind drei Ölwechselmengen angegeben:

- bei Ölwechsel ohne Filterwechsel (gemeint ist der Feinstfilter, wenn vorhanden!),
- bei Ölwechsel mit Filterwechsel,
- bei Neubefüllung nach Motorzerlegung.

Ölwechselintervall

Ein Motorölwechsel sollte mindestens einmal im Jahr gemacht werden, auch wenn man nur 1000 km fährt. Denn Öl verschleißt auch bei stehendem Motor, es altert alleine durch den Kontakt mit Luft (es »oxydiert«) und ist speziell bei Kurzstreckenbetrieb sehr hohen Belastungen ausgesetzt, weil es Kaltstartabrieb und das am Kolben vorbei nach unten dringende fette Kaltlaufgemisch (»Blow by«) aufnehmen muss.

Öl ablassen

1. Motorrad warm fahren und senkrecht abstellen, man muss sicher daran schrauben können.
2. Geeignetes Auffanggefäß unter den Motor schieben.
3. Stopfen der Öleinfüllöffnung herausdrehen.
4. Ölablassschraube öffnen. Dazu eine exakt passende Sechskantnuss verwenden. Ölablassschraube ausdrehen. Ölsieb herausziehen.
5. Ölfilter ab- bzw. ausschrauben. Altöl auch aus dieser Öffnung lange genug auslaufen und abtropfen lassen.

Neuen Ölfilter anschrauben, Öl einfüllen

1. Anlageflächen des Ölfilters und der Ölablassschraube am Motor mit einem sauberen, nicht fusselnden Lappen abwischen.
1.1. Das quer in die Ölwanne eingeschobene Grobölfilter zielgenau einsetzen, es muss in seinen Sitzbund auf der gegenüberliegenden Seite eingeschoben werden!
2. Verschlussstopfen und/oder Ölablassschraube mit neuem (!) Dichtring versehen, eindrehen und festziehen.

- Anziehdrehmoment beachten, es steht meist im Fahrzeughandbuch (oder Händler fragen). Als Faustformel gelten 25 bis 30 Nm.
- Falls Sie keinen Drehmomentschlüssel haben: Ölablassschraube mit Gefühl anziehen, NICHT mit Gewalt! Denn die Gefahr, dass die aus Stahl bestehende Ölablassschraube das Gewinde im Aluminium-Motorblock ausreißt, ist groß!

3. Beim Feinstfilter:
3.1. Gummidichtring des neuen Ölfilters und sein Einschraubgewinde mit frischem Motoröl bestreichen, an die Montagestelle ansetzen, andrehen.
3.2. Bei einigen Motoren wird der Feinstfilter in ein extra Gehäuse eingesetzt. Wenn eine Scheibe darunter eingebaut werden muss, diese auch einbauen – oft klebt sie am alten Ölfilter und wird deswegen vergessen. Wenn sie fehlt, wird zu wenig Öldruck aufgebaut!
4. Ölfilter festziehen, Anziehdrehmoment beachten: Es beträgt meist nur ca. 10 bis 15 Nm.
5. Durch die Einfüllöffnung frisches Öl in der vorgeschriebenen Menge einfüllen.
6. Nicht vergessen: In die Einfüllöffnung den Schraubstopfen eindrehen, handfest anziehen.
7. Motor starten und zwei bis drei Minuten im Leerlauf laufen lassen: Der Ölfilter muss sich füllen. Ölfilterrand und Ölablassschraube auf Dichtheit prüfen.
8. Motor abstellen. Nach ein paar Minuten den Ölstand kontrollieren: Obere Markierung auf dem Ölmessstab (bzw. oberer Rand des Ölschauglases) sollte knapp erreicht sein.

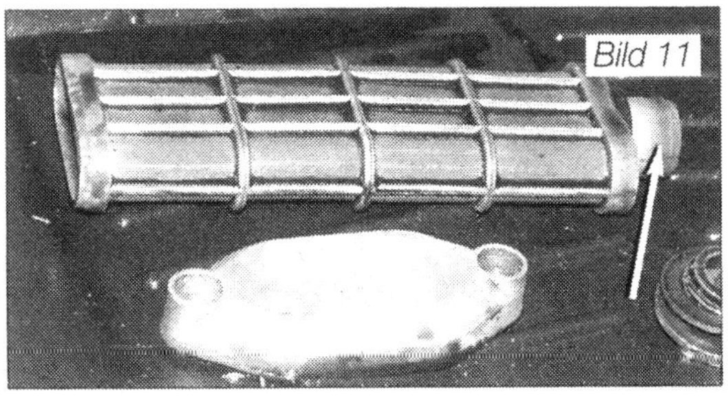
Bild 11

Bild 11: Beim Einbau des Ölsiebs in der Ölwanne darauf achten, dass der Bund (Pfeil) auf der gegenüberliegenden Seite richtig eingesetzt ist.

Bild 12

Bild 12: Wenn eine Scheibe auf einer Seite des Feinstfilters vorgesehen ist, muss diese auch eingesetzt werden, sonst läuft ein Teil des Öls ungefiltert durch.

Sichtprüfung Messen

Zündkerzen · Zündanlage

In diesem Kapitel: Konstruktionsmerkmale · »Bessere« Zündkerzen · Zündkerzen warten, aus- und einbauen · Elektrodenabstand messen, korrigieren · Zündkerzengesicht · »Kalte« oder »heiße« Zündkerze? · Zündprobleme? · Zündfunkenlänge prüfen · Zündkerzenstecker »reparieren« · Zündspule, Zündkerzenstecker · Zündkerzentabelle.

Zündkerzen

Eine Zündkerze für einen klassischen italienischen Motor hat meistens eine vorstehende Mittelelektrode und eine als Bügel ausgebildete Masseelektrode (Bilder 1, 2 und 3). Diese werden bei normalen Verbrennungstemperaturen (ca. 450 bis 850 °C) so heiß, dass eventuelle Rußablagerungen sicher verbrennen, bleiben aber auch so kühl, dass Motor und Kerze nicht beschädigt werden.

Bekannte Zündkerzenmarken sind z. B. Beru, Bosch, Champion, Nippon-Denso (ND bzw. Denso) oder NGK, wobei letztere Marke die größte Auswahl an Motorrad-Zündkerzen und -Kerzensteckern anbietet. Am Ende dieses Kapitels haben wir eine Liste abgedruckt mit einer großen Anzahl italienischer Klassikmodelle und den zugehörigen NGK-Zündkerzen.

Bild 1: Aufbau einer modernen Motorrad-Zündkerze.

Bilder 2 und 3: Vergleich der Mittelelektroden von Standard- und Iridiumzündkerze.

Bild 1

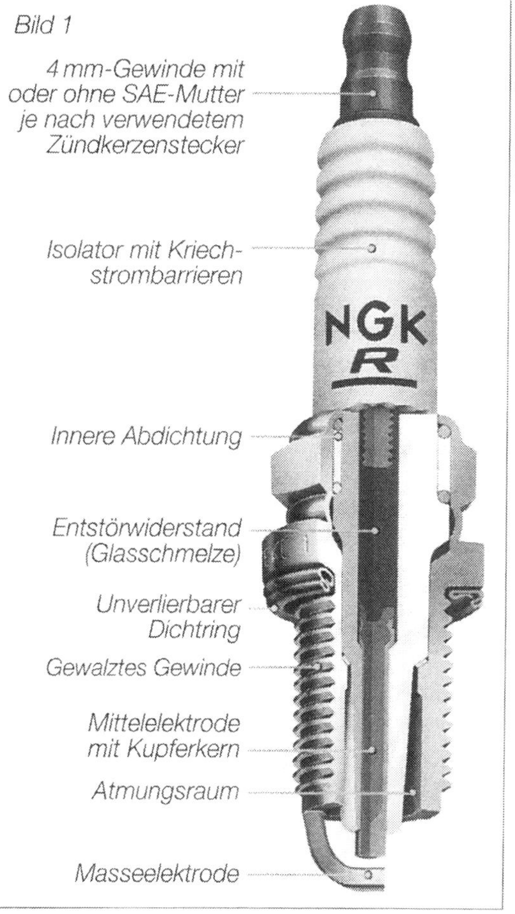

Bild 2

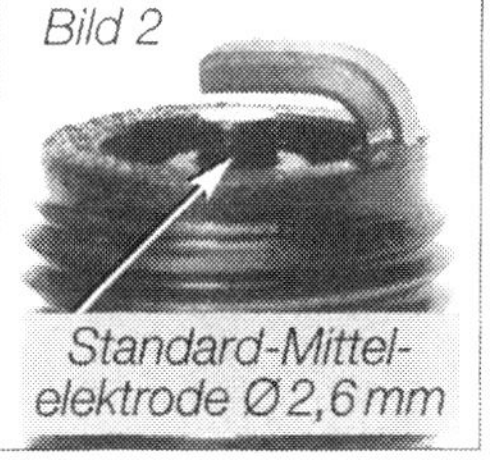

Bild 3

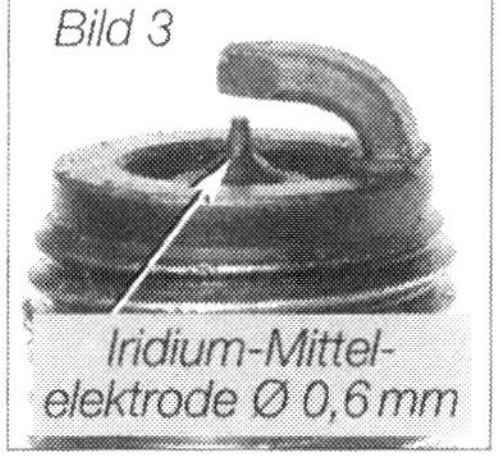

Serienmäßige Zündkerzen

Das Alter einer Zündkerze ist nicht ausschlaggebend, ob sie ersetzt werden muss. Es zählen Laufleistung, Belastung und eventuelle Beschädigungen. Auch dann, wenn eine Zündkerze einmal »nass« war und der Zündfunke wegen Gemischüberfettung ersoff, sollte sie bei nächster Gelegenheit erneuert werden.

Die für klassische italienische Maschinen während ihrer Bauzeit vom Werk vorgeschriebenen bzw. serienmäßig montierten Zündkerzen haben heute ihre Aktualität verloren. Denn die Zündkerzenindustrie musste ihre Produkte in den letzten Jahren sehr intensiv weiterentwickeln, weil es im Hinblick auf die heutigen weltweiten Abgas- und Schadstoffbestimmungen immer wichtiger wurde, dass der Zündfunke betriebssicherer werden musste als das noch in den 70er- und 80er-Jahren nötig war.

Damals hochaktuelle Zündkerzenmarken wie Beru, Bosch oder Champion haben ihre Motorradprodukte nur auf Sparflamme weiterentwickelt und entsprechend mager ist ihr Angebot. Überholt wurden sie, wie so oft in der Motorradgeschichte, von den Japaner, weswegen man mit Fug und Recht behaupten kann, dass die beiden Marken Nippon-Denso und NGK den heutigen Standard bei Zündkerzen, Zündkerzensteckern und Zündkabeln repräsentieren.

»Bessere« Zündkerzen

In der Tabelle am Ende dieses Kapitels sind viele, für italienische Youngtimer passende NGK-Zündkerzen aufgelistet (Spalte »Serienkerze«). In den beiden nächsten Spalten »Platinelektrode« und »Iridiumelektrode« sind Nachrüst-Zündkerzen von NGK aufgeführt, deren Mittelelektrode entweder aus hochwertigem Platin oder dem (noch besseren) Iridium besteht. Solche »besseren Zündkerzen« hat auch Nippon-Denso im Angebot, doch ist diese Marke noch nicht so bekannt wie NGK.

Die Dicke der Mittelelektrode hat nichts mit dem Wärmewert zu tun, jedoch entscheidenden

Einfluss auf die Betriebssicherheit des Motors:

- Je dünner die Mittelelektrode ist, desto sicherer springt der Funke zwischen Außen- und Mittelelektrode über.
- Je dünner die Mittelelektrode ist, desto schneller wird sie nach dem Kaltstart heiß, bzw. erreicht die Zündkerze ihre »Betriebstemperatur« von mehr als 450 °C.

Durchmesser verschiedener Mittelelektroden:

Standardzündkerze (Bild 2)... Ø 2,45 bis 2,60 mm
Platinzündkerze .... Ø 0,60 bis 0,85 mm
Iridiumzündkerze (Bild 3)....... Ø 0,40 bis 0,60 mm

Platin- oder Iridiumzündkerzen bieten deswegen eine höhere Betriebssicherheit, weil durch die dünnere Mittelelektrode ein stärkerer Funken entsteht, der das Gemisch sicherer entzündet. Eventuelle Ablagerungen an der Zündkerze, wie sie bei älteren italienischen Viertaktern speziell nach einer längeren, drehzahlarmen Stadt- oder Bummelfahrt an der Tagesordnung sind, verbrennen an einer dünneren Mittelelektrode schneller als bei einer Standardzündkerze. Weiterhin haben Platin- oder Iridiumzündkerzen eine mehr als doppelt so hohe Lebensdauer wie Standardzündkerzen, weil die Mittelelektrode viel härter (und damit verschleißresistenter gegen Abbrand) ist als bei einer Standardzündkerze.

Der Preis einer NGK-Standardzündkerze liegt bei ca. 7 Euro, eine NGK-Platinzündkerze kostet ca. 14 Euro und eine NGK-Iridiumkerze ca. 20 Euro. Doch trotz des hohen Preises schwören Renn- und Langstreckenfahrer auf Iridiumzündkerzen!

Elektrodenabstand

Der vorgeschriebene Elektrodenabstand (Bilder 4, 5 und 6) ist von Motor zu Motor verschieden. Bitte sehen Sie im Fahrzeughandbuch oder in der Tabelle nach, welcher Elektrodenabstand für Ihren Motor gilt. Falls Sie keinen Wert finden: 0,7 bis 0,8 mm sind meistens richtig. Die Verschleißgrenze liegt bei 0,9 bis 1,0 mm.

Zündkerzen aus- und einbauen

Bitte beachten:

- Zündkerzenstecker immer nur von Hand abziehen und aufstecken!
- Keine Zange zu Hilfe nehmen!
- Auch nicht mit Reifenmontiereisen, Schraubenzieher oder Flacheisen an den Kerzensteckern herumhebeln, denn dadurch kann der Zündkerzenstecker beschädigt werden.
- Kerzenstecker und ausgebaute Zündkerze nicht hart irgendwo anschlagen und nicht fallen lassen! Dadurch können sie Risse bekommen oder brechen, wodurch Stromkreisunterbrechungen oder Kurzschlüsse verursacht werden.

Werkzeuge und Anziehdrehmomente

- Bei versteckt sitzenden Zündkerzen ist es immer besser, vorher den Zugang erschwerende Bauteile wie Verkleidung und/oder Tank abzubauen, als zu murksen, weil man mit dem Zündkerzenschlüssel nur schwer an die Kerze kommt.
- Der Kerzenschlüssel aus dem Bordwerkzeug genügt meistens zum Aus- und Einbau der Zündkerze.
- Soll diese allerdings mit dem vorgeschriebenen Anziehdrehmoment angezogen werden, wird ein entsprechender Zündkerzen-Nussaufsatz für den Drehmomentschlüssel benötigt.

Zündkerzen ausbauen

1. Zündkerzenstecker abziehen.
2. Druckluft in den Zündkerzenschacht zwischen die Kühlrippen blasen, wodurch Schmutz ausgeblasen wird.
3. Zündkerze mit dem Zündkerzenschlüssel lösen (Bild 7) und von Hand herausdrehen.

Zündkerzen reinigen und kontrollieren

1. Harte (trockene) Zahnbürste benutzen (Bild 8), KEINE Stahlbürste! Auch eine Messingbürste kann man nehmen.

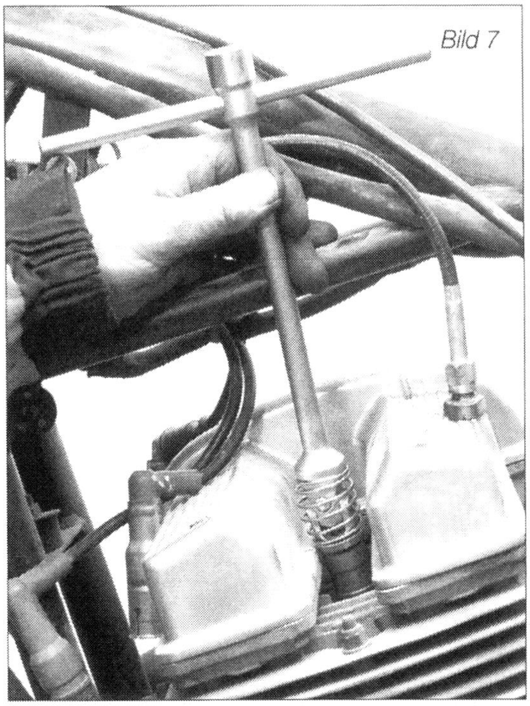

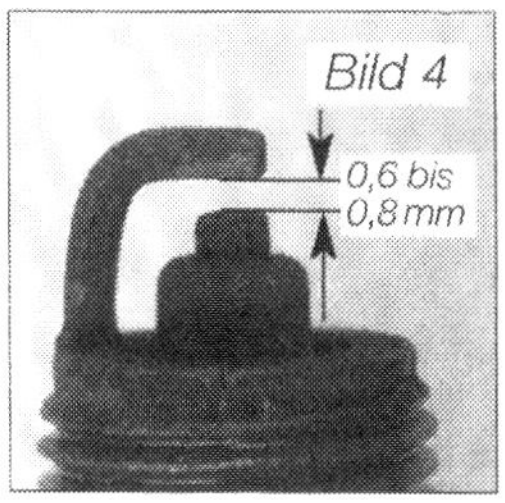

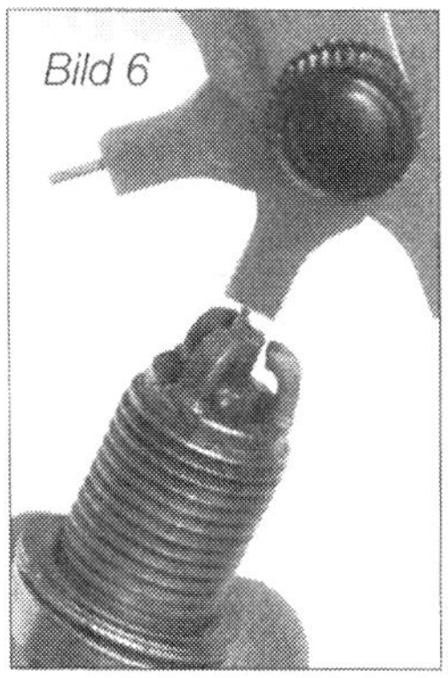

Bilder 4 bis 6: Elektrodenabstand.

Bild 7: Zum Aus- und Einbau der Zündkerzen einen passenden Schlüssel verwenden.

Bild 8: Zündkerze mit harter Zahnbürste oder Messingbürste reinigen. NICHT mit einer Stahlbürste.

2. Zündkerze mit Bremsenreiniger einsprühen und mit Druckluft ausblasen, dadurch werden Ölreste und Ablagerungen entfernt.
3. Isolator auf Risse oder Absplitterungen untersuchen. Planflächen des Dichtrings müssen einwandfrei sein.
4. Die Zündkerze muss erneuert werden, wenn sie einen Mangel aufweist, wie z. B.:

- Mittelelektrode stark abgenutzt oder verbrannt
- Isolator gebrochen
- Gewinde beschädigt

Zündkerzen einbauen

1. Einen Tropfen hitzerestistentes Fett auf das Gewinde der Zündkerze geben (Bild 9), das schont das Innengewinde und verhindert Festbacken der Kerze.
2. Zündkerze an das Zündkerzengewinde im Zylinderkopf ansetzen und von Hand gefühlvoll einschrauben, bis Widerstand spürbar wird.
3. Kerzenschlüssel ansetzen, Zündkerze mit vorgeschriebenem Anziehdrehmoment festziehen.
3.1. Falls kein Drehmomentschlüssel zur Verfügung steht, folgendermaßen vorgehen:
Gebrauchte Zündkerze, bei der sich der Dichtring schon gesetzt hat:

- Zündkerze nach Aufsitzen des Gewindebundes um ca. 1/8 Umdrehung festziehen.

Neue Zündkerze mit neuem Dichtring:

- Zündkerze nach Aufsitzen des Gewindebundes um 1/4 bis 1/2 Umdrehung anziehen, wieder lösen und endgültig um ca. 1/8 Umdrehung festziehen.

Bild 9: Beim Einbau einen Tropfen hitzeresistentes Fett auf das Gewinde der Zündkerze geben, das verhindert ein Festbacken und schont das Kerzengewinde im Alu-Zylinderkopf.

Bild 9

Abhängig vom Gewindedurchmesser der Zündkerze gelten folgende Anziehdrehmomentwerte:

- 10 mm .... 10 bis 12 Nm
- 12 mm .... 15 bis 20 Nm
- 14 mm .... 25 bis 30 Nm
- 18 mm .... 35 bis 40 Nm

Bild 10

Bild 10: Zündkerzen mit verschiedenen Gewindedurchmessern bei Doppelzündung.

⚠ **Achtung:** Beim Einschrauben der Zündkerze von Hand muss schon der erste Gewindegang richtig greifen, die Zündkerze sich also auf die ganze Gewindelänge ohne Nutzung des Schlüssels einschrauben lassen! Stockt die Kerze beim Einschrauben schon auf den ersten Gewindegängen, besteht die Gefahr, dass das Außengewinde der Kerze schräg am Innengewinde des Zylinderkopfs angesetzt ist. Eine schräg angesetzte Kerze ruiniert mit ihrem harten Stahlgewinde das weiche Gewinde im Aluminiumzylinderkopf schon nach einer halben Umdrehung.

Elektrodenabstand

Wichtig für die ordnungsgemäße Funktion der Zündkerze ist vor allem ein korrekter Elektrodenabstand. Stimmt dieser nicht, muss er korrigiert werden. Die Masseelektrode darf jedoch nur wenig nachgebogen werden, denn für eine zu heftig oder zu oft verbogene Elektrode besteht im Betrieb höchste Bruchgefahr! Im Zweifelsfall lieber eine neue Zündkerze verwenden.

Elektrodenabstand messen, korrigieren

1. Elektrodenabstand mit Fühlerlehre messen (Bilder 4, 5 und 6).
2. Ist der Elektrodenabstand zu weit, was bei einer gebrauchten Zündkerze meistens der Fall ist, die äußere Elektrode nachbiegen.

- Zündkerze kopfüber halten, Schraubenzieher verkehrt herum in die Hand nehmen und mit dem Griff gaaaanz leicht auf die Elektrode klopfen: Lieber einen Hau zu wenig als einen zu viel!

3. Wenn die Außenelektrode aus Versehen zu stark zusammengeklopft wurde, der Elektrodenabstand also zu eng ist, vorsichtig mit einem kleinen Elektroschraubenzieher wieder aufbiegen. Besser noch ist es, die Elektrode mit einer kleinen Flachzange hochzubiegen.

- In jedem Falle gilt: Beim Einstellen des Elektrodenabstandes viel Gefühl walten lassen, sonst kann die Masseelektrode abbrechen und die Zündkerze ist kaputt!

Zündkerzengesicht

Falls es einmal dazu kommen sollte, dass eine andere als die Zündkerze mit dem vorgeschriebenen Wärmewert eingebaut oder ein Motor getunt (»frisiert«) wird, ist die Beurteilung des Zündkerzengesichts wichtig.

Dem Fachmann gibt die Betrachtung der ausgeschraubten Zündkerze (»Zündkerzengesicht«, siehe Bilder 11 bis 17 »Zündkerzengesicht beurteilen«) Aufschluss über die Zusammensetzung des Kraftstoff-Luft-Gemischs und den Verbrennungsablauf im Motor. Im Normalfall zeigt die Keramikisolation (»innerer Speckstein«) eine rehbraune Färbung. Die Elektroden dürfen nicht zu sehr abgebrannt sein. Sieht sie anders aus, ist im Motor möglicherweise etwas nicht in Ordnung. Wird ein älterer italienischer Klassiker überwiegend in der Stadt gefahren und deswegen der Motor oft im Leerlauf und unteren Drehzahlbereich bewegt, können Ölablagerungen an der Zündkerze (Bild 11) das Bild beeinträchtigen.

Zündkerzengesicht beurteilen
Motor im mittleren bis oberen Drehzahlbereich etwa zehn Kilometer warm fahren, dann mindestes einen Kilometer Vollgas und den Motor abrupt abstellen: Kupplung ziehen, Maschine ausrollen lassen.
1. Zündkerzen herausschrauben.
2. Sind Keramikisolation und Elektrode rußfrei und zeigt das innere Keramikbauteil rehbraunen Farbton (Bild 13), passt der Wärmewert der Zündkerze. Die Zusammensetzung des Benzin-Luft-Gemisches ist korrekt.
3. Bei weißem bis aschgrauem Bild ist das Gemisch zu mager. Mögliche Gründe: Hauptdüse zu klein, Falschluft wird angesaugt durch lose, poröse oder gerissene Ansaugstutzen, oder der Luftfilterkasten ist am Vergaser nicht richtig festgezogen (siehe dazu Kapitel 17 »Vergaser · Tank«). Auch wenn ohne Luftfilter gefahren wird, ist die Zündkerze zu hell, nahezu weiß.
4. Bei dunkelbrauner bis schwarz-öliger Verfärbung ist das Gemisch zu fett. Dieses Zündkerzengesicht (Bild 16) deutet auch auf eine zu große Hauptdüse oder einen zugesetzten Luftfilter hin.
5. Wenn die Zündkerze verrußt ist, dreht der Motor nur stotternd hoch und zieht nicht richtig. Rußablagerungen verhindern einen korrekten Funken zwischen äußerer und innerer Elektrode, es entsteht eine Kurzschlussbrücke zwischen den Elektroden oder auf der Keramikisolation.
5.1. Für Rußablagerungen gibt es drei Gründe:
- Motor wurde lange mit geringer Drehzahl (»Bummeltempo«) gefahren.
- Zündanlage produziert schwachen Funken.
- Kolben, Kolben- und Ölabstreifringe, Zylinderlaufbahn und/oder Ventilführungen verschlissen.

6. Bei trockenen Rußablagerungen können die Elektroden anfangen zu glühen, was zu unkontrollierten Fehlzündungen führt. Diese machen durch »Klopfen« (gut hörbar bei niedrigen Drehzahlen und starkem Beschleunigen) oder »Klin-

Bild 11

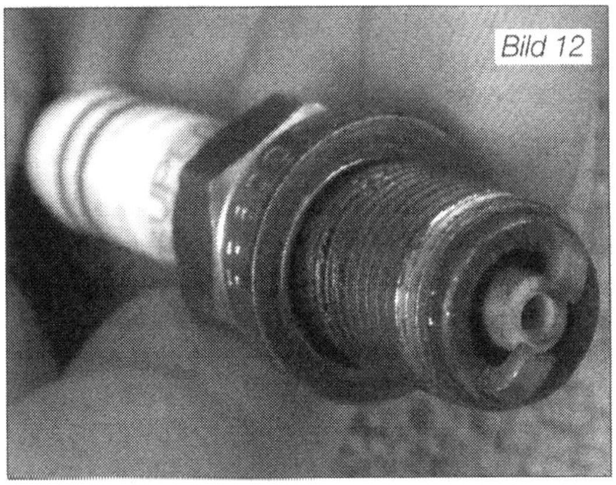

Bild 12

Bilder 11 bis 17:
11 Mit Ölresten verunreinigte Zündkerze
12 Mittelelektrode herausgefallen
13 normales Zündkerzengesicht
14 Isolator abgebrochen

Bild 13

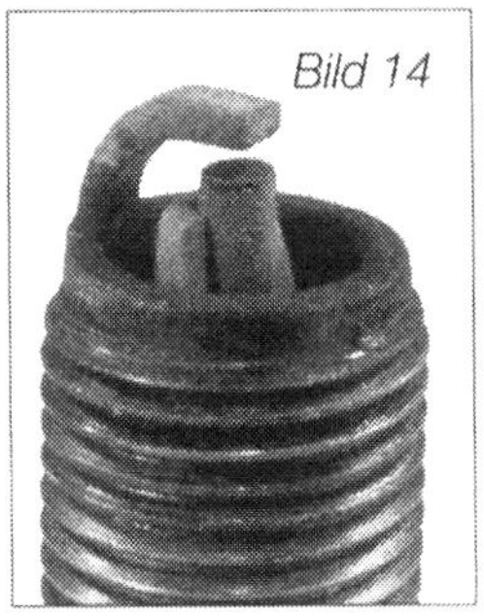

Bild 14

Bild 15

Bild 16

Bild 17

15 Isolator beschädigt, starke Ablagerungen
16 verrußte Kerze
17 Anschmelzungen

geln« (bei hoher Drehzahl und deshalb kaum zu hören) auf sich aufmerksam. Bei Fehlzündungen besteht die Gefahr, dass der Kolbenboden durchbrennt (»Loch im Kolben«).

»Kalte« oder »heiße« Zündkerze montieren?
Zuerst die Erklärung, was eine »kalte« oder »heiße« Zündkerze überhaupt ist (siehe dazu auch die Tabelle unten auf dieser Seite). Bei den zugehörigen Zahlenbeispielen für »kalte« oder »heiße Zündkerze« konzentrieren wir uns auf die beiden japanischen Zündkerzenmarken Nippon-Denso (auch »Denso« alleine genügt) und NGK, weil diese beiden Marken heute die größte Auswahl an Zündkerzen für Motorräder bieten.

Kältere Zündkerze:
1. Eine ***kältere Zündkerze*** hat höhere Verbrennungstemperaturen. Sie soll eingebaut werden, wenn die Maschine überwiegend in heißen Gegenden gefahren wird, im Hochsommer längere Autobahnetappen anstehen und damit der Motor vor allem im oberen Drehzahlbereich gefahren wird.
2. Je kälter die Zündkerzen der japanischen Zündkerzenmarken Denso und NGK sind, desto höher ist die Zahlenangabe zwischen dem Buchstabencode (z. B. BR10EIX).
3. Wichtig: Wird eine ***kalte*** Zündkerze bei niedrigen Außen- und Motortemperaturen und/oder mit niedrigen Drehzahlen gefahren, besteht die Gefahr, dass sie »verrußt«, weil sie durch die niedrigen Motortemperaturen nicht in ihren optimalen Temperatur-Arbeitsbereich von 400 bis 800 °C kommt (die optimale Arbeitstemperatur ist 650 °C). Der Motor läuft zu fett, »säuft ab« und bleibt stotternd stehen.

Heißere Zündkerze:
1. Eine ***heißere Zündkerze*** ist die optimale Wahl, wenn ein Motor meistens im Teillast- oder Kurzstreckenbereich gefahren wird. Sie soll auch dann eingebaut werden, wenn sie in kalten Gegenden bewegt wird, wo die Außentemperatur um den Gefrierpunkt oder darunter liegt und selten auf zehn bis 15 Grad ansteigt.
2. Je heißer die Zündkerzen der japanischen Zündkerzenmarken Denso und NGK sind, desto niedriger ist die Zahlenangabe zwischen dem Buchstabencode (z. B. BR7EIX).
3: Wichtig: Wird eine ***heiße*** Zündkerze bei zu hohen Außentemperaturen und/oder mit zu hohen Drehzahlen gefahren, besteht die Gefahr, dass sie »zu heiß wird«, weil sie durch die zu hohen Motortemperaturen ihre zulässige Höchsttemperatur von 850 °C dauerhaft überschreitet. Der Motor läuft dann »zu mager«, überhitzt, die Zündkerze erreicht Temperaturspitzen bis über 900 °C, was der Motor auf Dauer nicht verträgt: Er bleibt irgendwann mit durchgebranntem Kolben, verbrannten Ventilen und/oder durchgebrannter Zylinderkopfdichtung stehen.

Passt der Zündkerzen-Wärmewert?
Ob die gerade montierte Zündkerze für die Umgebungstemperatur und den Betriebszustand (z. B. Autobahn im Sommer mit permanent hohen Drehzahlen) passt, kann man am Kerzenbild (»Kerzengesicht«) ablesen.
1. Sie passt, wenn ihr Gesicht so gleichmäßig hellgrau ist wie das in Bild 13.
2. Sie passt nicht, wenn sie dunkel oder schwarzrußig ist (Bild 16): Dann ist die montierte Zündkerze ***zu kalt***, sie erreicht ihre Betriebstemperatur nicht und es sollte eine heißere Zündkerze (mit niedrigerer Zahlenangabe bei Denso oder NGK) montiert werden.
3. Sie passt ebenfalls nicht, wenn ihr Gesicht zu hell oder gar schon weiß ist. Meistens haben sich dann auch schon Hitzepickel (Abschmelzungen) auf ihr gebildet (Bild 17): Das ist ein sicheres Zeichen, dass die montierte Zündkerze ***zu heiß*** ist und eine kältere (mit höherer Zahlenangabe bei Denso und NGK) montiert werden muss, wenn man keinen Motorschaden riskieren möchte.

Ein Wort zum Schluss

Weil die Verwendung von Zündkerzen und Kerzensteckern in älteren italienischen Motorrädern sehr oft an Marken-Glaubenfragen geknüpft ist und manche Leute nichts anderes als Bosch, Beru oder Champion fahren, weil sie diese Zündkerzen schon immer fahren und ihnen japanische Zündkerzen eh suspekt sind, geben wir Ihnen den salomonischen Rat: Wenn der Motor Ihrer Maschine mit der bislang gewohnten Zündkerze und den aufgebauten Kerzensteckern zufrieden ist, damit immer problemlos startet und prima

Tabelle: Zündkerzen-Wärmewerte verschiedener Marken im Vergleich.

Hersteller	heiß								kalt
BERU	12	10	8	7	6	5	4	3	2
BERU				S5	S7	S9			
BOSCH	50	100	150	175	200	225	250	300	350
BOSCH	12	10	8	7	6	5	4	3	2
BRISK	–	–	18	16	14	12	10	08	–
CHAMPION	12	11	10	9	7	6	–	59	55
G. LODGE	–	–	–	HL	2HL	25HL	–	–	–
DENSO	9	14	16	–	20	22	24	27	31
NGK	2	4	5	–	6	7	8	9	10

läuft und Ihr Händler genügend Bosch, Beru oder Champion auf Lager hat, seien Sie zufrieden und wechseln die Zündkerzenmarke nicht. Bei Zünd(kerzen)problemen jedweder Art fragen Sie den Händler Ihres Vertrauens, ob er neueste Erkenntnisse mit Zündkerzen hat!

Zündprobleme?

Wenn der Motor patscht, nicht richtig läuft oder nicht »zieht« und die Benzinversorgung als Grund sicher ausgeschlossen werden kann, dann ist wahrscheinlich, dass die Zündkerzen entweder keinen Funken, nur einen schwachen Funken oder einen Funken zur unpassenden Zeit (»falscher Zündzeitpunkt«) abgeben. Ein Problem in der Zündung kann folgende Ursachen haben:

1. Totalausfall eines Bauteils, wie z. B. »durchgebrannte« Zündspule, Zündgeber oder Zündbox bei einer kontaktlosen elektronischen Zündung.

2. Defekte, weil »verbrannte« Unterbrecherkontakte oder ein durchgebrannter Kondensator bei einer Kontaktzündung.

3. Kabelbruch oder Korrosion in einer Steckverbindung innerhalb der Zündungsbaugruppe sorgt für eine »Stromflussunterbrechung«.

4. Kabelbruch, Feuchtigkeit oder Korrosion in Zündschloss, Killschalter (»Not-Aus-Schalter« am Lenker), Batterieanschluss oder Sicherungskontakten.

5. Defekt an oder in Zündkerze, Zündkerzenstecker, Zündkabel.

Sind elektronische Bauteile zuverlässig?
Die unter Punkt 1. genannten Bauteile der ab Mitte der 70er-Jahre eingebauten »modernen«, weil vollelektronischen und kontaktlosen Zündanlagen gehen nur selten kaputt: Zündgeber (auch »Pickup« genannt), Statoren, Rotoren, Zündspulen, Vorwiderstände und Zündboxen sind erstaunlich zuverlässige Bauteile.

Wenn ein Motor jedoch damals mit einer Kontaktzündung (Bild 18) ausgestattet war und es auch heute noch ist, dann sind die unter Punkt 2. aufgelisteten Bauteile echte Verschleißteile, die regelmäßig gewartet (»eingestellt«) und erneuert werden müssen, das kann nicht nur nervig, sondern auch teuer sein. Für ältere italienische Maschinen mit Kontaktzündung gibt es Umbausätze auf kontaktlos – damit ist der Motor leistungsfähiger und zuverlässiger, weswegen man ihm (und sich selbst als gestresster Fahrer!) einen solchen Umbau gönnen sollte (beste Adresse dafür: *www.silent-hektik.com*).

Am meisten verbreitete Zündprobleme sind unter 3. bis 5. aufgelistet. Bevor man jedoch versucht, die unter 3. und 4. genannten Problemkreise zu lösen, raten wir zu einer ersten Diagnose wie folgt:

1. Zündung ausschalten, Zündkerzen ausdrehen.

2. Jede Zündkerze auf Funken prüfen:

2.1. In den Kerzenstecker stecken und mit dem Sechskant an eine sichere Masse (Kühlrippen an Zylinderkopf oder Zylinder) anlegen.

2.2. Kick- oder Elektrostarter betätigen und nachsehen, ob die Zündkerze funkt. Dabei KEIN Gas geben!

3. Zeigt die Zündkerze keinen Funken, dieselbe Prüfung mit einer anderen (möglichst neuen) Zündkerze wiederholen. Funkt es dann, ist die zuvor getestete Zündkerze defekt.

■ Funkt es nicht, ist möglicherweise der Zündkerzenstecker defekt.

Achtung: Halten Sie bei einer solchen Prüfung einen Feuerlöscher betriebsbereit! Es ist schon passiert, dass der Motor »ersoffen« war und bei der Zündkerzenprüfung mit ausgebauten Zündkerzen sich das aus dem Zündkerzenloch austretende Gemisch entzündet hat und die Maschine sofort in Flammen stand.

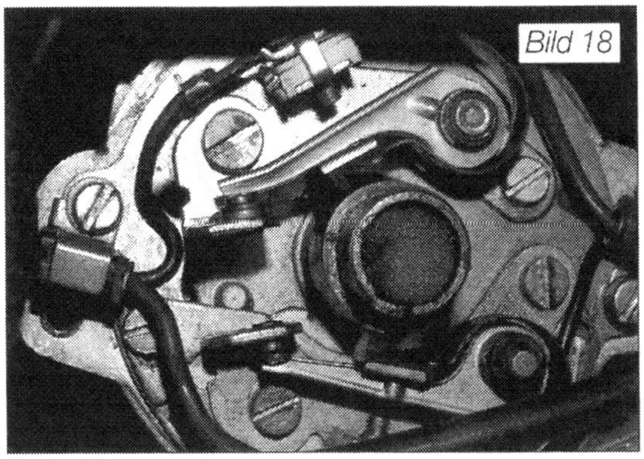
Bild 18

Bild 18: Unterbrecherkontakte müssen ca. alle 3000 km neu eingestellt und bei 6000 bis 10 000 km erneuert werden.

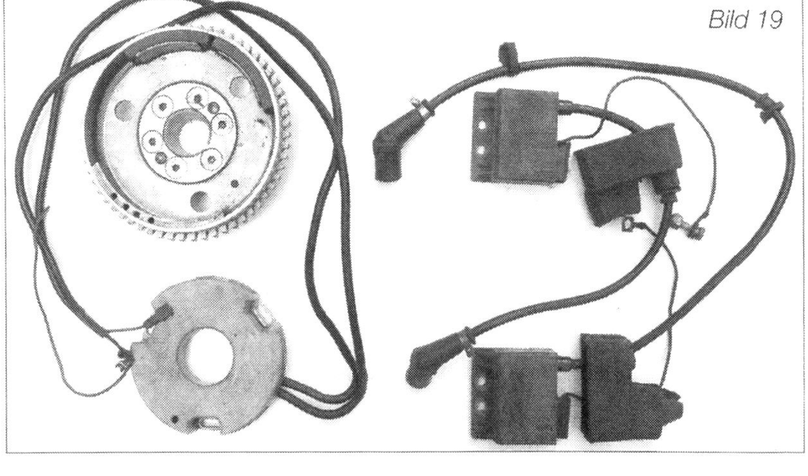
Bild 19

Bild 19: Eine kontaktlose Zündanlage ist sehr betriebssicher, selbst wenn sie schon vor 30 Jahren in ein italienisches Motorrad eingebaut wurde.

Zündfunkenlänge prüfen

Wenn der Motor nicht läuft, obwohl ein Zündfunke an der Zündkerze vorhanden ist, sollte man die Zündfunkenlänge überprüfen: Sie ist ein Indiz dafür, wie kräftig der Funke ist.

1. Kerzenstecker vom Zündkabel abdrehen.
2. Das nun offene Ende des Zündkabels im Abstand von 6 bis 7 mm zur Motormasse halten.
3. Kickstarter schwungvoll betätigen und beobachten, ob ein Funke vom Zündkabel zur Motormasse überspringt: Der Funke muss kräftig blau sein und leicht knattern.
4. Ergebnis werten:
4.1. Wenn es funkt, der Funke 6 bis 7 mm lang und »satt blau« ist und auch laut knattert, ist er o.k. – also ist der Kerzenstecker defekt. Neuen montieren und prüfen, ob der Motor läuft.
4.2. Wenn der Zündfunke zu kurz ist (nur 1 bis 3 mm) bzw. die Zündkerze überhaupt nicht zündet, alle Leitungen und Stecker der Zündungsbaugruppe auf gute Kontakte prüfen.

Zündkerzenstecker »reparieren«

Wenn kein neuer Zündkerzenstecker greifbar ist:
1. Spannring entfernen (mit kleinem Schraubenzieher), siehe Bild 20.
2. Blechfalz aufbiegen (mit scharfer Zange).
3. Ummantelung abziehen.
■ Jetzt ist der Kerzenstecker »nackt«: Aufbauen und testen, ob er jetzt funktioniert!

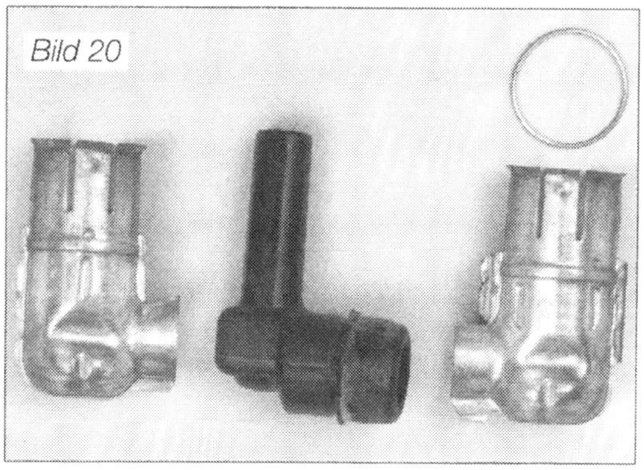

Bild 20: Wenn der Zündkerzenstecker defekt ist und durchschlägt, kann zur Not die äußere Ummantelung abgenommen werden, der Kerzenstecker kann danach wieder funktionieren!

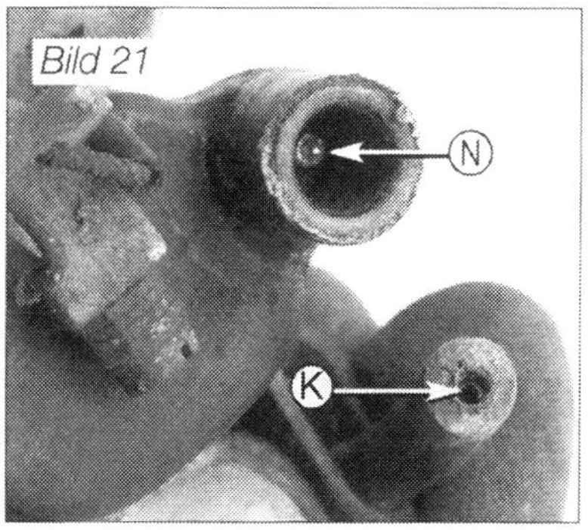

Bild 21: Nagelspitze (N) muss korrosionsfrei, Kabelende (K) darf nicht ausgefranst sein.

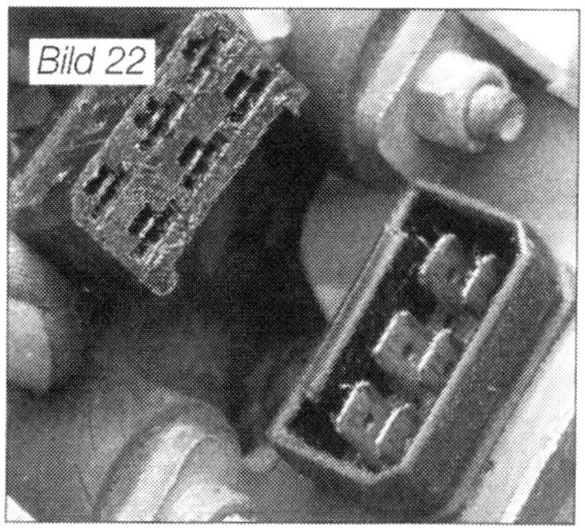

Bild 22: Alle Stecker und Anschlüsse der Zündelektronik müssen sauber, fettfrei und ohne Korrosion sein.

Zündspule, Zündkerzenstecker

Auf einer Seite der Zündspule ist das Zündkabel eingesteckt (Bild 21), das zum Zündkerzenstecker führt und dort ebenso eingesteckt ist. In Zündspule und Zündkerzenstecker sorgen nagelähnliche Spitzen für sicheren, wackelfreien Kontakt zur Kupferseele des Zündkabels. Alles muss trocken und frei von Korrosion sein!

1. Überwurfmutter abdrehen, Zündkabel herausziehen (Bild 21).
2. Wenn der Anschluss des Zündkabels »ausgefranst« ist, ein kurzes Stück vom Zündkabel abschneiden.
3. Spitze in der Zündspule und im Zündkerzenstecker mit Kontaktspray reinigen, trocken blasen, Zündkabel aufstecken bzw. aufdrehen, Überwurfmutter festdrehen.

Wenn der Motor dann immer noch nicht sauber läuft, zuerst alle elektrischen Stecker (Bild 22) und Masseanschlüsse auf korrekten Sitz und eventuelle Korrosion (»Grünspan«) prüfen, bevor Sie umfangreiche Messungen ins Auge fassen oder gar (auf Verdacht) neue Teile kaufen.

Weitere Prüfungen mit Hausmitteln:

1. Alle Kabel und Anschlüsse der Zündanlage auf einwandfreie Isolierung und korrekten Sitz überprüfen. Schon ein kleiner Fehler in der Isolierung eines nicht richtig sitzenden Steckers oder eines durchgescheuerten Kabels kann das gesamte Zündsystem lahmlegen.
2. Besonders die Anschlüsse der Zündspulen auf Korrosion und festen Sitz überprüfen.
3. Etwaige Korrosion an den Steckverbindungen (Bild 22) mit feinem Schmirgelpapier beseitigen und mit Kontaktspray nachbehandeln.
4. Seitenständerschalter (wenn vorhanden!) prüfen: Wenn dieser defekt ist, hat er die Zündung unterbrochen und es funkt nicht.
5. Wenn sich überhaupt kein Funke zeigt: Zündsteuergerät (»Zündbox«) gegen ein intaktes Gerät tauschen, es muss jedoch vom gleichen Fahrzeugmodell ausgeliehen werden: Auf Typbezeichnung der Zündbox sowie gleiche Steckanschlüsse achten!

Ganz wichtig: Wenn der Motor eine Zeit lang mit Zündproblemen gelaufen hat, ist meist die Zündkerze stark verschmutzt oder gar defekt. BEVOR Sie mit einem reparierten Zündkabel oder einer anderen Zündbox auf Probefahrt gehen, schrauben Sie eine saubere oder (besser noch!) neue Zündkerze ein!

Wenn die Zündprobleme tiefer gehen, weil die »Prüfungen mit Hausmitteln« keine Besserung gebracht haben, ist der Gang in eine Fachwerkstatt oft die beste aller Lösungen. Denn die auf italienische Klassiker spezialisierten Händler sowie ältere Bosch-Dienste haben meistens reichlich Erfahrung (bzw. die darin arbeitenden »alten Fachleute« haben diese!) sowie die nötigen Messgeräte (Oszilloskop und Stroboskop) plus zugehörige Werksunterlagen.

Kabel »restaurieren«

Das Beispiel der Reparatur der Zündgeber-Kabel unserer Ducati macht deutlich, dass ein elektronisches Bauteil wie der Zündgeber trotz defekter Zuleitung durchaus noch ganz und damit voll funktionsfähig ist.

1. Zuerst durchmessen:

1.1. Multimeter auf Ω stellen.

1.2. Messspitzen sicher mit den Kabelsteckern verbinden (Bild 26).

1.3. Messung muss zwischen 220 Ω betragen (Toleranz plus/minus 5%).

2. Alte äußere Kabelisolation sauber abschälen.

2.1. Alte innere Kabelisolation prüfen: Wahrscheinlich ist sie ebenfalls so hart und porös, wie es die äußere war und muss weg (Bilder 23, 24).

■ Sofern der Kabelkern in Ordnung ist, kann man die Isolation auf der ganzen Kabellänge abschälen und mit Schrumpfschlauch überziehen.

■ Man kann auch das alte Kabel an einer Bruchstelle neu verlöten (Bild 25) oder nahe am Zündgeber abknipsen und ein neues Kabel anlöten.

3. Für beide Möglichkeiten gilt: Die Kabel müssen sauber verlötet sein und vor dem Anklemmen der Steckverbinder mit Schrumpfschlauch überzogen werden. Markierungsringe »O« (orizondale = liegender Zylinder) und »V« (verticale = stehender Zylinder) nicht vergessen!

4. Danach noch einmal durchmessen: Messwerte siehe Punkt 1.3. und Bild 26.

5. Kabel am besten schon vor dem Anbringen der neuen Steckverbinder durch die Gehäusebohrung ziehen, mit dem Dichtring bestücken, Dichtbuchse eindrehen.

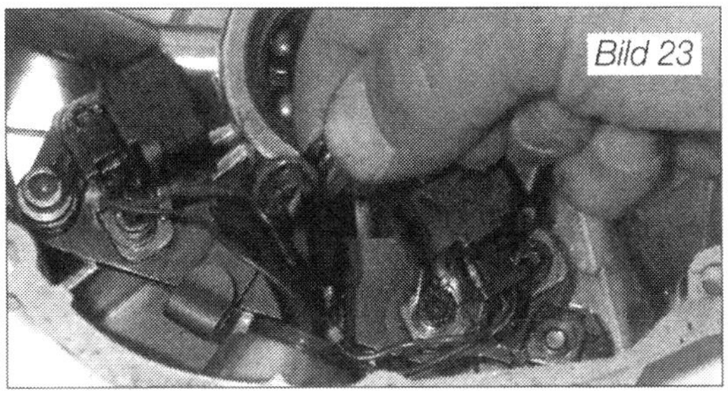
Bild 23

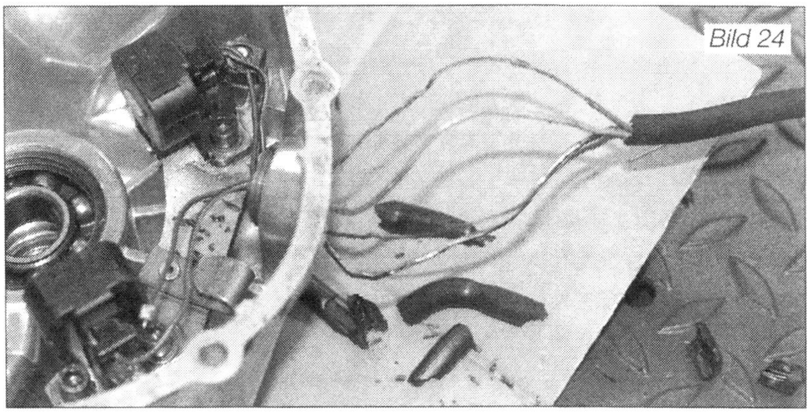
Bild 24

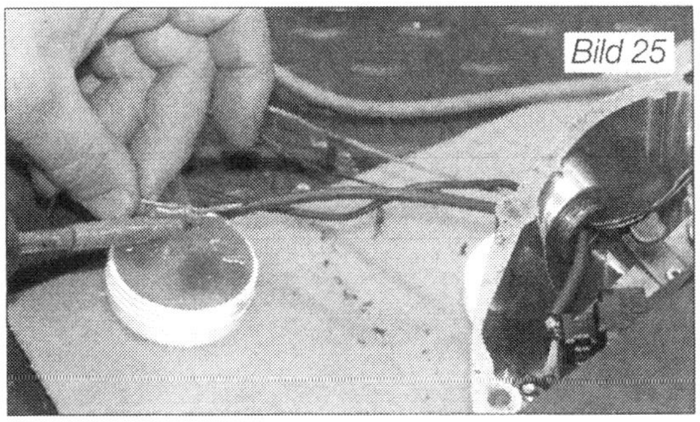
Bild 25

Bilder 23 bis 27: Im Lauftext sind die zu den Bildern gehörenden Arbeitsschritte nummeriert beschrieben.

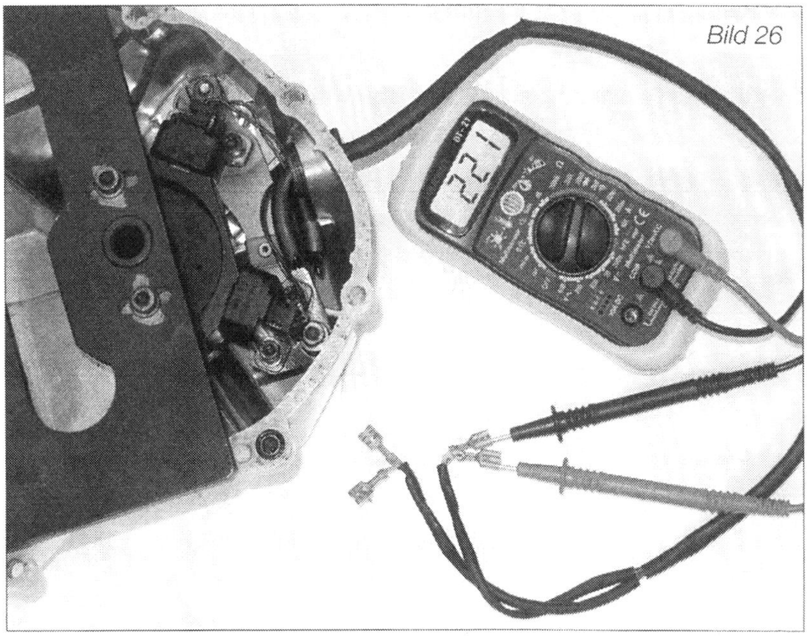
Bild 26

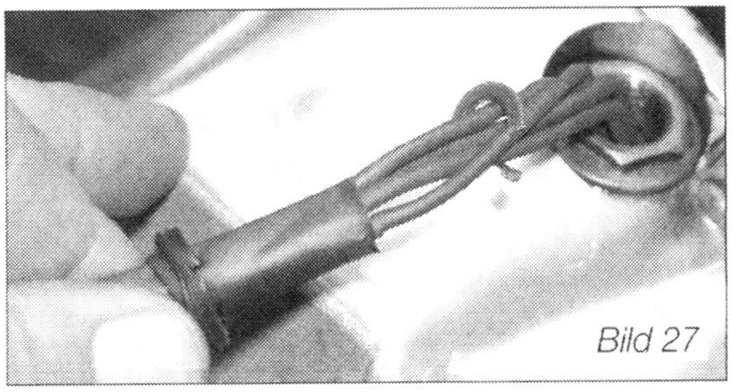
Bild 27

Sichtprüfung Messen

Hersteller	Modell	Hubraum	ab Mj.[1]	Elektrodenabstand	Serienkerze	Platinelektrode	Iridiumelektrode
APRILIA	Tuareg 600 Wind	562 cm^3	1988	0,6 mm	D8EA	D8EVX	DR8EIX
APRILIA	Pegaso 600	600 cm^3	1990	0,6 mm	D8EA	D8EVX	DR8EIX
APRILIA	Moto 6.5 (MH)	650 cm^3	1995	0,6 mm	D8EA	D8EVX	DR8EIX
APRILIA	Pegaso 650 (GA)	650 cm^3	1992	0,7 mm	DR8EA	DR8EVX	DR8EIX
APRILIA	Pegaso 650 Trail (VD)	650 cm^3	2006	0,6 mm	CR7E		CR7EIX
APRILIA	Pegaso 650 (MX)	650 cm^3	1996	0,7 mm	DR8EA	DR8EVX	DR8EIX
APRILIA	Pegaso 650(3) (ML) Kat.	650 cm^3	1997	0,7 mm	DR8EA	DR8EVX	DR8EIX
APRILIA	Pegaso Cube 650	650 cm^3	1997	0,7 mm	DR8EA	DR8EVX	DR8EIX
APRILIA	Pegaso 650 i.e. (RW)	650 cm^3	2001	0,7 mm	DR8EB		DR8EIX
APRILIA	Pegaso 650 Strada (VD)	660 cm^3	2005	0,6 mm	CR7E		CR7EIX
BENELLI	304	230 cm^3	1982	0,6 mm	B7HS	B7HVX	BR7HIX
BENELLI	250	250 cm^3		0,5 mm	B6ES	B6EVX	
BENELLI	250 Quattro	250 cm^3	1977	0,6 mm	B7HS	B7HVX	BR7HIX
BENELLI	254	250 cm^3	1980	0,6 mm	B7HS	B7HVX	BR7HIX
BENELLI	2C, 2CE, Sport Speciale	250 cm^3		0,5 mm	B7ES	B7EVX	
BENELLI	500 LS, Quattro, 504/Sport	500 cm^3		0,5 mm	D8EA	D8EVX	DR8EIX
BENELLI	654 / Sport / 4C	650 cm^3		0,5 mm	D8EA	D8EVX	DR8EIX
BENELLI	Tornado 650 / S / SV	650 cm^3		0,5 mm	B8ES	B8EVX	BR8EIX
BENELLI	750 Sei	750 cm^3		0,5 mm	D8EA	D8EVX	DR8EIX
BENELLI	900 Sei VT / NT	900 cm^3		0,5 mm	D8EA	D8EVX	DR8EIX
BIMOTA	BB 1 Supermono/Biposto	650 cm^3	1995	0,7 mm	D8EA	D8EVX	DR8EIX
BIMOTA	DB-1 / S	750 cm^3		0,5 mm	BP7HS	BP7HVX	BPR7HIX
BIMOTA	SB 7	750 cm^3		0,7 mm	CR9EK		CR9EIX
BIMOTA	YB-4	750 cm^3		0,7 mm	DR8EA	DR8EVX	DR8EIX
BIMOTA	Tesi 1	851 cm^3	1992	0,6 mm		D9EVX	DR9EIX
BIMOTA	DB-2, SR, Mantra	900 cm^3	1992	0,9 mm	DPR8EA-9	DPR8EVX-9	DPR8EIX-9
BIMOTA	SB 8 R	1000 cm^3	1999	0,7 mm	CR9EK		CR9EIX
BIMOTA	YB-6	1000 cm^3		0,7 mm	DR8ESL	DR8EVX	DR8EIX
BIMOTA	YB-8 EXUP	1000 cm^3	1995	0,7 mm	DR8ESL	DR8EVX	DR8EIX
BIMOTA	YB 11	1002 cm^3	1996	0,7 mm	DR8EA	DR8EVX	DR8EIX
BIMOTA	SB 6	1100 cm^3		0,7 mm	CR9E	CR9EVX	CR9EIX
BIMOTA	SB 6 R	1100 cm^3	1997	0,7 mm	CR9E	CR9EVX	CR9EIX
BIMOTA	SB-5 / S	1150 cm^3		0,9 mm	DPR9EA-9	DPR9EVX-9	DPR9EIX-9
BIMOTA	YB-5	1200 cm^3		0,9 mm	DPR8EA-9	DPR8EVX-9	DPR8EIX-9
CAGIVA	Ala Blu 350	350 cm^3		0,5 mm	B8ES	B8EVX	BR8EIX
CAGIVA	Ala Rossa 350 / 4T	350 cm^3	1983	0,5 mm	B8ES	B8EVX	BR8EIX
CAGIVA	Ala Verde 350	350 cm^3		0,5 mm	B8ES	B8EVX	BR8EIX
CAGIVA	Alazzurra 350 (D)	350 cm^3	1984	0,5 mm	BP7HS	BP7HVX	BPR7HIX
CAGIVA	Elefant 350 (D)	350 cm^3		0,5 mm	BP7HS	BP7HVX	BPR7HIX
CAGIVA	Lucky 350	350 cm^3		0,9 mm	DP8EA-9	DPR8EVX-9	DPR8EIX-9
CAGIVA	T4 350 E, R (D)	350 cm^3	1986	0,9 mm	DP8EA-9	DPR8EVX-9	DPR8EIX-9
CAGIVA	Trial 350	350 cm^3	1982	0,6 mm	BP5ES	BP5EVX	BPR5EIX
CAGIVA	W12	350 cm^3	1994	0,9 mm	DP8EA-9	DPR8EVX-9	DPR8EIX-9
CAGIVA	T4 500 E, R (D)	450 cm^3		0,9 mm	DP8EA-9	DPR8EVX-9	DPR8EIX-9
CAGIVA	Canyon 500	500 cm^3	1998	0,7 mm	BPR8ES	BPR8EVX	
CAGIVA	MXR 500	500 cm^3		0,5 mm		B95EGV	
CAGIVA	Canyon 600	600 cm^3	1998	0,8 mm	BCP7ES	BCP7EV	BCPR7EIX
CAGIVA	Canyon 600	600 cm^3	1996	0,7 mm		BKR7EVX	
CAGIVA	River 600	600 cm^3	1995	0,7 mm		BKR7EVX	
CAGIVA	Super City	600 cm^3	1995	0,7 mm		BKR7EVX	
CAGIVA	W16	600 cm^3	1994	0,7 mm		BKR7EVX	
CAGIVA	Alazzurra 650 (D)	650 cm^3	1984	0,6 mm	BP7HS	BP7HVX	BPR7HIX
CAGIVA	Elefant 650 (D)	650 cm^3	1985	0,6 mm	BP7HS	BP7HVX	BPR7HIX
CAGIVA	Raptor	650 cm^3	2000	0,7 mm	CR8E	CR8EVX	CR8EIX
CAGIVA	V-Raptor	650 cm^3	2000	0,7 mm	CR8E	CR8EVX	CR8EIX
CAGIVA	Elefant 750	750 cm^3	1994	0,9 mm	DPR8EA-9	DPR8EVX-9	DPR8EIX-9
CAGIVA	Elefant 750 Lucky (D)	750 cm^3	1987	0,9 mm	DPR8EA-9	DPR8EVX-9	DPR8EIX-9
CAGIVA	Elefant 900 AC (D)	900 cm^3	1993	0,9 mm	DPR9EA-9	DPR9EVX-9	DPR9EIX-9
CAGIVA	Elefant 900 ie / GT (D)	900 cm^3	1992	0,9 mm	DPR9EA-9	DPR9EVX-9	DPR9EIX-9
CAGIVA	Grand Canyon 900	900 cm^3	1998	0,9 mm	DPR8EA-9	DPR8EVX-9	DPR8EIX-9
CAGIVA	Navigator 1000	1000 cm^3	1999	0,7 mm	CR8EK		CR8EIX
CAGIVA	Raptor	1000 cm^3	1999	0,7 mm	CR8EK		CR8EIX
CAGIVA	V-Raptor	1000 cm^3	2000	0,7 mm	CR8EK		CR8EIX
CAGIVA	X-tra Raptor 1000	1000 cm^3	2003	0,7 mm	CR8EK		CR8EIX
DUCATI	100 Sport	100 cm^3	1958	0,6 mm	B7HS	B7HVX	BR7HIX
DUCATI	125 Scrambler	125 cm^3	1971	0,5 mm	B8HS	B8HVX	BR8HIX
DUCATI	125 Sport	125 cm^3	1958	0,6 mm	B7HS	B7HVX	BR7HIX
DUCATI	125 TS	125 cm^3	1959	0,5 mm	B6HS	B6HVX	BR6HIX
DUCATI	160 Monza	160 cm^3		0,6 mm	B7HS	B7HVX	BR7HIX
DUCATI	175 Sport	175 cm^3	1958	0,6 mm	B7HS	B7HVX	BR7HIX
DUCATI	175 TS	175 cm^3	1958	0,5 mm	B6HS	B6HVX	BR6HIX
DUCATI	200 Elite	200 cm^3	1959	0,6 mm	B7HS	B7HVX	BR7HIX
DUCATI	250 Mach 1	250 cm^3	1964	0,6 mm	B7HS	B7HVX	BR7HIX
DUCATI	250 Monza	250 cm^3	1968	0,6 mm	B7HS	B7HVX	BR7HIX
DUCATI	250 SCR	250 cm^3	1968	0,6 mm	B7HS	B7HVX	BR7HIX
DUCATI	250 SCR-MC	250 cm^3	1962	0,6 mm	B7HS	B7HVX	BR7HIX
DUCATI	350 Desmo	350 cm^3	1970	0,5 mm	B6HS	B6HVX	BR6HIX
DUCATI	350 F3	350 cm^3	1986	0,5 mm	B6HS	B6HVX	BR6HIX
DUCATI	350 F3 Desmo	350 cm^3		0,5 mm	BP7HS	BP7HVX	BPR7HIX
DUCATI	350 Forza	350 cm^3		0,5 mm	B6HS	B6HVX	BR6HIX
DUCATI	350 GTL	350 cm^3	1979	0,5 mm	B6HS	B6HVX	BR6HIX
DUCATI	350 Indiana	350 cm^3	1986	0,5 mm	BR7HS		BR7HIX
DUCATI	350 Junior	350 cm^3	1992	0,6 mm	BP7HS	BP7HVX	BPR7HIX
DUCATI	350 MK III	350 cm^3	1970	0,5 mm	B6HS	B6HVX	BR6HIX
DUCATI	350 MK III D	350 cm^3		0,5 mm	B6HS	B6HVX	BR6HIX
DUCATI	350 Sebring	350 cm^3	1965	0,6 mm	B7HS	B7HVX	BR7HIX
DUCATI	350 Sport	350 cm^3	1992	0,7 mm	BP5ES	BP5EVX	BPR5EIX
DUCATI	350 Sport Desmo	350 cm^3		0,5 mm	BR7HS		BR7HIX
DUCATI	350 Vento	350 cm^3	1980	0,5 mm	B6HS	B6HVX	BR6HIX
DUCATI	XL 350	350 cm^3		0,6 mm	BPR7HS	BPR7HVX	BPR7HIX
DUCATI	450 / Scrambler (D)	450 cm^3	1970	0,5 mm	B6HS	B6HVX	BR6HIX
DUCATI	450 Desmo Sport	450 cm^3	1971	0,5 mm	BR7HS		BR7HIX
DUCATI	450 Mark 3D	450 cm^3	1969	0,5 mm	BR7HS		BR7HIX
DUCATI	450 R / T	450 cm^3	1971	0,5 mm	BR7HS		BR7HIX
DUCATI	450 SCR	450 cm^3	1969	0,6 mm	B7HS	B7HVX	BR7HIX
DUCATI	450 T / S	450 cm^3	1971	0,5 mm	BR7HS		BR7HIX
DUCATI	500 GTL	500 cm^3	1974	0,5 mm	B7HS	B7HVX	BR7HIX
DUCATI	500 Pantah (D)	500 cm^3	1980	0,5 mm	B7HS	B7HVX	BR7HIX
DUCATI	500 SL Pantah (D)	500 cm^3		0,6 mm	BPR7HS	BPR7HVX	BPR7HIX
DUCATI	500 Sport Desmo	500 cm^3	1979	0,5 mm	B6HS	B6HVX	BR6HIX
DUCATI	500 Sport Twin	500 cm^3	1978	0,5 mm	B7HS	B7HVX	BR7HIX
DUCATI	600 Monster	600 cm^3	1994	0,9 mm	DCPR8E	DCPR8EVX	DCPR8EIX
DUCATI	600 SS	600 cm^3	1994	0,9 mm	DCPR8E	DCPR8EVX	DCPR8EIX
DUCATI	600 Pantah SL / TL (D)	600 cm^3	1981	0,6 mm	BPR7HS	BPR7HVX	BPR7HIX
DUCATI	M 600 Monster alle Modelle	600 cm^3	1997	0,9 mm	DCPR8E	DCPR8EVX	DCPR8EIX
DUCATI	M 620 i.e	620 cm^3	2001	0,9 mm	DPR8EA-9	DPR8EVX-9	DPR8EIX-9
DUCATI	620 i.e. Dark	620 cm^3	2002	0,9 mm	DPR8EA-9	DPR8EVX-9	DPR8EIX-9
DUCATI	Multistrada	620 cm^3	2005	0,9 mm	DCPR8E	DCPR8EVX	DCPR8EIX
DUCATI	620 S i.e.	620 cm^3	2002	0,9 mm	DPR8EA-9	DPR8EVX-9	DPR8EIX-9
DUCATI	620 i.e.	620 cm^3	2002	0,9 mm	DPR8EA-9	DPR8EVX-9	DPR8EIX-9
DUCATI	620 Sport	620 cm^3	2003	0,9 mm	DCPR8E	DCPR8EVX	DCPR8EIX
DUCATI	M 620S i.e	620 cm^3	2001	0,9 mm	DPR8EA-9	DPR8EVX-9	DPR8EIX-9
DUCATI	650 Indiana	650 cm^3	1987	0,6 mm	BP7HS	BP7HVX	BPR7HIX
DUCATI	748 / SP / SPS	748 cm^3	1995	0,6 mm		DCPR9EVX	
DUCATI	748 / Biposto	748 cm^3	1999	0,6 mm		DCPR9EVX	
DUCATI	748 R	748 cm^3			R2270-9		
DUCATI	748 S	748 cm^3		0,6 mm		DCPR9EVX	
DUCATI	750 Monster	750 cm^3	1996	0,9 mm	DCPR8E	DCPR8EVX	DCPR8EIX
DUCATI	750 SS	750 cm^3	1991	0,6 mm		DCPR9EVX	
DUCATI	750 Sport (D)	750 cm^3	1988	0,6 mm	BPR7HS	BPR7HVX	BPR7HIX
DUCATI	750 GT	750 cm^3	1974	0,6 mm	BPR7HS	BPR7HVX	BPR7HIX
DUCATI	750 F1 / LS (D)	750 cm^3	1985	0,9 mm	DCPR8E	DCPR8EVX	DCPR8EIX
DUCATI	750 SS Königswelle	750 cm^3	1972	0,6 mm	BPR7HS	BPR7HVX	BPR7HIX
DUCATI	SS 750 I.E.	750 cm^3		0,6 mm		DCPR9EVX	
DUCATI	SS 750 HF I.E.	750 cm^3		0,6 mm		DCPR9EVX	
DUCATI	750 Indiana (D)	750 cm^3	1987	0,6 mm	BPR7HS	BPR7HVX	BPR7HIX
DUCATI	M 750 Monster alle Modelle	750 cm^3	1997	0,6 mm	DCPR8E	DCPR8EVX	DCPR8EIX
DUCATI	750 Paso (D)	750 cm^3	1986	0,9 mm	DCPR8E	DCPR8EVX	DCPR8EIX
DUCATI	750 F1 Desmo	750 cm^3	1988	0,9 mm	DCPR8E	DCPR8EVX	DCPR8EIX
DUCATI	750 SS i.e.	750 cm^3	1999	0,9 mm	DPR8EA-9	DPR8EVX-9	DPR8EIX-9
DUCATI	800 SuperSport	800 cm^3	2003	0,9 mm	DCPR8E	DCPR8EVX	DCPR8EIX
DUCATI	800 Sport	800 cm^3	2003	0,9 mm	DCPR8E	DCPR8EVX	DCPR8EIX
DUCATI	Monster 800 i.e.	800 cm^3	2003	0,9 mm	DCPR8E	DCPR8EVX	DCPR8EIX
DUCATI	Monster S2R	803 cm^3	2005	0,9 mm	DCPR8E	DCPR8EVX	DCPR8EIX
DUCATI	851 S3 (D)	851 cm^3	1989	0,6 mm		D9EVX	DR9EIX
DUCATI	851 S1 (D)	851 cm^3	1988	0,6 mm		D9EVX	DR9EIX
DUCATI	860 Desmo SS (D)	860 cm^3		0,5 mm	B6HS	B6HVX	BR6HIX
DUCATI	860 GT,GTS,S (D)	860 cm^3	1975	0,5 mm	B6HS	B6HVX	BR6HIX
DUCATI	851 S.P., II, III, IV	888 cm^3		0,6 mm		D9EVX	DR9EIX
DUCATI	888 SP5	888 cm^3	1993	0,5 mm	R2270-9		
DUCATI	888 Strada	888 cm^3	1993	0,6 mm		DCPR9EVX	
DUCATI	M 900 Monster alle Modelle	900 cm^3	1997	0,9 mm	DCPR8E	DCPR8EVX	DCPR8EIX
DUCATI	900 S,SS,GTS,SD,S2,HR (D)	900 cm^3	1980	0,6 mm	BP7HS	BP7HVX	BPR7HIX
DUCATI	907 I.E.	900 cm^3	1991	0,9 mm	DCPR8E	DCPR8EVX	DCPR8EIX
DUCATI	M 900 I.E.	900 cm^3	1999	0,9 mm	DCPR8E	DCPR8EVX	DCPR8EIX
DUCATI	Darmah 900 (D)	900 cm^3		0,6 mm	B6HS	B6HVX	BR6HIX
DUCATI	900 SS / SL	900 cm^3	1991	0,9 mm	DCPR8E	DCPR8EVX	DCPR8EIX
DUCATI	Super Sport 900	900 cm^3	1991	0,9 mm	DCPR8E	DCPR8EVX	DCPR8EIX
DUCATI	Paso 906	900 cm^3	1988	0,9 mm	DCPR8E	DCPR8EVX	DCPR8EIX
DUCATI	Monster 900 Spezial (57kW)	900 cm^3	2000	0,9 mm	DPR8EA-9	DPR8EVX-9	DPR8EIX-9
DUCATI	MH 900 EVOLUZIONE (75PS)	900 cm^3	2000	0,9 mm	DPR8EA-9	DPR8EVX-9	DPR8EIX-9
DUCATI	900 SS final edition	900 cm^3	1999	0,9 mm	DPR8EA-9	DPR8EVX-9	DPR8EIX-9
DUCATI	900 Super Sport (D)	900 cm^3	1988	0,9 mm	DCPR8E	DCPR8EVX	DCPR8EIX
DUCATI	900 SS I.E.	904 cm^3	1991	0,9 mm	DCPR8E	DCPR8EVX	DCPR8EIX
DUCATI	ST 2	944 cm^3	1997	0,9 mm	DCPR8E	DCPR8EVX	DCPR8EIX
DUCATI	Mille (D)	972 cm^3		0,6 mm	BP7HS	BP7HVX	BPR7HIX
DUCATI	916 SP / SPS	996 cm^3	1998	0,5 mm	R2349-9		
DUCATI	996 Biposto	996 cm^3	1999	0,6 mm		DCPR9EVX	
DUCATI	996 SP / SPS	996 cm^3	1998	0,5 mm	R2349-9		
DUCATI	S 4 R Monster	996 cm^3	2004	0,6 mm		DCPR9EVX	
DUCATI	ST 4 s	996 cm^3		0,6 mm		DCPR9EVX	
DUCATI	999	998 cm^3	2005	0,6 mm		DCPR9EVX	
DUCATI	Monster 1000 i.e.	1000 cm^3	2003	0,9 mm	DCPR8E	DCPR8EVX	DCPR8EIX
DUCATI	1000 DS	1000 cm^3	2003	0,9 mm	DCPR8E	DCPR8EVX	DCPR8EIX
DUCATI	S2R 1000 Monster	1000 cm^3	2006	0,9 mm	DCPR8E	DCPR8EVX	DCPR8EIX
DUCATI	ST 3	1000 cm^3	2004	0,6 mm		CR9EVX	CR9EIX
DUCATI	1000 S2, HR	1000 cm^3	1985	0,6 mm	BPR7HS	BPR7HVX	BPR7HIX
DUCATI	Multistrada 1000 / S / DS	1000 cm^3	2005	0,9 mm	DPR8EA-9	DPR8EVX-9	DPR8EIX-9
DUCATI	Classic Sport 1000	1000 cm^3	2006	0,9 mm	DCPR8E	DCPR8EVX	DCPR8EIX
DUCATI	1000 SuperSport	1000 cm^3	2003	0,9 mm	DCPR8E	DCPR8EVX	DCPR8EIX

1) Ab Modell- bzw. Baujahr

Hersteller	Modell	Hubraum	ab Mj.[1]	Elektrodenabstand	Serienkerze	Platinelektrode	Iridiumelektrode
DUCATI	Multistrada 1000	1000 cm^3	2002	0,9 mm	DPR8EA-9	DPR8EVX-9	DPR8EIX-9
DUCATI	Paul Smart 1000	1000 cm^3	2006	0,9 mm	DCPR8E	DCPR8EVX	DCPR8EIX
DUCATI	Multistrada 1100	1100 cm^3	2007	0,9 mm	DCPR8E	DCPR8EVX	DCPR8EIX
GILERA	200 T4	200 cm^3	1982	0,5 mm	B8ES	B8EVX	BR8EIX
GILERA	Arizona	200 cm^3	1985	0,5 mm	B9EG	B9EGV	BR9EIX
GILERA	RTX	200 cm^3	1986	0,5 mm	B9EG	B9EGV	BR9EIX
GILERA	RV 200 LC	200 cm^3	1985	0,5 mm	B9EG	B9EGV	BR9EIX
GILERA	RX 200 LC	200 cm^3	1985	0,5 mm	B9EG	B9EGV	BR9EIX
GILERA	250 Arizona Rally	250 cm^3	1985	0,5 mm	B9ES	B9EVX	BR9EIX
GILERA	250 C3	250 cm^3		0,5 mm		B105EGV	
GILERA	250 KK, KZ	250 cm^3		0,5 mm	B9ES	B9EVX	BR9EIX
GILERA	250 NGR	250 cm^3	1985	0,5 mm	B9ES	B9EVX	BR9EIX
GILERA	HX 250	250 cm^3		0,5 mm		B105EGV	
GILERA	NX 250 LC	250 cm^3		0,5 mm		B105EGV	
GILERA	RV 250 NGR	250 cm^3		0,5 mm	B9ES	B9EVX	BR9EIX
GILERA	Dakota 350	350 cm^3		0,9 mm	DP9EA-9	DP9EVX-9	DPR9EIX-9
GILERA	Dakota 350 ER	350 cm^3		0,9 mm	DP9EA-9	DP9EVX-9	DPR9EIX-9
GILERA	XRT 350	350 cm^3	1988	0,9 mm	DP9EA-9	DP9EVX-9	DPR9EIX-9
GILERA	Dakota 500	500 cm^3	1987	0,9 mm	DP9EA-9	DP9EVX-9	DPR9EIX-9
GILERA	Saturno 500	500 cm^3	1988	0,9 mm	DP9EA-9	DP9EVX-9	DPR9EIX-9
GILERA	XRT 600	550 cm^3	1988	0,9 mm	DP9EA-9	DP9EVX-9	DPR9EIX-9
GILERA	600 FB (Nordcape)	600 cm^3	1992	0,5 mm	D8EA	D8EVX	DR8EIX
GILERA	Nordwest 600	600 cm^3		0,7 mm	DCPR9E	DCPR9EVX	DCPR9EIX
GILERA	RC 600	600 cm^3		0,5 mm	D8EA	D8EVX	DR8EIX
GILERA	RC 600 C	600 cm^3	1992	0,5 mm	D8EA	D8EVX	DR8EIX
LAVERDA	CU125 Ride, GS125 Lesmo	125 cm^3		0,5 mm	B8ES	B8EVX	BR8EIX
LAVERDA	Custom, Strada	125 cm^3		0,5 mm	B9ES	B9EVX	BR9EIX
LAVERDA	LB125 Uno	125 cm^3		0,5 mm	B8ES	B8EVX	BR8EIX
LAVERDA	350 Alpino	350 cm^3		0,5 mm	D9EA	D9EVX	DR9EIX
LAVERDA	500 Alpino / Montjuich	500 cm^3		0,5 mm	D9EA	D9EVX	DR9EIX
LAVERDA	OR 600 Atlas	600 cm^3		0,6 mm	D8EA	D8EVX	DR8EIX
LAVERDA	650 Ghost	668 cm^3	1996	0,6 mm	DCPR9E	DCPR9EVX	DCPR9EIX
LAVERDA	650 Ghost Strike	668 cm^3	1996	0,6 mm	DCPR9E	DCPR9EVX	DCPR9EIX
LAVERDA	650 Ghost Legend	668 cm^3	1996	0,6 mm	DCPR9E	DCPR9EVX	DCPR9EIX
LAVERDA	650 Sport	668 cm^3	1995	0,6 mm	DCPR9E	DCPR9EVX	DCPR9EIX
LAVERDA	668	668 cm^3		0,6 mm	DCPR9E	DCPR9EVX	DCPR9EIX
LAVERDA	668	668 cm^3	1996	0,6 mm	DCPR9E	DCPR9EVX	DCPR9EIX
LAVERDA	668	668 cm^3	1997	0,6 mm	DCPR9E	DCPR9EVX	DCPR9EIX
LAVERDA	750 S Formula	750 cm^3	1998	0,6 mm	DCPR9E	DCPR9EVX	DCPR9EIX
LAVERDA	750/GS/GT/S/SFC/SF-2D	750 cm^3		0,5 mm	BP8ES	BP8EVX	
LAVERDA	770 GTL	750 cm^3		0,5 mm	BP7ES	BP7EVX	BPR7EIX
LAVERDA	SF,SF Competizione / SS	750 cm^3		0,5 mm	B10EGV	B10EVX	
LAVERDA	SF2-10, SF3	750 cm^3		0,5 mm	B8ES	B8EVX	BR8EIX
LAVERDA	1000 RGS	1000 cm^3		0,6 mm	B8ES	B8EVX	BR8EIX
LAVERDA	1000/Jarama/Jota/SC/CE/CL	1000 cm^3		0,6 mm	B8ES	B8EVX	BR8EIX
LAVERDA	SFC 1000	1000 cm^3	2004	0,5 mm	B9ES	B9EVX	BR9EIX
LAVERDA	1200 / Mirage / TS	1200 cm^3		0,6 mm	B8ES	B8EVX	BR8EIX
MAGNI	Sfida	1000 cm^3		0,6 mm	BP6ES	BP6EVX	BPR6EIX
MOTO GUZZI	250 FD	250 cm^3	1974	0,5 mm	D8EA	D8EVX	DR8EIX
MOTO GUZZI	250 TS	250 cm^3	1974	0,5 mm	B8ES	B8EVX	BR8EIX
MOTO GUZZI	254	250 cm^3	1978	0,5 mm	C8HSA	C8HVX	CR8HIX
MOTO GUZZI	350 GTS	350 cm^3	1974	0,5 mm	D8EA	D8EVX	DR8EIX
MOTO GUZZI	350 NTX	350 cm^3	1986	0,6 mm	BP8ES	BP8EVX	
MOTO GUZZI	V 35	350 cm^3	1977	0,6 mm	BP7ES	BP7EVX	BPR7EIX
MOTO GUZZI	V 35 Florida	350 cm^3	1986	0,6 mm	BP8ES	BP8EVX	
MOTO GUZZI	V 35 II	350 cm^3	1980	0,5 mm	B7ES	B7EVX	
MOTO GUZZI	V 35 III	350 cm^3	1985	0,5 mm	BP8ES	BP8EVX	
MOTO GUZZI	V 35 Imola	350 cm^3	1979	0,5 mm	B7ES	B7EVX	
MOTO GUZZI	V 35 Imola II	350 cm^3	1979	0,5 mm	C8HSA	C8HVX	CR8HIX
MOTO GUZZI	V 35 TT	350 cm^3	1984	0,5 mm	BPR7ES	BPR7EVX	BPR7EIX
MOTO GUZZI	V 350 Nevada	350 cm^3	1992	0,6 mm	B8ES	B8EVX	BR8EIX
MOTO GUZZI	400 GTS	400 cm^3	1975	0,9 mm	DP8EA-9	DPR8EVX-9	DPR8EIX-9
MOTO GUZZI	V 40 Imola	400 cm^3		0,6 mm	BP8ES	BP8EVX	
MOTO GUZZI	Monza 500	500 cm^3	1981	0,6 mm	BP8ES	BP8EVX	
MOTO GUZZI	V 50	500 cm^3	1977	0,6 mm	BP7ES	BP7EVX	BPR7EIX
MOTO GUZZI	V 50 Custom	500 cm^3	1978	0,6 mm	BP7ES	BP7EVX	BPR7EIX
MOTO GUZZI	V 50 II	500 cm^3	1979	0,5 mm	BP7ES	BP7EVX	BPR7EIX
MOTO GUZZI	V 50 III	500 cm^3	1981	0,5 mm	BP8ES	BP8EVX	
MOTO GUZZI	V 50 Monza II	500 cm^3	1984	0,5 mm	C8HSA	C8HVX	CR8HIX
MOTO GUZZI	V 65	650 cm^3		0,6 mm	BP8ES	BP8EVX	
MOTO GUZZI	V 65	650 cm^3	1987	0,5 mm	BCPR6ES		
MOTO GUZZI	V 65 Florida	650 cm^3		0,6 mm	BP8ES	BP8EVX	
MOTO GUZZI	V 65 Florida	650 cm^3	1992	0,6 mm	B8ES	B8EVX	BR8EIX
MOTO GUZZI	V 65 Lario	650 cm^3		0,5 mm	C8HSA	C8HVX	CR8HIX
MOTO GUZZI	V 65 NTX	650 cm^3		0,6 mm	BP8ES	BP8EVX	
MOTO GUZZI	V 65 NTX	650 cm^3	1990	0,6 mm	B8ES	B8EVX	BR8EIX
MOTO GUZZI	V 65 Polizia NT	650 cm^3		0,6 mm	B8ES	B8EVX	BR8EIX
MOTO GUZZI	V 65 SP	650 cm^3		0,6 mm	BP8ES	BP8EVX	
MOTO GUZZI	V 65 TT	650 cm^3		0,6 mm	BP8ES	BP8EVX	
MOTO GUZZI	V 7 Sport / Spezial	700 cm^3		0,5 mm	BP6ES	BP6EVX	BPR6EIX
MOTO GUZZI	750 S	750 cm^3		0,5 mm	BP6ES	BP6EVX	BPR6EIX
MOTO GUZZI	750 SP	750 cm^3	1992	0,6 mm	B8ES	B8EVX	BR8EIX
MOTO GUZZI	750 Targa	750 cm^3	1992	0,6 mm	B8ES	B8EVX	BR8EIX
MOTO GUZZI	Breva Touring	750 cm^3	2006	0,6 mm	BR8ES	BR8EVX	BR8EIX
MOTO GUZZI	Breva Naked	750 cm^3	2003	0,6 mm	BR8ES	BR8EVX	BR8EIX
MOTO GUZZI	Nevada Classic 750 ie	750 cm^3	2004	0,6 mm	BR8ES	BR8EVX	BR8EIX
MOTO GUZZI	V 75 Nevada	750 cm^3	1992	0,6 mm	B8ES	B8EVX	BR8EIX
MOTO GUZZI	V 75, Duna	750 cm^3		0,5 mm	C8HSA	C8HVX	CR8HIX
MOTO GUZZI	V 750 NTX	750 cm^3	1992	0,6 mm	B8ES	B8EVX	BR8EIX
MOTO GUZZI	V 750 Polizia NT	750 cm^3	1992	0,6 mm	B8ES	B8EVX	BR8EIX
MOTO GUZZI	850 California	850 cm^3	1975	0,6 mm	BP6ES	BP6EVX	BPR6EIX
MOTO GUZZI	850 Le Mans II / III	850 cm^3	1978	0,6 mm	BP6ES	BP6EVX	BPR6EIX
MOTO GUZZI	850 T4	850 cm^3	1980	0,6 mm	BP6ES	BP6EVX	BPR6EIX
MOTO GUZZI	850 T5	850 cm^3	1983	0,6 mm	BP6ES	BP6EVX	BPR6EIX
MOTO GUZZI	850 TS 5	850 cm^3	1982	0,6 mm	BP6ES	BP6EVX	BPR6EIX
MOTO GUZZI	Breva 850 (Twin Spark) BPR6ES out, PMR8B in)	877 cm^3	2006	0,6 mm	BPR6ES oder PMR8B		
MOTO GUZZI	Griso 850 (Twin Spark) BPR6ES out, PMR8B in)	877 cm^3	2006	0,6 mm	BPR6ES oder PMR8B		
MOTO GUZZI	1000	1000 cm^3		0,6 mm	BP6ES	BP6EVX	BPR6EIX
MOTO GUZZI	1000 GT	1000 cm^3	1988	0,6 mm	BP6ES	BP6EVX	BPR6EIX
MOTO GUZZI	1000 Le Mans	1000 cm^3	1990	0,6 mm	BP7ES	BP7EVX	BPR7EIX
MOTO GUZZI	1000 Le Mans IV	1000 cm^3	1985	0,6 mm	BP8ES	BP8EVX	
MOTO GUZZI	1000 S	1000 cm^3	1989	0,6 mm	BP7ES	BP7EVX	BPR7EIX
MOTO GUZZI	1000 SP III	1000 cm^3	1988	0,6 mm	BP6ES	BP6EVX	BPR6EIX
MOTO GUZZI	California I.E.	1000 cm^3	1991	0,6 mm	BP7ES	BP7EVX	BPR7EIX
MOTO GUZZI	California III	1000 cm^3	1988	0,6 mm	BP6ES	BP6EVX	BPR6EIX
MOTO GUZZI	Daytona 1000	1000 cm^3	1992	0,6 mm	D9EA	D9EVX	DR9EIX
MOTO GUZZI	Quota 1000	1000 cm^3	1992	0,6 mm	BP7ES	BP7EVX	BPR7EIX
MOTO GUZZI	T 5 Polizia	1000 cm^3	1992	0,6 mm	BP6ES	BP6EVX	BPR6EIX
MOTO GUZZI	V 10 Centauro	1000 cm^3	1996	0,7 mm	DR9EA	DR9EVX	DR9EIX
MOTO GUZZI	Breva 1100 (Twin Spark) BPR6ES out, PMR8B in)	1100 cm^3	2006	0,6 mm	BPR6ES oder PMR8B		
MOTO GUZZI	California 1100 KC	1100 cm^3	1994	0,6 mm	BPR6ES	BPR6EVX	BPR6EIX
MOTO GUZZI	California 1100 KD	1100 cm^3	1994	0,6 mm	BPR6ES	BPR6EVX	BPR6EIX
MOTO GUZZI	California Aluminium	1100 cm^3	2003	0,6 mm	BPR6ES	BPR6EVX	BPR6EIX
MOTO GUZZI	California EV (KD)	1100 cm^3	1997	0,6 mm	BPR6ES	BPR6EVX	BPR6EIX
MOTO GUZZI	California Jackal (KD)	1100 cm^3	1999	0,6 mm	BPR6ES	BPR6EVX	BPR6EIX
MOTO GUZZI	California Special	1100 cm^3	2002	0,6 mm	BPR6ES	BPR6EVX	BPR6EIX
MOTO GUZZI	California Special Sport (KD) (54kW)	1100 cm^3	2002	0,6 mm	BPR6ES	BPR6EVX	BPR6EIX
MOTO GUZZI	California Stone (KD) (54kW)	1100 cm^3		0,6 mm	BPR6ES	BPR6EVX	BPR6EIX
MOTO GUZZI	California Titanium	1100 cm^3	2003	0,6 mm	BPR6ES	BPR6EVX	BPR6EIX
MOTO GUZZI	Daytona RS (KL)	1100 cm^3	1996	0,7 mm	DR8EA	DR8EVX	DR8EIX
MOTO GUZZI	Griso 1100 (Twin Spark) BPR6ES out, PMR8B in)	1100 cm^3	2005	0,6 mm	BPR6ES oder PMR8B		
MOTO GUZZI	Quota 1100 (KM)	1100 cm^3	1998	0,6 mm	BPR6ES	BPR6EVX	BPR6EIX
MOTO GUZZI	1100 Sport (KF) (Injec.) (Iniezione)	1100 cm^3	1996	0,6 mm	BPR6ES	BPR6EVX	BPR6EIX
MOTO GUZZI	Sport 1100i	1100 cm^3	1996	0,6 mm	BPR6ES	BPR6EVX	BPR6EIX
MOTO GUZZI	Sport	1100 cm^3	1995	0,6 mm	BPR6ES	BPR6EVX	BPR6EIX
MOTO GUZZI	Stone Touring	1100 cm^3	2003	0,6 mm	BPR6ES	BPR6EVX	BPR6EIX
MOTO GUZZI	V 11 Le Mans Nero Corsa (67kW)	1100 cm^3	2004	0,6 mm	BPR6ES	BPR6EVX	BPR6EIX
MOTO GUZZI	V 11 Naked, Sport, Scura	1100 cm^3		0,6 mm	BPR6ES	BPR6EVX	BPR6EIX
MOTO GUZZI	V 11 Le Mans (KS)	1100 cm^3		0,6 mm	BPR6ES	BPR6EVX	BPR6EIX
MOTO GUZZI	V 11 Rosso Mandello (KR)	1100 cm^3	1999	0,6 mm	BPR6ES	BPR6EVX	BPR6EIX
MOTO GUZZI	GT (TwinSpark) BPR6ES out, PMR8B in)	1200 cm^3	2006	0,6 mm	BPR6ES oder PMR8B		
MOTO GUZZI	Norge 1200 (Twin Spark) BPR6ES out, PMR8B in)	1200 cm^3	2006	0,6 mm	BPR6ES oder PMR8B		
MOTO GUZZI	MGS 01	1250 cm^3	2004				DCPR9EIX
MOTO-SPEZIAL	Bassa-Lunga	1100 cm^3	1999	0,8 mm	BP6ES	BP6EVX	BPR6EIX
MOTO-SPEZIAL	Sportiva 1100i	1100 cm^3	1999	0,8 mm	BP6ES	BP6EVX	BPR6EIX
MV AGUSTA	350 B GT / S / Scrambler	350 cm^3		0,5 mm	B8ES	B8EVX	BR8EIX
MV AGUSTA	350 BE GT (216)	350 cm^3		0,5 mm	B8ES	B8EVX	BR8EIX
MV AGUSTA	350 BE GT / S / Scrambler	350 cm^3		0,5 mm	B8ES	B8EVX	BR8EIX
MV AGUSTA	350 BES (216)	350 cm^3		0,5 mm	B8ES	B8EVX	BR8EIX
MV AGUSTA	350 Sport	350 cm^3		0,5 mm	B8ES	B8EVX	BR8EIX
MV AGUSTA	GT, S, Scrambler Electronique	350 cm^3		0,5 mm	B8ES	B8EVX	BR8EIX
MV AGUSTA	199, 4C6	600 cm^3		0,5 mm	B8ES	B8EVX	BR8EIX
MV AGUSTA	4C75S / GT, 750GT / S / SS	750 cm^3		0,5 mm	B8ES	B8EVX	BR8EIX
MV AGUSTA	750 S American	750 cm^3		0,5 mm	B7ES	B7EVX	
MV AGUSTA	F4 Brutale (oro) (93kW)	750 cm^3	1999	0,7 mm	CR9EKB		CR9EIX
MV AGUSTA	F4 Senna (103kW)	750 cm^3	1999	0,7 mm	CR9EKB		CR9EIX
MV AGUSTA	F4 S SPR (103kW)	750 cm^3	1999	0,7 mm	CR9EKB		CR9EIX
MV AGUSTA	F4 Oro - Fgst. 300	750 cm^3	1999	0,7 mm	CR9EKB		CR9EIX
MV AGUSTA	F4 Brutale S	750 cm^3	2002	0,7 mm	CR9EKB		CR9EIX
MV AGUSTA	800 S	800 cm^3		0,5 mm	B8ES	B8EVX	BR8EIX
MV AGUSTA	900 S	900 cm^3		0,5 mm	B8ES	B8EVX	BR8EIX
MV AGUSTA	F4 Brutale 910 R	910 cm^3	2006	0,7 mm	CR9EB		CR9EIX
MV AGUSTA	F4 Brutale 910	910 cm^3	2005	0,7 mm	CR9EB		CR9EIX
MV AGUSTA	F4 1000 S	1000 cm^3	2004	0,7 mm	R0045J-10		
MV AGUSTA	F4 1000 Tamburini	1000 cm^3	2004		R0045J-10		
MV AGUSTA	F4 1000 Senna	1000 cm^3	2006		R0045J-10		

1) Ab Modell- bzw. Baujahr

Quelle: NGK. Alle Angaben ohne Gewähr, technische Änderungen vorbehalten.

Batterie · Elektrik

In diesem Kapitel: Batteriespannung, Batteriekapazität · Batterie prüfen · Batterie ausbauen, laden, einbauen · Neue Batterie · Wartungsfreie Batterie · Ladesystem, Lichtmaschine.

Bild 1: Wichtiges zur Batterie.

Bild 2: Beim Laden auf richtige Polung der Zangen achten.

Batterie

Batteriespannung, Batteriekapazität
Entsprechend der Spannung des Bordnetzes wird eine Batterie benötigt, üblich sind 12 Volt. Die Angabe der Kapazität erfolgt in der Maßeinheit »Amperestunden« (Ah). Sie sagt Folgendes aus:

Bild 1

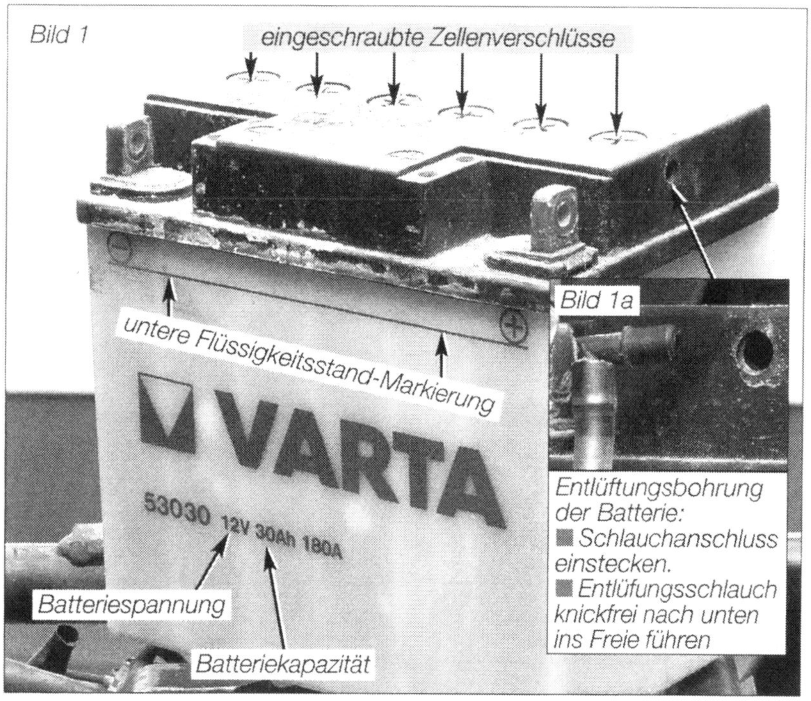

Bild 2

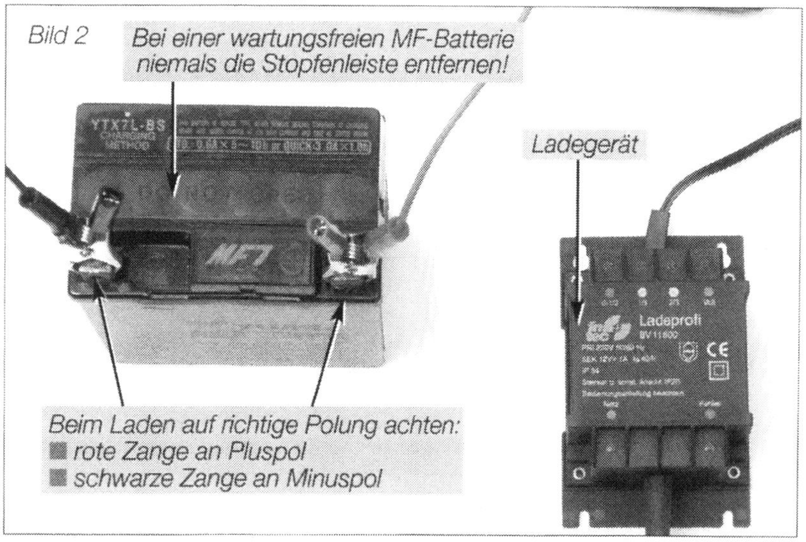

■ Eine voll geladene Starterbatterie mit einer angegebenen Nennkapazität von z. B. 30 Ah (siehe Bild 1) kann bei 27 °C für 20 Stunden einen Strom von 1,5 Ampere liefern.
■ Bei niedrigerer Temperatur als 27 °C sowie bei fortgeschrittenem Alter der Starterbatterie ist die tatsächliche Kapazität der Batterie niedriger als ihre Nennkapazität.

Die benötigte Batteriekapazität richtet sich in erster Linie nach dem Hubraum und damit nach der Stromaufnahme des Elektrostarters (wenn vorhanden!): Ein großvolumiger Motor hat einen leistungsstärkeren Elektrostarter als ein kleiner Motor und benötigt deswegen eine «größere«, also leistungsfähigere Batterie. Die in Bild 1 gezeigte 30-Ah-Batterie gehört in eine 1000er Laverda. Auch die V2-Guzzis haben sehr große Batterien. Kleinere Batterien sind in Ducatis und Morinis eingebaut. Die vom Werk vorgeschriebene Batteriekapazität sollte beim Kauf einer neuen Batterie beachtet werden.

Flüssigbatterie: Die heutigen »Youngtimer« waren als Neumaschinen in den 70er- und 80er-Jahren mit einer mit Schwefelsäure als Elektrolyt gefüllten Batterie ausgestattet; weswegen wir sie hier »Flüssigbatterie« nennen (wartungsfreie und Gel-Batterien behandeln wir weiter hinten in diesem Kapitel). Beim Umgang mit einer Batterie muss man äußerst vorsichtig sein:

⚠ Die in der Batterie enthaltene Schwefelsäure ist stark ätzend, sie darf keinesfalls ins Erdreich eindringen.

⚠ Geringe Spritzer Batteriesäure mit reichlich Wasser abwaschen!

⚠ Wer mit Batteriesäure oder Chemikalien aus einer Batterie stärker in Berührung gekommen ist, sollte umgehend einen Arzt aufsuchen.

Bild 3

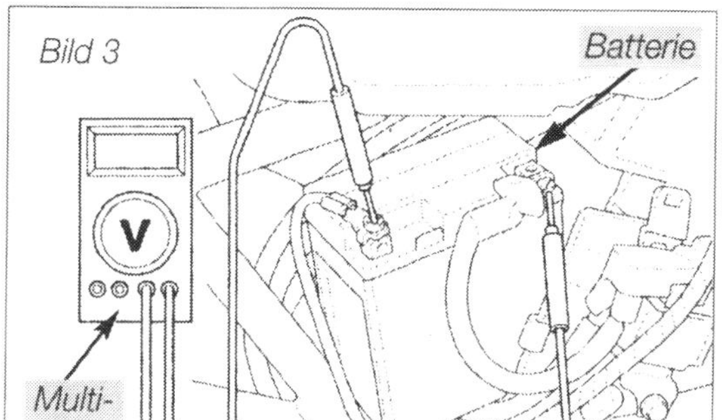

Bild 3: Eingebaute Batterie mit Multimeter auf Spannung prüfen, Zündung dabei AUSschalten.

■ Das Entsorgen einer (auch unbeschädigten) Batterie ist nur über autorisierte Händler oder Werkstätten gestattet.

Batterie prüfen

1. Säurestand: Muss in allen Zellen über der unteren bzw. zwischen unterer und oberer Markierung sein.

1.1. Schauen Sie besonders im Sommer auch außerhalb einer Wartungsarbeit öfter nach dem Säurestand, denn Batteriesäure verdunstet bei hohen Außentemperaturen schneller als bei niedrigen, wodurch der nicht mehr von Batteriesäure bedeckte Teil der Bleiplatten austrocknet und »abstirbt«.

2. Wenn der Säurestand an oder schon unterhalb der unteren Markierung ist: Zellenverschluss ausziehen oder ausdrehen und eine Zelle nach der anderen mit destilliertem Wasser bis zwischen die beiden Markierungen auffüllen: Oberseiten der Bleiplatten sollen ca. 10 mm bedeckt sein.

2.1. Sauber arbeiten, jegliche Verschmutzung des Elektrolyten vermeiden!

■ Nur destilliertes Wasser nachfüllen, NIEmals Batteriesäure oder gar Leitungswasser!

2.1. Zellenverschlüsse einstecken/eindrehen.

■ Zellen dürfen nur mit dem originalen Zellenverschluss verschlossen werden.

3. Säuredichte: Man kann sie mit einem »Säureheber« prüfen (bzw. mittels »Aräometer« bestimmen), was auch einen Überblick über den Ladezustand schafft. Batterie soll vor der Prüfung mindestens 30 Minuten nicht benutzt worden sein.

3.1. Zelle um Zelle öffnen und eine Elektrolytprobe mit dem Säureheber ansaugen.

3.2. Ergebnis werten:

■ Dichte 1,28 g/cm³ = voll geladen
■ Dichte 1,23 g/cm³ = halb geladen
■ Dichte 1,10 g/cm³ = entladen

4. Batteriespannung messen: Dazu wird ein Multimeter benötigt, dessen Pluskabel (rot) und Minuskabel (schwarz) an die Batteriepole angeklemmt werden (Bild 3).

4.1. Messung erst dann durchführen,wenn sich die Batterie beruhigt hat, also mindestens 30 Minuten nicht benutzt worden ist.

■ Kurz nach einer Fahrt oder Ladung »gast« die Batterie noch, weswegen das Messgerät eine höhere Spannung anzeigt.

4.2. Ergebnis werten:

■ 12,65 Volt = Batterie ist voll geladen
■ 12,53 Volt = Batterie ist ca. 85% geladen
■ 12,25 Volt = Batterie ist ca. 50% geladen
■ 11,9 Volt = Batterie ist fast leer.

Sollte sie noch weiter entladen werden, kann sie auch bei nachfolgender Vollladung nur einen Teil ihrer ursprünglichen Kapazität erreichen.

5. Batterieschäden:

5.1. Sie entstehen meist durch Vibrationen: Wenn die Batterie in ihrer Halterung nicht richtig befestigt oder keine vibrationsabsorbierende Gummiplatte untergelegt ist, kann in einer Zelle ein »Plattenschluss« entstehen: Diese Zelle ist dann defekt und damit auch die ganze Batterie.

5.2. Sie entstehen aber auch durch falsche Pflege, wozu der Betrieb mit zu niedrigem Säurestand ebenso gehört wie lange Zeit stehen lassen ohne Benutzung.

6. Lebensdauer: Eine normal gepflegte Batterie hält vier bis fünf Jahre, eine gut gepflegte kann sechs bis sieben Jahre halten.

7. Entlüftung: Eine normale Flüssigbatterie hat einen Entlüftungsschlauch, worüber die verdunstende Batteriesäure ins Freie abgeleitet wird.

Wichtig: Der Entlüftungsschlauch muss nicht nur an dem an der Batterie angebrachten Stutzen sicher aufgesteckt (Bild 1), sondern auch knickfrei nach unten ins Freie geführt sein! Wenn der Schlauch zu kurz oder am Ende so verlegt ist, dass die aus der Batterie austretenden säurehaltigen Dämpfe mit Fahrzeugteilen in Kontakt kommen, dann entsteht an ihnen ein »Säureschaden«, der nicht nur hässlich ist (weil sich Lack ablöst), sondern auch sehr gefährlich, weil er zum Bruch des Bauteils führen kann!

Batterie laden

Batterie ausbauen

1. Zündung AUSschalten, Zugang zur Batterie schaffen.

2. Batteriepole abklemmen: Zuerst den Minuspol (Bild 4), dann den Pluspol abschrauben.

3. Batterie aus ihrer Halterung nehmen.

Batterie laden

1. Batterie an Ladegerät anklemmen (Bilder 2 und 7): Zuerst Pluspol, dann Minuspol.

2. Die auf der Batterie angegebenen Ladeströme und Ladezeiten nicht überschreiten, sonst wird die Batterie beschädigt.

2.1. Vorgeschriebener Ladestrom: 1/10 der Batteriekapazität über eine Ladezeit von 4 bis 10 Stunden (bei einer Batteriekapazität von 12 Ah also 1,2 Ampere) bei einer maximalen Ladespannung von 14,4 Volt.

2.2. Batterie nach der Ladung mindestens 30 Minuten ruhen lassen, erst dann einbauen.

3. Schnellladung: Soll nicht vorgenommen wer-

Ausbau *Bild 4*

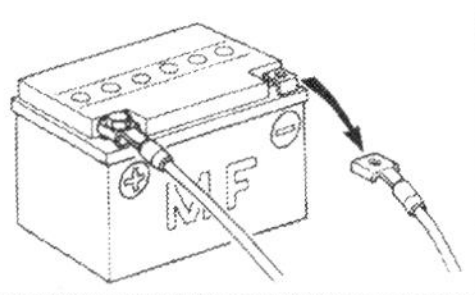

Einbau *Bild 5*

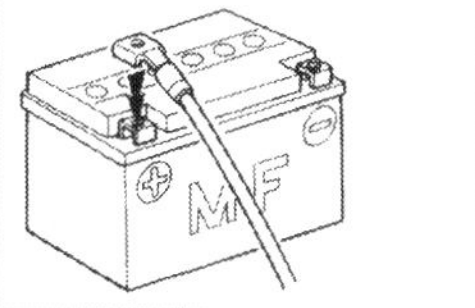

Bilder 4 und 5:
■ Beim Ausbau zuerst den Minuspol abklemmen.
■ Beim Einbau zuerst den Pluspol anschließen.

den. Wenn es doch sein muss, weil es nicht anders geht: 1 Stunde mit maximal 1/3 der Batteriekapazität. Batterie bei nächster Gelegenheit langsam nachladen!

Batterie einbauen
1. Ladedatum auf der Batterie vermerken.
2. Batterie in Batteriekasten einsetzen.
3. Pluskabel an Batterie anschrauben (Bild 5).
3.1. Minuskabel anschrauben.
4. Batterieanschlüsse mit Säureschutzfett einfetten. Gummiabdeckungen aufschieben.

Neue Batterie

Wenn eine neue Batterie nötig wird, weil die alte entweder sehr alt oder schon defekt ist, sollte man eine wartungsfreie Säurebatterie oder gleich eine Gelbatterie kaufen. Diese sind zwar etwas teurer als eine Flüssigbatterie, aber auch zuverlässiger, startsicherer und wartungsärmer.

Wartungsfreie Batterie, Gelbatterie
Bei einer wartungsfreien, versiegelten Baterie kann und braucht der Säurestand nicht überprüft zu werden, auch das Nachfüllen von destilliertem Wasser entfällt. Bei der Gelbatterie liegt der Elektrolyt eingedickt zum Gel zwischen den Bleiplatten, es wird schon im Batteriewerk eingefüllt.

Bei normaler Ladung einer wartungsfreien Batterie oder Gelbatterie entsteht nur Sauerstoff. Dieser reagiert an der Minusplatte mit dem dort gebundenen Wasserstoff und verwandelt sich wieder in Wasser, wodurch der Flüssigkeitsstand der Batterie immer konstant bleibt. In einer wartungsfreien Batterie entsteht also kein Flüssigkeitsverlust, und deswegen benötigt sie keinen Entlüftungsschlauch wie eine normale Flüssigbatterie, die auch Wasserstoff freisetzt.

Vorteil dieses Prinzips ist die bessere Ausnutzung des Raumes, denn es wird kein Sicherheitspolster an Ausdehnungsvolumen gebraucht. Eine wartungsfreie Batterie baut kleiner, braucht weniger Raum und ist leichter. Zur Sicherheit ist ein Ventil eingebaut, das bei Überdruck öffnet und bei Erreichen des Normaldrucks wieder schließt. Zusätzlich befindet sich unter dem Deckel auf dem Sicherheitsventil ein Keramikfilter als Schutz gegen Entzündung oder Explosion.

Wartugsfreie Batterie prüfen
Für eine wartungsfreie Batterie oder eine Gelbatterie gelten die folgenden, weiter vorne schon beschriebenen Prüfpunkte unter »Batterie prüfen«:
4. Batteriespannung messen
5. Batterieschäden
6. Lebensdauer

Neue wartungsfreie Batterie befüllen
Eine neue, wartungsfreie Batterie muss vor ihrem Einbau zunächst mit Säure befüllt und dann geladen werden. Sie ist zwar trocken vorgeladen und theoretisch nach der Erstbefüllung mit Säure sofort einsatzbereit, doch je sorgsamer eine neue Batterie auf ihren ersten Einsatz vorbereitet wird, desto länger lebt sie!
1. Klebestreifen über den Einfüllöffnungen der Batterie entfernen.
2. Schutzfolie vom 6-Kammer-Säurebehälter abziehen. Säurebehälter exakt auf die Einfülllöcher der Batterie ansetzen und gleichmäßig eindrücken (Bild 6).
Wichtig: Die Behälter NICHT anstechen in dem Glauben, dass die Säure nur dann fließt! Säuremenge und Fließgeschwindigkeit sind exakt auf die Batterie abgestimmt. Wenn der Säureabfluss stockt, den Behälter ganz leicht mit einem Finger anstoßen.
3. Nach rund einer Stunde ist alle Säure in die Batterie eingelaufen: Leeren 6-Kammer-Behälter

Bild 6

Bild 6: Befüllen einer neuen Batterie mit Schwefelsäure.

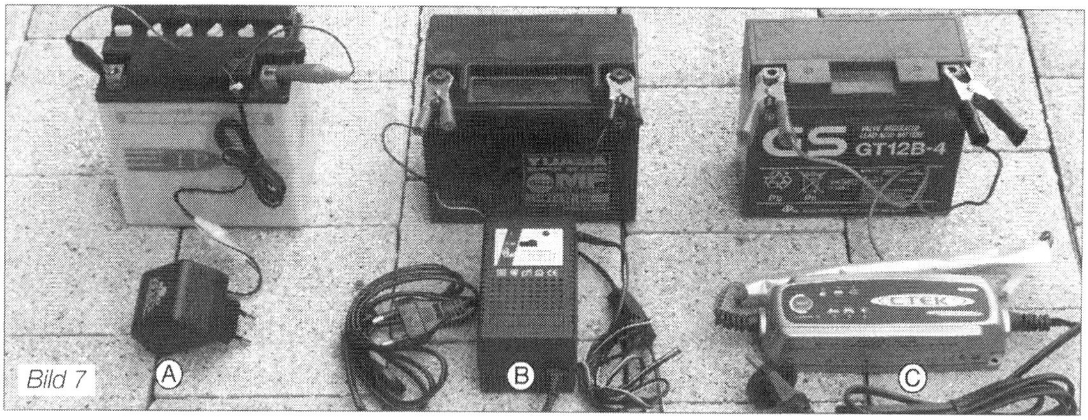

Bild 7

Bild 7: Batterieladegeräte verschiedener Leistungs- und Preisklassen.
*■ Gerät **A** (ca. 10 €), lädt mit 0,3 Ampere. Geeignet für langsames Laden der Batterie.*
*■ Gerät **B** (ca. 25 €), lädt mit 1,6 Ampere und entlädt im Wechsel. Geeignet für das Überwintern einer größeren Batterie.*
*■ Mit dem High-Tech-Gerät **C** (ca. 80 €), können tiefentladene Batterien wieder regeneriert werden.*

von der Batterie abziehen. Stopfenleiste fest aufdrücken, ggf. mit Gummihammer leicht nachklopfen.

4. Batterie einige Stunden laden, eine halbe Stunde ruhen lassen, einbauen.

4.1. Auch eine neue Gelbatterie sollte vor ihrem ersten Einsatz sorgfältig geladen und einige Zeit ruhen gelassen werden, bevor sie eingebaut wird. Bei ihr ist besonders wichtig, dass sie mit maximal 1/10 der Nennkapazität geladen wird.

Ladesystem, Lichtmaschine

Bei laufendem Motor wird die Batterie von einem Generator, der so genannten «Lichtmaschine« (Bild 8), wieder geladen. Zwischen Lichtmaschine und Batterie sitzt der »Regler«: Er lässt, entsprechend dem momentanen Ladezustand der Batterie, nur so viel Ladestrom zur Batterie durch, wie diese benötigt. Ist die Batterie »voll«, schaltet der Regler den Stromfluss ab.

Die Ladespannung, die der Regler zur Batterie durchlässt, sollte für wartungsfreie Batterien bei 14,2 Volt liegen. Bei einer nicht wartungsfreien Batterie kann die Reglerspannung etwas höher liegen, sollte aber 14,8 Volt nicht überschreiten.

■ Liegt die Reglerspannung höher, verliert auch eine wartungsfreie Batterie zu viel Wasser, was sich negativ auf ihre Lebensdauer auswirkt.

■ Liegt die Spannung darunter, wird die Batterie nicht richtig voll, was folgende Startvorgänge erschwert und ihre Lebensdauer verkürzt. Muss die Batterie dann zu viel ihrer Kapazität aufwenden, besteht die Gefahr einer Tiefentladung und der für die Batterie schädlichen Sulfatierung.

Die beiden größten Probleme in der Elektrik vieler italienischer Youngtimer, die zur Entladung der Starterbatterie führen, sind Kriechströme sowie korrodierte Anschlussklemmen (Bild 10) an der Batterie sowie Schmutz in den Steckern der Lichtmaschine und des Reglers. Zu Kriechströmen kommt es, wenn die Oberfläche der Batterie oder ihre Pole schmutzig oder feucht sind. Korrodierte Anschlüsse führen zu einem Widerstand und beeinflussen das Startverhalten negativ. Weiterhin (und in Verbindung mit schmutzigen Steckern der Lichtmaschine und des Reglers) stören sie die gleichmäßige Ladung der Batterie durch die Lichtmaschine.

Praxistipps für Lichtmaschine und Regler

1. Alle Steckverbindungen und Anschlüsse müssen jederzeit frei sein von Schmutz, Feuchtigkeit und Korrosion, also »furztrocken«.

2. Batterieanschlüsse müssen sauber und die Kontaktflächen fest mit den Polen der Batterie verbunden sein. Die Verwendung von Polfett bietet Schutz vor Korrosion.

3. Lichtmaschine und Regler sollten einmal im Jahr überprüft werden – zumindest rechtzeitig vor einer mehrwöchigen Urlaubsfahrt!

3.1. Die vorgeschriebenen Prüfwerte hat der Italospezialist ebenso wie die nötigen Messgeräte.

3.2. Dabei kommt man auch verschlissenen (oder sich kurz vor der Verschleißgrenze befindlichen!) Schleifkohlen (Bild 9) auf die Spur – wenn diese unterwegs kaputt gehen, ist Panne angesagt.

4. Wenn Ihre Maschine unterwegs auf Tour von einem Kupferwurm überfallen wird, der den Ladestrom wegfrisst:

■ Motor AUS, Stecker abziehen und wieder aufstecken hilft manchmal schon weiter.

■ Steckverbindungen mit feinem Schmirgelpapier reinigen und mit Kontaktspray behandeln.

4.1. Schauen Sie nach, ob die Masseverbindungen (Bild 11) sicher sind, denn diese werden von Korrosion oft so hinterlistig unterwandert, dass die gesamte Ladeelektrik kollabiert: Abschrauben, abschmirgeln, anschrauben hilft oft.

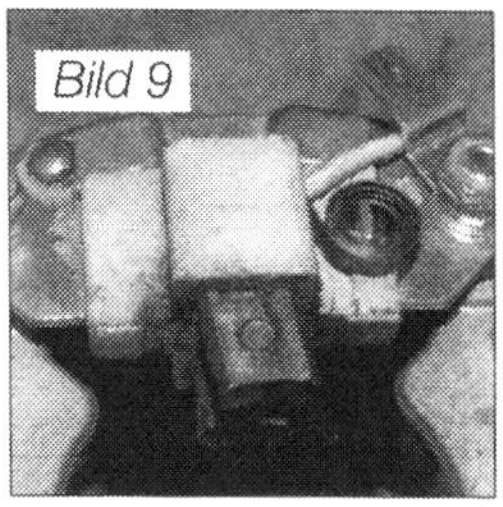

Bilder 8 und 9: Guzzi-Lichtmaschine mit Schleifkohlen. Diese müssen eine bestimmte Länge haben, damit die Lichtmaschine Strom produzieren kann, also: Gelegentlich nachsehen!

Bild 10: Wenn ein Anschluss so aussieht, geht kein Strom mehr durch. Da hilft nur abschrauben, sauber putzen und wieder anschrauben.

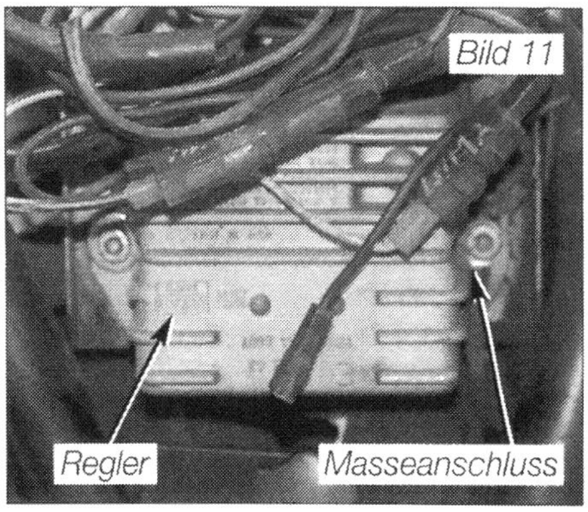

Bild 11: Ein Regler ist ein überaus zuverlässiges Bauteil. Ein sicherer Massekontakt ist wichtig für einwandfreie Funktion.

Kupplung

In diesem Kapitel: Kupplungsprobleme · Probleme beheben · Kupplung prüfen und vermessen · Kupplungsscheiben richtig einbauen.

Kupplungsprobleme

Fehler: Kupplung rutscht beim Beschleunigen.
Mögliche Gründe:
- Kein Spiel im Kupplungszug und/oder von der Kupplungsdruckstange zum Druckpilz hin
- Kupplungsdruckfedern ermüdet
- Beläge auf den Reibscheiben abgenutzt
- Stahlscheibe(n) verzogen
- Graphit- oder Molybdänzusatz im Motoröl

Zusätzliche Gründe für Trockenkupplung:
- Öl in der Kupplung durch undichten Wellendichtring (Kurbelwellen-Simmerring)

Fehler: Kupplung rückt nicht aus.
Mögliche Gründe:
- Kupplungszug teilweise gerissen, gelängt
- Kupplungshebel zu geringer Hebelweg
- Kupplungsscheibe(n) verzogen
- Stahl- und Reibscheiben miteinander verklebt
- Kupplungsnabenmutter locker
- Kupplungsausrückmechanismus defekt
- zu viel Öl im Motor, zu dickes Öl

Fehler: Kupplung rupft.
Mögliche Gründe:
- Verzahnung der Kupplungsscheiben in Kupplungsnabe und/oder -korb eingeschlagen
- Kupplungsscheiben verzogen
- Kupplungshebel und/oder -zug schwergängig

Fehler: Kupplung verlangt übermäßige Kraft.
Mögliche Gründe:
- Kupplungszug geknickt, gequetscht
- Lagerung des Kupplungshandhebels gefressen, verdreckt, beschädigt
- Kupplungshebel oder Aufnahme verbogen (Sturz- oder Unfall-Folgeschaden)
- Lager der Kupplungszug-Hebelwelle defekt

Probleme mit der Schaltung
Fehler: Getriebe schwer schaltbar.
Mögliche Gründe:
- Kupplung rückt nicht aus wegen zu viel Spiel in der Kupplungsbetätigung
- Stahl- und Reibscheiben miteinander verklebt
- zu wenig Öl im Motor
- falsche Ölviskosität

Probleme beheben

Die Kupplungen italienischer Youngtimer funktionieren oft noch nach vielen Jahren erstaunlich gut, weil sie damals mit großen Reibflächen und entsprechend harten Federn eher auf sport-

Bild 1: Die Kupplungsdruckstange der Ducati V-Motoren ist aus sieben (!) Einzelteilen unterschiedlicher Länge und Dicke zusammengesetzt. Sitzt auch nur ein Bauteil falsch, lässt sich die Kupplung nicht mehr bedienen. Deswegen sorgsam demontieren und exakt montieren.

Bild 1

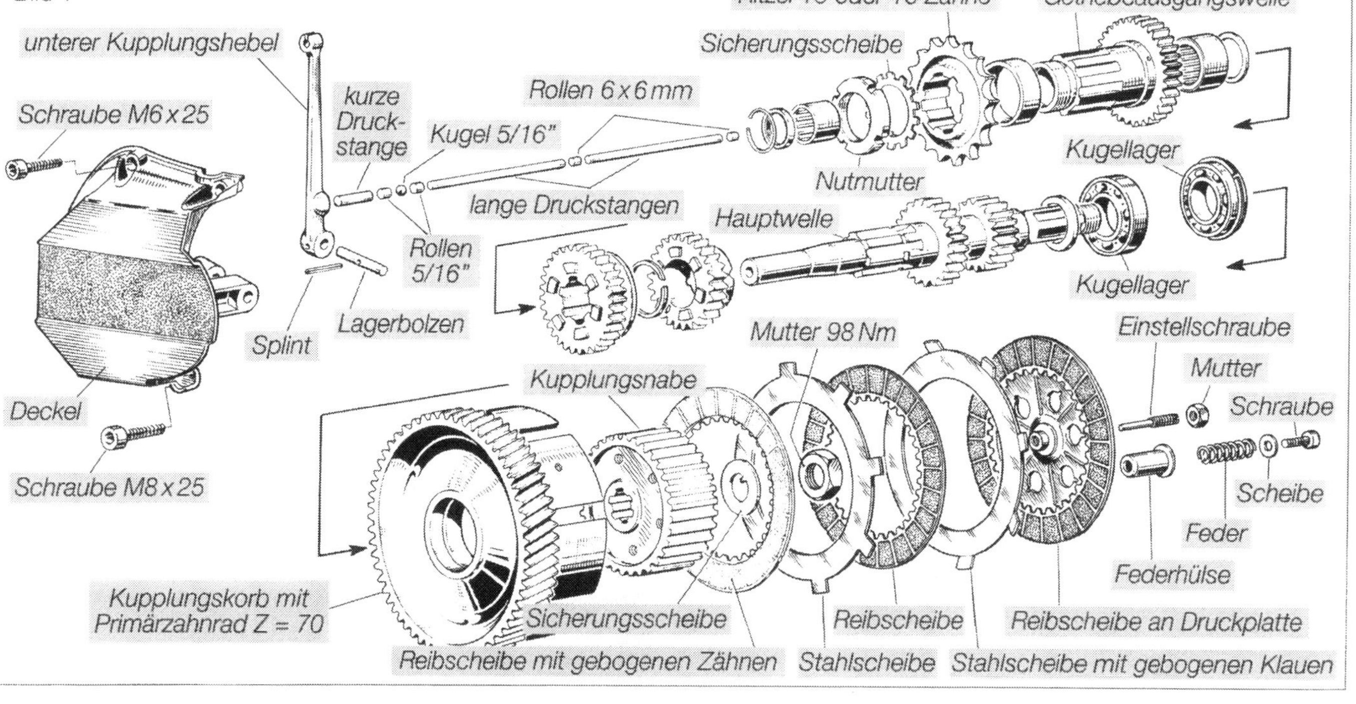

liche Höchstbelastung denn auf Komfort ausgelegt wurden. Daher kommt auch die oft kritisierte schwere Bedienung: »Für diese Kupplung braucht's eine Männerhand...«.

Bild 1: Kupplung der Ducati mit der siebenteiligen Druckstange: Wenn Ihre Ducati-Kupplung nicht funktioniert, schauen Sie zuerst nach, ob alle Teile in richtiger Reihenfolge montiert sind! Alle reinigen und fetten mit leichtem, hochwertigem Lagerfett, das auch Temperaturen verträgt.

Bild 2: Freie Länge der Kupplungsdruckfedern messen: Verschleiß- und Neumaß beim Markenhändler recherchieren. Wenn die Federn »lahm« sind, kann man sich mit untergelegten Scheiben helfen (ca. 1 bis 1,5 mm dick).

Bilder 3 und 4: Wo die Klauen im Kupplungskorb und die Zähne an der Kupplungsnabe anliegen, entstehen Druckstellen, die bis zu einer gewissen Tiefe normale Gebrauchsspuren sind. Sind sie jedoch stark ausgeprägt, müssen Kupplungsnabe und -korb, Reib- und Stahlscheiben erneuert werden. Aufgeworfene Kanten an den Klauen (Bild 3) können abgefeilt werden.
■ Kanten nicht stark brechen, sonst wird die Anlagefläche zu schmal und die Klauen schlagen sich wieder im Kupplungskorb ein.

Bild 5: Stahlscheiben auf Richtplatte mit Fühlerlehre auf Verzug prüfen, 0,2 mm sind das Maximum. Wenn die Scheibenoberflächen blau verfärbt sind, Stahl- und Reibscheiben komplett im Satz erneuern.

Bild 6: Öl von den Reibscheiben wischen, mit Schieblehre messen. Verschleißmaß (minimale Dicke) und Neumaß vorher beim Markenhändler recherchieren.

Bild 7: Die Kupplung wird zuerst unten am Motor so eingestellt, dass der Druckpilz (auch »Einsteller« genannt) etwas Spiel zur Druckstange hat. Wenn er unter Druck ist, schleift die Kupplung!
■ Zum Einstellen Kontermutter (Bild 8) lösen, Druckpilz so verdrehen, dass er keinen Druck hat, Kontermutter festziehen. Erst danach das Spiel Kupplungszug am Handhebel einstellen!

Bild 9: Bei der Ducati-Kupplung wird die Scheibe mit den abgewinkelten Zähnen ganz innen und die mit den abgewinkelten Klauen ganz außen eingebaut. Wird etwas verkehrt eingebaut, dann hakelt, rupft und schleift die Kupplung.

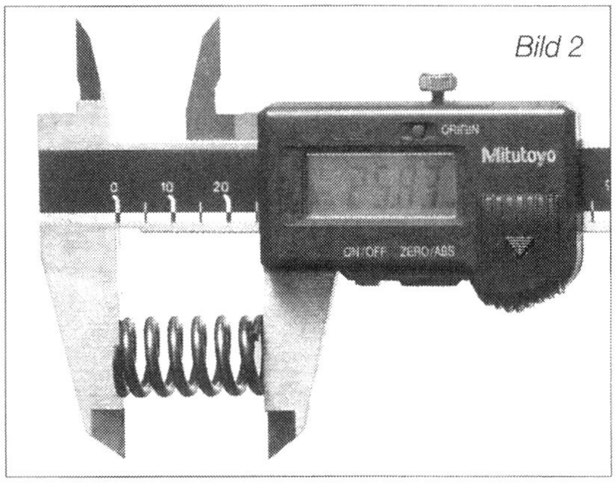

Bild 2

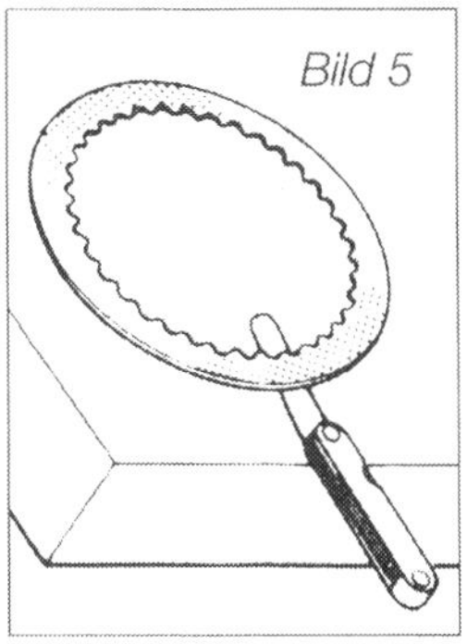
Bild 5

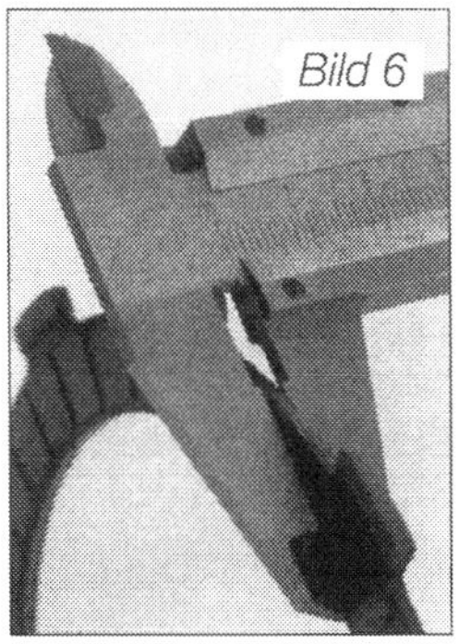
Bild 6

Bild 7

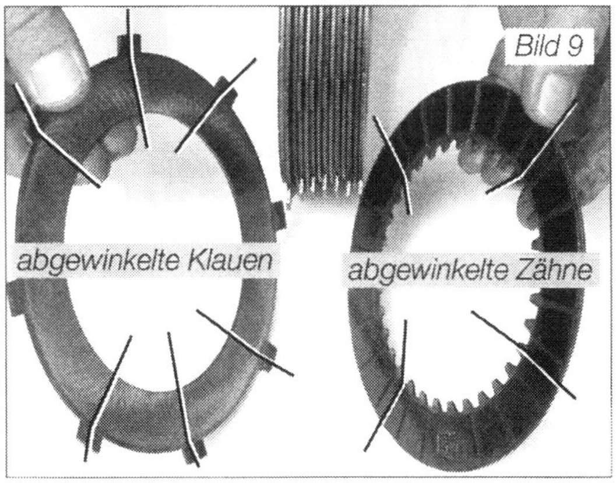

Bild 9

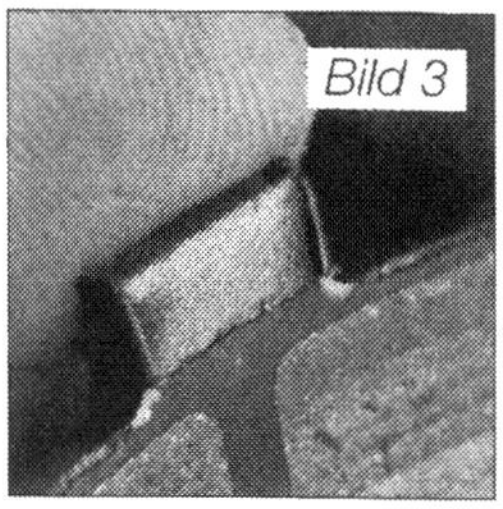
Bild 3

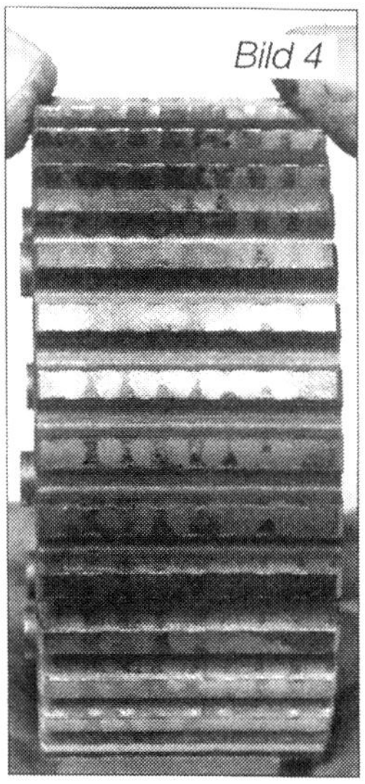
Bild 4

Bild 8

Bilder 2 bis 9: Im Lauftext sind die zugehörigen Erklärungen.

Schaltung · Getriebe

In diesem Kapitel: Schaltung außen · Schaltgestänge prüfen, Probleme beheben · Schaltung innen.

Schaltung außen

Das Getriebe eines italienischen Youngtimers schaltet sich im positiven Fall genauso wie damals, als die Maschine auf den Markt kam, nämlich etwas »knöchern«: Damit kann man sich arrangieren und zufrieden sein.

Bilder 1 und 2: Anbauinformationen zum Schaltgestänge.

Bild 3: Anbau der Schaltkrone.

Im negativen Fall schaltet es sich miserabel, weil schwer und/oder irgendwie ungenau. Mit einem solchen Fehler arrangieren sich viele Fahrer, sie nehmen es als gottgegeben einfach so hin und sind froh, wenn »nicht noch mehr kaputt geht«. Dabei liegt es meistens nicht daran, dass etwas am Getriebe oder den inneren Schaltbauteilen verschlissen, gebrochen oder verklemmt ist, sondern außen ist dies und das verschlissen oder wurde irgendwann einmal etwas falsch eingestellt: ■ Bild 1 zeigt das Schaltgestänge einer Laverda, deren Getriebe sich nur noch mit Gewalt schalten ließ. »Auseinanderbauen!« rief der Besitzer, »das Getriebe ist kaputt!«. Dabei sind nur die Hebel zueinander falsch eingestellt: Um es richtig zu machen muss man den Fußschalthebel abschrauben, zerlegen und die axiale Feinverzahnung, die an kurzem Hebel und Fußschalthebel angebracht ist, so einstellen, dass der kurze Hebel um 90 Grad zur Schaltstange steht.
■ Bild 2 zeigt am Beispiel eines Ducati-Schaltgestänges was wir meinen: Alle Bauteile stehen in rechtem Winkel zueinander (bzw. »annähernd im 90-Grad-Winkel zueinander«), nur so wird bestmögliche Schaltbarkeit erreicht.

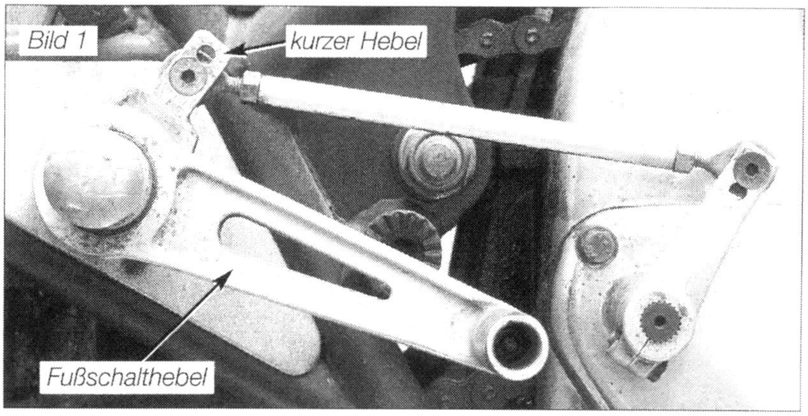

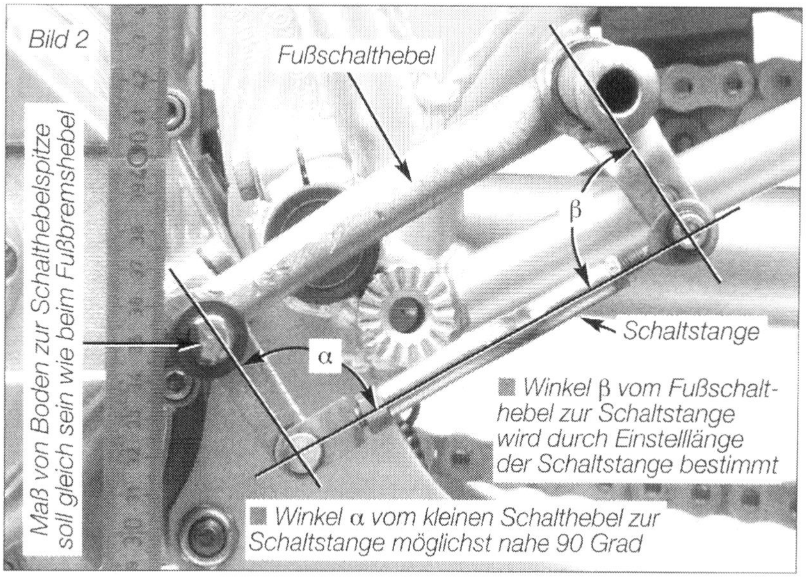

Probleme einkreisen

Wenn die Schaltung nicht richtig funktioniert, kann dies an folgenden äußeren Bauteilen liegen:
1. Kontermuttern der Schaltstange lose?
2. Verzahnung/Klemmung des Schalthebels auf der Schaltwelle lose bzw. ausgeschlagen?
3. Lagerung des Fußschalthebels nicht genügend freigängig?
4. Schaltwelle verbogen?

Diese Probleme lassen sich bei eingebautem Motor beseitigen. Liegen schwerwiegende Schäden an Schaltwalze, Schaltgabeln oder an Getriebezahnrädern und -wellen vor, müssen Motor oder Getriebe (Guzzi) zerlegt werden.

Schaltgestänge prüfen, Probleme beseitigen

■ **Prüfen:** Klemmschraube des kleinen Schalthebels gut festgezogen? Falls nicht: Festziehen siehe Bild 3.
■ **Prüfen:** Verzahnungen in Schalthebel und an Schaltwelle noch einwandfrei? Wenn die Klemmschraube lose war, sind wahrscheinlich

die Außenverzahnung der Schaltwelle sowie die Innenverzahnung des Schalthebels beschädigt (»Spitzen abgenutzt«).
Problem beseitigen: Schalthebel abziehen, Verzahnung mit einer Messingbürste putzen, etwas Fett an die Verzahnung geben, Schalthebel aufstecken. Neue Klemmschraube verwenden!
Beachten: Schalthebel so montieren, dass er zur Schaltstange möglichst nahe im Winkel von 90 Grad steht (Bild 2).
■ **Prüfen:** Lagerung des Fußschalthebels ausreichend freigängig oder korrodiert?
Problem beseitigen:
1. Fußschalthebel abschrauben, Korrosion innen und außen mit Schmirgelpapier beseitigen.
2. Lagerstelle gut einfetten, Fußschalthebel auf Lagerstelle setzen.
3. Loctite »mittelfest« auf Gewinde von Schraube/Mutter geben und mit 20 Nm (bei M8) bis 30 Nm (bei M10/12) festziehen.
■ **Prüfen:** Kugelgelenke an beiden Enden der Schaltstange in Ordnung? Sie dürfen weder zu viel »Luft« haben noch dürfen sie »zu stramm« gehen: Sie müssen sich leicht bewegen lassen.
Problem beseitigen: Neue Kugelgelenke einbauen.

Schalthebelei optimieren

Weil an der linken Fußraste und dem Schaltgestänge unserer Ducati alles so stillos klapperte, haben wir folgendermaßen optimiert:
1. Alle Teile abgeschraubt, zerlegt, Gabelkopf wiederauffindbar beiseite gelegt (Bild 4).
2. In die Schaltstange ein M6-HeliCoil eingedreht (Bild 5) für einen M6-Kugelkopf.
3. In der Schraubenkiste eine kleine 6er-Buchse gesucht und gefunden (Pfeil in Bild 5).
3.1. Die ausgeschlagene Bohrung im kleinen Schalthebel aufgebohrt, Buchse eingepresst, auf Länge abgesägt und zum Schalthebel hin zusätzlich verkörnt (Bild 6).
4. Alle Teile mit guter Einfettung montiert und korrekt eingestellt (Bild 7).
Ergebnis: Getriebe schaltet sich jetzt wie »voll fette Butter« (völlig ungewohnt!).

Schaltung innen

Wenn an der inneren Schaltbetätigung (»Schaltautomat«) etwas defekt ist, ist dies meist nicht auf Anhieb von außen zu erkennen. Ein Defekt an der inneren Schaltbetätigung kann mehrere Gründe haben, die wir nachstehend erklären.
Problem: Schalthebel bleibt gelegentlich (oder immer) in einer Stellung stehen, geht nicht von selbst wieder in seine Nulllage zurück.
Möglicher Grund 1: Schaltwelle klemmt in ihrer Lagerung: entweder in der Durchgangs-Lagerbohrung im Gehäusedeckel oder im Sacklochlager im Motorgehäuse.

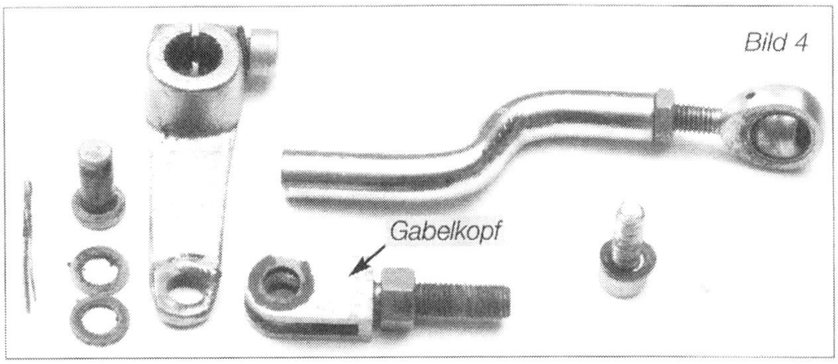

Bild 4

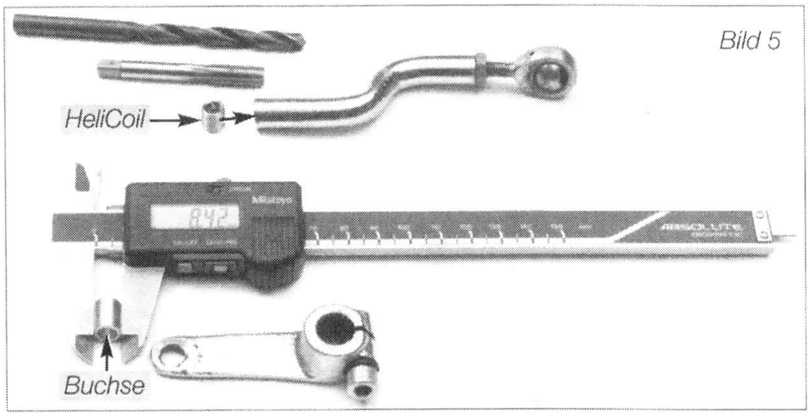

Bild 5

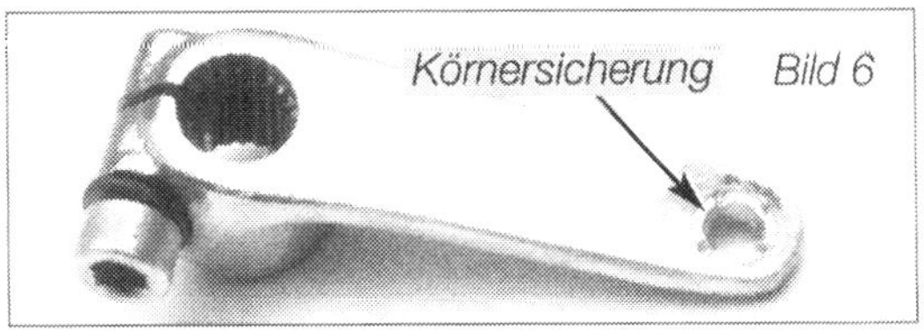

Bild 6

Bilder 4 bis 7: Im Lauftext sind die zu den Bildern gehörenden Arbeitsschritte nummeriert beschrieben.

Bild 7

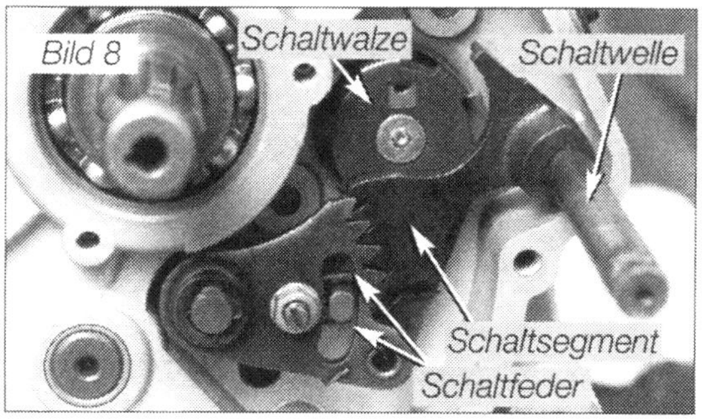

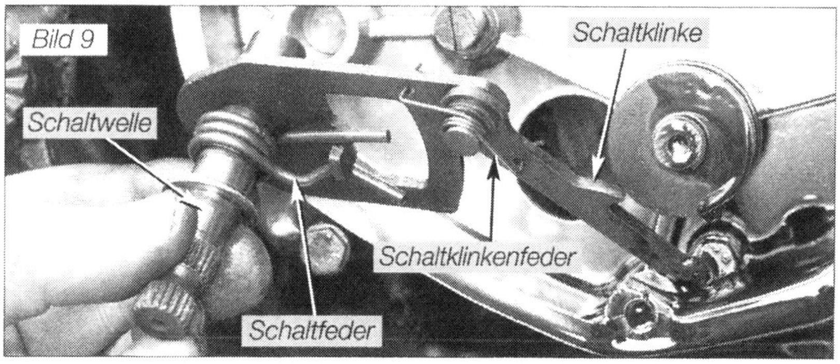

Bilder 8 bis 14: Im Lauftext sind die zu den Bildern gehörenden Arbeitsschritte nummeriert beschrieben.

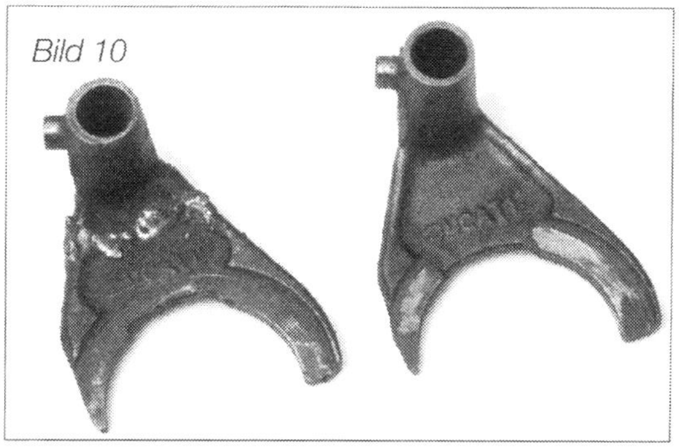

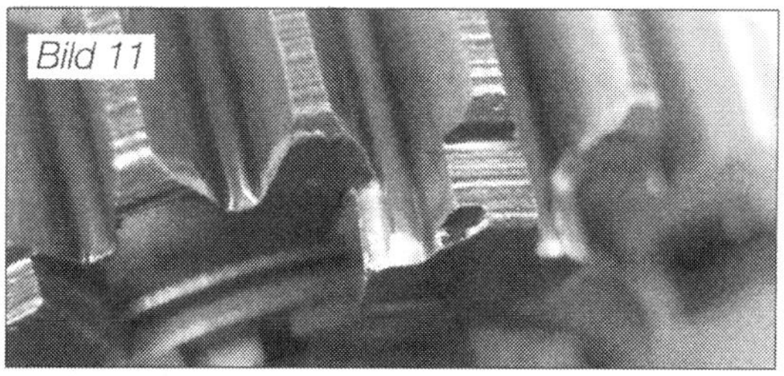

Möglicher Grund 2: Schaltfeder verklemmt, verbogen, gebrochen.
Möglicher Grund 3: Schaltklinke schwergängig, klemmt oder abgenutzt.
Möglicher Grund 4: Schaltfeder lahm, verzogen oder gebrochen.

In den Bildern 8 und 9 sehen Sie zwei innere Schaltbetätigungen:

- Bild 8 ist die einer Ducati 900: Um an sie zu kommen muss man den linken Gehäusedeckel und die Kupplung abbauen.
- Bild 9 ist die einer Laverda 1000: Sie ist hinter dem rechten Getriebedeckel eingebaut. Diese besteht aus noch weiteren Bauteilen, denn die durch die Hin- und Herbewegung der Schaltklinke auf die Schaltwalze ausgeübte Teildrehbewegung wird nochmals über Zahnräder übertragen. Komplizierter geht's kaum noch, aber das ist es eben, was den (bzw. einen weiteren!) Reiz eines italienischen Motorrads ausmacht.

Wie auch immer: Wenn beim Schalten etwas hakelt, schwer geht oder nicht mehr gewohnt leicht genug: Suchen Sie den Fehler, finden und beheben ihn. Sonst können noch andere Bauteile beschädigt werden – oder, wenn Sie keinen Fehler finden, kann die Störung auch von innen ausgehen:

- Bild 10 zeigt eine verbogene und eine zuerst gebrochene und dann geschweißte Schaltgabel, beide kamen aus einem Ducati-Motor, der in Sizilien gekauft wurde mit dem Versprechen »isse totale generale überholte!«.
- Bild 11 zeigt beginnenden Zahnausfall.
- Bild 12 zeigt einen gebrochenen Gehäuse-Lagersitz, weil beginnender Zahnausfall in Bild 11 zu einem Zahnradbruch und Getriebeblockierer führte.
- Auch ein zerstörtes Kugellager (Bild 13) kann einen Gehäuse-Lagersitz zerstören! Bild 14 zeigt ein Serien-Gangrad mit 5 Klauen und die heutige Ersatzteilversion mit 3 Klauen (besser!).

Ventile · Zylinderkopf

In diesem Kapitel: Ventilsitze · Ventilspiel · Ventilspiel prüfen und einstellen · Zylinderkopf abdichten.

Ventilsitze

Zu den Neuzeiten der heutigen italienischen Youngtimer bis hoch in die 90er-Jahre waren Ventilsitze aus mehr oder weniger »weichen« Bronzelegierungen Stand der Technik. Damalige Meinung war, dass ein solcher Ventilsitz zum Ventil hin (das ja schon immer aus hartem Stahl bestand) besser abdichtet. Dementsprechend oft musste das Ventilspiel alle 2500 bis 3000 km kontrolliert und meistens auch eingestellt werden. Ein Ventilsitz aus einer Bronzelegierung benötigt jedoch ein gewisses Maß an Blei im Benzin, weil dieses sich im Ventilsitz ablagert und ihn vor Verschleiß schont: Das Ventil schlägt nicht so derb in seinen Sitz zurück, sondern der harte Schlag wird durch die dünne Bleischicht etwas gedämpft. Wird ein Motor mit Ventilsitzen, die aus einer früheren Bronzelegierung bestehen, mit heutigem bleifreien Benzin betrieben, dann schlagen sich die Ventilsitze rasch ein, die Kontaktflächen zum Ventil »verbrennen« regelrecht oder der Ventilsitzring wird »bröselig« (Bild 1).

Mit Einführung moderne Ventilsitze aus hartem Sintermetall in den Serienmaschinenbau konnten die Ventilspiel-Wartungsintervalle zuerst auf 5000 km, dann auf 8000 und aktuell (im Jahre 2007) auf 10 000 km gestreckt werden. Dies gilt auch für einen auf Bleifrei-Ventilsitze umgebauten Youngtimer-Motor.

Weil heute bleifreies Benzin die Regel ist und die häufig angebotenen Bleizusätze sehr teuer sind, geben wir Ihnen den guten Ratschlag: Wenn der Motor Ihres italienischen Youngtimers noch die ersten Ventilsitze aus Bronzelegierung hat, lassen Sie ihn spätestens im nächsten Winter auf so genannte »Bleifrei-Ventilsitze« umbauen. Dies nicht nur wegen der dann gestreckten Prüf- und Einstellintervalle für das Ventilspiel, sondern wegen der höheren Zuverlässigkeit: Alte Bronzeventilsitze fallen schon mal aus ihrem Sitz heraus und dann ist große Panne angesagt.

Ventilsitze erneuern

Nachstehend beschreiben wir den Einbau neuer Ventilsitze beim Motorenspezialisten mit entsprechenden Maschinen (*www.mayer-tuning.de*).

1. Nockenwellen und Ventile werden aus dem Zylinderkopf ausgebaut.

2. Der nackte Zylinderkopf wird auf eine Ventilsitz-Fräsmaschine aufgespannt. Die Schneid-

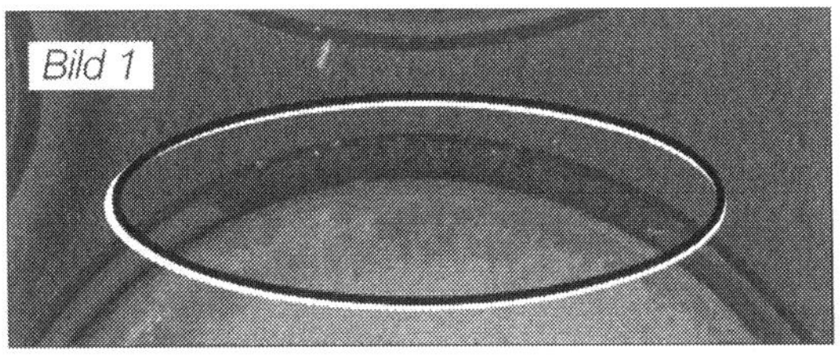
Bild 1

Bild 1: Böseliger Ventilsitzring.

Bilder 2, 3 und 4: Ausfräsen eines alten Ventilsitzringes.

Bilder 5 und 6: Ventilsitzring-Rohlinge entsprechend den Durchmessern des Ventils und der Sitzbohrung für den Ventilsitzring im Zylinderkopf.

Bild 2

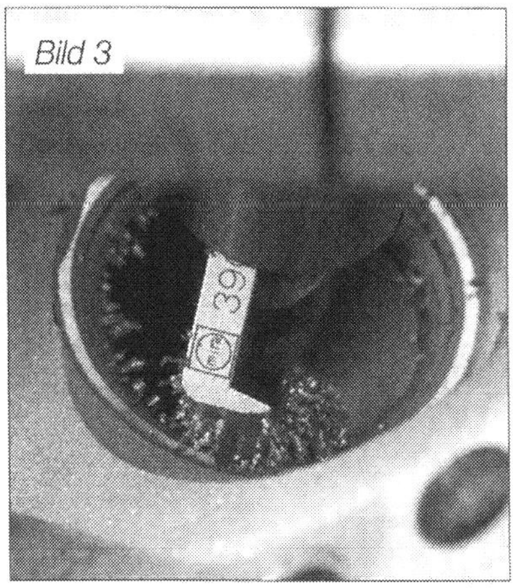
Bild 3

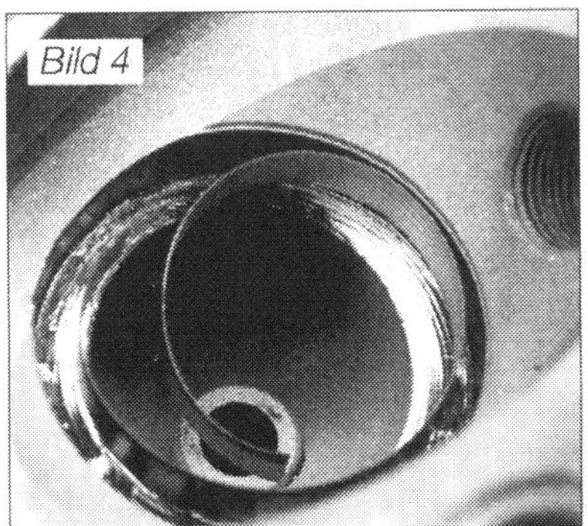
Bild 4

Bild 5

Bild 6

werkzeug-Spindel wird an der Ventilführung ausgerichtet (Bild 2).
3. Die Spindel mit dem Schneidwerkzeug (das ist eine Art Drehmeißel) wird jetzt angetrieben und der alte Ventilsitz ausgeschnitten (Bilder 3 und 4).
4. Der Ventilsitz im Zylinderkopf wird gereinigt und vermessen. Ein neuer Ventilsitzring mit einer Überdeckung von 8/100 bis 1/10 mm zur Ventilsitz-Sitzbohrung wird gesucht (Bild 5) und gefunden (Bild 6).
5. Der Zylinderkopf wird langsam und gleichmäßig auf ca. 100 °C erwärmt. Kurz vor dem Einbau wird der neue Ventilsitzring mit Kältespray eingesprüht und zieht sich schockartig zusammen.
6. Durch den Temperaturunterschied lässt sich der neue Ventilsitzring gut in seine Sitzbohrung einführen. Mit einem passenden Dorn wird er ganz nach unten gedrückt.
7. Nachdem der Zylinderkopf erkaltet ist, sitzt der neue Ventilsitzring bombenfest. Jetzt wird der eigentliche Ventilsitz mit einem Formfräser in einem Arbeitsgang geschnitten. Die Bearbeitungsqualität von Sitzwinkel und Oberfläche ist so gut, dass Einschleifen des Ventils in den neuen Ventilsitz nicht nötig ist.

Bild 7: Am Rand eingerissenes Ventil.

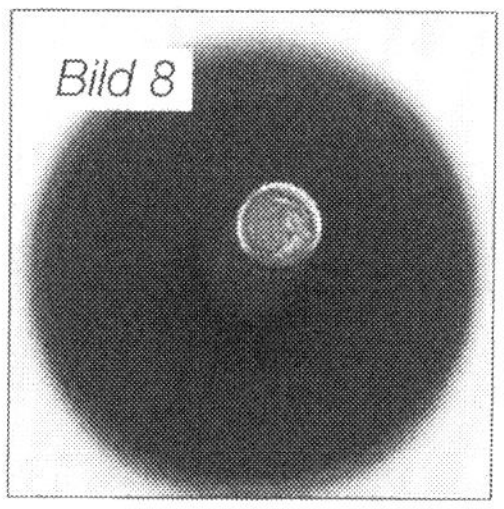
Bild 8: Von der Einstellschraube eingeschlagener Ventilkopf.

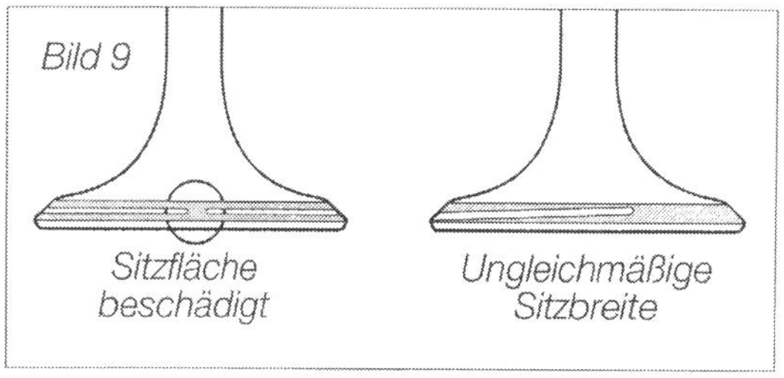

Bilder 9 und 10: Verschiedene Sitzbilder.

Bild 10

Einlassventil ist in Ordnung, kann wieder eingebaut werden.

Einlassventil mit Ablagerungen, war undicht. Sollte nachgeschliffen werden.

Auslassventile mit Brandflecken am Sitz, wurden mit zu geringem Ventilspiel betrieben. Sollten nachgeschliffen werden.

Ventilspiel

Ein gewisses Spiel zwischen Ventilkopf und der entsprechenden Ventilbetätigung (Kipp- oder Schlepphebel mit Einstellschraube oder Einstellkäppchen zum Tassenstößel hin) ist nötig, damit die Ventile den Brennraum bei allen Betriebstemperaturen dicht abschließen können, kein Gas unkontrolliert entweicht und die Wärme über den Ventilsitz gut abgeleitet werden kann. Von fachgerechter Wartung hängt das Wohl und Wehe des Ventiltriebs entscheidend ab.

Ventilspiel-Einstellwerte

Ventilspiele bewegen sich meistens im Bereich von 0,08 bis 0,15 mm für Einlass und 0,12 bis 0,20 mm für Auslass; die großen Guzzis haben 0,22 mm für Ein- und Auslass. Grundsätzlich sollen die vom Fahrzeughersteller vorgeschriebenen Werte eingehalten werden.

Schäden durch falsche Ventilspiele

In den Bildern 7 bis 10 sind einige typische Ventilschäden zu sehen, welche durch zu weite oder zu enge Ventilspiele entstanden sind.

Ventilspiel zu weit: Wenn das Ventilspiel zu weit ist, bildet sich Pitting (Fachwort für kleine Materialausbrüche) auf den Bauteilen des Ventiltriebs, die bei laufendem Motor Kontakt zueinander haben (bzw. »auf- und ineinander laufen«): Nockenlaufbahnen, Tassenstößel, Stößelstangen, Kipp- und Schlepphebel. Bei zu weitem Ventilspiel schlagen sich auch die Ventilsitze tief ein. Es besteht sogar die Gefahr, dass das Ventil abreißt.
Ventilspiel zu eng: Wenn das Ventilspiel zu eng ist, besteht die Gefahr, dass der Verbrennungsraum nicht dicht abgeschlossen wird, zu spüren an instabilem Leerlauf und mangelnder Leistung. Bei längerem Betrieb mit zu engem Ventilspiel schlagen die Ventilsitze ein oder verbrennen.

Tipps zur Prüfung des Ventilspiels

1. Ventildeckel gefühlvoll abnehmen, damit die Ventildeckeldichtung nicht zerreißt, sie kann mehrmals verwendet werden.
2. Zündung unbedingt AUSschalten, Zündkerzen ausschrauben.
3. Auf dem Schwungrad sind Markierungen für »OT« (Oberer Totpunkt) angebracht, man braucht sie zur Positionierung des Kolbens, weil nur im Zünd-OT die Ventile geschlossen sind und das Ventilspiel am größten ist.
4. An der Schwungrad-Befestigungsschraube bzw. -Mutter einen passenden Schlüssel an-

setzen, damit die Kurbelwelle drehen und den Kolben in dem Zylinder, bei dem das Ventilspiel geprüft werden soll, in den Zünd-OT stellen.

4.1. Entweder man orientiert sich an den Markierungen auf dem Schwungrad (sofern man sie kennt!), oder man leuchtet mit einer Taschenlampe durch das Zündkerzenloch auf den Kolben.

4.2. Wichtig ist dabei nur eines: Kolben muss im Zünd-OT stehen, Ein- und Auslassventil müssen geschlossen sein: An jedem Kipphebel wackeln, es muss etwas Luft zu spüren sein, das Ventil darf nicht unter Druck stehen!

■ Bei obenliegender Nockenwelle muss der Nocken vom Tassenstößel wegzeigen (Bild 11).

■ Bei der Ducati-Desmodromik muss das Ventil mit einem Schraubenzieher an der Schließer-Einstellhülse hochgedrückt werden (Bild 13).

5. So lange mit verschieden dicken Fühlerlehren zwischen Kipphebel und Ventilkopf durchfahren, bis man eine gefunden hat, die sich »satt durchschleifen« lässt: Das ist das Ist-Ventilspiel.

6. Spiel am Schließerhebel der Desmodromik muss »nahe null« sein: Schließer-Einstellhülse darf sich gerade noch drehen lassen (Bild 14), also weder zu viel Luft haben noch klemmen.

■ Schließer-Kipphebel dabei mit Schraubenzieher gegen die Federkraft nach unten drücken.

Tipps zur Ventilspiel-Einstellung

Bei Desmodromik: Wenn das Ventilspiel bei der Ducati-Desmodromik eingestellt werden muss, lassen Sie dieses beim Desmo-Händler machen, denn es rentiert sich für Hobbyschrauber nicht, die nötigen Werkzeuge, Einstellkäppchen und Schließerhülsen zu kaufen.

Bei Kipphebel

1. Kontermutter der Ventilspiel-Einstellschraube lösen, Einstellschraube etwas aufdrehen, Fühlerlehre mit der Dicke des gewünschten Ventilspiels zwischen Kipphebel und Ventilkopf schieben.

2. Einstellschraube so weit zudrehen, bis die Fühlerlehre ganz leicht klemmt.

3. Einstellschraube in dieser Position halten und Kontermutter der Ventilspiel-Einstellschraube festziehen (Bild 15).

4. Ventilspiel kontrollieren: Passende Fühlerlehre muss sich »satt durchschleifen« lassen.

Tassenstößel, obenliegende Nockenwellen

1. Kurbelwelle so drehen, dass möglichst viele Ventile frei sind und das Kettenschloss oben steht (Bild 17).

2. Spannschraube hinten am Steuerkettenspanner lösen und einige Umdrehungen ausdrehen.

2.1. Steuerkettenspanner ausbauen (Bild 16).

■ Merken, wie er eingebaut war!

3. Steuerkette und Steuerkettenräder markieren,

Bild 11

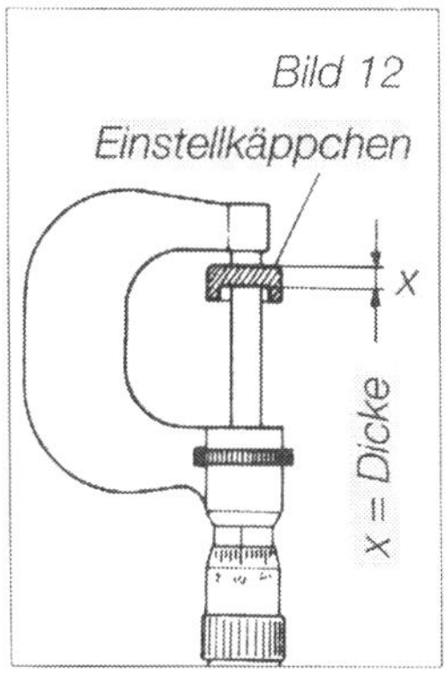

Bild 12

Bild 13

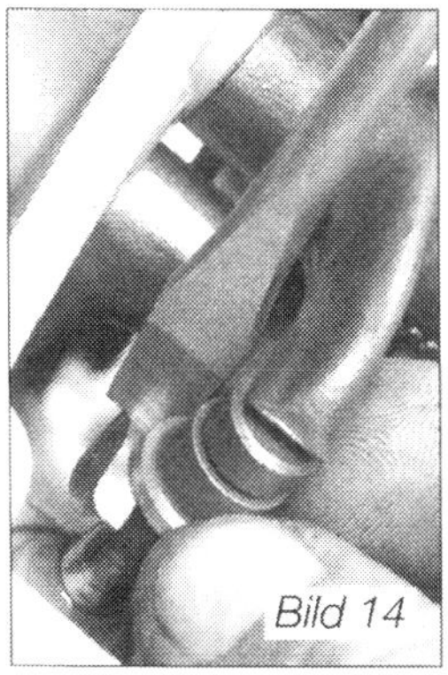
Bild 14

Bild 15

Bilder 11 bis 17: Die zugehörigen Erklärungen sind im Lauftext.

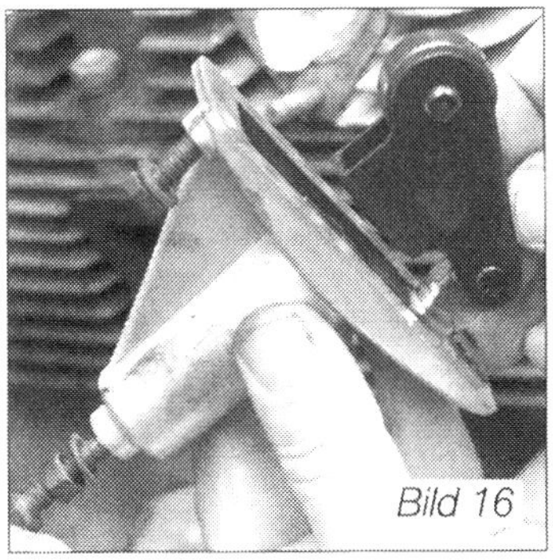
Bild 16

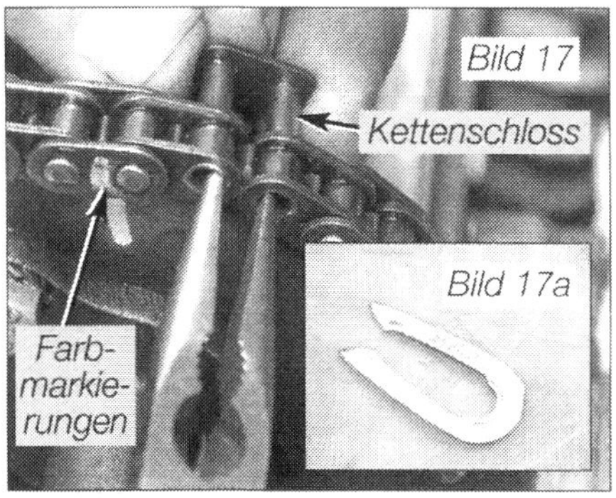

Bild 17

damit später beim Zusammenbau die Kette wieder exakt aufgelegt werden kann (Bild 17)!

4. Kettenclip abschieben (Bild 17a), Verbindungsglied (»Kettenschloss«) ausbauen, Steuerkette zur Seite hängen.

5. Nockenwelle ausbauen: Muttern von außen nach innen Schritt für Schritt lösen und abdrehen, Lagerschalen abnehmen, Nockenwelle herausnehmen.

■ Vor dem Abnehmen merken, wie die Lagerschalen aufgebaut sind (mit Farbstift zeichnen).

6. Tassenstößel mit Magnetheber herausziehen und so ablegen, dass sie beim Zusammenbau wieder in die Bohrung eingesetzt werden, aus der sie herausgezogen wurden.

7. Ventilspiel-Einstellkäppchen abnehmen, reinigen und mit Mikrometer vermessen (Bild 12).

7.1. Je nach gemessenem Ventilspiel und Dicke des eingebauten Käppchens muss ein entsprechend dickeres oder dünneres eingebaut werden, um das Soll-Ventilspiel zu erreichen. Maßhaltige Käppchen hat der Markenhändler.

Nockenwellen einbauen

1. Alle Lagerstellen und ausgebauten Teile reinigen, mit frischem Motoröl einölen.

2. Entsprechendes Ventilspiel-Einstellkäppchen aufsetzen, Tassenstößel einschieben.

3. Nockenwellen in der möglichst endgültigen Einbaustellung einlegen, Lagerdeckel aufsetzen.

4. Scheiben und Muttern einölen, aufdrehen und in mehreren Schritten von innen nach außen festziehen. Vom Werk vorgeschriebenes Anziehdrehmoment beachten (ca. 20 Nm bei M7).

5. Steuerkette auflegen, Markierungen müssen stimmen (!), Kettenschloss einbauen (Bild 17), Federclip mit der geschlossenen Seite (!!) in Laufrichtung der Kette (!!!) einbauen.

6. Steuerkettenspanner einbauen. Spannschraube etwas eindrehen, aber noch nicht fest.

7. Motor einige Male durchdrehen und prüfen, ob er frei läuft.

8. Kurbelwelle so drehen, dass die Steuerkette nach vorne hin und zwischen den Nockenwellen straff ist. Spannschraube so weit eindrehen, dass sich die Steuerkette zwischen den Zahnrädern noch ca. 5 mm nach oben und unten durchdrücken lässt.

Bild 18

Bild 18: Zum Abnehmen des stehenden Zylinderkopfs muss der Motor nicht ausgebaut, sondern nur vorne abgesenkt werden.

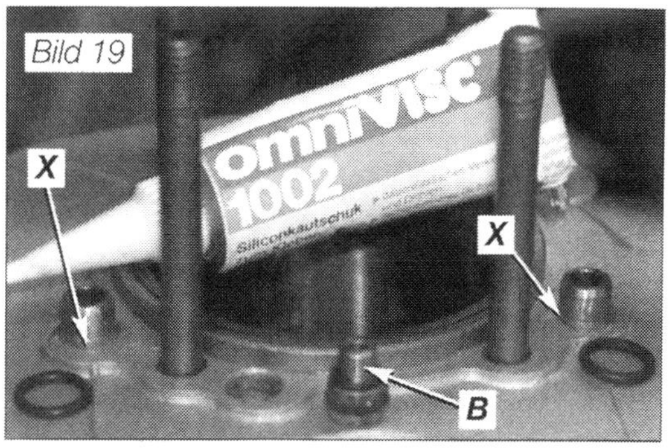

Bild 19

Bild 20

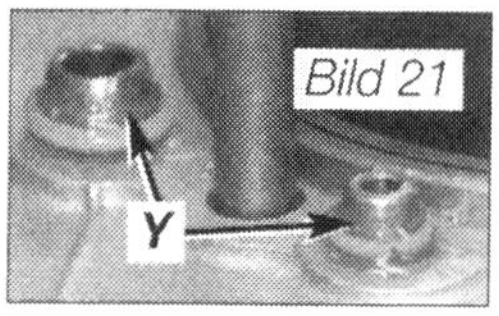

Bild 21

Bilder 19, 20 und 21: Bei Silikondichtmasse ist es extrem wichtig, dass sie dünn aufgetragen wird und vor dem Zusammenfügen der Teile lange genug »ablüften« kann (Herstelleranweisung im Beipackzettel der Packung beachten!).

Zylinderkopf abdichten

Königswellen-Ducatis ölen oft im Zylinderkopfbereich. Da es keine Kopfdichtung gibt, sitzen die Leckstellen im Ölsteig- und Rücklaufbereich, sie lassen sich folgendermassen abdichten:

1. Motor vorne absenken: Auspuffe und Vergaser abschrauben, rechten und linken Motorseitendeckel abschrauben, Kette abnehmen.

1.1. Wagenheber unter den Motor stellen, Motorhalteschrauben hinten oben und vorne ausziehen, Motor nach vorne absenken.

2. Zündkerzen ausbauen. Kurbelwelle drehen, bis der Kolben im ölenden Zylinder im Zünd-OT steht.

3. Zylinderkopf abschrauben: Die vier Zylinderkopfmuttern über Kreuz lösen und abdrehen, Zylinderkopf nach oben abziehen.

4. O-Ringe abnehmen, Buchse (*B* in Bild 19 ausziehen, alle Dichtflächen an Zylinderkopf und Zylinder peinlichst sauber reinigen (Bremsenreiniger oder Spiritus zu Hilfe nehmen).

5. In den Grund jeder Passhülse eine sehr feine Raupe Silikondichtmittel legen (*X* in Bild 19).

Wichtig: Länger als eine Stunde ablüften lassen!

6. Neue O-Ringe aufsetzen, nach unten drücken.

7. Über jeden O-Ring eine sehr feine Raupe Silikondichtmittel legen (*Y* in Bildern 20 und 21).

Wichtig: Länger als eine Stunde ablüften lassen!

8. Zylinderkopf aufbauen, Muttern über Kreuz Schritt für Schritt bis auf 40 Nm festziehen.

9. Motorrad zusammenbauen.

Kolben · Zylinder · Kurbelwelle

In diesem Kapitel: Konstruktionsmerkmale · Lebensdauer, Verschleiß · Kolbenschäden · Kurbelwelle · Kurbelwelle reparieren.

Konstruktionsmerkmale

Der **Kolben** ist ein zylinderförmiges Maschinenbauteil, dessen Aufgabe es ist, den durch die explosive Verbrennung des angesaugten Gemischs entstehenden physikalischen Druck in Bewegung umzusetzen. Dazu wird er in einem **Zylinder** geführt, der im Wesentlichen aus einer durchgehenden Buchse besteht. Der Kolben ist über einen **Kolbenbolzen** mit dem **Pleuel** (»Pleuelstange«) verbunden, der wiederum mit der **Kurbelwelle** verbunden ist, welche die hin- und hergehende Hubbewegung des Kolbens in eine Drehbewegung umsetzt.

Der obere (geschlossene) Teil des Kolbens wird **Kolbenboden** genannt, er ist in der Mitte mehr oder weniger hoch zu einem »Dom« ausgeformt und seitlich sind **Ventiltaschen** eingearbeitet. Den äußeren (zylindrischen) Teil des Kolbens nennt man **Kolbenhemd**, darin sind Nuten für die **Kolbenringe** und den mehrteiligen **Ölabstreifring** eingearbeitet.

Die **Kolbenringe** übernehmen die Abdichtung des oberen Zylinderraums (»Verbrennungsraum«) zum unteren Kurbelgehäuse hin, während der **Ölabstreifring** die Ölabdichtung des Kurbelgehäuses zum Verbrennungsraum übernimmt.

Lebensdauer, Verschleiß

Damit eine möglichst lange Lebensdauer erreicht werden kann, sind mehrere Dinge wichtig:

1. Kalten Motor nicht mit **gezogenem Choke** längere Zeit im Stand laufen lassen: Weil er in diesem Betriebszustand zu fett läuft, wäscht unverbrannter Sprit das Schmieröl von Zylinderwand und Kolben ab, was den Verschleiß fördert. Außerdem wird das Öl im Ölsumpf verdünnt.

2. Keine Kaltstarts: Wenn der Motor läuft, braucht das Motoröl einige Zeit, bis es alle Lagerstellen erreicht hat und der Schmierkreislauf gesichert ist: Nicht sofort mit Vollgas losbrausen!

3. Kein Vollgas auf den ersten Kilometern! Der Motor muss erst warm werden, damit Kolben und Zylinder zueinander mit den optimalen Passungen laufen. Das kann im Sommer schon nach zwei bis drei Kilometern sein, im Herbst und Winter aber erst nach mehr als fünf Kilometern. Bis dahin sollte Halbgas genügen.

4. Geben Sie dem Motor immer nur **bestes Schmieröl** (siehe Kapitel 18 »Schmierung).

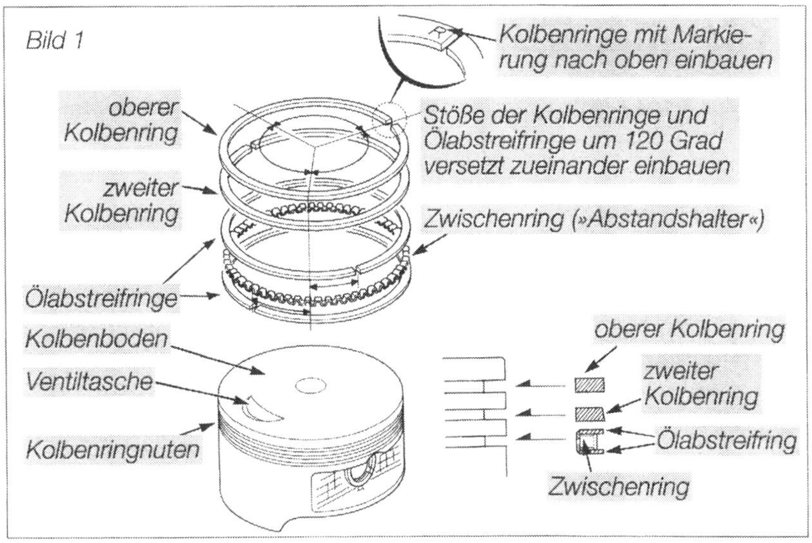

Bild 1: Explosionszeichnung von Kolben, Kolbenringen und Ölabstreifring.

5. Wenn der Motor Ihrer Maschine mit einem **Luftfilter** ausgerüstet ist, muss dieser gepflegt werden (siehe Kapitel 17 »Vergaser · Tank«).

5.1. Wenn nur offene Trichter an den Vergasern sind, die allen Dreck durchlassen, ist es zu überlegen, Trockenluftfilter von K&N zu montieren: Diese kosten im Vergleich zu offenen Trichtern kaum Leistung und reinigen die Ansaugluft sehr gut (*www.racimex.de*). Allerdings ist dann das gierige Schlürfen offener Vergaser zu einem leisen Röcheln degeneriert.

Kolbenschäden

Wenn Kolben, Kolbenringe und Zylinderlaufbahn verschlissen sind, hört man dies durch erhöhte Laufgeräusche (»Kolbenklappern«). Weiterhin steigt der Ölverbrauch und die Motorleistung lässt nach. Dann müssen Kolben und Kolbenringe erneuert (oder repariert, siehe später im Text!) und die Zylinder ausgeschliffen werden.

Kolbenfresser kommen in der Regel nicht vor. Außer der Motor wurde mit zu wenig Öl oder extrem heiß gefahren. Sollte es zu einem Fresser kommen, müssen der Kolben erneuert und der Zylinder ausgeschliffen werden. Für diese Fälle gibt es Übermaßkolben.

Einen **Kolbenklemmer** (Bild 2) fanden wir in

Wichtige Adressen

Beschichtungen von Kolben:

- Fa. Kexel GmbH
  Flughafenstraße 10
  D-56459 Ailertchen
  www.kexel.de
- Fa. Baier motor Racing
  Münchner Straße 25
  D-83043 Bad Aibling
  www.baier-motor-racing.de
- Mobil-tech OHG
  Hindenburgstraße 65
  D-78549 Spaichingen
  www.mobil-tech.de

Ausschleifen von Zylindern:

- Mayer Tuning
  Jagstweg 7
  D-73466 Lauchheim
  www.mayer-tuning.de

Reparieren und Richten von Kurbelwellen:

- Otto Geppert
  Motorentechnik
  Almenstraße 3
  D-77966 Kappel
- Ernst Remagen
  Vorderstraße 14,
  D-65618 Selters-Münster

Bild 2

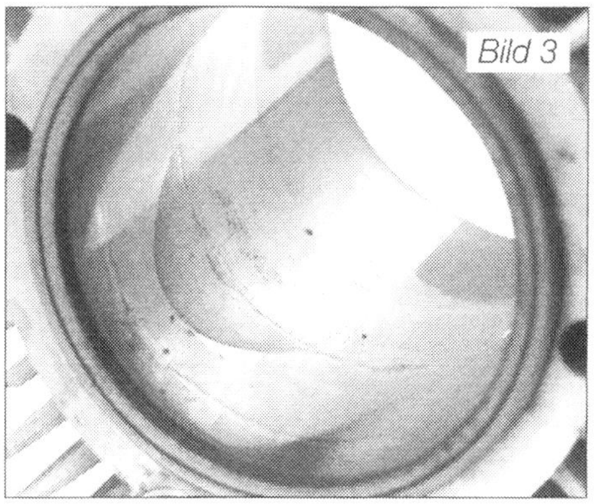
Bild 3

Bild 4

Bild 5

Bild 6

Bild 7

unserem Ducati-Restaurationsobjekt im stehenden Zylinder (Vorbesitzer Rolf: »War da etwas? Ich kann mich nur noch dunkel an eine hitzige Vollgasschlacht gegen eine Kawa Z 1000 erinnern, bevor die Duc im Schuppen endgültig abgestellt wurde...«) sowie **Korrosionsspuren** im liegenden Zylinder (Bild 3). Zum Glück waren die Klemmstellen über Kreuz nur im »nichttragenden Bereich« am Kolbenhemd vorhanden (Pfeile in Bild 2) und konnten deswegen problemlos abgefeilt werden – der Kolben war gerettet.

Beide Kolben wurden mit feinen Schleifkissen unter Zugabe von reichlich Bremsenreiniger von Verbrennungsrückständen gereinigt (Bild 4). Zwecks geringerer Reibung (= leichterer Lauf im Zylinder) und besserem Verschleißverhalten haben wir sie beschichten lassen (Bild 5). Neue Kolben- und Ölabstreifringe gehörten ebenso zum Reparaturprogramm wie das Aushonen der Zylinderlaufbuchsen (Bild 6) auf 0,05 mm Laufspiel (Bild 7). **Fazit:** Kolben und Zylinder so gut wie neu und dabei mindestens zwei Drittel am Geld gespart, was Neuteile gekostet hätten.

Kurbelwelle

Eine **gleitgelagerte Kurbelwelle** ist standfest und gut für 80 000 bis 100 000 km, sofern sie nicht mit zu wenig oder altem Öl gefahren wird. Wenn eine gleitgelagerte Kurbelwelle eine Überholung nötig hat, müssen alle Lagersitze geschliffen und mit neuen Lagerschalen bestückt werden, wozu auch die Pleuellager gehören.

Die auf Guzzi spezialisierte Tuningfirma Dynotec bietet für alle Guzzi-Motoren Lagerumbauten an, mit denen über 250 000 km möglich werden. Dynotec-Chef Jens Hofmann (»Mr. Guzzi«): »Das serienmäßige vordere Kurbelwellenhauptlager ist zu klein. Wegen der Durchbiegung der Kurbelwelle läuft das Lager mit der Zeit konisch aus und der Öldruck lässt nach. Wenn man einen Lagerumbau rechtzeitig machen lässt, wird der Guzzi-Kurbeltrieb sehr zuverlässig«.

Rollengelagerte Kurbelwellen brauchen mehr Aufmerksamkeit. Auch hierfür sind die Ducati-V2 mit 750 und 860 (900) cm³ gute Beispiele: Schulterkugellager als Hauptlager und Nadellager als Pleuellager sind echte Renntechnik. Von Ducati zwar nicht vorgeschrieben, aber von Königswellen-Spezialisten dringend empfohlen wird eine Kontrolle des Axialspiels des Pleuellagers alle 10 000 km: Weil ja das Motorschmieröl durch den Hubzapfen gedrückt wird, bricht bei zu großem Spiel der Ölfluss zusammen, weil das meiste Öl seitlich rausläuft und nicht mehr weiter transportiert wird, womit die Motorschmierung nicht mehr gesichert ist.

Das Axialspiel kann bei eingebautem Motor gemessen werden, man muss nur einen der beiden Zylinder abbauen (am besten der liegende). Mit Fühlerlehren wird der Verschleiß zwischen Pleuelfuß und Kurbelwange (bzw. Anlaufscheibe, Bild 8) gemessen:

- Axialspiel in Ordnung: 0,2 bis 0,5 mm.
- Axialspiel zu groß: ab 0,8 mm.

Übrigens empfehlen wir eine solche Kontrolle des Axialspiels schon beim Kauf einer gebrauchten Königswelle, auch wenn es mindestens zwei Stunden dauert (sofern der Verkäufer es überhaupt zulässt!): Liegt das Axialspiel im »grünen Bereich«, kann man davon ausgehen, dass der Rest des Motorrads auch in Ordnung ist.

Kurbelwelle reparieren

1. Den Zustand der Lagernadeln (Bild 9) kann man erst feststellen, wenn die Kurbelwelle zerlegt, also der Hubzapfen aus den Kurbelwangen gedrückt ist. Dazu braucht man eine hydraulische Presse, die mindestens 35 Tonnen drückt. Womit klar ist, dass das Überholen einer Kurbelwelle eine Sache von echten Spezialisten ist.
2. Bei der Untersuchung des Pleuels fanden wir eine zwar kleine Beschädigung (Bild 10), aber dennoch hatten die im Laufe der Zeit ausgebrochenen Materialpartikel die Nadeln zerstört.
3. Der Hubzapfen hatte nicht nur Laufspuren (*X* in Bild 11), sondern auch zwei tiefe Nuten (*Y* in Bild 11): Die Anlaufscheiben hatten sich regelrecht eingefräst.
4. Zur Reparatur der Kurbelwelle wurden folgende Neuteile nötig:
4.1. Zwei neue Pleuel, wobei es die (sehr guten!) Doppelschwertpleuel (links in Bild 13) nicht mehr neu gibt, sondern nur noch die mit einer Rippe.
4.2. Hubzapfen mit Anlaufscheiben (Bild 13).
4.3. INA-Nadellager, das sind die sehr guten mit versilbertem Nadelkäfig (in Bild 13 auf den Hubzapfen aufgeschoben). INA-Lagernadeln gibt es in Maßabstufungen von 1/100 mm abhängig vom Außendurchmesser des Hubzapfens zum Innendurchmesser des Pleuels.
5. Nach dem Zusammenpressen muss die Kurbelwelle gerichtet werden, damit sie möglichst rund läuft: Zulässig sind 0,02 mm (2/100) Zentrierfehler (Bild 14).

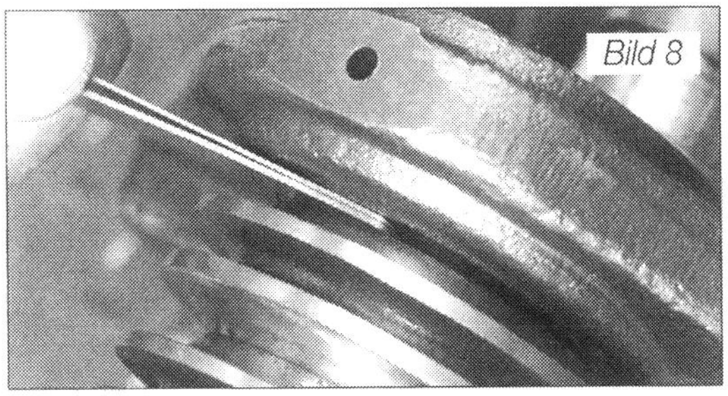
Bild 8

Bilder 2 bis 14: Im Lauftext sind die zugehörigen Informationen beschrieben.

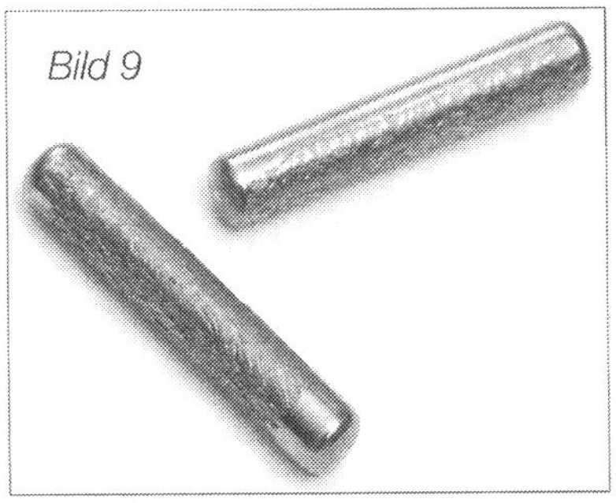
Bild 9

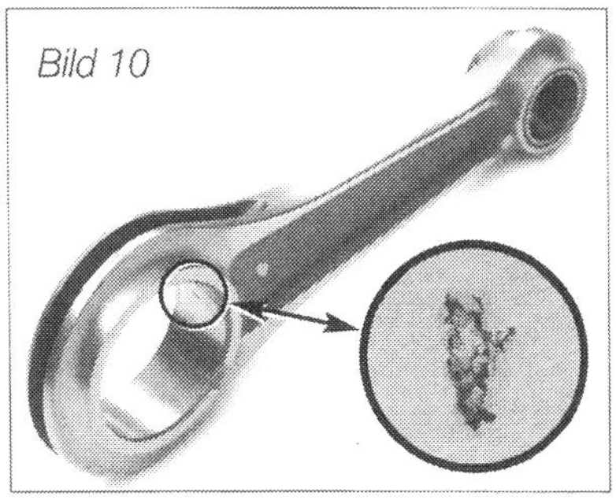
Bild 10

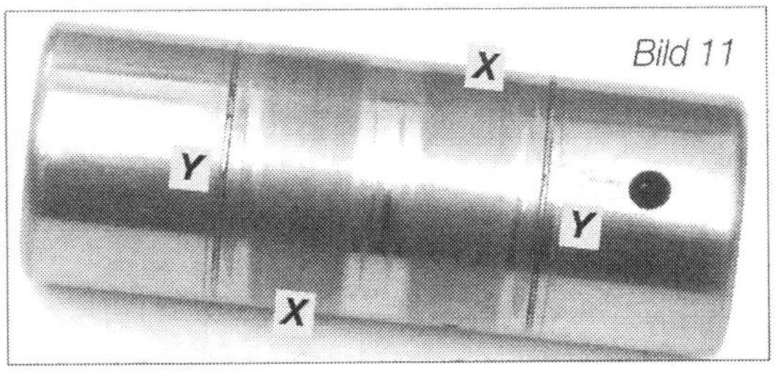

Bild 11

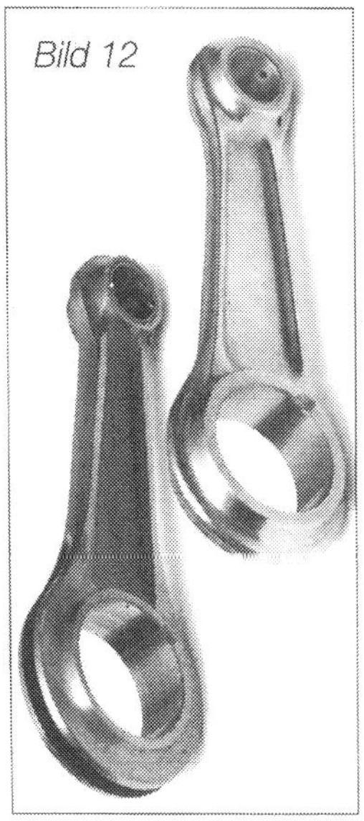
Bild 12

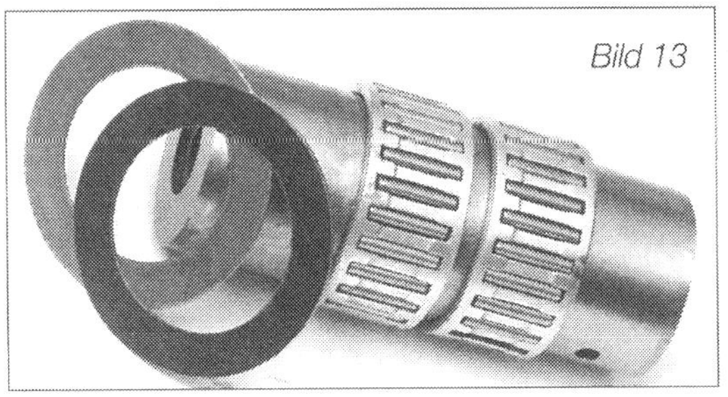
Bild 13

Bild 14

Sichtprüfung Messen

Auspuff

In diesem Kapitel: Auspuffanlage · Kupferpaste und Anziehdrehmomente · Auspuffanlage kontrollieren · Auspuff ab- und anbauen.

Auspuffanlage

Ältere italienische Motorräder sind meistens mit einer mehrteiligen Auspuffanlage ausgerüstet, bestehend aus Auspuffkrümmer, Zwischenrohr und Auspufftopf. Gängige Namen sind »Conti-Tüten« und »Lafranconi«, bei denen die Geräuschdämpfung durch schräge, kiemenförmige Öffnungen zwischen einem innen durchgängig offenen Auspuffrohr und der Außenwand des Auspufftopfs besorgt wird. Neu nachgefertigte Auspuffanlagen dieser Marken gibt es speziell auf italienischen Flohmärkten, echt originale Auspuffe werden allerdings in Gold aufgewogen.

Sofern eine Auspuffanlage (also Krümmer und Auspufftöpfe) nicht komplett durchgerostet oder durch Sturz zerstört ist, kann man sie mit viel Geduld, die man zu Reinigung und Polieren braucht, in einen »fast wie neu«-Zustand versetzen. Wenn etwas geschweißt werden muss, zum Blechschlosser gehen und einen entsprechenden Betrag in die Kaffeekasse geben, das macht den Schweißbrenner wie von alleine an!

Bild 1: Explosionszeichnung eines Auspuffs mit Teilebezeichnungen.

Bild 2: Die nahezu offenen Conti-Tüten sind einfach geil.

Kupferpaste

Bei allen Montagearbeiten an der Auspuffanlage reichlich Kupferpaste an die Gewinde von Muttern und Schrauben sowie an die Verbindungsstellen der Auspuffrohre zu den Krümmern und Zwischenrohren geben. Dies verhindert ein Festbacken der Schraubengewinde, sie lassen sich auch nach langer Zeit wieder leicht lösen.
■ Kein Schmieröl, Kettenspray oder Fett verwenden, denn das brennt sich ein und verklebt!

Anziehdrehmomente

Klemmschraube M8 Schelle Auspufftopf an Auspuffkrümmer .... 20 bis 25 Nm
Bundmuttern M8 Auspuffkrümmerflansch an Zylinder .... 20 Nm
Rippenmutter Feingewinde Krümmer an Zylinderkopf bei Ducati und Morini.................. stark »handfest«
Schraube M8 Auspufftopf an Halterung .... 20 bis 25 Nm

Auspuffanlage kontrollieren

Verbindungsbereich von Auspufftopf zu Auspuffkrümmer auf Dichtheit prüfen: Hand mit Sicherheitsabstand (Vorsicht, heiß!) an die Klemmverbindung zum Auspufftopf halten und aus dem Leerlauf heraus einige Male Gas geben. Wenn Spiel (»Luft«) in der Verbindungsstelle ist, spürt man den austretenden Abgasstrom.

Bild 2

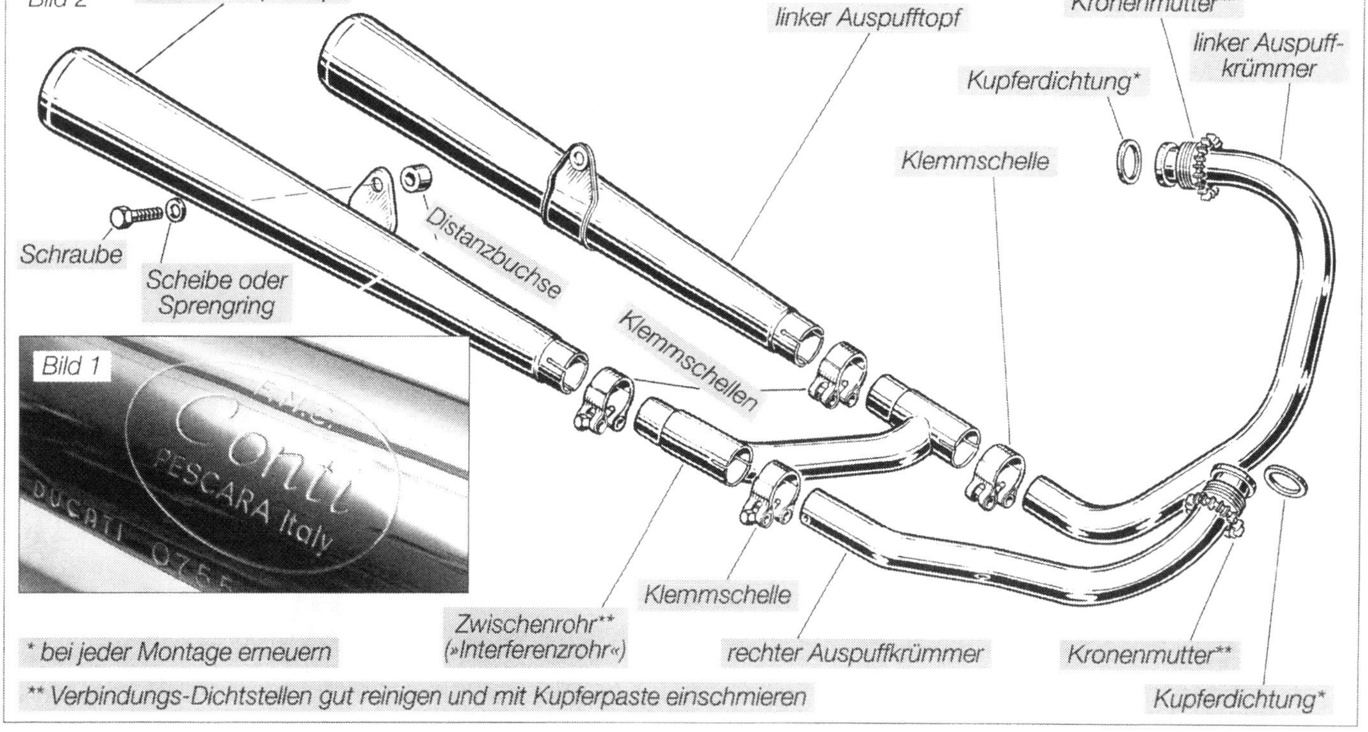

Wenn die Auspuffanlage abbläst, sollte man nicht versuchen, mögliches Spiel durch extremes Festziehen der Klemmschraube an der Schelle (oder der Überwurfmutter) zu beheben, denn dadurch wird das Gewinde der Klemmschraube beschädigt (es reißt meistens aus). Und wenn die Dichtung im Auslasskanal abbläst, dann sollte man weder die große Kronen- bzw. Nutmutter (bei Ducati und Morini) noch die Bundmuttern, mit denen der Krümmerflansch befestigt wird, übermäßig stark anziehen, denn dadurch werden die Flansche verzogen; die Muttern vertragen 20 bis 25 Nm, mehr nicht. Im schlimmsten Fall reißen die Stehbolzen ab oder werden aus dem weichen Alu des Zylinderkopfs herausgezogen. Dann ist Ausbohren des Stehbolzenrestes und HeliCoil angesagt (Kapitel 5 »Richtig schrauben«).

Auspuff ab- und anbauen

Einen Auspuff ab- und anzuschrauben erscheint nicht als schwierige Arbeit, jedoch ist die richtige Abfolge der Arbeitsschritte entscheidend dafür, ob der Auspuff dauerhaft hält oder unterwegs Risse bekommt oder gar abfällt. Eine Auspuffanlage muss spannungsfrei montiert werden. Auch ist es zu empfehlen, Scheiben oder Sprengringe unter Schrauben und Muttern zu montieren.

Als Beispiel beschreiben wir nachstehend den Ab- und Anbau des mehrteiligen Auspuffs der Ducati 900 SS (Bild 1). Schrauben und Muttern nur mit exakt passender Sechskantnuss bearbeiten, für die Kronenmutter wird ein entsprechender Schlüssel benötigt.

Auspuff abbauen

1. Schrauben und Muttern am Auspuff sind meistens schmutzig und stark korrodiert. Deswegen als Erstes mit einer Drahtbürste den gröbsten Dreck abputzen, mit Rostlöser einsprühen und einige Minuten wirken lassen, dann öffnen und abdrehen.

2. Die Kontaktstellen von Auspufftopf zu Zwischenrohr und Krümmer sind meistens verkrustet und verklebt: Mit Rostlöser einsprühen, einwirken lassen. Auspufftopf mit beiden Händen packen und unter leichten Drehbewegungen vom Auspuffkrümmer abziehen.

2.1. Wenn der Topf partout nicht ab will, hilft nur noch Hitze: Entweder mit weicher Flamme aus Lötlampe oder Schweißbrenner ringsum gleichmäßig anwärmen (Vorsicht, dass der Chrom nicht beschädigt wird!), oder mit einem Werkstattföhn auf maximal 100 °C.

2.2. Wenn sich Auspufftopf und Krümmer nicht trennen wollen, die komplette Auspuffanlage als Ganzes abschrauben und auf einem Tisch bearbeiten: Rostlöser an die Kontaktstellen, dazu Wärme (Bild 3) und die Klemmstellen ringsum mit einem Alu- oder Kupferhammer bearbeiten, das löst jede noch so harte Verklebung.

Bild 3

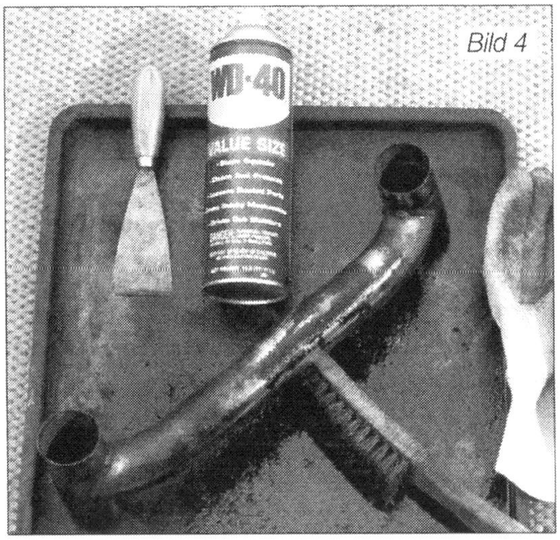

Bild 4

Bilder 3 bis 5: Geduld und richtige Hilfsmittel sind zum Putzen einer alten, ölverdreckten Auspuffanlage nötig.

Bild 5

3. Wenn alle Teile voneinander getrennt sind: Festgebackenen Dreck und Dichtungsreste an den Kontaktstellen von Auspuffkrümmer und Topf (Bild 6) sowie die Gewinde an Kronenmutter (Bild 8) und Stehbolzen (Bild 10) mit Drahtbürste, Schmirgelleinen und Schaber vollständig entfernen.

4. Der Kupferdichtring im Auslasskanal ist so stark gequetscht und verformt, dass er nicht widerstandslos heraus will: Schraubenzieher zu Hilfe nehmen, Dichtring heraushebeln.

5. Das große Gewinde im Auslasskanal des Zylinderkopfs mit einer Messingbürste reinigen. Gewindegänge kontrollieren: Wenn sie ausgerissen sind, kann man sie in einem Spezialbetrieb ausbuchsen lassen.

Auspuff anbauen

1. Neue Kupferringdichtung in den Auslasskanal einschieben. Reichlich Kupferpaste in das Gewinde schmieren.

2. Auspuffkrümmer ansetzen, Kronenmutter sauber ans Gewinde ansetzen, lose eindrehen.

2.1. Oder: Flansch auf Stehbolzen schieben (Bild 11), Muttern handfest aufdrehen.

2.2. Querrohr (»Interferenzrohr«) auf die Krümmer schieben.

3. Auspufftopf in Linie zum Querrohr ansetzen und mit leichten Drehbewegungen so weit aufschieben, dass die hintere Halteöse zur Anlage auf der Haltebohrung im Fußrastenausleger kommt.

3.1. Distanzbuchse ansetzen. Schraube mit Scheiben in hintere Halterung eindrehen/einstecken, Mutter locker aufdrehen.

4. Kronenmutter (bzw. Krümmermuttern) und Schrauben am Fußrastenausleger in mindestens drei Schritten nacheinander festziehen.

4.1. Zwischendurch immer wieder an den Auspuffteilen etwas wackeln, damit sie sich »setzen«.

Kontaktstellen zu anderen Bauteilen

Im Bild 14 sehen Sie einen Mittelständer, der in aufgeklappter Stellung am 3-in-1-in-2-Zwischenrohr (»Hosenrohr«) der Laverda 1000 ansteht. Das klappert nicht nur, sondern sorgt auf Dauer für Vibrationsschäden: Im günstigen Fall wird nur das Rohr beschädigt, im ungünstigen reißt entweder der Auspuff ab oder der Mittelständer (oder beides).

Sorgen Sie bei Ihrer Maschine dafür, dass es keine solche Kontaktstellen zu Fremdbauteilen gibt. Besonders dann, wenn ein anderer als der serienmäßige Auspuff angebaut wird, ist die Gefahr groß, dass sich irgendwo eine Murksbaustelle bildet, die spätestens auf der nächsten Tour für Ärger sorgt. Und welcher Italienerfahrer lässt sich schon von seinen BMW- oder Japanerfreunden wegen einer Panne gerne auf den Arm nehmen?

Bild 6

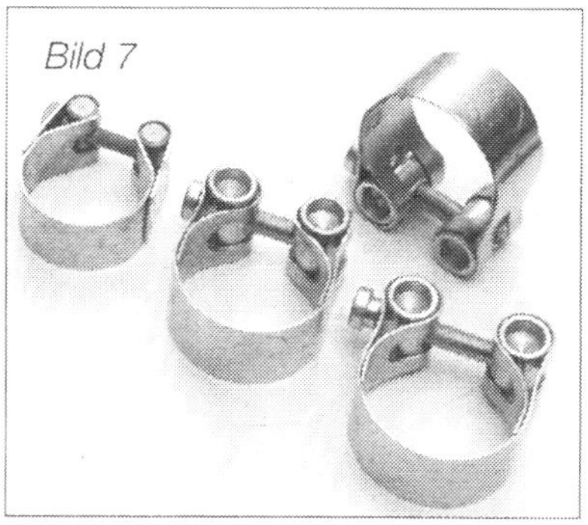
Bild 7

Bild 8

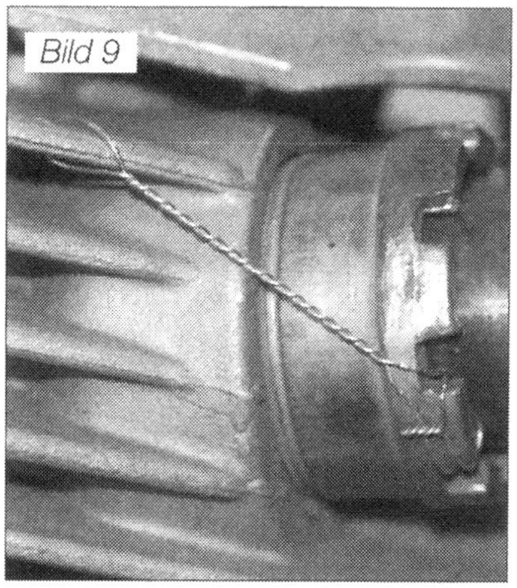
Bild 9

Bild 10

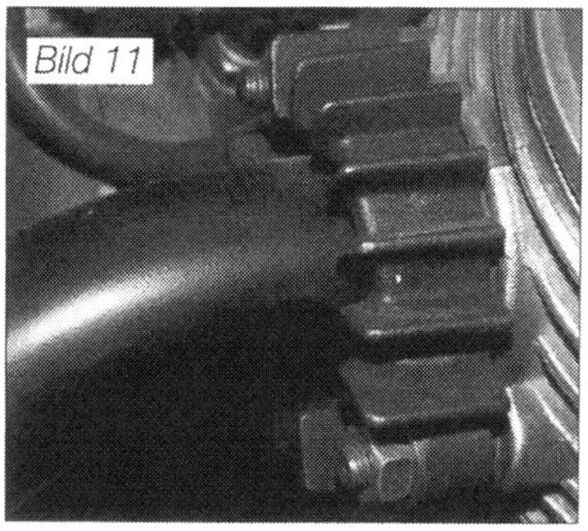
Bild 11

Bilder 6 bis 12: Im Lauftext sind die zu den Bildern gehörenden Arbeitsschritte nummeriert beschrieben.

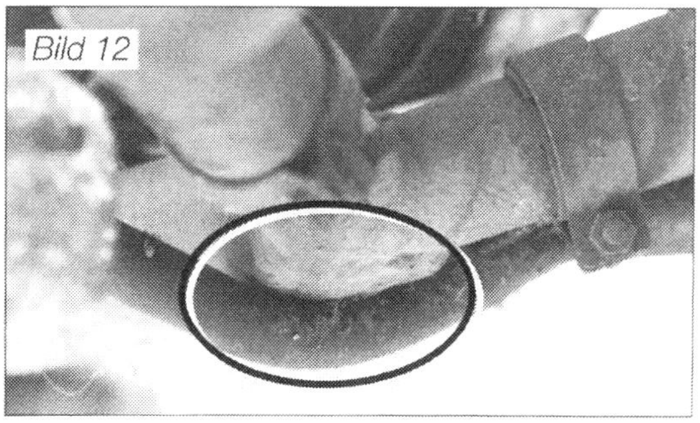
Bild 12

Wichtige Adressen

Dieses Kapitel bietet eine Auswahl wichtiger Adressen für Fahrer italienischer Klassiker und Youngtimer. Diese Adressen können nur eine begrenzte Auswahl darstellen.

Wenn Sie spezielles Zubehör, Bekleidung oder ein anderes Produkt suchen, lesen Sie sich in Motorrad-Fachzeitschriften und -Kataloge ein und beachten deren Anzeigenteile.

Auf Telefon- und Faxnummern haben wir verzichtet, weil sich diese im Laufe der Zeit häufig ändern. Telefon- und Faxnummern finden Sie entweder im Telefonbuch oder Sie rufen die entsprechenden Internetseiten auf.

Lieferanten der Produkte, die in diesem Buch in Bild und Text vorgestellt werden, sind in diesem Adressverzeichnis grau unterlegt.

VERANSTALTER UND VERBÄNDE

Hier erhalten Sie z.B. Auskünfte über Termine von Fahrsicherheits-Lehrgängen und Trainings.

Art Motor
Veranstalter von Trainings und Rennen
Postfach 2132, D-53791 Lohmar
www.art-motor.de

Grab the Flag – Classic Bike Racing
Fahrertrainings und Rennen für klassische Motorräder bis Baujahr 1979
Blutenburgstr. 75, D-80634 München
www.grabtheflag.de

Industrie-Verband Motorrad Deutschland e.V. Institut für Zweiradsicherheit e.V.
Gladbecker Str. 425, D-45329 Essen
www.ivm-ev.de
www.ifz.de

HÄNDLER, WERKSTÄTTEN UND INTERNETFOREN

AMEX – Alexander Motor Export
Teile und Zubehör für Ducati und Moto Morini
Postfach 1151
D-31543 Rehburg-Loccum
www.amex.motorsport.de

Bertram Sattler
Sitzbankbezüge für Italiener
66, Rue d'Ibrick
F-57340 Virming
www.motorradsitzpolster.com

Dynotec
Tuning, Motor- und Fahrwerksumbauten, Spezialist für Moto Guzzi, Leistungsprüfstand
Alzeyer Straße 33–37
D-67592 Flörsheim-Dalsheim
www.dynotec.de

EGU Tuning
Eisentalstraße 3, D-71332 Waiblingen
www.egu-motoren.de

albgraffiti Graphic Products
Hans-Herbert Lieb
Aufkleber für italienische Motorräder im Orginaldesign
Richard-Wagner-Straße 7
D-72519 Veringenstadt
www.albgraffiti.de

Horstmann Motorräder
Italienische Klassiker und Teile
Hertzbergstraße 13, D-12055 Berlin
www.horstmann-motorraeder.de

Italoclassicbikes – Volker Sachse
Vielfältige Tipps und Erfahrungen
Lerchenweg 12, D-32312 Lübbecke
www.italoclassicbikes.de

Jako Motorsport
Überholung und Restauration
Wehrbergerstraße 7
D-31840 Hess. Oldendorf
www.jako-motorsport.de

Lucky 7
Speziallackiererei für Oldtimer, moderne Maschinen und Ausstellungsstücke
Via Lazio 7/I
I-40100 Zola Predosa (Bologna)

Mader-HM
Spezialist für Motoren aller Art
Pretzener Weg 14, D-85435 Erding

master locksmith – Stefan Mattes
Metallbau, mechanische Konstruktionen, reparaturen, Kurbelwellen auseinander- und zusammenpressen, Spezialist für scheinbar unlösbare probleme
Mühlgasse 22
D-78549 Spaichingen

Mayer Tuning
Spezialwerkstatt für Motorprobleme und Tuning, Zylinder schleifen, etc.
Jagstweg 7, D-73466 Lauchheim
www.mayer-tuning.de

Max Mahlmeister
Restaurieren von Instrumenten
Prosselsheimerstraße 7
D-97337 Dettelbach/Neusetz

Moto Classica
Restauration, Ersatzteile
Gartenstraße 62–68, D-53229 Bonn
www.motoclassica-bonn.de

Moto Stefano – Stefan Leibfritz
Import von Klassikern aller Marken
Oberer Brühl 40
D-72336 Balingen-Roßwangen
www.motostefano.de

NCR – Nepoti Caracchi Racing
Tuningwerkstatt für Königswellen-Ducatis
Via Signorini, 35
I-40133 Bologna

Otto Geppert Motorentechnik
Motortuning
Almenstraße 3, D-77966 Kappel

Rainer Bollgrün
Italienische Klassiker und Teile
Klinglerweg 9, D-88260 Ratzenried
www.rainerbollgruen.de

Robert Bosch GmbH Automotive Tradition
Originale Bosch Ersatzteile für Young- und Oldtimer. Auf der Webseite sind Zeichnungen und Ersatzteillisten von Bosch-Elektrik in italienischen Motorrädern aufzurufen.
Postfach 410960
D-76227 Karlsruhe
www.automotive-tradition.de

Seby-Poly by Novacom
GFK-Teile für italienische Motorräder
Dresdener Str. 12, D-52068 Aachen
www.seby-poly.de

Silent Hektik
Spezialist für Zündungen
Hansastraße 72b, D-59425 Unna
www.silent-hektik.com

SMS – Schubert Moto Service
Vermittlung von Restaurationsarbeiten
Ackerweg 7, D-30900 Wedemark

Stein-Dinse GmbH
Brembo-Bremsen, Dellorto-Vergaser
Brommer Weg 5
D-31234 Edemissen/Wipshausen
www.stein-dinse.com

Topham Vergasertechnik
Motortuning, Vergaseroptimierungen
Zur Quelle 11
D-32351 Stemwede-Diedlingen
www.mikuni-topham.de

Twins & Parts
Ersatzteile, Restaurationen
Eldenaer Straße 35, D-10247 Berlin
www.twinsandparts.de

V2 Italo Parts
Anlasser und Lichtmaschinen
Birkesdorferstraße 94
D-52353 Düren/Hoven
www.v2-italo-parts.de

Wössner
Kolbenbearbeitung, Tuning-Kits, Motor
Am Dreispitz 17, D-79589 Binzen
www.woessner-kolben.de

Zweiradtechnik Flammer
Überholung und Restauration
Schließgasse 20/1
D-72820 Sonnenbühl
www.flammer-zweiradtechnik.de

Zweiradtechnik Heim
Roßbacher Straße 3
D-35649 Bischoffen/Niederweidbach
www.heimracing.de

www.motorradklassiker.de
An- und Verkauf klassischer Motorräder

DUCATI: HÄNDLER UND SPEZIALISTEN

Bike Affairs Bredenbek
Jürgen Jäger-Volk
Regler, Alufelgen
Heidberg 9, D-24796 Bredenbek

Daniele Moto international
Ducati, Motor, Technik, Fahrwerk
Gundbachstraße 16
D-65428 Rüsselsheim
www.daniele-moto.de

Desmo Andreas Nienhagen
Desmo-Spezialist
Esslinger Straße 20a
D-70736 Fellbach
www.desmo-ducati.de

Diopa Kunststofftechnik
GFK-Teile im Originaldesign
Römerstraße 19, D-70180 Stuttgart
www.diopa.com

Ducati Kämna
Ducati-Umbauten, Tuning
Brügger Str. 27, D-28870 Otterstedt
www.ducati-kaemna.de

Ernst Remagen
Instandsetzungen, Restaurationen, Spezialist für Kurbelwellen
Vorderstraße 14
D-65618 Selters-Münster

Günther Rupprecht
Königswellen-Spezialist
Lederesmühle 1, D-90518 Altdorf
www.gransport.de

Hermann Beyreuther
Erfahrene Ducati-Werkstatt
Hahilingastraße 5
D-82041 Oberhaching
www.ducati-beyreuther.de

Karlheinz Tschinkel
Spezialist für alte Ducatis
Grasbrunner Weg 5
D-85662 Hohenbrunn
www.ducati-tschinkel.de

Michael Nitzsche & Team
Spezialist für Königswellen
Hervester Straße 39
D-46286 Dorsten-Wulfen,
www.italomotos.de

Moto Belgé
Spezialist für Königswellen, Ersatzteile
Hauptstraße 283, D-50677 Köln

Motomeccania Köppl GmbH & Co. KG
Werkstatt mit Königswellenerfahrung
Robert Bosch Straße 8/1
D-72654 Neckartenzlingen
www.motomeccanica.de

Old racing spare parts Mario Sassi
Originale und nachgefertigte Teile
Via Ripa, 3
I-42013 Casalgrande, Reggio Emilia
www.oldracingspareparts.com

Ottmar Unmüssig Motorradteile
Handel mit neuen und nachgefertigten Ersatzteilen für Ducati
Böcklerstraße 7
D-79110 Freiburg
www.unmuessig-moto-italia.de

Seeber & Semmler
Ducati, Racing- und Carbonteile, eigener Prüfstand
Jahnstraße 28, D-67245 Lambsheim
www.ducati-seeber.de

Vee two
Tuning und Neuaufbau von Königswellen-Ducatis
73, Resource Way
AUS-6090 Malaga, West Australia
www.veetwo.de

DUCATI: CLUBS UND INTERNETFOREN

Amici dello Scrambler
Schwerpunkt: Scrambler-Modelle
Viale Pascoli, 109
I-47900 Rimini
www.ducatiscrambler.com

Ducati Club München
Alteingesessener Club, mit vielen Bildern, Ducati-Comics
Wolfgang Göbel
Beethovenstraße 16
D-82110 Germering
www.ducati-club-muenchen.gmxhome.de

Ducati Club Österreich
Überregional engagierter Club
www.ducatimc.at

Ducati Club Schweiz
Engagierter Club
Urs Meier
Eichmattstrasse 14
CH-5612 Villmergen
www.ducati-club.ch

www.rrr.de/~rufus/mop_duc.html
»World of Rufus« – die Ducati Adressenseite. Sehr gute Übersicht für noch mehr Adressen

www.ducatimeccanica.com
Spezielle Seite zu Königswellen Ducatis, Werkstatthandbücher (750 GT & 750 S) zum Herunterladen und viele Tipps zum Restaurieren

MOTO MORINI: HÄNDLER UND SPEZIALISTEN

AMEX – Alexander Motor Export
Früherer Morini-Importeur. Ersatzteile verschiedener italienischer Marken, auch Originalersatzteile
Postfach 1151
D-31543 Rehburg-Loccum
www.amex.motorsport.de

Guzzi Jakob
»Guzzi-Doktor«, Restauration
Am Sportplatz 9
D-27337 Intschede
www.guzzi-jakob.de

TRM Wolfgang Tritsch
Engagierter Händler, Teileversand
Schwabenmatten 7
D-79292 Pfaffenweiler
www.w-tritsch.de

MOTO MORINI: CLUBS UND INTERNETFOREN

Moto Morini-Club Holland
Zahlreiche Links mit Erfahrungen zu Morini
www.motomoriniclub.nl

Moto Morini-Stammtisch Mittelbayern
Gerhard Gangl
Bahnhofstraße 23 a
D-90559 Burgthann
www.franken-pfalz-kurier.de/morini/index.htm

www.ital-web.de
Moto Morini online mit Tremezzo Newsletter, Umbauten, Historie, Marktplatz

www.micapeak.com
Internationale Händlerübersicht

www.morini-riders-club.com
Englischer Moto Morini-Club. Links, Artikel aus »Bike« über die 500er Turbo

www.morinispecial.it
Italienischer Moto Morini-Club

www.motomorini.0moola.com
Umfangreiche Dokumentationsseite. Daten-Pdfs zum Herunterladen für fast alle Ein- und Zweizylinder

www.strega.de
Die Zeitschrift »La Strega« ist das deutsche Moto Morini-»Sprachrohr«. Private Seite mit Ersatzteilkatalog, 500er Grundinspektion von Robert Koch, Ersatzteilkatalog der 500er und Kaufberatung

MOTO GUZZI: HÄNDLER UND SPEZIALISTEN

Alexander Köhler
Mechanische Arbeiten, Eigenbau-Kompressor-Guzzi
Holzheimer Straße 8
D-35516 Münzenberg-Gambach
www.koehler-mechanik.de

Barbara Escher
Zubehör, Umbauten
Wilhelm-Raiffeisenstraße 1
D-59394 Nordkirchen
www.escher.de

Conni's Guzzi & Mo.Teile Shop
Cornelia Buck
Ersatzteile, gebrauchte Moto Guzzi
Philippistraße 23, D-34127 Kassel
www.connis-guzzi-shop.de

DÄS Mototec
Umbauten, Tuningteile
Geschwender Straße 34
D-73577 Birkenlohe
www.daes-mototec.de

Dynotec GmbH
Tuning und Spezialteile, Leistungsprüfstand
Alzeyer Straße 33–37
D-67592 Flörsheim-Dalsheim
www.dynotec.de

Franz Landendinger
Teile, Zubehör, Neuaufbauten insbesondere Guzzi
Ried 7, D-84166 Adlkofen
www.landendinger.de

Ghezzi & Brian
Spezialumbauten
Via Papa Giovanni XXIII, Nr. 1
I-23873 Missaglia (LC)
www.ghezzi-brian.com

Hökenschnieder
Umbauten, Umrüstung auf »Bleifrei«
Sunderweg 2, D-33649 Bielefeld
www.hoekenschnieder.de

HTMoto Hartmut Taborsky
Motorenoptimierung, Umbauten
Oberforstbacher Straße 101
D-52076 Aachen
www.htmoto.de

I.M.T. GmbH
Individuelle Motorrad-Technik
MFO Guzzi Umbauten an Motor und Fahrwerk
Raintaler Str. 43, D-81539 München
www.imt-guzzi.de

Moto Guzzi Bäcker GmbH
Umbauten an Fahrwerk und Motor, Gebrauchte mit Garantie
Am Bült 4, D-48366 Laer
www.motoguzzi-baecker.de

Moto Schmitz
Restauration und Neuaufbau, insbesondere Moto Guzzi, Verchromen
Steinkirchener Straße 19a
D-41849 Wassenberg
www.motoschmitz.de

Moto Spezial GmbH
Zubehör für alle Modelle, Umbauten, Hersteller Moto Sportiva und Bassa lunga
Uracher Str. 23, D-72532 Gomadingen bei Münsingen
www.moto-spezial.de

MOTO GUZZI: CLUBS UND INTERNETFOREN

Moto Guzzi California Club
Schweiz, umfangreiche Linkliste
www.motoguzzicaliforniaclub.ch.vu.

www.creanetz.com/guzzi.htm
Guzzi-Quiz für Kenner

www.dropbears.com/m/models/guzzi/
Englischsprachiges Shop Manual für frühe V7 und 850er

www.irisblen.de/guzzi
Komplette Liste samt Einzelteilen aller bei Moto Guzzi verwendeter Vergaser, umfangreiche Linkliste

www.guzzi-karl.de
Private Seite zu Erfahrungen mit Moto Guzzi, auch Fotos und interessante Werkstatttipps

www.people.freenet.de/carstenbremmer/Teilegutachten.htm
Private Seite zum Herunterladen von Kfz-Scheinen und -Briefen als Hilfe für die Eintragung von Änderungen am Fahrzeugen

www.uni-kl.de/FWT/fhb/fhb.htm
Fahrerhandbücher, Werkstatthandbücher und Ersatzteillisten

www.world-of-guzzi.de
Private Internetseite mit fast allem, was zu Guzzi gehört, Tipps, Links, Forum

LAVERDA: HÄNDLER UND SPEZIALISTEN

Laverda-Paradies
Andy Wagner
Oberlohnstraße 3 (Im Neuwerk)
D-78467 Konstanz
www.laverda-paradies.de

motor-bike-parts Guido Geis
Gartenstraße 5, D-96179 Rattelsdorf

Orange Cycle Team
Dom-Esch-Straße 83
D-53881 Dom-Esch
www.octeam.de

LAVERDA: CLUBS UND INTERNETFOREN

International Laverda Owners Club United Kingdom
Viele weitere Links zu anderen Clubs europaweit
www.iloc.co.uk

Laverda Club Berlin
Links, Treffen, Termine
Klublokal »Heinrichs«
Bismarkstraße 67
(Ecke Horst-Kohl-Straße)
D-12157 Berlin
www.laverda-club-berlin.de

Laverda Club Frankreich
Links zu anderen Clubs
www.laverda750.free.fr

Laverda Club Italia
Links, Teileangebote für ältere Laverdas
www.3cmoto.it

Laverda Club Schweiz
Urs Hunkeler
Neuhausweg 5, CH-9545 Wängi
www.laverdaclub.ch

Laverda-Freunde Österreich
Adressen, Links, Angebote an Teilen und Motorrädern
www.laverdafreunde.at

Laverda-Freunde Rohrdorf
Hinweise auf Treffen, Links
www.laverda-freunde-rohrdorf.de

Laverda Freunde Villingen-Schwenningen
Joachim Saurer
Karlsruher Straße 15
D-78048 VS-Villingen
Stefan Tröndle
Mannheimer Straße 20
D-78048 VS-Villingen
www.laverda-freunde-vs.de

Laverda Museum in NL-Lisse
Private Laverda-Sammlung mit rund ca. 60 Maschinen, Plakaten und anderen Sachen
www.laverdamuseum.nl

Laverda-Register Deutschland
Jürgen Wortmann
www.laverda-register.de

www.laverda1000.de
Chris' Obsolete Motorcycle Emporium mit Links zu Laverda Umbauten

www.breganzane.com
Steven Battison (Australien), Markengeschichte, Links

BUCH- UND ZEITSCHRIFTEN-VERLAGE

Moto Morini-Zeitschrift La Strega
Private Seite mit Ersatzteilkatalog, 500er Grundinspektion von Robert Koch, Ersatzkatalog der 500er und Kaufberatung
www.strega.de

Motalia
Zeitschrift für Freunde italienischer Motorräder
Verlag Felix Hasselbrink
Schonberger Straße 2
D-24321 Lütjenburg
www.motalia.de

Haynes Publishing
Großer Fundus an Werkstatthandbüchern aller Marken und Typen
GB-Sparkford, Yeovil, Somerset, BA22 7JJ
www.haynes.co.uk

Veloce Publishing
Buchverlag, breites Angebot zu historischen Motorrädern
GB-Dorchester, Dorset
DT1 1T, 33 Trinity Street
www.veloce.co.uk

Merlin Books
Großversand, insbesondere auch Titel zu Restaurierung historischer Motorräder
GB-Horsham, West Sussex,
P.O. Box 153, RH12 2JG
www.merlinbooks.com

The Crowood Press
Buchversand, auch Titel zu klassischen italienischen Motorrädern
GB-Ramsbury, The Stable Block, Crowood Lane, Wiltshire SN8 2HR
www.crowoodpress.com

Motorbooks international
Großversand und Herausgeber für englischsprachige Motorbücher
USA-54020 Osceola, Wisconsin, 729 Prospect Ave, PO Box 1
www.motorbooks.com

MOTORRAD, MOTORRAD Katalog, PS – Das Sport-Motorrad Magazin, mopped, MOTORRAD CLASSIC
Motor-Presse Verlag
Leuschnerstraße 1
D-70174 Stuttgart
www.motorradonline.de

Motorradfahrer, Tourenfahrer
Rainer R. Nitschke Verlags-GmbH
Eifelring 28
D-53879 Euskirchen
www.motorradfahrer-online.de

Motorradmagazin MO, Bikers MOTORRAD Katalog, MOTORRAD TEST, MO-Sonderhefte
MO Medien Verlag GmbH
Schrempfstraße 8, D-70597 Stuttgart
www.mo-web.de

MOTORRAD NEWS, Syburger, regionale Motorradhefte
Hertinger Str. 60, D-59423 Unna
www.motorradnet.de

Der Reitwagen
Obertriesting 49, A-2572 Kaumberg
www.reitwagen.at

Moto Sport Schweiz
Dammweg 9, Postfach, CH-3001 Bern
www.motosport.ch

ZUBEHÖR, KLEIDUNG, HELME

Acerbis Deutschland GmbH
Fleurystraße 1, D-92224 Amberg
www.acerbis.com

Alpinestars S.p.A.
Viale Enrico Fermi 5, I-31011 Asolo (TV)
www.alpinestars.com

AXO und Corax-Kleidung 2Wheel-Distribution
Im Strässle 6, D-71706 Markgröningen
www.twowheeldistribution.de

Heino Büse Motorradzubehör und Bekleidung
Vennstraße 14, D-52159 Roetgen
www.buese.com

Daytona Schuhfabrik Frey oHG
Bahnhofstraße 5–6
D-84307 Eggenfelden
www.daytona.de

Fox
YOKO Sportartikel Vertriebs GmbH
Am Hirtengarten 30
D-57290 Neunkirchen
www.fox-germany.com

Götz GmbH
Hinter Stöck 38, D-72406 Bisingen
www.goetz-motorsport.de
www.on2wheels.de

Harro Ernst Harr GmbH & Co.KG
Aispach 16, D-72229 Rohrdorf
www.harro.de

Hein Gericke GmbH & Co. KG
Reisholzer Werftstraße 19
D-40589 Düsseldorf
www.hein-gericke.de

IXS Motorcycle Fashion
Neuenburger Straße 33
D-79379 Mülheim/Baden
www.hostettler.de

JF Motorsport GmbH
Dieselstraße 10
D-61239 Ober-Mörlen
www.jfmotorsport.de

Louis Fun Company
Rungedamm 35
D-21035 Hamburg
www.louis.de

Polo Expressversand
Reisholzer Werftstraße 76
D-40589 Düsseldorf
www.polo-motorrad.de

Schwabenleder
Fabrik für Motorradbekleidung GmbH
Fabrikstraße 22
D-73650 Winterbach
www.schwabenleder.de

Thor On Two Wheels
Hinter Stöck 38, D-72406 Bisingen
www.thormx.de

Uvex Sports GmbH & Co. KG
Fichtenstraße 43, D-90763 Fürth
www.uvex.de

WACO
Lederkombis nach Maß, Walter Aust
Anham 2, D-94501 Beutelsbach
www.waco-der-lederschneider.de

AUSPUFFANLAGEN

Akrapovic Auspuffanlagen
JAMparts Fahrzeugtechnik Vertriebs GmbH
Friedenstr. 2, D-71282 Hemmingen
www.akrapovic.de

Baldes Auspuffanlagen
Am Gewerbepark 3a
D-92278 Illschwang
www.baldes-auspuff.de

BSM Auspuffanlagen
Hohlstraße 1, D-65510 Hünstetten
www.bsm-auspuff.de

GPR Racing Auspuffanlagen
Schulgasse 4, D-89611 Obermarchtal
www.gpr-racing.de

Micron Systeme GmbH
Boxdorfer Str. 13, D-90765 Fürth-Sack
www.powercommander.de
Schweiz:
Wet Motos
Route de Neuchâtel 1
CH-2520 La Neuveville

Remus – Forschungs- und Abgasanlagenproduktionsgesellschaft m.b.H.
Dr.-Niederdorfer-Straße 25
A-8572 Bärnbach
www.remus-racing.com

BREMSEN, FAHRWERK, KETTEN

ABM hightech for fun GmbH
Stahlflexleitungen, Bremsentechnik, Im Gelbstein 25a, D-79206 Breisach
www.ab-m.de

Brune Motorradsport GmbH
Brembo-Generalvertretung (D, A)
Wöste 6, D-48291 Telgte
www.brunegmbh.de

France Equipement
Bremsbeläge, Scheiben, Leitungen
Beinheimer Straße 25
D-76437 Rastatt-Wintersdorf
www.FranceEquipement.de

G.M.D. Computrack Munich
Fahrwerks-Vermessung, -Einstellung
Gewerbepark Gebäude 3
D-83052 Bruckmühl
www.strassmaier.de

Goodridge Deutschland
Bremsleitungen
Talstraße 227
D-67434 Neustadt
www.goodridge.net

Köster GmbH
Rahmenvermessungen, -reparaturen
Jettinger Straße 10
D-89358 Goldbach
www.motorrad-koester.de

MRA-Klement GmbH
Verkleidungsscheiben von klassischen Motorrädern im Orginaldesign
Siemensstraße 6, D-79331 Teningen
www.mra.de

Motorrad Schüller
Enuma-Ketten, Kettenräder, Ritzel
Jahnstr. 10, D-68649 Groß-Rohrheim
www.enuma.de

Öhlins Zupin Moto-Sport
Trostberger Str. 26, D-83301 Traunreut
www.zupin.de

PVM
Rennsporttuning, Felgen, Fahrwerk
Mundenheimer Straße 39
D-68199 Mannheim
www.pvm.de

Racetech Hubert Hofmann
Service von Gabeln und Federbeinen
Bellinostraße 22
D-72108 Rottenburg
www.hh-racetech.de

Roadrunner Bikeshop GmbH
Bremsscheiben schleifen
Johannes-Kepler-Straße 1
D-55129 Mainz-Hechtsheim
www.roadrunner-bikeshop.de

Emil Schwarz Präzisionsteile
Präzisions- und Leichtlauflager
Daimlerstraße 8
D-73660 Urbach
www.emilschwarz.de

WP Suspension Germany
Waldkraiburger Straße 14
D-93073 Neutraubling
www.wp-germany.com

Wilbers Products
Federelemente, Lenkungsdämpfer
Frieslandstr. 10, D-48527 Nordhorn
www.wilbers.de

SCHMIER- UND PFLEGEMITTEL

Bel Ray
Meneks AG
Öle und Pflegemittel
Nersingerstr. 10, D-89257 Elchingen
www.bel-ray.de

Caramba Chemie
Rostlöser, Pflegemittel
Wanheimer Straße 334–336
D-47055 Duisburg
www.caramba.de

Castrol Schmiermittel
Max-Born-Str. 2, D-20761 Hamburg
www.castrol.de

Elf Schmiermittel
Total-Fina-Elf GmbH
Kirchfeldstr. 61, D-40217 Düsseldorf
www.totalfinaelf.de
www.elfmoto.de
und:
Elf Competition
Rennbenzin und Spezialöle
Manfred Fischer Competition
Seligenstädter Straße 53
D-63456 Hanau
www.elf-racing.de

Fuchs Europe Schmierstoffe GmbH
Silkolene Zweiradschmierstoffe
Friesenheimer Straße 17
D-68169 Mannheim
www.fuchs-oil.de

H.G. Czech Ing.
Spezialschmiermittel für Motorräder
Weyertal 102, D-50931 Köln
www.HKS-CZECH.de

MOTOREX Schmiermittel
Bucher AG Langenthal
Bern-Zürich-Strasse 31
CH-4901 Langenthal
www.motorex.com

MOTOREX-Importeur
Niemann & Frey GmbH
Bischoffstraße 80, D-47890 Krefeld

Motul Deutschland GmbH
Motul Schmier- und Pflegemittel
Kölner Straße 263
D-51149 Köln
www.motul.de

Shell Motorradvertrieb und Shell Racingakademie
Shell-Motorradöle, -Pflegemittel
Im MOTOPARK Oschersleben
Motopark Allee 20–22
D-39387 Oschersleben
www.shell-advance.de
und:
SAV GmbH
Postfach 1206
D-59702 Arnsberg

WERKSTATTBEDARF

Boehm Synchrontester
Peter-Kreuder-Straße 21
D-81245 München
www.boehm-synchrontester.de

Friedrich & Hitschfel GmbH
fritec Batterieladegeräte
Mittelrüsselbach 38
D-91338 Igensdorf
www.fritec.de

Hazet-Werk
Spezialwerkzeuge für Kraftfahrzeuge
Postfach 100461
D-42804 Remscheid
www.hazet.de

Helicoil Gewindeeinsätze
Böllhoff GmbH
Archimedesstraße 1–4
D-33649 Bielefeld
www.boellhoff.de

Loctite Deutschland GmbH
Schraubenkleber
Arabellastr. 17, D-81925 München
www.henkel.com, www.loctite.com

Mobil-Tech OHG
Montageständer, Messgeräte, Abgastester, Tuning-Zubehör, Anti-Hopping-Kupplungen
Hindenburgstraße 65
D-78549 Spaichingen
www.mobil-tech.de

NGK Spark Plug Europe GmbH
Harkortstraße 41, D-40880 Ratingen
www.ngkntk.de

Profi Products
Kettenfluchttester, Spurprüfsysteme
Mühlstraße 1a, D-67707 Schopp
www.profi-products.de

Adressen der Reifenhersteller und Importeure in D, A, CH

Avon

- **Cooper Tire & Rubber Company Deutschland GmbH**
  Hans-Böckler-Straße 4
  D-64823 Groß-Umstadt
  www.avon-motorradreifen.de
- **Autoplus GmbH**
  Richard-Strauss-Straße 14
  A-1232 Wien
  www.avonmotorcycle.com
- **Cooper Avon (Suisse) S.A.**
  Hagackerstrasse 12
  CH-8953 Dietikon
  www.avontyres.com

Bridgestone

- **Bridgestone Deutschland GmbH**
  Du-Pont-Straße 1
  D-61352 Bad Homburg v.d.H.
  www.bridgestone.de
- **Bridgestone Austria GmbH**
  Laxenburgerstraße 252
  A-1232 Wien
  www.bridgestone.at
- **Bridgestone Schweiz**
  Limmatpark
  Pfadackerstrasse 6
  CH-8957 Spreitenbach
  www.bridgestone.ch

Continental

- **Continental AG**
  Abt. Motorradreifen
  Büttnerstr. 25, D-30165 Hannover
  www.conti-moto.de

Dunlop

- **Dunlop GmbH & Co. KG**
  Abteilung PM-M
  Dunlopstraße 2, D-63450 Hanau
  www.dunlop.de
- **Goodyear Dunlop Tires Austria GmbH**
  Richard-Strauss-Straße 19
  A-1230 Wien
  www.dunlop.at
- **Goodyear Dunlop Tires Suisse SA**
  Industriestrasse 21
  CH-8604 Hegnau
  www.dunlop.ch

Heidenau

- **Reifenwerk Heidenau GmbH & Co. KG**
  Hauptstr. 44, D-01809 Heidenau
  www.reifenwerk-heidenau.de

IRC

- **NC Reifenservice**
  Alfred Schenk
  Taubenbrunnen 13
  D-97534 Theilheim
  www.irc-motorradreifen.de
- **Hostettler AG Pneuservice**
  Haldenmattstrasse 3
  CH-6210 Sursee
  www.hostettler.com

Maxxis

- **Maxxis International GmbH**
  Kaddenbusch 31
  D-25578 Dägeling
  www.maxxis.de

Metzeler

- **Pirelli Deutschland AG Metzeler Motorradreifen**
  Gneisenaustraße 15
  D-80992 München
  www.metzelermoto.de
- **Metzeler Motorradreifen**
  Salzburger Straße 196
  A-4600 Wels
- **Hostettler AG Pneuservice**
  Haldenmattstrasse 3
  CH-6210 Sursee
  www.hostettler.com

Michelin

- **Michelin Reifenwerke AG & Co. KGaA**
  Michelinstraße 4
  D-76185 Karlsruhe
  www.michelin-motorrad.de
- **Michelin Verkaufsgesellschaft**
  Wiegelestraße 10
  A-1231 Wien
- **SA des Pneumatiques Michelin**
  Route Jo Siffert 36
  CH-1762 Givisiez

Pirelli

- **Pirelli Deutschland AG Pirelli Motorradreifen**
  Gneisenaustraße 15
  D-80992 München
  www.pirellimoto.de
- **Pirelli Austria**
  Salzburger Straße 196
  A-4600 Wels
- **Hostettler AG Pneuservice**
  Haldenmattstrasse 3
  CH-6210 Sursee
  www.hostettler.com

Reifenfreigaben

- **Alpha Technik GmbH & Co. KG**
  Reifenfreigaben, TÜV-Gutachten
  Äußere Salzburger Straße 201
  D-83071 Stephanskirchen
  www.alphatechnik.de
- **D. Theobald M&A Reifenhandel**
  Reifen-Großhändler
  Lindenstraße 4
  D-97892 Kreuzwertheim
  www.dtheobald.de

Marke/Modell	Modelljahre	Hubraum	Leistung bei Drehzahl	Motor	Bohrung x Hub	Verdichtung	Gassteuerung,	Starter		Gänge/	
							Ventile pro Zylinder	Elektro	Kick	Antrieb	vorn
Ducati											
750 GT	1971 bis 1974	749 cm³	50 PS bei 7000/min	V2 längs	80 x 74,4 mm	8,5 : 1	ohc, 2 Ventile	wahlw.	○	5/Kette	3.25 H
	Erste V2-Ducati mit Königswellen. Die ersten Modelle hatten Metallflake-Lack und Trommelbremse hinten. Borrani-Hochschulterfelgen. Ab 1974 mit 18-Zoll-Vorderrad und anderer Gabel. Preis im le										
750 S	1972 bis 1974	749 cm³	64 PS bei 8000/min	V2 längs	80 x 74,4 mm	10,0 : 1	ohc, 2 Ventile		○	5/Kette	3.50 V
	Sport-Modell auf Basis der 750 GT. Frühe Modelle noch mit 57 PS und schwarzen Motorseitendeckeln. Für Italien, England und den USA mit Halbschale ausgestattet. Ab 1973 Rahmenänderung, Ma										
750 SS	1973 bis 1974	749 cm³	73 PS bei 8000/min	V2 längs	80 x 74,4 mm	9,65 : 1	ohc, 2 Ventile, desmo		○	5/Kette	3.50 V
(Round Case = rundes Motorgehäuse)	Die Ducati, hinter der alle her sind. In Handarbeit aufgebaute Renn-Replica nach Paul Smarts Sieg bei den 200 Meilen von Imola 1972. Nur 411 Stück wurden gebaut, daher sind allerhand »Fälschu										
860 GT	1975 bis 1976	864 cm³	65 PS bei 7000/min	V2 längs	86 x 74,4 mm	9,5 : 1	ohc, 2 Ventile	wahlw.	○	5/Kette	3.50 H
	Autodesigner Giugiaro stylte Motor, Fahrwerk und Ausstattung, der Motor wurde zur kostengünstigen Herstellung optimiert und mit Linksschaltung versehen. Die GT sollte vor allem US-Kundschaft ar										
860 GTS	1976 bis 1979	864 cm³	65 PS bei 7000/min	V2 längs	86 x 74,4 mm	9,0 : 1	ohc, 2 Ventile	○	○	5/Kette	3.50 H
	Nachfolgemodell der 860 GT mit geändertem Tank, verbesserter Doppelscheibenbremse vorne und flachem Lenker. Marzocchi-Telegabel (anstelle der Ceriani bei der GT). 1978 in GTS umbenannt. E										
750 SS	1975 bis 1978	749 cm³	73 PS bei 8000/min	V2 längs	80 x 74,4 mm	9,5 : 1	ohc, 2 Ventile, desmo		○	5/Kette	3.50 H
(Square Case = eckiges Motorgehäuse)	Zweite Serie der 750er SS, mit dem eckigen Motorgehäuse, kontaktloser Zündung, verbesserter Ölfilterung, größerer Lichtmaschine und gelochten Bremsscheiben. Ab 1976 mit Lafranconi-Schalldä										
900 SS	1975 bis 1982	864 cm³	70 PS bei 7000/min	V2 längs	86 x 74,4 mm	9, 5 : 1	ohc, 2 Ventile, desmo		○	5/Kette	3.50 H
	Aufgebohrte Version der 750 SS, ab 1979 mit Gussrädern ausgestattet. Modifiziertes Getriebe im Baujahr 1981 ab Motor-Nr. 092920. Ab 1981 neue Sitzbank. Elektrik mit Pantah-Modellen vereinhe										
900 SD Darmah	1977 bis 1982	864 cm³	70 PS bei 7000/min	V2 längs	86 x 74,4 mm	9,3 : 1	ohc, 2 Ventile, desmo	○	○	5/Kette	3.50-1
	Von Leopoldo Tartarini gestyltes, heute sehr gesuchtes Modell mit »Entenschwanz«. Kein Kickstarter, Instrumente von Nippon Denso, Zündung von Bosch. Modifikationen: 1978 Marzocchi-Telegabel										
Mike Hailwood Replica MHR 900	1979 bis 1984	864 cm³	70/80 PS bei 7000/7250/min	V2 längs	86 x 74,4 mm	9,4 : 1	ohc, 2 Ventile, desmo	○	○	5/Kette	100/90
	Renn-Replica nach Mike Hailwoods TT-Sieg auf der »Isle of Man«. Frühe Modelle mit Kickstarter sind sehr begehrt. Erste Serie mit einteiliger Fiberglas-Verkleidung, Räder von Speedline oder Campag										
Mike Hailwood Replica MHR 1000	1984 bis 1986	973 cm³	76 PS bei 6700/min	V2 längs	88 x 80 mm	9,4 : 1	ohc, 2 Ventile, desmo	○		5/Kette	100/90
	Neu konzipierter Motor mit einteiliger Kurbelwelle, Gleitlagerung, verbesserte Schmierung, Trockenkupplung.										
900 S2	1982 bis 1984	864 cm³	65 PS bei 7000/min	V2 längs	86 x 74,4 mm	9,3 : 1	ohc, 2 Ventile, desmo	wahlw.	○	5/Kette	100/90
	Ablösemodell der 900 Super Sport. Wegen nur unauffälliger stylistischer Weiterentwicklung kein Erfolgsmodell. Technisch und optisch eine Mischung aus SD Darmah und 900 Super Sport. Mit Elektr										
Mille S2	1984 bis 1986	973 cm³	76 PS bei 6700/min	V2 längs	88 x 80 mm	9,4 : 1	ohc, 2 Ventile, desmo	○		5/Kette	100/90
	Letztes Ducati-Modell mit Königswellen-Motor. Sehr selten und deswegen weitaus gesuchter als die kurze Zeit später auf den Markt gekommene MHR 1000.										
Moto Morini											
3 1/2 GT	1973 bis 1977	344 cm³	35 PS bei 8200/min	V2 längs	62 x 57 mm	10,0 : 1	ohv, 2 Ventile		○	6/Kette	3.25 H
	Das erste Modell der V2-Morinis mit 72 Grad Zylinderwinkel, parallel im Kopf hängenden Ventilen und über Zahnriemen angetriebener unten liegender Nockenwelle. Der Konstrukteur Lambertini (der										
3 1/2 Sport	1973 bis 1978	344 cm³	39 PS bei 8500/min	V2 längs	62 x 57 mm	11,0 : 1	ohv, 2 Ventile		○	6/Kette	3.25 H
	Einsitzige Sport-Variante der 3 1/2 GT mit Aluminium-Lenkerstummel. Die Doppelsimplex-Bremse im Vorderrad wurde ab 1975 durch eine Scheibenbremse von Grimeca ersetzt. Originale 3 1/2 Spor										
500 V	1976 bis 1981	478 cm³	42 PS bei 7500/min	V2 längs	69 x 64 mm	11,2 : 1	ohv, 2 Ventile		○	5/Kette	3.25-18
	Erstes Halbliter-Modell der V2-Baureihe, wurde erst ab 1978 von Fritz Alexander nach Deutschland importiert. Geänderte Kurbelwellenlagerung ab 1977.										
500 S	1979 bis 1981	478 cm³	42 PS bei 7500/min	V2 längs	69 x 64 mm	11,2 : 1	ohv, 2 Ventile		○	5/Kette	90/90-1
	Sportmodell der 500 V mit verstärktem Fünfganggetriebe. Die letzten Modelle wurden in Deutschland bis 1983 verkauft.										
AMEX 250	1980 bis 1982	239 cm³	23 PS bei 8800/min	V2 längs	59 x 43,8 mm	11,6 : 1	ohv, 2 Ventile		○	6/Kette	2.75-18
	Interessante V2-Variante mit 250er-Motor. In Italien als Modell »250 Bicilindra« angeboten.										
Camel 500	1981 bis 1988	478 cm³	38 PS bei 7400/min	V2 längs	69 x 64 mm	11,2 : 1	ohv, 2 Ventile		○	6/Kette	3.00-21
	Diese außergewöhnliche, nach klassischem Muster aufgebaute Enduro errang einige beachtliche Erfolge im Sport mit dem Fahrer Valentini di Prato bei der Rallye Paris-Dakar sowie bei der Internation										
400 S	1983 bis 1984	396 cm³	37 PS bei 8040/min	V2 längs	66,5 x 57 mm	11,0 : 1	ohv, 2 Ventile	○	○	6/Kette	100/90-
	Auf Basis des Motors de 3 1/2 Sport entstand durch 4,5 Millimeter größere Kolben die 400 S. Sehr seltenes Modell.										
500 Sei-V	1982 bis 1991	478 cm³	42 PS bei 7500/min	V2 längs	69 x 64 mm	11,2 : 1	ohv, 2 Ventile	○	○	6/Kette	3.25.18
	Das Sei in der Modellbezeichnung weist auf die sechs Gänge hin. Es gab auch eine Sport-Version mit Lenkerverkleidung, die sehr rar ist. Ab 1988 wurde die 500 Sei-V mit dem Zusatz »Klassik« ange										
Kanguro 350	1983 bis 1990	344 cm³	27 PS bei 7900/min	V2 längs	62 x 57 mm	11,0 : 1	ohv, 2 Ventile	ab '86	○	6/Kette	3.00-21
	Typische Straßen-Enduro für Einsteiger. Ab 1986 als Modell Kanguro X2 E mit Elektrostarter und größerem Tank. Ab 1988 als Kanguro X3 mit Scheibenbremsen, Tank und Verkleidung vom größeren M										
350 Excalibur	1986 bis1992	344 cm³	27 PS bei 7800/min	V2 längs	62 x 57 mm	11,0 : 1	ohv, 2 Ventile	○	○	6/Kette	100/90-
	Ziemlich grauenhafter Softchopper mit Sechsspeichen-Gussrad vorne, Scheibenrad hinten und Apehanger (Affenhänger = hoher Lenker). Modell-Variante New York mit Speichenrad vorne und flachen										
501 Excalibur	1986 bis 1992	507 cm³	41 PS bei 8500/min	V2 längs	71 x 64 mm	11,5 : 1	ohv, 2 Ventile	○	○	6/Kette	100/90-
	Nicht minder furchtbarer Softchopper, der von den Castiglioni-Brüdern designt wurde . Auch als 501 New York verkauft.										
501 K2 AMEX	1987 bis 1990	507 cm³	41 PS bei 8500/min	V2 längs	71 x 64 mm	11,5 : 1	ohv, 2 Ventile	○	○	6/Kette	100/90-
	Klassisches Straßenmotorrad mit dem Triebwerk der Excalibur.										
501 Coguaro	1988 bis 1990	507 cm³	43 PS bei 8500/min	V2 längs	71 x 64 mm	11,5 : 1	ohv, 2 Ventile	○	○	6/Kette	3.00-21
	Die letzte Reinkarnation der Morini-Enduros wurde ganz im Stil des Konkurrenten Honda Dominator 650 gestaltet.										
Dart 350	1988 bis 1991	344 cm³	27 PS bei 6850/min	V2 längs	62 x 57 mm	11,0 : 1	ohv, 2 Ventile	○	○	6/Kette	110/80-
	Voll verkleidete Maschine im Stil von »Traumschiff Surprise«. Das Fahrwerk mit 16-Zoll-Rädern stammte von der Cagiva Frecchia 125. Im letzten Baujahr gab es auch ein Modell Dart 400 mit 4,5 Milli										
Moto Guzzi											
V7	1967 bis 1969	704 cm³	42 PS bei 6400/min	V2 quer	80 x 70 mm	9,0 : 1	ohv, 2 Ventile	○		4/Kardan	4.00 18
	Die V7 war die erste Zivilversion der zunächst nur als Behördenfahrzeug geplanten Kardanmaschine. Der V2-Motor war zuvor als Stationärmotor in Stromerzeugern und Wasserpumpen verwendet wor										
V7 Spezial	1969 bis 1971	758 cm³	51 PS bei 6500/min	V2 quer	83 x 70 mm	9,0 : 1	ohv, 2 Ventile	○		4/Kardan	4.00 18
	Nach dem Anfangserfolg der V7 wurde Moto Guzzi mutig und bohrte den Motor etwas auf, was Leistung und Laufkultur verbesserte. Ein Drehzahlmesser wertete das Cockpit auf. Die V7 Spezial wurde										
850 GT	1972 bis 1974	844 cm³	55 PS bei 6100/min	V2 quer	83 x 78 mm	9,2 : 1	ohv, 2 Ventile	○		5/Kardan	4.00 18
	Erste 850er durch größeren Hub. Motor- und Getriebegehäuse bekamen Rippen zur Verstärkung. Die Duplex-Trommelbremse im Vorderrad wurde im Herbst 1973 durch eine Scheibenbremse ersetzt.										
GT 850 California	1972 bis 1974	844 cm³	55 PS bei 6100/min	V2 quer	83 x 78 mm	9,2 : 1	ohv, 2 Ventile	○		5/Kardan	4.00 18
	Harold und Maude lassen grüßen: Die California Highway Police orderte die GT 850 als Dienstmaschinen-Ersatz der damals sehr unzuverlässigen Harleys. Die speziellen California-Zutaten wie Trittbret										
V7 Sport	1972 bis 1974	749 cm³	62 PS bei 7250/min	V2 quer	82,5 x 70 mm	9,8 : 1	ohv, 2 Ventile	○		5/Kardan	3.25-H 1
	Der berühmte Konstrukteur Lino Tonti entwickelte aus der braven V7 ein echtes, ernstzunehmendes Sportmotorrad, das sogar schon 1971 beim 24-Stunden-Rennen um den Bol d'Or teilnahm. Die ers										
750 S	1974 bis 1975	749 cm³	62 PS bei 7250/min	V2 quer	82,5 x 70 mm	9,8 : 1	ohv, 2 Ventile	○		5/Kardan	3.25-H 1
	Nur 1000 Exemplare wurden von Februar 1974 bis Spätjahr 1975 gebaut, dementsprechend selten ist die 750 S heute noch zu finden. Der Steuerstirnradantrieb wurde auf Zahnräder und Kette geänd										
750 S3	1975 bis 1976	749 cm³	62 PS bei 6900/min	V2 quer	82,5 x 70 mm	9,8 : 1	ohv, 2 Ventile	○		5/Kardan	3.25-H 1
	Nomen est Omen: S3 steht für drei Bremsscheiben. Einführung des Integralbremssystems. Auspuffkrümmer jetzt mit zwei Bolzen statt Überwurfmutter am Zylinderkopf befestigt. Neue Blinkanlage. Sel										
Le Mans I	1978	844 cm³	70 PS bei 7400/min	V2 quer	83 x 78 mm	10,4 : 1	ohv, 2 Ventile	○		5/Kardan	100/90-1
	Legendäre Maschine mit toller Optik, tollem Sound und gutem Biss des Motors. Gefragteste aller »Lemon«-Modelle, aber nur für echte »Vollblutschrauber« geeignet!										
Le Mans II	1979 bis 1980	844 cm³	73 PS bei 7700/min	V2 quer	83 x 78 mm	10,2 : 1	ohv, 2 Ventile	○		5/Kardan	100/90-1
	Letzte Le Mans mit runden Zylindern, aber neuer Lampe und Cockpit. Das rahmenfeste Verkleidungsunterteil ist problematisch, weil es oft reißt. Vordere Bremszangen hinter den Tauchrohren angebrac										
Le Mans III	1981 bis 1984	844 cm³	76 PS bei 7700/min	V2 quer	83 x 78 mm	9,8 : 1	ohv, 2 Ventile	○		5/Kardan	100/90-1
	Die gründliche Überarbeitung des Motors zeigte sich schon äußerlich an den eckigen Zylindern. Die neue Auspuffanlage machte den Motor sehr viel leiser.										
Le Mans III DMB 1000	1984	992 cm³	95 PS bei 7900/min	V2 quer	90 x 78 mm	9,2 : 1	ohv, 2 Ventile	○		5/Kardan	110/90-1
	Vom deutschen Guzzi-Importeur »Deutsche Motobecane« (daher das DMB) in Bielefeld initiiertes 1000er-Sportmodell, das bei Battle of Twins-Rennen und bei Zuverlässigkeitsfahrten eingesetzt wurde.										
Le Mans IV	1985 bis 1987	949 cm³	81 PS bei 7500/min	V2 quer	88 x 78 mm	9,8 : 1	ohv, 2 Ventile	○		5/Kardan	120/80-1
	Mit den klassischen Tuning-Maßnahmen wie größeren Ventilen und schärfere Steuerzeiten wurde die Leistung auf 81 PS angehoben. Trotz der steiferen Gabel hatte die Le Mans IV Fahrwerksunruhen,										

* **Imagebewertung:** ★☆☆☆☆ = Schlechtes Image, Modell interessiert kaum jemand, Gebrauchtpreis entsprechend niedrig. I ★★☆☆☆ = Image etwas besser, aber nicht sonderlich gut: Originalgetreue Modelle erzielen dennoch erstaun

	Federweg		Radstand	Lenkkopfwinkel	Nachlauf	Bremse vorne/hinten	Tankinhalt	Verbrauch	Gewicht	Spitze	Preis im 1. Verkaufsjahr	Imagefaktor*
n	vorne	hinten										
18	130 mm	90 mm	1520 mm	61 Grad	125 mm	Scheibe/Trommel	17 l	8,0 l	207 kg	172 km/h	6000 DM	★★★☆☆
(1974) 6695 DM, diese Maschinen waren in »two-tone« Goldmetallic/Schwarz oder Rotmetallic/Schwarz lackiert und wahlweise mit E-Starter bestückt! Geringer Wertverlust.												
8	130 mm	90 mm	1520 mm	61 Grad	125/145 mm	Scheibe/Trommel	20 l	8,0 l	200 kg	187,5 km/h	8000 DM	★★★★☆
it zentraler Achsaufnahme, 18-Zoll-Vorderrad und vergrößertem Nachlauf. 1974er-Modelle auf Wunsch mit Doppelsitzbank.												
8	130 mm	90 mm	1520/1500 mm	61 Grad	125/145 mm	2 x Scheibe/Scheibe	22 l	8,0 l	200 kg	217 km/h	9960 DM	★★★★★
remsanlage mit Lockheed- oder Scarab-Bremszangen. Primärantrieb geradeverzahnt. Die letzte Preisangabe (1975) lag bei 11 580 DM.												
18	130 mm	90 mm	1540 mm	59 Grad	120 mm	2 x Scheibe/Scheibe	17 l	6,5 bis 8 l	219 kg	180 km/h	7000 DM	★★★☆☆
och nicht gelang – nach etwas mehr als 1000 Exemplaren war Schluss.												
-18	130 mm	90 mm	1550 mm	59 Grad	120 mm	2 x Scheibe/Scheibe	19 l	6,5 bis 8 l	230 kg	213 km/h	8120 DM	★★★☆☆
delle ab 1979, mit besserem Getriebe, standfesterer Kurbelwelle und Bosch-Zündung.												
-18	120 mm	75 mm	1500 mm	59 Grad	145 mm	2 x Scheibe/Scheibe	19 l	6,5 bis 8 l	230 kg	180km/h	8120 DM	★★★☆☆
asten, Stahltank und Rundum-Blinkanlage. Bis zur Einstellung 1978 mit Borrani-Felgen und Speichenrädern ausgestattet, 78er-Modellreihe mit Brembo »Goldline«-Bremszangen, anderen Fußrasten und Veglia-Instrumenten.												
)-18	120 mm	75 mm	1520 mm	59 Grad	145 mm	2 x Scheibe/Scheibe	18 l	5,9 l	202 kg	217 km/h	11 580 DM	★★★☆☆
ahr aus Restbeständen zusammengebaut, daber uneinheitliche Spezifikationen.												
)-18	120 mm	80 mm	1550 mm	59 Grad	145 mm	2 x Scheibe/Scheibe	16 l	6,6 l	225 kg	213 km/h	11 980 DM	★★★☆☆
er. 1979 bequemere Sitzbank. 1980 FPS-Räder und gelochte Bremsscheiben. 1981 modifiziertes Getriebe, und eine neue Hinterradschwinge.												
)-18	120 mm	80 mm	1500 mm	59 Grad	145 mm	2 x Scheibe/Scheibe	18 l	6,0 l	205 kg	213 km/h	12 576 DM	★★★★☆
iteilige Verkleidung, ab 1982 Luftfilter. Ab 1983 Ölschauglas, Ölfilter zum Schrauben und Magnetstopfen in der Ölwanne. Letzte Serie mit Elektrostarter, beschichteten Zylindern, Trockenkupplung und Saprisa-Lichtmaschine.												
)-18	120 mm	80 mm	1500 mm	59 Grad	145 mm	2 x Scheibe/Scheibe	24 l	6,0 l	208 kg	235 km/h	15 990 DM	★★★☆☆
)-18	120 mm	80 mm	1500 mm	59 Grad	145 mm	2 x Scheibe/Scheibe	19 l	6,0 l	227 kg	208 km/h	12 261 DM	★★★☆☆
FPS, später auf Oscam-Rädern.												
)-18	120 mm	80 mm	1500 mm	59 Grad	145 mm	2 x Scheibe/Scheibe	18 l	6,0 l	225 kg	225 km/h	15 990 DM	★★★★☆
18	130 mm	80 mm	1385 mm	63 Grad	95 mm	Trommel/Trommel	16 l	4,3 l	161 kg	161km/h	4400 DM	★★★☆☆
Morinis ab 2005 konstruierte!) schuf sich damit ein Denkmal. Im Ausland bis 1983 als Strada angeboten. K-Modelle ab 1981 bis 1987 (K2) im Angebot.												
18	130 mm	80 mm	1385 mm	63 Grad	95 mm	Scheibe/Trommel	16 l	4,3l	175 kg	175 km/h	5200 DM	★★★★☆
utgegenstände.												
8	140 mm	85 mm	1445 mm	61 Grad	95 mm	2 x Scheibe/Trommel	13 l	4,5 l	184 kg	165 km/h	6533 DM	★★★☆☆
8	140 mm	85 mm	1445 mm	61 Grad	95 mm	2 x Scheibe/Trommel	13 l	4,7 l	184 kg	170 km/h	6728 DM	★★★☆☆
8	120 mm	80 mm	1320 mm	61,5 Grad	keine Angabe	Scheibe/Trommel	13 l	4,2 l	140 kg	141 km/h	5485 DM	★★☆☆☆
8	250 mm	210 mm	1465 mm	61 Grad	95 mm	Trommel/Trommel	13 l	5,6 l	150 kg	150 km/h	8999 DM	★★☆☆☆
hrt auf Elba. Ab 1985 wurde sie als 501 XE Camel mit 507 cm³ Hubraum bis 1988 gebaut.												
8	130 mm	80 mm	1460 mm	61 Grad	95 mm	Scheibe/Trommel	15 l	4,5 l	156 kg	165 km/h	7495 DM	★★☆☆☆
8	140 mm	85 mm	1443 mm	61 Grad	95 mm	2 x Scheibe/Scheibe	16 l	5,8 l	180 kg	165 km/h	7985 DM	★★☆☆☆
Modelljahre hatten den Schalthebel rechts.												
18	220 mm	220 mm	1475 mm	61 Grad	95 mm	Tommel/Trommel	10 l	4,3 l	150kg	140 km/h	7298 DM	★★☆☆☆
ro. Beliebter Klassiker der noch preiswert zu haben ist.												
0-18	170 mm	140 mm	1515 mm	61 Grad	115 mm	Scheibe/Scheibe	17 l	4,6 l	181 kg	145 km/h	8995 DM	★☆☆☆☆
0-16	170 mm	140 mm	1515 mm	61 Grad	115 mm	Scheibe/Scheibe	17 l	5,3 l	193 kg	149 km/h	10 850DM	★★☆☆☆
0-18	130 mm	80 mm	1385 mm	63 Grad	95 mm	2 x Scheibe/Scheibe	15 l	5,3 l	172 kg	180 km/h	9950 DM	★★★☆☆
18	260 mm	240 mm	1485 mm	61,4 Grad	110 mm	Scheibe/Scheibe	22 l	5,2 l	203 kg	140 km/h	8035 DM	★★☆☆☆
0-16	130 mm	80 mm	1390 mm	63 Grad	95 mm	Scheibe/Scheibe	14 l	4,5 l	190 kg	150 km/h	8849 DM	★★★☆☆
Kolben (siehe auch oben bei 400 S).												
H 18	120 mm	90 mm	1445 mm	61 Grad	85 mm	Trommel/Trommel	20 l	6,5 l	243 kg	164 km/h	5490 DM	★★★☆☆
emannten Aufklärungsflugzeugen, auch »Spionageflieger« oder »Drohne« genannt.												
H18	120 mm	90 mm	1470 mm	63 Grad	85 mm	Trommel/Trommel	22,5 l	6,5 l	246 kg	172 km/h	5890 DM	★★★★☆
»Ambassador« verkauft.												
H 18	120 mm	90 mm	1470 mm	63 Grad	85 mm	Trommel/Trommel	22,5 l	6,5 l	249 kg	174 km/h	7195 DM	★★★★☆
H 18	120 mm	90 mm	1470 mm	63 Grad	85 mm	Trommel/Trommel	22,5 l	6,5 l	249 kg	174 km/h	7700 DM	★★★★☆
r, breiter Sattel, feste Packkoffer am Heck und Sturzbügel wurden auch von der europäischen Kundschaft sehr geschätzt. Die Cali ist der bis heute einzige italienische Softchopper mit dem man sich überall (und total unpeinlich) sehen lassen kann.												
H 18	125 mm	95 mm	1470 mm	63 Grad	85 mm	Trommel/Trommel	19 l	8,6 l	225 kg	206 km/h	8360 DM	★★★★☆
ntstanden in Handarbeit und sind gesuchte Raritäten. Entsprechend viele »Fälschungen« sind unterwegs.												
H 18	125 mm	95 mm	1470 mm	63 Grad	85 mm	Scheibe/Trommel	22,5 l	8,6 l	225 kg	206 km/h	9600 DM	★★★★☆
H 18	125 mm	95 mm	1470 mm	63 Grad	85 mm	2 x Scheibe/Scheibe	22,5 l	8,6 l	230 kg	206 km/h	9440 DM	★★★★☆
ell, entsprechend hohe Gebrauchtpreise.												
)0-18	125 mm	95 mm	1490 mm	63 Grad	85 mm	2 x Scheibe/Scheibe	22,5 l	ca. 8 l	225 kg	206 km/h	10 650 DM	★★★★☆
)0-18	125 mm	95 mm	1505 mm	63 Grad	85 mm	2 x Scheibe/Scheibe	22,5 l	ca. 8 l	238 kg	208 km/h	10 980 DM	★★★☆☆
)0-18	140 mm	75 mm	1505 mm	62 Grad	90 mm	2 x Scheibe/Scheibe	23 l	6,0 l	247 kg	214 km/h	16 850 DM	★★★☆☆
)0-18	140 mm	75 mm	1565 mm	62 Grad	90 mm	2 x Scheibe/Scheibe	23 l	7,0 l	251 kg	222 km/h	17 500 DM	★★★★☆
sehr selten und heute sehr gefragt.												
)0-18	140 mm	68 mm	1485 mm	62 Grad	106 mm	2 x Scheibe/Scheibe	24 l	6,0 l	210 kg	207 km/h	12 890 DM	★★☆☆☆
nie am kleinen 16-Zoll-Vorderrad lag. Gesucht sind die Modelle mit der Telegabel ohne Luftunterstützung.												

tpreise. I ★★★☆☆ = Durchschnittliches Image, Maschinen sind oft von den Besitzern verbastelt worden. I ★★★★☆ = Sehr gutes Image damals wie heute. I ★★★★★ = Hervorragendes Image, irre Gebrauchtpreise für serienmäßigen Zustand.

Marke/Modell	Modelljahre	Hubraum	Leistung bei Drehzahl	Motor	Bohrung x Hub	Verdichtung	Gassteuerung, Ventile pro Zylinder	Starter Elektro	Starter Kick	Gänge/ Antrieb	vorne
Le Mans V	1988 bis 1992	949 cm³	81 PS bei 7400/min	V2 quer	88 x 78 mm	9,8 : 1	ohv, 2 Ventile	❍		5/Kardan	100/90-1
	Aufgrund der Fahrwerksunruhen des Vorgängermodells jetzt wieder mit 18-Zoll-Vorderrad ausgerüstet. Rahmenfeste Verkleidung. Technisch identisch mit Vorgängermodell.										
850 T	1974 bis 1975	844 cm³	57 PS bei 6500/min	V2 quer	83 x 78 mm	9,5 : 1	ohv, 2 Ventile	❍		5/Kardan	100/90-1
	Klassisches Tourenmodell mit dem Fahrwerk der 750 S. Motor überarbeitet und mit Ölfilterpatrone ausgestattet.										
850 T3	1975 bis 1980	844 cm³	59 PS bei 6900/min	V2 quer	83 x 78 mm	9,5 : 1	ohv, 2 Ventile	❍		5/Kardan	100/90-1
	Der Guzzi-Klassiker schlechthin. Die 3 steht auch hier für drei Bremsscheiben und Integralbremssystem. Die letzten Modelle wurden mit Gussrädern ausgestattet.										
850 T4	1980 bis 1983	844 cm³	59 PS bei 6900/min	V2 quer	83 x 78 mm	9,5 : 1	ohv, 2 Ventile	❍		5/Kardan	100/90-1
	Letzte V2-Guzzi mit runden Zylindern, Lauffläche jetzt nikasilbeschichtet.										
850 T5	1983 bis 1988	844 cm³	67 PS bei 6900/min	V2 quer	83 x 78 mm	9,5 : 1	ohv, 2 Ventile	❍		5/Kardan	110/90-1
	Vierte Auflage der Touring-Modelle. War bis 1986 mit zwei 16-Zoll-Reifen ausgestattet und hatte ein entsprechend gewöhnungsbedürftiges Fahrverhalten. 1987 wurde ein 18-Zoll-Vorderrad eingebaut.										
V 1000 I-Convert	1975 bis 1984	949 cm³	61 PS bei 6500/min	V2 quer	88 x 78 mm	9,2 : 1	ohv, 2 Ventile	❍		2-Auto./Kardan	100/90-1
	Speziell für die US-Behörden entwickelte Guzzi dieses Modell mit Flüssigkeitswandler und Zweigang-Automatik.										
V 1000 G5	1978 bis 1985	949 cm³	61 PS bei 6500/min	V2 quer	88 x 78 mm	9,2 : 1	ohv, 2 Ventile	❍		5/Kardan	100/90-1
	Solider Tourer auf Basis der I-Convert mit normalem Fünfganggetriebe.										
1000 SP/SP-NT	1978 bis 1984	949 cm³	61 PS bei 6500/min	V2 quer	88 x 78 mm	9,2 : 1	ohv, 2 Ventile	❍		5/Kardan	100/90-1
	G5-Modell mit Verkleidung, vordere Blinker in die Verkleidung integriert.										
1000 SP II	1984 bis 1987	949 cm³	67 PS bei 6700/min	V2 quer	88 x 78 mm	9,2 : 1	ohv, 2 Ventile	❍		5/Kardan	110/90-1
	Neuer Motor mit verstärktem Gehäuse und höherer Leistung. Der damaligen Mode entsprechend mit 16-Zoll-Vorderrad.										
Mille GT	1987 bis 1993	949 cm³	67 PS bei 6700/min	V2 quer	88 x 78 mm	9,2 : 1	ohv, 2 Ventile	❍		5/Kardan	110/90-1
	Auf Initiative des deutschen Importeurs produziertes Modell ohne Verkleidung. Später mit Speichenrädern und elektronischer Zündung gegen Aufpreis.										
1000 S	1990 bis 1993	949 cm³	67 PS bei 7400/min	V2 quer	88 x 78 mm	9,2 : 1	ohv, 2 Ventile	❍		5/Kardan	100/90 1
	Sportlicher Klassiker im Stil der alten 750 S und S 3-Modelle. Die 1000 S knüpft optisch gekonnt an die Tradition der großvolumigen, sportlichen Guzzi ohne modischen Schnickschnack an. Neben der										
1000 SP III	1988 bis 1992	949 cm³	71 PS bei 6800/min	V2 quer	88 x 78 mm	9,2 : 1	ohv, 2 Ventile	❍		5/Kardan	100/90-1
	Reisedampfer mit wuchtiger, rahmenfester Vollverkleidung und geschwungener Scheibe. Damals wie heute war die 1000 SP III nichts für Freaks klassischer Guzzis.										
850 T3 California	1975 bis 1980	844 cm³	59 PS bei 5900/min	V2 quer	83 x 78 mm	9,5 : 1	ohv, 2 Ventile	❍		5/Kardan	3.50-18
	Nachfolgemodell der GT 850 California mit dem vollen Zubehörprogramm wie Trittbretter, Packtaschen, Cowhornlenker und lenkerfester Scheibe, die man leicht abnehmen konnte.										
California II	1981 bis 1987	949 cm³	67 PS bei 6700/min	V2 quer	88 x 78 mm	9,2 : 1	ohv, 2 Ventile	❍		5/Kardan	120/90-1
	Überarbeitetes Modell mit längerem Radstand, breiteren Reifen und viel Chrom. Motor wurde aus der Le Mans III übernommen.										
California III	1987 bis 1990	949 cm³	67 PS bei 6500/min	V2 quer	88 x 78 mm	9,2 : 1	ohv, 2 Ventile	❍		5/Kardan	110/90-1
	Technisch nahezu unverändert, optisch für Plüschverwöhnte aufgepeppt mit niedrigem Rahmenheck sowie »King & Queen«-Sitz. Umbaufreaks stehen auf dieses Modell.										
California III i.e.	1990 bis 1992	949 cm³	67 PS bei 6700/min	V2 quer	88 x 78 mm	9,2 : 1	ohv, 2 Ventile	❍		5/Kardan	110/90-1
	Erste Guzzi-V2 mit Einspritzanlage von Weber-Marelli.										
California 1100	1992 bis 1993	1064 cm³	75 PS bei 6400/min	V2 quer	92 x 80 mm	9,5 : 1	ohv, 2 Ventile	❍		5/Kardan	110/90-1
	Das Baukastensystem machte es möglich: Motor stammt aus der Sport 1100, Fahrwerk aus den Calis bekannt. 1995 wurde die Cali 1100 zum Cruiser des Jahres gewählt.										
Daytona 1000/RS	1991 bis 1996	992 cm³	93/102 PS bei 8000/min	V2 quer	90 x 78 mm	10,0 : 1	ohv, 2 Ventile	❍		5/Kardan	120/70-17
	Basierend auf dem Prototyp von »Dr. John« Wittner, einem rennverrückten amerikanischen Zahnarzt, hatte die Daytona 1000 einen komplett neuen Motor mit Vierventil-Zylindeköpfen. Das RS-Modell ha										
Sport 1100/I	1994 bis 1996	1064 cm³	90 PS bei 7800/min	V2 quer	92 x 80 mm	10,5 : 1	ohv, 2 Ventile	❍		5/Kardan	120/70-17
	Neuer Sportler mit Zweiventil-Zylinderköpfen und offen laufendem Kardan. Der moderne Rahmen hatte eine Cantilever-Schwinge. Ab 1996 auch als Modell 1100 i mit Einspritzung von Weber-Marelli.										
Quota 1000	1992 bis 1997	949 cm³	71 PS bei 6600/min	V2 quer	88 x 78 mm	9,1 : 1	ohv, 2 Ventile	❍		5/Kardan	90/90-21
	Jump the bandwagon: Großenduro mit speziell entwickeltem Rahmen aus Kastenprofilen. Ziemlich erfolglose Guzzi.										
Quota ES	1997	1064 cm³	74 PS bei 6800/min	V2 quer	92 x 80 mm	9,5 : 1	ohv, 2 Ventile	❍		5/Kardan	90/90-2
	Zweiter Guzzi-Anlauf in Sachen Großenduro: Konzept wie beim Vorgängermodell, aber mit besseren Detaillösungen wie niedrigerer Sitzhöhe, besseren Bremsen und mehr Bums von unten im 1100er-M										
Laverda											
750 GT	1969 bis 1972	744 cm³	52 PS bei 6600/min	2/Reihe	80 x 74 mm	8,9 : 1	ohc, 2 Ventile	❍		5/Kette	3.25 H 19
	Urmodell aller Laverda-Twins. Als 650er konzipiert, mit 80er-Bohrung als 750er bis Anfang 1972 produziert. Grimeca-Trommelbremsen, Hochlenker.										
750 S	1969 bis 1974	744 cm³	60 PS bei 6500/min	2/Reihe	80 x 74 mm	9,65 : 1	ohc, 2 Ventile	❍		5/Kette	3.50 V19
	Erste Sport-Variante der 750 GT. Ausgestattet mit Sporttank, Höckersitzbank, flachem Lenker und noch mit Smiths-Instrumenten bestückt.										
750 SF	1970 bis 1976	744 cm³	61 PS bei 7500/min	2/Reihe	80 x 74 mm	9,0 : 1	ohc, 2 Ventile	❍		5/Kette	3.50 V19
	Frühe Exemplare der Super Freno (ab Rahmennummer 3808) besitzen noch eine 230er-Trommelbremse. Ab 1972 erhielt die SF 1 neue Krümmer und 36er-Vergaser. Ab 1974 erhielt die SF 2 zunächst										
750 GTL	1975 bis 1976	744 cm³	65 PS bei 7000/min	2/Reihe	80 x 74 mm	7,7 : 1	ohc, 2 Ventile	❍		5/Kette	4.00-18
	Seltene Touring-750er, die auch an die Polizei ausgeliefert wurde. Tank, Seitendeckel und Sitzbank waren überarbeitet, der große Bosch-Scheinwerfer entstammt der ersten Laverda 1000.										
750 SFC	1976 bis 1977	744 cm³	79 PS bei 7300/min	2/Reihe	80 x 74 mm	9,6 : 1	ohc, 2 Ventile	❍		5/Kette	3.50-18
	Die gesuchteste aller 750er-Laverda wurde in mehreren Serien produziert. 5000er, 8000er und 11000er besitzen noch Trommelbremsen vorne. Ab 1974 erhielt die SFC Scheibenbremsen und Rahmen										
1000	1972 bis 1975	981 cm³	78 PS bei 7750/min	3/Reihe	75 x 74 mm	9,0 : 1	dohc, 2 Ventile	❍		5/Kette	4.10-18
	Das Dreizylinder-Flaggschiff wurde 1972 präsentiert. 180 Grad-Hubzapfenversatz des mittleren Zylinders. 1974 erhält die 1000/1 eine Doppelscheibe vorn.										
1000 3 C/CL	1976 bis 1979	981 cm³	78 PS bei 7750/min	3/Reihe	75 x 74 mm	9,0 : 1	dohc, 2 Ventile	❍		5/Kette	4.10-18
	Verbesserte Version, mit sieben statt wie bisher fünf Zugankern für Zylinder/-kopf. Fünfspeichen-Gussräder wie die 750er; am Hinterrad verzögert jetzt auch eine Scheibenbremse.										
1000 Jota	1980 bis 1983	981 cm³	85 PS bei 7600/min	3/Reihe	75 x 74 mm	9,0 : 1	dohc, 2 Ventile	❍		5/Kette	110/90-18
	Die von den Slater Brothers initiierte 1000 Jota war in England sehr erfolgreich, besonders ab 1979 mit kurzer Verkleidung. Ab 1982 gab es auch eine 120 Grad-Jota mit dem »neuen« Motor und regeln										
1200 T/TS	1977 bis 1981	1116 cm³	86 PS bei 7365/min	3/Reihe	80 x 74 mm	8,0 : 1	dohc, 2 Ventile	❍		5/Kette	4.10-18
	Konkurrenz zur Yamaha XS 1100, Ölkühler und Ölpumpe mit höherer Durchflussrate, geänderter Kurbelwelle. TS mit patentiertem Lenker.										
500	1977 bis 1982	496 cm³	45 PS bei 8200/min	2/Reihe	72 x 61 mm	9,2 : 1	dohc, 4 Ventile	❍		6/Kette	100/90-18
	Mittelklasse-Laverda im 1000er-Look. Moderner Vierventil-Motor, leicht, mit Sechsganggetriebe. Bislang als Klassiker unterbewertet, damals schlichtweg zu teuer. Als Montjuïc in England (Einmann-Bank										
500 SFC (auch »Formula 500« genannt)	1981 bis 1983	496 cm³	45 PS bei 8200/min	2/Reihe	72 x 61 mm	9,2 : 1	dohc, 4 Ventile	❍		6/Kette	100/90-18
	500er mit Rennverkleidung, entwickelt für die von 1978 bis 1981 ausgetragene Rennserie »Formula Laverda«. Tuningteile für offene Leistung von 52 PS wurden beim Kauf mitgeliefert. In Deutschland s										
1000 RGS/RGA	1981 bis 1986	981 cm³	86 PS bei 7900/min	3/Reihe	75 x 74 mm	9,0 : 1	dohc, 2 Ventile	❍		5/Kette	100/90-18
	Sportliches 1000er-Update mit 120 Grad Hubzapfenversatz, Halbschalen-Verkleidung mit charakteristischer Tankklappe, patentierte Schwinge. Von diesem Modell gab es auch Sondermodelle »Corsa« u										
1000 SFC	1984 bis 1990	996 cm³	95 PS bei 8000/min	3/Reihe	75,5 x 74 mm	10,0 : 1	dohc, 2 Ventile	❍		5/Kette	100/90-18
	Nach der RGS Corsa die hubraum- und PS-stärkste Version des seit 1981 unveränderten Dreizylinders mit legendärem Namen. Natürlich in Knallorange, mit sportlicherem Design und goldfarbenem Rah										
600 SFC	1987 bis 1988	572 cm³	64/50 PS bei 8000/min	2/Reihe	76 x 63 mm	10,0 : 1	dohc, 4 Ventile	❍		6/Kette	110/90-18
	Technisch anfälliges, wenig erfolgreiches Supersport-Motorrad mit weiterentwickeltem Triebwerk auf Basis des 500er-Paralleltwin von 1979. Vom damaligen Importeur wurde auch ein Umrüstsatz für die										

* **Imagebewertung:** ★☆☆☆☆ = Schlechtes Image, Modell interessiert kaum jemand, Gebrauchtpreis entsprechend niedrig. I ★★☆☆☆ = Image etwas besser, aber nicht sonderlich gut: Originalgetreue Modelle erzielen dennoch erstaunlic

Alle Angaben ohne Gewähr. Technische Abweichungen entsprechend der verschiedenen Zulassungsbestimmungen und Länderspezifikationen sind möglich.

	Federweg		Radstand	Lenkkopfwinkel	Nachlauf	Bremse vorne/hinten	Tankinhalt	Verbrauch	Gewicht	Spitze	Preis im 1. Verkaufsjahr	Imagefaktor*
	vorne	hinten										
3	140 mm	75 mm	1485 mm	62 Grad	106 mm	2 x Scheibe/Scheibe	24 l	6,8 l	210 kg	209 km/h	14 650 DM	★★★☆☆
3	125 mm	85 mm	1480 mm	63 Grad	85 mm	Scheibe/Trommel	25 l	6,3 l	235 kg	181 km/h	8110 DM	★★★★☆
3	125 mm	85 mm	1480 mm	63 Grad	85 mm	2 x Scheibe/Scheibe	25 l	6,3 l	235 kg	181 km/h	8110 DM	★★★★☆
3	125 mm	85 mm	1480 mm	63 Grad	85 mm	2 x Scheibe/Scheibe	25 l	6,3 l	254 kg	178 km/h	9800 DM	★★☆☆☆
6	140 mm	75 mm	1505 mm	62 Grad	90 mm	2 x Scheibe/Scheibe	22,5 l	5,5 l	243 kg	199 km/h	11 400 DM	★★☆☆☆
aber dadurch nicht unbedingt besser. Motor ist eine Mischung aus Cali II und Le Mans. Selten in Deutschland.												
8	125 mm	95 mm	1480 mm	63 Grad	85 mm	2 x Scheibe/Scheibe	25 l	6,2 l	259 kg	168 km/h	10 400 DM	★★★☆☆
8	125 mm	95 mm	1480 mm	63 Grad	85 mm	2 x Scheibe/Scheibe	25 l	6,2 l	252 kg	180 km/h	9295 DM	★★★☆☆
8	125 mm	95 mm	1480 mm	63 Grad	85 mm	2 x Scheibe/Scheibe	25 l	7,8 l	253 kg	181 km/h	9850 DM	★★★☆☆
3	140 mm	68 mm	1514 mm	62 Grad	90 mm	2 x Scheibe/Scheibe	22,5 l	6,5 l	250 kg	177 km/h	12 650 DM	★★★☆☆
8	140 mm	75 mm	1530 mm	62 Grad	90 mm	2 x Scheibe/Scheibe	22,5 l	6,3 l	246 kg	171 km/h	12 880 DM	★★★☆☆
8	140 mm	75 mm	1485 mm	62 Grad	106 mm	2 x Scheibe/Scheibe	22,5 l	6,5 l	243 kg	210 km/h	13 990 DM	★★★☆☆
00 S ein weiteres Erfolgsmodell in Deutschland.												
8	140 mm	75 mm	1495 mm	62 Grad	98,5 mm	2 x Scheibe/Scheibe	22,5 l	6,8 l	245 kg	195 km/h	16 800 DM	★★☆☆☆
	125 mm	95 mm	1480 mm	63 Grad	85 mm	2 x Scheibe/Scheibe	24 l	6,5 l	265 kg	158 km/h	9260 DM	★★★☆☆
8	140 mm	75 mm	1565 mm	62 Grad	90 mm	2 x Scheibe/Scheibe	24 l	6,5 l	270 kg	158 km/h	11 990 DM	★★★☆☆
8	140 mm	75 mm	1550 mm	62 Grad	90 mm	2 x Scheibe/Scheibe	23 l	7,2 l	276 kg	159 km/h	14 190 DM	★★☆☆☆
8	140 mm	75 mm	1585 mm	62 Grad	98 mm	2 x Scheibe/Scheibe	23 l	5,7 l	297 kg	170 km/h	20 300 DM	★★☆☆☆
8	140 mm	75 mm	1575 mm	62 Grad	98 mm	2 x Scheibe/Scheibe	18,5 l	7,25 l	268 kg	185 km/h	17 005 DM	★★☆☆☆
7	140 mm	75 mm	1480 mm	64 Grad	103 mm	2 x Scheibe/Scheibe	23 l	8,1 l	240 kg	224 km/h	27 500 DM	★★★☆☆
own Gabel und einige wenige technische Verbesserungen.												
7	130 mm	120 mm	1480 mm	64 Grad	90 mm	2 x Scheibe/Scheibe	19 l	8,3 l	232 kg	225 km/h	18 205 DM	★★☆☆☆
7	240 mm	200 mm	1610 mm	62 Grad	102 mm	2 x Scheibe/Scheibe	20 l	6,3 l	256 kg	182 km/h	18 600 DM	★★☆☆☆
7	152 mm	180 mm	1610 mm	63,5 Grad	105 mm	2 x Scheibe/Scheibe	20 l	7,3 l	265 kg	188 km/h	18 900 DM	★★☆☆☆
8	130 mm	90 mm	1465 mm	62 Grad	82 mm	Trommel/Trommel	18 l	6,0 l	231 kg	184 km/h	5661 DM	★★★☆☆
	130 mm	90 mm	1465 mm	62 Grad	82 mm	Trommel/Trommel	19 l	6,0 l	231 kg	192 km/h	6438 DM	★★★★☆
	130 mm	90 mm	1465 mm	62 Grad	82 mm	Trommel/Trommel	22 l	8,0 l	200 kg	217 km/h	8300 DM	★★★★☆
n zwei 280er-Scheiben am Vorderrad. Ab 1976 wurde die SF3 mit Heckbürzel und FIAM-Gussrädern gebaut.												
	130 mm	90 mm	1459 mm	62 Grad	82 mm	Trommel/Trommel	17 l	6,0 l	215 kg	180 km/h	9000 DM	★★☆☆☆
	130 mm	90 mm	1465 mm	62 Grad	85 mm	Trommel/Trommel	25 l	6,0 l	226 kg	204 km/h	10 000 DM	★★★★★
00er (Elektronika)-Serie mit Elektronikzündung und Ölkühler. 1976 mit Gussrädern ausgeliefert. Viele »Fälschungen« sind unterwegs.												
	130 mm	90 mm	1486 mm	62 Grad	100 mm	Trommel/Trommel	19 l	6,9 l	243 kg	209 km/h	9600 DM	★★★☆☆
	130 mm	90 mm	1486 mm	62 Grad	110 mm	2 x Scheibe/Scheibe	19 l	7,5 l	243 kg	208 km/h	9995 DM	★★★★☆
18	130 mm	90 mm	1460 mm	62 Grad	110 mm	2 x Scheibe/Scheibe	19 l	7,5 l	243 kg	210 km/h	12 500 DM	★★★★☆
enversatz.												
	130 mm	80 mm	1460 mm	62 Grad	130 mm	2 x Scheibe/Scheibe	20,5 l	8,4 l	258 kg	204 km/h	10 200 DM	★★★☆☆
18	120 mm	90 mm	1440 mm	62 Grad	100 mm	2 x Scheibe/Scheibe	13,5 l	6,0 l	189 kg	167 km/h	6860 DM	★★☆☆☆
folgreich.												
18	120 mm	90 mm	1440 mm	62 Grad	100 mm	2 x Scheibe/Scheibe	14,5 l	6,2 l	194 kg	170 km/h	8593 DM	★★★☆☆
ft und deswegen entsprechend hoher Gebrauchtpreis.												
18	130 mm	90 mm	1520 mm	62 Grad	115 mm	2 x Scheibe/Scheibe	22 l	8,9 l	262 kg	215 km/h	13 188 DM	★★★★☆
ür England als RGA mit Designänderungen.												
18	130 mm	90 mm	1520 mm	62 Grad	115 mm	2 x Scheibe/Scheibe	22 l	6,9 l	244 kg	221 km/h	15 200 DM	★★★★☆
, weil sehr selten.												
18	130 mm	130 mm	1420 mm	62 Grad	112 mm	2 x Scheibe/Scheibe	18 l	4,9 l	160 kg	195 km/h	14 000 DM	★★★☆☆
OT-Rennen (Battle of Twins = Krieg der Zweizylinder) angeboten.												

eise. | ★★★☆☆ = Durchschnittliches Image, Maschinen sind oft von den Besitzern verbastelt worden. | ★★★★☆ = Sehr gutes Image damals wie heute. | ★★★★★ = Hervorragendes Image, irre Gebrauchtpreise für serienmäßigen Zustand.

Störungssuche

In diesem Kapitel: Störungssuche in Motor, Kraftübertragung, Fahrwerk, Elektrik, Beleuchtungsanlage.

Wenn Ihre italienische Diva Mucken zeigt, kann der folgende Text helfen, Fehler aufzuspüren. Lesen Sie ihn sorgfältig Punkt für Punkt durch und er wird Ihnen eine gute Hilfe bei der Störungssuche sein.

Fehler: Hier wird der Fehler beschrieben.
Grund: Hier wird eine der möglichen Ursachen beschrieben.
Abhilfe: *Hier sind Lösungsvorschläge in aller Kürze. Mit dem Hinweis → Kapitel 40 verweisen wir auf das Kapitel, in dem die Baugruppe in Text und Bild vertieft behandelt wird.*

Sie werden feststellen, dass sich Textpassagen unter »Grund« bei verschiedenen Fehlern wiederholen, weil sich mögliche Fehlerquellen verzahnen und eine Negativkette bilden können. Beispiel: Wenn ein Motor nach einer Wartungsarbeit nicht mehr anspringt, können folgende Fehler zusammenkommen: zu wenig Benzin im Tank, Spritleitungen nicht richtig angeschlossen und Zündkerze(n) geben keinen Funken ab, weil die Zündkerzenstecker nicht richtig aufgesteckt sind. Oder bei einem Fehler in der Elektrik kann irgendwo ein Kabel durchgescheuert oder gebrochen sein, das man nicht auf Anhieb sieht. Dann ist der Elektrospezialist gefragt, der alle Kabel und Steckplätze mit Spezialgeräten durchmisst.

Wenn bei einem Defekt die Elektrik in Verdacht gezogen wird und Sie haben keine elektrischen Fachkenntnisse, gehen Sie lieber gleich in eine Fachwerkstatt oder zu einem Kraftfahrzeug-Elektrodienst (z. B. »Bosch Dienst«), bevor Sie zu Elektrozange und Lötkolben greifen, um den Kabelbaum zu bearbeiten. In diesem Sinne: Frohes Fehlersuchen!

Motor

Fehler: Motor wird vom Kick- oder Elektrostarter durchgedreht, springt aber nicht an.
Grund: Kein Benzin im Tank.
Abhilfe: *Tanken.*

Grund: Benzinhahn geschlossen.
Abhilfe: *Benzinhahn öffnen bzw. auf »Reserve« stellen.*

Grund: »Schlechtes« (weil zu altes) oder verunreinigtes Benzin im Tank.
Abhilfe: *Frischen Sprit tanken. Vor dem Startversuch unbedingt die Schwimmerkammern entleeren und frischen Sprit nachlaufen lassen.*

Grund: Elektrischer Benzinhahn öffnet nicht.
Abhilfe: *Benzinschlauch am Benzinhahn abziehen, Startversuch machen und nachsehen, ob Benzin kommt: Wenn »ja«, öffnet der Benzinhahn und der Fehler liegt irgendwo anders, wenn »nein«, ist wahrscheinlich der Benzinhahn defekt (manuellen Benzinhahn einbauen!).*

Grund: Benzin gelangt nicht in die Vergaser, weil Filter im Benzinhahn, Nachrüst-Benzinfilter oder Benzinschlauch verstopft sind.
Abhilfe: *Benzinschlauch direkt am Benzinhahn abziehen, Benzinhahn öffnen und nachsehen, ob Benzin läuft: Wenn »ja«, ist der Nachrüst-Benzinfilter verstopft und muss erneuert werden, wenn »nein« liegt der Fehler wahrscheinlich im Benzinhahn: Ausbauen und reinigen. → Kapitel 17 6*

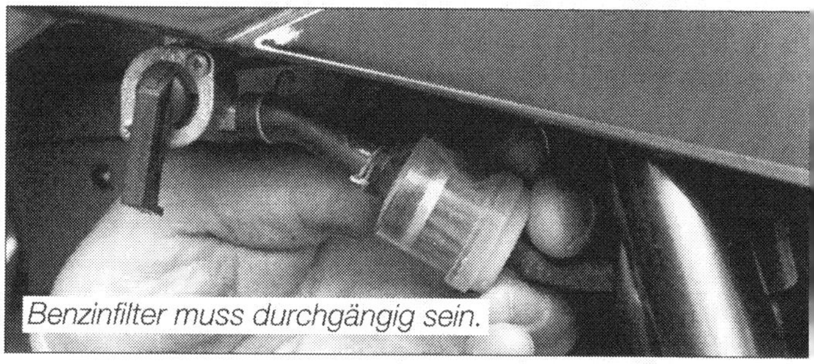
Benzinfilter muss durchgängig sein.

Grund: Motor mit Benzin überflutet (»ersoffen«).
Abhilfe: *Zündkerzen ausbauen und trocknen, Benzinhahn schließen, Licht aus: Motor mit Vollgas einige Male durchdrehen (E-Starter) bzw. durchtreten (Kickstarter bei ausgeschalteter Zündung). → Kapitel 19*

Grund: Luftfilter zugesetzt.
Abhilfe: *Luftfilter überprüfen, reinigen, erneuern. → Kapitel 17*

Grund: Kein Funke an den Zündkerzen.
Abhilfe: *Neue Zündkerzen einbauen. Zündkerzenstecker, Zündkabel und Zündspulen überprüfen, siehe Fehlersuche. → Kapitel 19*

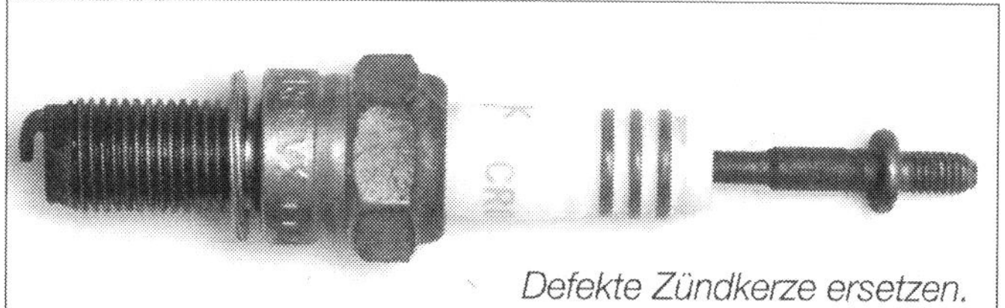
Defekte Zündkerze ersetzen.

Grund: Zünd-/Motorelektrik defekt.
Abhilfe: *Bei Batteriezündung zuerst die Batterie prüfen, ob sie richtig angeschlossen und geladen ist. Versuchsweise eine voll geladene Batterie einbauen. Zündanlage auf trockene Anschlüsse und einwandfreie Verkabelung prüfen. → Kapitel 19 20*

Grund: Kompression zu niedrig: Zündkerzen lose, Kolbenringe verschlissen, Ventile blasen durch, Zylinderkopfdichtung defekt.

Abhilfe: *Zylinderkopf, Kolben und Zylinder überholen, Details siehe* *➔ Kapitel 19 23 24*

Fehler: Elektrostarter dreht nicht durch
Grund: Motorabstellschalter auf »Off«.
Abhilfe: *Auf »On« stellen, Startversuch wiederholen.*

Grund: Batteriespannung zu niedrig.
Abhilfe: *Batterie laden, erneuern, Details siehe* *➔ Kapitel 20*

Grund: Schlechter Kontakt im Zündschloss oder Anlasserknopf.
Abhilfe: *Schalter öffnen, Kontakt herstellen z. B. durch Abschmirgeln der Kontaktflächen.*

Grund: Anlassersicherung, Hauptsicherung oder Anlasserrelais defekt.
Abhilfe: *Defekte Teile erneuern, nach Grund des Defekts suchen und Störung beheben.* *➔ Kapitel 20*

Grund: Defekt im Anlasser: z. B. Stator- oder Ankerwicklung durchgebrannt, Anlasserkohlen verschlissen.
Abhilfe: *Anlasser am besten ausbauen und beim Italo-Elektro-Spezialisten oder Fachwerkstatt (Bosch-Dienst) überprüfen und ggf. reparieren lassen.*

Fehler: Elektrostarter dreht Motor nur langsam durch
Grund: Schwache Batterie, Kabel schlecht angeschlossen.
Abhilfe: *Batterie laden, erneuern, Details siehe* *➔ Kapitel 20*

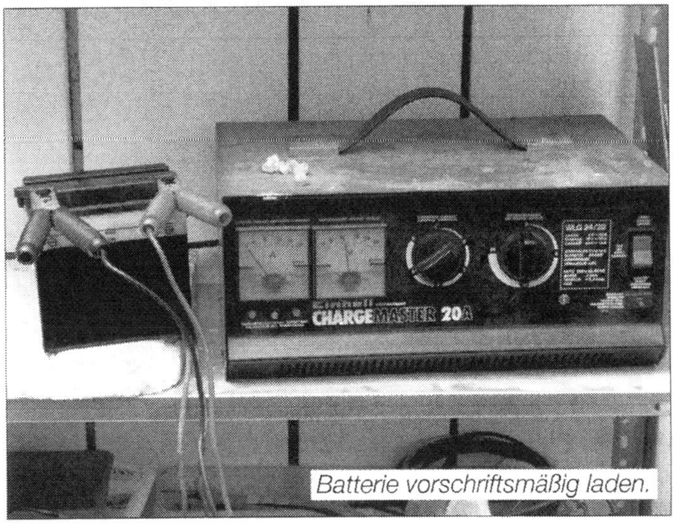

Batterie vorschriftsmäßig laden.

Grund: Elektrostarter oder Anlasserfreilauf klemmt, ist defekt.
Abhilfe: *Anlasser am besten ausbauen und beim Italo-Elektro-Spezialisten oder Fachwerkstatt (Bosch-Dienst) überprüfen und ggf. reparieren lassen.*

Grund: Für die momentane Witterung zu dickes Öl (z. B. im Winter SAE 50 eingefüllt!)
Abhilfe: *Öl wechseln, dünneres Öl einfüllen in einer, den Außentemperaturen angepassten Viskosität.* *➔ Kapitel 18*

Fehler: Elektrostarter läuft, ohne den Motor durchzudrehen
Grund: Anlasserfreilauf defekt: Zahnräder am Anlasser und/oder Einrückritzel defekt.
Grund: Anlasser läuft rückwärts: Gehäuse falsch zusammengebaut oder Klemmen falsch angeschlossen.
Abhilfe: *Anlasser in eingebautem Zustand beim Italo-Elektro-Spezialisten oder Fachwerkstatt (Bosch-Dienst) überprüfen und ggf. reparieren lassen.*

Fehler: Anlasserrelais »klickt«, Motor wird vom Anlasser aber nicht durchgedreht
Grund: Anlasserkabel schlecht angeschlossen, Kurzschluss (Bruch) im Kabel.
Abhilfe: *Alle Kabelanschlüsse ab der Batterie auf festen Sitz prüfen, Korrosion beseitigen, Kabel mit Multimeter auf Durchgang prüfen.* *➔ Kapitel 19 20*

Grund: Defekt im Anlasser oder in der Übertragung der Drehbewegung (Anlasserfreilauf).
Abhilfe: *Anlasser in eingebautem Zustand beim Italo-Elektro-Spezialisten oder Fachwerkstatt (Bosch-Dienst) überprüfen und ggf. reparieren lassen.*

Grund: Kurbelwelle dreht sich nicht wegen Motorproblemen.
Abhilfe: *Wenn Kickstarter vorhanden ist, Motor damit durchdrehen. Wenn nur E-Starter: Zündung AUSschalten, Benzinhahn ZU, Zündkerzen ausbauen, 2. Gang einlegen und Motorrad schieben: Ein fester Motor lässt sich so feststellen. Mehr dazu* *➔ Kapitel 23 24 25*

Fehler: Motor springt schlecht an, läuft nur stotternd und geht oft wieder aus
Fehler: Unrunder Leerlauf
Fehler: Ruckeliges Hochdrehen beim Gas geben
Fehler: Motor patscht, produziert Fehlzündungen
Grund: Benzin verschmutzt: Dreck im Tank, in den Benzinleitungen, im Vergaser.
Abhilfe: *Benzin ablassen, Tank und Vergaser reinigen, unbedingt frisches Benzin einfüllen.* *➔ Kapitel 17 6*

Grund: Leerlaufdrehzahl zu niedrig eingestellt.
Abhilfe: *Leerlaufdrehzahl und Leerlaufgemisch einstellen.* *➔ Kapitel 17*

Grund: Tankentlüftung verstopft.
Abhilfe: *Tankentlüftung (ist meistens im Tankdeckel eingebaut) reinigen. Prüfen, ob die Entlüftungsbohrung z. B. durch den aufgebauten Tankrucksack verschlossen ist.* *➔ Kapitel 17*

Grund: Chokekolben hängt, Motor läuft deswegen zu fett.
Abhilfe: *Ausbauen, reinigen, Bowdenzug auf leichten Lauf kontrollieren.* *➔ Kapitel 17*

Grund: Falschluft wird angesaugt, weil Vergaser oder Ansaugstutzen lose oder rissig sind.
Abhilfe: *Vergaser und/oder Ansaugstutzen festschrauben, Ansaugstutzen auf Porosität untersuchen. Anmerkung: Fehler müssen unbedingt und sofort beseitigt werden, sonst droht ein Motorschaden!* ➔ Kapitel 17

Grund: Unterspannung in der Zündanlage.
Abhilfe: *Batterie laden, alle elektrischen Anschlüsse auf festen Sitz prüfen, Korrosion beseitigen, ggf. neue Zündkerzen, Stecker und Zündkabel montieren.* ➔ Kapitel 19 20

Grund: Zündkerze(n) defekt: falscher Elektrodenabstand, Kerze hat Massenschluss.
Abhilfe: *Zündkerzenwärmewert und Zustand überprüfen, Elektrodenabstand einstellen, ggf. neue Zündkerzen montieren.* ➔ Kapitel 19

Zündkerzen nicht in Ordnung: Reinigen oder ersetzen.

Grund: Anschlusskabel oder Verbindungsstecker der Zündspulen und Zündkerzenstecker beschädigt: In sich gebrochen, Kerzenstecker nicht richtig auf Zündkerze aufgesteckt.
Abhilfe: *Zündkabel aus Bauteil ausziehen/ausdrehen, ein kleines Stück abschneiden und wieder einbauen/eindrehen. Kabelschuh und kleine Stecker dahingehend prüfen, ob der Stecker in der Klemmung korrodiert ist und das Kabel in der Klemmstelle noch korrekt sitzt.* ➔ Kapitel 19

Fehler: Motor springt schlecht an, hat geringe Leistung bei niedrigen Drehzahlen
Grund: Ventile falsch eingestellt, haben zu wenig Spiel.
Grund: Ventileinstellschrauben können lose oder die Kipphebel können verschlissen sein.
Grund: Nockenwelle defekt, abgenutzt.
Grund: Ventilfeder(n) gebrochen.
Grund: Falsche Ventilsteuerzeiten durch Montagefehler.
Abhilfe: *Ventilspiel prüfen und korrekt einstellen. Dabei auch die Ventileinstellschrauben, Kontermuttern, Kipphebel, Kipphebelachsen, Ventilfedern und Nockenlaufbahnen auf übermäßigen Verschleiß prüfen.* ➔ Kapitel 23

Grund: Ventilsitze undicht, verbrannt, Ventilführung verschlissen, Ventil verbogen, sitzt fest.
Grund: Kolbenringe verklebt, verschlissen, gebrochen.
Grund: Zylinderlaufbahn und/oder Kolben verschlissen.
Abhilfe: *Kompression prüfen: Dazu wird ein Kompressionsdruckprüfer benötigt, der meistens nur in einer Werkstatt vorhanden ist. Vorher eine »Fingerprobe« machen: Benzinhahn ZU, alle Zündkerzen ausbauen, Daumen fest auf Zündkerzenöffnung drücken (eine nach der anderen), Motor mit Elektrostarter oder Kickstarter durchdrehen: Eine »korrekt hohe« oder »zu niedrige« Verdichtung lässt sich so zumindest mal erfühlen.* ➔ Kapitel 23 24

Grund: Zylinderkopfdichtung undicht.
Grund: Zylinderkopf verzogen oder gerissen.
Abhilfe: *Sichtprüfung bei stehendem Motor: Nachsehen, ob außen am Übergang von Zylinder und Zylinderkopf bzw. im Bereich der Zylinderkopfdichtung Öl austritt. Dynamische Prüfung bei laufendem Motor: Prüfen, ob Verbrennungsgase ausgestoßen werden, indem man eine Hand (Heiß! Respektsabstand wahren!) nahe an die Zylinderkopfdichtung hält und eventuell austretende Gase spürt.*

Fehler: Motor hat nur geringe Leistung und braucht viel Benzin
Grund: Luftfilter verdreckt, Luftansaugsystem verstopft.
Abhilfe: *Luftfilter reinigen, eventuell erneuern. Prüfen, ob alle Luftansaugöffnungen frei sind und der Motor ungehindert Frischluft ansaugen kann: z. B. Lappen im Bereich der Luftansaugöffnung des Luftfilterkastens vergessen? Verdeckt eine zusätzliche Bordwerkzeugtasche den Ansaugschnorchel?* ➔ Kapitel 17

Verdreckten Luftfilter reinigen oder erneuern.

Grund: Zünd-/Motorelektrik defekt.
Abhilfe: *Bei Batteriezündung zuerst die Batterie prüfen, ob sie richtig angeschlossen und geladen ist. Versuchsweise eine voll geladene Batterie einbauen. Zündanlage auf trockene Anschlüsse und einwandfreie Verkabelung überprüfen.* ➔ Kapitel 19 20

Grund: Unterspannung in der Zündanlage.
Abhilfe: *Batterie laden, alle elektrischen Anschlüsse auf festen Sitz prüfen, Korrosion beseitigen, ggf. neue Zündkerzen, Stecker und Zündkabel montieren.* ➔ Kapitel 19 20

Grund: Zündkerze(n) defekt: falscher Elektrodenabstand, Kerze hat Massenschluss.

Abhilfe: *Zündkerzenwärmewert und Zustand überprüfen, Elektrodenabstand einstellen, ggf. neue Zündkerzen montieren.* *→ Kapitel 19*

Fehler: Unrunder Leerlauf
Grund: Ventilspiel nicht korrekt: zu weit oder zu eng
Abhilfe: *Ventilspiel einstellen → Kapitel 23*

Grund: Zündsystem defekt.
Abhilfe: *Zündsystem einstellen. → Kapitel 19*

Grund: Zündkerzen defekt: zu geringer oder zu großer Elektrodenabstand, Kerze hat Massenschluss.
Abhilfe: *Elektrodenabstand einstellen, ggf. neue Zündkerzen einbauen. → Kapitel 19*

Grund: Zündkerzenstecker bzw. Zündspulen haben keinen richtigen Kontakt zu den Zündkerzen.
Abhilfe: *Zündkabel aus Bauteil ausziehen/ausdrehen, ein kleines Stück abschneiden und wieder einbauen/eindrehen. → Kapitel 19*

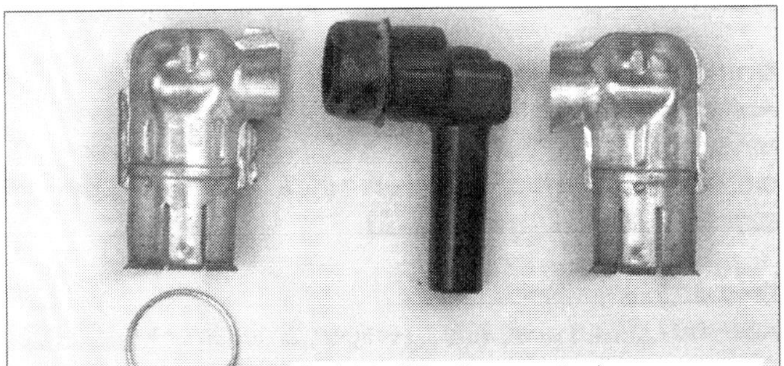
Defekte Zündkerzenstecker erneuern.

Grund: Zündbox defekt.
Abhilfe: *Zündbox eines anderen Motorrads gleichen Typs versuchsweise einbauen, auf guten Masseanschluss achten. → Kapitel 19*

Grund: Vergaser nicht synchron.
Abhilfe: *Gleichlauf der Gasschieber einstellen. → Kapitel 17*

Grund: Leerlauf falsch eingestellt.
Abhilfe: *Leerlauf korrekt einstellen. → Kapitel 17*

Grund: Benzin verschmutzt: Dreck im Tank, in den Benzinleitungen, im Vergaser.
Abhilfe: *Tank leeren und reinigen. Benzinhahn und Vergaser ebenfalls reinigen. → Kapitel 17*

Fehler: Ruckeln/Zündaussetzer beim Beschleunigen
Grund: Benzin verschmutzt: Dreck im Tank, in den Benzinleitungen, im Vergaser.
Abhilfe: *Tank leeren und reinigen. Benzinhahn und Vergaser ebenfalls reinigen. → Kapitel 17*

Grund: Zündkerzen: falscher Elektrodenabstand oder Wärmewert.
Grund: Kerzenstecker nicht richtig angebracht.
Grund: Zündkerzenstecker schlagen durch.
Abhilfe: *Elektrodenabstand einstellen, ggf. neue Zündkerzen einbauen. → Kapitel 19*

Grund: Feuchtigkeit bzw. Kontaktproblem in den Steckverbindungen der Motorelektrik.
Abhilfe: *Steckverbindungen kontrollieren. → Kapitel 19*

Grund: Vergaser falsch eingestellt.
Abhilfe: *Vergaser korrekt einstellen, auf richtige Düsen achten. → Kapitel 16*

Fehler: Motor patscht, produziert Fehlzündungen
Grund: Zündsystem defekt.
Abhilfe: *Bei Batteriezündung zuerst die Batterie prüfen, ob sie richtig angeschlossen und geladen ist. Versuchsweise eine voll geladene Batterie einbauen. Zündanlage auf trockene Anschlüsse und einwandfreie Verkabelung überprüfen. → Kapitel 19 20*

Grund: Falscher Elektrodenabstand der Zündkerzen.
Abhilfe: *Elektrodenabstand einstellen, ggf. neue Zündkerzen einbauen. → Kapitel 19*

Grund: Sicherung defekt (Beispiel Fadensicherung: Faden sieht »ganz« aus, könnte Wackelkontakt haben).
Abhilfe: *Sicherungen auf Beschädigungen und Korrosion kontrollieren, Einzelsicherung auf Verdacht wechseln. → Kapitel 20*

Grund: Luftfilterkastenanschlüsse ziehen Nebenluft.
Grund: Ansaugstutzen rissig, gebrochen, lose bzw. nicht richtig befestigt (Falschluft).
Abhilfe: *Vergaser und/oder Ansaugstutzen festschrauben, Ansaugstutzen auf Porosität untersuchen. Anmerkung: Fehler müssen unbedingt und sofort beseitigt werden, sonst droht ein Motorschaden! → Kapitel 17*

Fehler: Motor zieht nicht und raucht schwarz aus dem Auspuff (Gemisch zu fett)
Grund: Vergaserdüsen zu groß, Schwimmerstand zu hoch.
Abhilfe: *Kleinere Vergaserdüsen einbauen, Schwimmerstand einstellen, Vergaser einstellen. → Kapitel 24*

Grund: Zündung defekt.
Abhilfe: *Bitte nachsehen in → Kapitel 19*

Fehler: Motor zieht nicht und raucht blau aus dem Auspuff (Motoröl gelangt in den Verbrennungsraum)
Grund: Zu viel Motoröl im Motor, wird über die Motorentlüftung in den Luftfilterkasten gedrückt und dort wieder angesaugt.

Abhilfe: *Bei kaltem Motor und senkrecht stehender Maschine den Ölstand kontrollieren und etwas mehr als das überschüssige Öl in ein sauberes Gefäß ablassen, dann Öl nach Vorgabe neu einfüllen. Luftfilter reinigen.* → Kapitel 17 18

Grund: Zylinder und/oder Kolben verschlissen, haben Riefen oder Schrammen, Laufspiel zwischen Kolben und Zylinder zu groß.
Grund: Kolbenring(e) oder Ölabstreifring(e) verschlissen, gebrochen, keine Spannung mehr oder falsch montiert.
Abhilfe: *Kompression messen, wenn Wert zu niedrig: Zylinder, Kolben und Kolbenringe demontieren und Einbaumaße kontrollieren, erneuern, Zylinder ausschleifen.* → Kapitel 24

Grund: Ventilführungen oder Ventilschäfte abgenutzt.
Grund: Ventilschaftabdichtung(en) defekt.
Abhilfe: *Zylinderkopf demontieren, Einbaumaße der Ventile und Ventilführungen kontrollieren, ggf. erneuern. Neue Ventilschaftabdichtungen einbauen.* → Kapitel 23 24

Fehler: Motor zieht nicht richtig und wird zu heiß
Grund: Gemisch zu mager, weil Vergaserdüsen verstopft sind.
Abhilfe: *Benzin verdreckt! Sprit komplett aus dem Tank ablassen, Vergaser zerlegen und reinigen, unbedingt frisches Benzin einfüllen.* → Kapitel 17 6

Grund: Gemisch zu mager, weil Vergaser falsch eingestellt.
Abhilfe: *Vergaser korrekt einstellen, ggf. größere Vergaserdüsen einbauen – aber immer mit den vom Werk vorgeschriebenen Düsengrößen beginnen!* → Kapitel 17 19

Grund: Benzinleitung gequetscht, eingeklemmt, Schlauch geknickt.
Abhilfe: *Ganz genau prüfen, ob alle Benzinschläuche ohne Knicke oder Klemmung von den Benzinhähnen zu den Vergasern verlegt sind. Ebenfalls nachsehen, ob eventuell ein Befestigungsriemen vom Tankrucksack den Benzinschlauch unter dem Tank klemmt!* → Kapitel 17

Grund: Tankentlüftung verstopft.
Abhilfe: *Tankentlüftung (ist meistens im Tankdeckel eingebaut) reinigen. Prüfen, ob die Entlüftungsbohrung z. B. durch den aufgebauten Tankrucksack verschlossen ist.* → Kapitel 17

Grund: Falschluft wird angesaugt, weil Vergaser oder Ansaugstutzen lose oder rissig sind.
Abhilfe: *Vergaser und/oder Ansaugstutzen festschrauben, Ansaugstutzen auf Porosität untersuchen. Anmerkung: Fehler müssen unbedingt und sofort beseitigt werden, sonst droht ein Motorschaden!* → Kapitel 17

Grund: Zu wenig Öl im Motor.
Abhilfe: *Öl auffüllen, korrekten Ölstand schaffen.* → Kapitel 18

Grund: Ölpumpe defekt oder Ölkreislauf verstopft.
Abhilfe: *Motor sofort abstellen, Fachwerkstatt aufsuchen! Bei Notfall unterwegs: Zugang zur Ölpumpe schaffen und nachsehen, ob sie noch angetrieben wird: Sind alle Zähne auf dem Ölpumpen-Antriebsritzel vorhanden, sitzen alle Ölleitungs-Anschlüsse richtig, sind sie dicht?* → Kapitel 18

Grund: Starke Ölkohle-Ablagerungen im Brennraum.
Abhilfe: *Maximal zwei Liter Sprit in den Tank füllen, eine halbe Dose Brennraumreiniger (z. B. »Fuel Guard«) zugeben, Motor einige Zeit mit wechselnder Drehzahl laufen lassen: Die Ölkohle wird eingeweicht und entfernt sich selbst. Sehr wichtig: Das Kleingedruckte auf der »Brennraumreiniger«-Dose beachten, Motor nur im Freien laufen lassen, Abgase nicht einatmen! Wenn der Motor nach einer solchen Kur wieder ordentlich läuft, war sie erfolgreich; wenn nicht, müssen die Zylinderköpfe abgebaut und die restlichen Rückstände der Ölkohleablagerungen im Brennraum und auf dem Kolbenboden manuell entfernt werden.* → Kapitel 6 24

Grund: Motor hatte einen Kolbenklemmer, läuft aber dennoch.
Abhilfe: *Zylinder und Kolben demontieren, Klemmer beseitigen.* → Kapitel 24

Grund: Bremse klemmt, gibt Bremsscheibe/Bremstrommel nicht frei, Rad deswegen schwergängig.
Abhilfe: *Nicht weiter fahren, sondern sofort die Bremse korrekt einstellen, ggf. reparieren.* → Kapitel 13 14

Fehler: Starke Geräuschentwicklung
Grund: Ventile falsch eingestellt: zu viel Spiel.
Abhilfe: *Ventilspiel korrekt einstellen.* → Kapitel 23

Grund: Ventilfeder gebrochen, ermüdet.
Abhilfe: *Zylinderkopf demontieren, Einbaumaße der Ventile und Ventilführungen kontrollieren, ggf. erneuern. Neue Ventilschaftabdichtungen einbauen.* → Kapitel 23 24

Grund: Nockenwellen und/oder Stößel beschädigt: Verschlissen (abgeschabt), Härteschicht gebrochen.
Abhilfe: *Ventildeckel abschrauben, um Nockenwellen und Stößel ansehen zu können, Teile begutachten: Bei Beschädigung erneuern.* → Kapitel 23 24

Grund: Steuerkette lose.
Abhilfe: *Steuerkette spannen.* → Kapitel 23

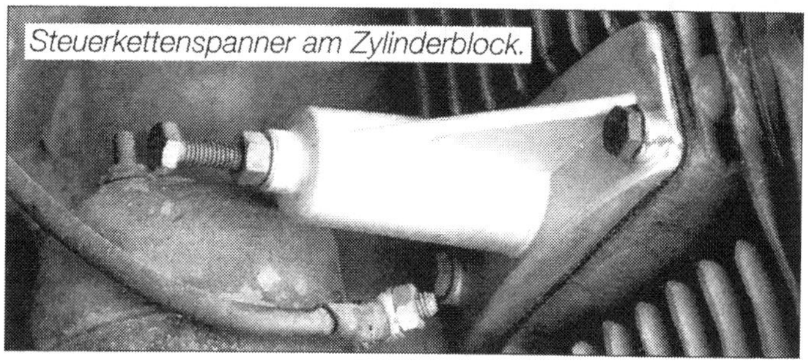
Steuerkettenspanner am Zylinderblock.

Grund: Steuerkettenspanner defekt.
Abhilfe: *Steuerkettenspanner ausbauen, kontrollieren, instand setzen.* → Kapitel 23

Grund: Kurbelwellenhaupt- oder Pleuellager verschlissen.
Abhilfe: *Motor muss zerlegt werden: Lager optisch kontrollieren und hinsichtlich der Einbau- und Verschleißmaße. Kurbelwelle immer komplett neu lagern.* → Kapitel 25

Zylinder messen.

Grund: Zylinder und/oder Kolben verschlissen.
Grund: Kolben gebrochen.
Grund: Kolbenbolzen oder Kolbenbolzenbohrung verschlissen.
Abhilfe: *Zylinder und Kolben demontieren. Teile begutachten und vermessen. Zylinder ausschleifen, neue Kolbenringe und/oder neue Kolben bei Bedarf.* → Kapitel 24

Grund: Getriebelager verschlissen.
Abhilfe: *Motor bzw. Getriebe muss zerlegt werden: Alle Lager optisch und technisch kontrollieren, Getriebe immer komplett neu lagern.* → Kapitel 22

Fehler: Motor klopft
Grund: übermäßige Ölkohleablagerung an der Kolbenoberseite oder im Brennraum.
Abhilfe: *Maximal zwei Liter Sprit in den Tank füllen, eine halbe Dose Brennraumreiniger (z. B. »Fuel Guard«) zugeben, Motor einige Zeit mit wechselnder Drehzahl laufen lassen: Die Ölkohle wird eingeweicht und entfernt sich selbst. Sehr wichtig: Das Kleingedruckte auf der »Brennraumreiniger«-Dose beachten, Motor nur im Freien laufen lassen, Abgase nicht einatmen! Wenn der Motor nach einer solchen Kur wieder ordentlich läuft, war sie erfolgreich; wenn nicht, müssen die Zylinderköpfe abgebaut und die restlichen Rückstände der Ölkohleablagerungen im Brennraum und auf dem Kolbenboden manuell entfernt werden.* → Kapitel 6 24

Grund: Zündzeitpunkt zu früh.
Abhilfe: *Zündung richtig einstellen.* → Kapitel 19

SCHMIERSYSTEM

Fehler: Ölstand zu niedrig, hoher Ölverbrauch
Grund: zu wenig Öl im Motor.
Abhilfe: *Öl auffüllen, korrekten Ölstand schaffen.* → Kapitel 18

Grund: Öl läuft aus, Dichtungen lassen Öl durch.
Abhilfe: *Sind kurz nach dem Abstellen Ölflecken unter dem Motorrad, ist Ölnebel am Motor? Undichte Stelle suchen: Ausgetretenes Öl mit sauberem Lappen abwischen. Leckstelle beobachten: Wenn weiterhin Öl austritt, entsprechende Dichtung(en) erneuern.* → Kapitel 5 21 22 23 24

Dichtung erneuern.

Grund: Zylinder, Kolbenringe und/oder Ölabstreifringe verschlissen, gebrochen oder falsch eingebaut.
Grund: Kolben gebrochen.
Grund: Öl wird durch Überdruck im Motorgehäuse aus der Entlüftung gedrückt: verschlissene Kolbenringe, Ventilführungen oder Ventilschaftdichtungen.
Abhilfe: *Zylinder und Kolben demontieren. Teile begutachten und vermessen. Zylinder ausschleifen, neue Kolbenringe und/oder neue Kolben bei Bedarf.* → Kapitel 24

Fehler: Öl stark verschmutzt
Grund: Öl zu alt, Öl und Ölfilter nicht rechtzeitig gewechselt.
Abhilfe: *Öl und Ölfilter wechseln nach Vorgabe* → Kapitel 18

Verstopfter (links) und neuer Ölfilter.

Grund: Auslass-Ventilführungen verschlissen.
Grund: Auslass-Ventilschaftabdichtung(en) defekt.
Abhilfe: *Zylinderkopf demontieren, Einbaumaße aller Ventile und Ventilführungen kontrollieren, ggf. erneuern. Neue Ventilschaftabdichtungen einbauen.* → Kapitel 23 24

Fehler: Öl stark verdünnt
Grund: Kolbenringe verschlissen oder gebrochen, weswegen angesaugtes Gemisch aus dem Verbrennungsraum am Kolben vorbei ins Öl gelangt.
Abhilfe: *Zylinder und Kolben demontieren. Teile begutachten und vermessen. Zylinder ggf. ausschleifen, neue Kolbenringe montieren, neue Kolben bei Bedarf.* → Kapitel 24

Fehler: Ölkontrollleuchte brennt und signalisiert: »Öldruck zu niedrig«
Grund: Ölstand zu niedrig.
Grund: Zu dünnes Öl im Motor.
Abhilfe: *Öl auffüllen, ggf. wechseln, korrekten Ölstand schaffen. Öl mit einer vom Hersteller empfohlenen Viskosität verwenden.* → Kapitel 18

Fehler: Ölkontrollleuchte brennt und signalisiert: »Öldruck zu niedrig«
Grund: Öldruck zu niedrig, weil die Ölpumpe oder ihr Antrieb defekt ist.
Abhilfe: *Motor sofort abstellen, Fehler suchen, finden und beheben. Bei Notfall unterwegs: Zugang zur Ölpumpe schaffen und nachsehen, ob sie noch angetrieben wird: Sind alle Zähne auf dem Ölpumpen-Antriebsritzel vorhanden, sitzen alle Ölleitungs-Anschlüsse richtig, sind sie dicht?* → Kapitel 18

Grund: Falscher Ölfilter montiert (meist ist dieser zu kurz), Öl läuft daran vorbei und es kann sich kein Öldruck aufbauen.
Abhilfe: *Vorgeschriebenen Ölfilter einbauen. Ggf. Beilagscheiben auf der richtigen Seite des Ölfilters einbauen.* → Kapitel 18

Kraftübertragung

Fehler: Kupplung rutscht beim Beschleunigen durch
Grund: Graphit- oder Molybdänzusatz im Öl.
Abhilfe: *Öl erneuern! Öl mit der vom Hersteller empfohlenen Viskosität und ohne jegliche Zusätze verwenden.* → Kapitel 18

Grund: Kupplungsbeläge verschlissen, abgenutzt oder ausgebrochen.
Grund: Kupplungsfedern ermüdet.
Grund: Kupplungs-Scheibe(n) verzogen, verschlissen.
Abhilfe: *Kupplung ausbauen, Einbau- und Verschleißmaße kontrollieren, verschlissene Teile erneuern.* → Kapitel 21

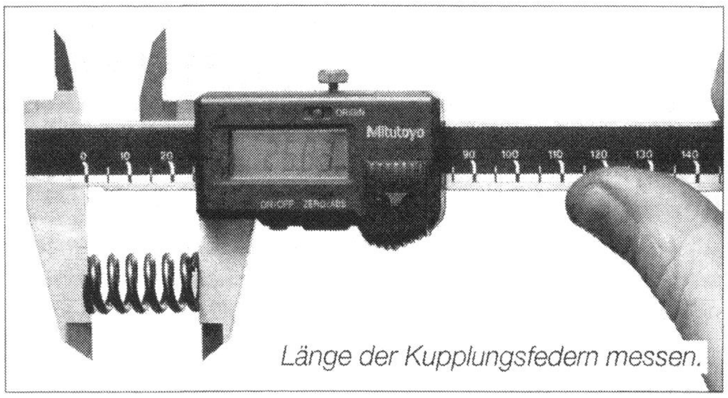

Länge der Kupplungsfedern messen.

Fehler: Kupplung rückt nicht aus
Grund: Kupplungsscheibe(n) verzogen.
Grund: Kupplungs-Ausrückmechanismus defekt.
Abhilfe: *Kupplung ausbauen, Einbau- und Verschleißmaße kontrollieren, verschlissene Teile erneuern.* → Kapitel 21

Grund: Kupplungszug nicht richtig eingestellt, defekt.
Abhilfe: *Kupplungszug am Handgriff und am unteren Widerlager korrekt einstellen.* → Kapitel 15 21

Fehler: Kupplung rupft bei Betätigung
Grund: Kupplungsscheiben-Klauen eingeschlagen.
Grund: Kupplungsreibscheiben-Belag ausgebrochen, verbrannt.
Abhilfe: *Kupplung ausbauen, eingeschlagene Stellen im Kupplungskorb und in der Kupplungsnabe abfeilen, Kupplungsscheiben möglichst komplett erneuern.* → Kapitel 21

Grund: Kupplungszug nicht richtig eingestellt, defekt.
Abhilfe: *Kupplungszug am Handgriff und am unteren Widerlager korrekt einstellen. Beschädigten Zug erneuern, auf korrekte Verlegung achten.* → Kapitel 15 21

Grund: Kette so lose, dass sie über Kettenritzel und Kettenrad springt.
Abhilfe: *Kette korrekt spannen. Verschleiß von Kettenritzel und Kettenrad kontrollieren.* → Kapitel 16

Fehler: Motorrad ruckelt bei langsamer Fahrt, unregelmäßiges Geräusch vom Hinterradantrieb her
Grund: Kette verzogen, unregelmäßig gelängt.
Abhilfe: *Kette auf Verschleiß kontrollieren. ggf, Kette und Kettenräder ersetzen.* → Kapitel 16

Kette muss korrekt gespannt sein.

Grund: Lager im Antrieb ausgeschlagen.
Grund: Hinterradlager ausgeschlagen.
Abhilfe: *Motorrad so aufbocken, dass Hinterrad frei ist, Hinterrad drehen und daran wackeln: Defekte Lager lassen sich so feststellen. Ggf. Lager erneuern!* → Kapitel 5 11 16

Fehler: Motorrad schiebt sich schwer, dabei knackendes Geräusch vom Antrieb her
Grund: Lager im Getriebe oder im Hinterachsantrieb (Kardan) defekt.
Abhilfe: *Öl aus Getriebe oder Hinterachsgetriebe ablassen und auf Sicht sowie zwischen den Fingerspitzen prüfen: Wenn Abrieb oder Späne im Öl, sind das Hinweise auf Schäden. Baugruppe demontieren, zerlegen, Lager erneuern.*

Grund: Hinterradlager ausgeschlagen.
Abhilfe: *Motorrad so aufbocken, dass Hinterrad frei ist,*

Hinterrad drehen und daran wackeln: Defekte Lager lassen sich so feststellen. Ggf. Lager erneuern! ➔ Kapitel 5 11 16

Grund: Achse verbogen.
Grund: Achsdistanzen falsch eingebaut oder vergessen.
Abhilfe: *Motorrad aufbocken, Räder und Achsen ausbauen, kontrollieren ob Achsdistanzen vorhanden sind und richtig sitzen. Achsen auf Verbiegung kontrollieren.* ➔ Kapitel 11

Grund: Bremsen defekt: Bremskolben festgefressen, Bremsklötze in den Bremssätteln nicht freigängig.
Abhilfe: *Motorrad so aufbocken, dass Vorder- und Hinterrad frei sind, Bremsscheiben auf Riefen und blaues Anlaufen hin kontrollieren, Bremsbeläge kontrollieren, Räder ggf. dazu ausbauen, ggf. Bremse zerlegen.* ➔ Kapitel 13

Grund: Bremsen defekt: Bremsbackenlager festgefressen, Bremsfedern ziehen die Bremsbacken nicht zurück.
Abhilfe: *Wenn Bremshebel nicht von selbst in Ursprungsstellung zurückgeht, ist dies ein Zeichen für eine festgefressene Bremsbacke: Motorrad so aufbocken, dass Vorder- und Hinterrad frei sind, Vorder- und Hinterradbremse einzeln prüfen, Seilzüge auf Beschädigung kontrollieren, ggf. Bremse zerlegen und reinigen.* ➔ Kapitel 14

Fahrwerk

LENKUNG UND FRONTPARTIE

Fehler: **Lenkung schwergängig**
Grund: Reifenluftdruck zu niedrig.
Abhilfe: *Reifenluftdruck bei kalten Reifen prüfen und korrigieren.* ➔ Kapitel 12

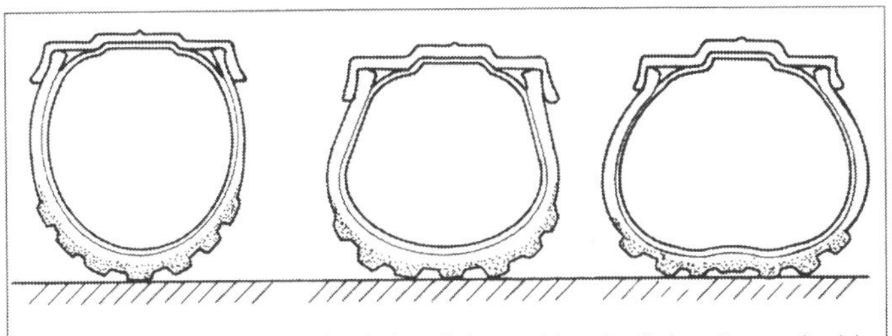

Grund: Bowdenzüge oder Kabel falsch verlegt.
Abhilfe: *Bowdenzüge und Kabel im Bereich des Lenkkopfs auf Knick- oder Scheuerstellen kontrollieren. Kontrolle auch bei voll nach links und rechts eingeschlagenem Lenker durchführen.* ➔ Kapitel 10

Grund: Lenkkopflager stark verschmutzt, verrostet, nicht geschmiert.
Abhilfe: *Motorrad so aufbocken, dass die Lenkung frei ist. Lenkkopflager von außen genau auf Verschmutzung kontrollieren: Wenn das Lenkkopflager schlecht geschmiert, verdreckt und/oder verrostet ist, ist dies an auslaufenden Rostschlieren zu sehen. Ggf. mit Ölspray einsprüfen, ziehen lassen und genau beobachten, ob das Ölspray wieder stark verschmutzt ausläuft. Mehrmals einsprühen und kontrollieren, woher die Verschmutzung tatsächlich stammt. Bei Bedarf zerlegen, reinigen und neu einfetten* ➔ Kapitel 10

Grund: Fremdteile im Bereich Gabel, Gabelbrücken, Verkleidung, Verkleidungshalter.
Abhilfe: *Gabel, Gabelbrücken, Verkleidung und Halter auf Fremdteile hin absuchen, diese entfernen.*

Grund: Lenkkopflagermutter(n) zu fest angezogen.
Abhilfe: *Motorrad so aufbocken, dass das Vorderrad frei steht. Lenker von Anschlag zu Anschlag schwenken: Falls das Lager zu fest eingestellt ist, hakt die Lenkung beim Einschlagen.* ➔ Kapitel 10

Grund: Lenkkopflager schadhaft, z. B. Lagerrollen in Sitz eingeschlagen oder gebrochen.
Abhilfe: *Motorrad so aufbocken, dass das Vorderrad frei steht. Lenker von Anschlag zu Anschlag schwenken: Wenn der Lenker in einer Stellung einrastet, sind die Lenkkopflager schadhaft und müssen erneuert werden.* ➔ Kapitel 10

Defektes Lenkkopflager.

Fehler: **Motorrad zieht nach einer Seite**
Grund: Lenkkopflager defekt.
Abhilfe: *Motorrad so aufbocken, dass das Vorderrad frei steht. Lenker von Anschlag zu Anschlag schwenken: Wenn der Lenker in einer Stellung einrastet, sind die Lenkkopflager schadhaft und müssen erneuert werden.* ➔ Kapitel 10

Grund: Gabelbeine verzogen/ungleich eingestellt.
Grund: Gabelstandrohr(e) und/oder Tauchrohr(e) verbogen.
Abhilfe: *Zunächst Gabelöl wechseln, vogeschriebene Menge und Viskosität einfüllen. Alle Schrauben lösen und mit vorgeschriebenem Drehmoment neu anziehen. Tritt keine Verbesserung ein, Gabel ausbauen und reparieren.* ➔ Kapitel 9

Grund: Vorderachse verbogen.
Abhilfe: *Vorderachse ausbauen, auf Verbiegung kontrollieren. Falls die Achse mehr als 0,2 mm Schlag hat, immer nur gegen eine neue Achse austauschen.* ➔ Kapitel 11

Grund: Radachsdistanzen falsch eingebaut.
Abhilfe: *Motorrad aufbocken, Räder und Achsen ausbauen,*

auf richtigen Sitz und vorhandene Achsdistanzen kontrollieren. Falls Schleifspuren vorhanden sind, ist dies ein Hinweis auf falsch eingebaute Radachsdistanzen. → Kapitel 11

Grund: Radlager ausgeschlagen.
Abhilfe: *Motorrad so aufbocken, dass Vorder- und Hinterrad frei sind. Am Rad wackeln: Ist spürbares Spiel festzustellen, dann sind die Lager ausgeschlagen.* → Kapitel 11

Grund: Schwingenlager verschlissen.
Abhilfe: *Motorrad so aufbocken, dass das Hinterrad frei steht. An Schwinge wackeln, falls Spiel spürbar, sind die Lager verschlissen.* → Kapitel 8

Grund: Hinterradschwinge verbogen, Rad läuft aus der Spur.
Abhilfe: *Schwinge auf von außen sichtbare Risse oder Beschädigungen überprüfen. Steht das Hinterrad sichtbar schief? Falls von außen keine Schäden sichtbar sind, Spur in Fachwerkstatt vermessen lassen.* → Kapitel 2 7 8

Grund: Rahmen verzogen.
Abhilfe: *In Fachwerkstatt Rahmen vemessen lassen.*

Fehler: Vorderrad flattert
Grund: Lenkkopf, Achse und Klemmschrauben lose.
Abhilfe: *Lenkkopf, Achse und Klemmschrauben einzeln auf festen Sitz kontrollieren, ggf. mit korrektem Drehmoment festziehen.* → Kapitel 9 10

Grund: Tauchrohre der Gabel zueinander verspannt oder verklemmt, Gabel kann nicht frei federn.
Abhilfe: *Motorrad so aufbocken, dass das Vorderrad frei steht, Tauchrohre und Gabel auf Funktion prüfen, ggf. alle Befestigungsschrauben lösen und neu anziehen, um mögliche Verspannung zu beseitigen.* → Kapitel 9

Grund: Rad verzogen, hat zu viel Seitenschlag (»eiert«).
Abhilfe: *Rad ausbauen, auf Schlag kontrollieren. Bei Speichenrädern hilft Kontrolle und evtl. Nachspannen der Speichen.* → Kapitel 11

Rad auf Rundlauf kontrollieren.

Grund: Vorderradlager ausgeschlagen, defekt (Kugeln gebrochen).
Abhilfe: *Motorrad so aufbocken, dass das Vorderrad frei steht. Falls es im Lager beim Drehen knackt und das Rad Luft hat, ist dies ein Hinweis auf defekte Lager.* → Kapitel 11

Grund: Reifen falsch montiert, sitzt nicht richtig in der Felge (»eiert«), Laufrichtung nicht beachtet.
Grund: Reifen defekt oder unwuchtig.
Abhilfe: *Beide Reifen einzeln auf richtigen Sitz und Laufrichtung kontrollieren. Luftdruck kontrollieren, Ventilkappe nicht vergessen! Wuchtgewichte auf Vollständigkeit und festen Sitz prüfen.* → Kapitel 12

TELEGABEL, VORDERRADFEDERUNG

Fehler: Federung zu weich
Grund: zu geringer Reifendruck.
Abhilfe: *Reifenluftdruck bei kalten Reifen kontrollieren und korrekten Luftdruck einstellen.* → Kapitel 12

Grund: zu wenig Gabelöl/falsche Viskosität (zu dünnes Öl).
Abhilfe: *Gabelöl wechseln und vorgeschriebene Menge mit entsprechender Viskosität einfüllen.* → Kapitel 9

Grund: Gabeltragfedern ermüdet.
Abhilfe: *Telegabel ausbauen, überholen.* → Kapitel 9

Fehler: Federung zu hart
Grund: zu hoher Reifendruck.
Abhilfe: *Reifenluftdruck bei kalten Reifen kontrollieren und korrekten Luftdruck einstellen.* → Kapitel 12

Grund: Gabelbeine verbogen/verzogen (deutet auf Unfall oder Sturz hin).
Abhilfe: *Telegabel ausbauen, reparieren.* → Kapitel 9

Grund: Gabelöl: zu viel, zu dick.
Abhilfe: *Gabelöl wechseln und vorgeschriebene Menge mit entsprechender Viskosität einfüllen.* → Kapitel 9

Grund: Gabelbeine verspannt eingebaut.
Abhilfe: *Motorrad so aufbocken, dass das Vorderrad frei ist, Vorderrad ggf. ausbauen, Gabelbeine auf leichten Lauf prüfen, ggf. alle Befestigungsschrauben lösen und neu anziehen, um mögliche Verspannung zu beseitigen.* → Kapitel 9

Grund: Vorderradachse verbogen.
Abhilfe: *Vorderachse ausbauen, auf Schleifspuren oder Riefen kontrollieren. Falls die Achse sichtbar vebogen ist, immer nur gegen eine neue Achse tauschen.* → Kapitel 11

Fehler: Geräusche beim Einfedern
Grund: Bowdenzug knarzt an Kante der Verkleidung.
Abhilfe: *Bowdenzug falsch verlegt.* → Kapitel 15

Grund: Gabelgleitrohre/Führungsbuchsen abgenutzt.
Grund: Telegabel-Anbauteile lose: Gabelbrücken, Kotflügel, Vorderachse.
Grund: Gabelinnereien lose, gebrochen.
Abhilfe: *Bei losen Anbauteilen: Anbauteile mit richtigem Drehmoment festziehen, sonst: Telegabel ausbauen und zerlegen.* → *Kapitel* 9

Grund: zu wenig Gabelöl in den Gabelbeinen.
Abhilfe: *Gabelöl in der vorgeschriebenen Menge einfüllen.* → *Kapitel* 9

HINTERRADSCHWINGE, -FEDERUNG

Fehler: Klackgeräusche beim Ein- und Ausfedern
Grund: Federbeinbefestigung lose/ausgeschlagen.
Abhilfe: *Federbeinbefestigung kontrollieren, ggf. festziehen. Auch kontrollieren, ob alle nötigen Distanzbuchsen in der Federbeinbefestigung eingebaut sind.* → *Kapitel* 8

Grund: Feder reibt am Stoßdämpfergehäuse. Feder kann auch gebrochen und in den Windungen zueinander verschoben sein.
Abhilfe: *Federbein instand setzen.* → *Kapitel* 8

Grund: Hinterradlager ausgeschlagen.
Abhilfe: *Motorrad so aufbocken, dass Hinterrad frei ist, Hinterrad drehen und daran wackeln: Defekte Lager lassen sich so feststellen. Ggf. Lager wechseln!* → *Kapitel* 5 11 16

Fehler: Federung zu weich oder zu hart
Grund: Reifendruck zu niedrig bzw. zu hoch.
Abhilfe: *Reifenluftduck korrekt einstellen.* → *Kapitel* 12

Grund: Stoßdämpferfeder ermüdet.
Abhilfe: *Feder prüfen.* → *Kapitel* 8

Grund: Federung falsch eingestellt.
Abhilfe: *Richtig einstellen.* → *Kapitel* 8

Grund: Federbein undicht (Gas- und/oder Ölleck) und/oder Dämpferstange verbogen.
Abhilfe: *Federbein überholen oder erneuern.* → *Kapitel* 8

Grund: Schwingenlager defekt: Nicht geschmiert, Lager festgefressen.
Abhilfe: *Wenn Schmiernippel vorhanden: Satt abschmieren. Wenn keine vorhanden: zerlegen, reinigen, schmieren, defekte Teile erneuern.* → *Kapitel* 8

RÄDER

Wichtige Anmerkung: In den folgenden Teilen »Räder« , »Bremsen« und »Elektrik« nennen wir auftretende »Fehler« und die »möglichen Gründe« dafür. Wegen der Vielfalt und Komplexität der Lösungsmöglichkeiten entnehmen Sie die »Abhilfe« bitte den Kapiteln, in denen die Themen ausführlich in Bild und Text behandelt werden.

Fehler: Trommeln oder seitliches Flattern des Rades
Mögliche Gründe:
- Felge verzogen, starker Seitenschlag (»eiert«) → *Kapitel* 11
- Reifen defekt oder unwuchtig → *Kapitel* 11 12
- zu geringer Reifendruck → *Kapitel* 12
- Reifen sitzt nicht richtig in der Felge → *Kapitel* 11 12
- Radschrauben und Muttern lose → *Kapitel* 11
- Radlager gebrochen → *Kapitel* 5 11
- Schwingenlagerung defekt → *Kapitel* 8

Fehler: Rad schwergängig
Mögliche Gründe:
- Radlager defekt → *Kapitel* 5 11
- Achse verbogen → *Kapitel* 11
- Bremse schleift → *Kapitel* 13 14

BREMSEN

Fehler: Schlechte Bremsleistung
Mögliche Gründe:
- Bowdenzug schwergängig, geknickt, innen aufgespleißt, Nippel im Nippellager schwergängig → *Kapitel* 14 15
- Radbremshebel schwergängig oder lose → *Kapitel* 14
- Luft im Hydrauliksystem → *Kapitel* 13
- Bremssystem undicht → *Kapitel* 13
- Bremsbeläge abgenutzt, verschmutzt, verglast → *Kapitel* 13 14
- Bremsscheiben verschmutzt, riefig oder »geschirmt«: durch Überhitzung tellerförmig aufgeworfen → *Kapitel* 13

Riefige Bremsscheibe.

- Bremsscheiben oder Bremstrommel wegen undichtem Radlager-Simmerring mit Fett verschmiert → *Kapitel* 5 11
- Kolben in den Bremssätteln schwergängig → *Kapitel* 13

- Bremskolben-Dichtringe in den Bremssätteln gequollen, verformt → *Kapitel* 13

Fehler: Bremshebel wippt, pumpt, pulsiert (»Bremse rubbelt«)
Mögliche Gründe:
- Bremsscheibe hat zu viel Seitenschlag (»eiert«) → *Kapitel* 13
- Bremsscheibe unterschiedlich dick (ab 2/100 mm können Probleme auftreten) → *Kapitel* 13
- Bremstrommel oder Bremsscheibe verzogen, gerissen → *Kapitel* 13 14
- Bremsscheiben-Befestigungsschrauben lose → *Kapitel* 13
- Bremskolben im Bremssattel einseitig fest → *Kapitel* 13
- Bremsbelag falsch, Trägerplatte zu klein, zu viel Spiel im Bremssattel → *Kapitel* 13

Fehler: Nachlassende Bremswirkung unter starker Belastung (z. B. bei Passabfahrten), Hebelweg wird länger, Bremse wird »teigig«
Mögliche Gründe:
- Bremsflüssigkeit überaltert, sie »kocht sich auf« → *Kapitel* 13
- Bremsbeläge schräg/total abgenutzt → *Kapitel* 13
- Bremsbeläge ausgebrochen oder von der Trägerplatte gerissen → *Kapitel* 13 14

Fehler: Bremse schleift
Mögliche Gründe:
- Bremsbelag, Bremsscheibe oder Bremstrommel verschmutzt → *Kapitel* 13 14
- Rad nicht korrekt eingebaut → *Kapitel* 11
- Bremsschlauch bzw. Hydrauliksystem verstopft → *Kapitel* 13
- Bremsscheibe verzogen oder verformt → *Kapitel* 13
- Bremskolben im Bremssattel einseitig fest → *Kapitel* 13
- Trommelbremse: Bremsbelag-Rückholfedern lose/gebrochen/keine Spannung mehr, Bremsnocken schwergängig, Bowdenzug schwergängig → *Kapitel* 14 15

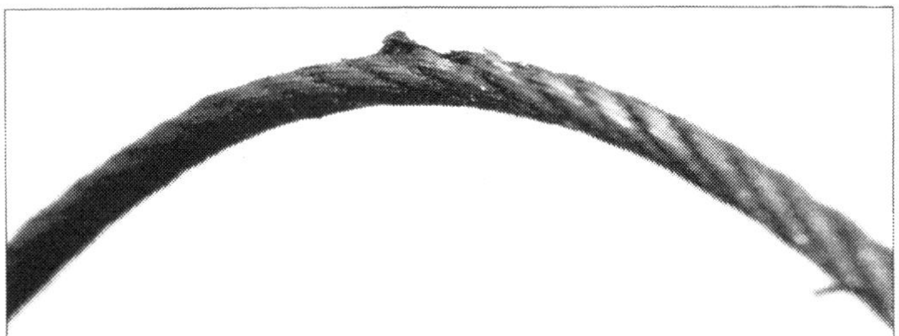

Aufgespleißten Bowdenzug umgehend erneuern.

Fehler: Bremse quietscht, hat zu wenig Bremsleistung
Mögliche Gründe:
- Bremsbeläge verölt, verglast oder abgenutzt → *Kapitel* 13 14
- Bremsbeläge im Bremssattel fest: verschmutzt, falsche Beläge mit zu großer Trägerplatte → *Kapitel* 13
- Bremsbelagplatte zu groß, zu wenig Seitenspiel → *Kapitel* 13
- Bremskolben im Bremssattel festgefressen → *Kapitel* 13
- Bremskolben-Dichtringe in den Bremssätteln gebrochen, gequollen oder verschlissen → *Kapitel* 13
- Bremskolben im Bremssattel einseitig fest → *Kapitel* 13
- Bremsbacken auf der Ankerplatte fest → *Kapitel* 14

Elektrik

BATTERIE UND BORDELEKTRIK

Fehler: Kein Strom trotz eingeschalteter Zündung
Mögliche Gründe:
- Batterie leer oder altersbedingt funktionsunfähig (ab zwei Jahren Nutzungsdauer droht Totalzusammenbruch) → *Kapitel* 22
- Säurestand zu niedrig, spezifische Säuredichte zu gering → *Kapitel* 22
- Plus- oder Minuskabel lose oder nicht richtig an die Batteriepole angeschlossen → *Kapitel* 22 26
- Massekabel in sich gebrochen oder hat keine zuverlässige Masseverbindung (»schlechter Kontakt«) → *Kapitel* 22 26
- Kontakte der Steckverbindungen korrodiert → *Kapitel* 22 24
- Kontaktstellen sulfatiert → *Kapitel* 22
- Hauptsicherung durchgebrannt, gebrochen, Kontaktflächen korrodiert → *Kapitel* 24
- Störung im Ladekreis → *Kapitel* 23 24
- Zündschalter (Zündschloss) defekt

Fehler: Schwacher Strom bei eingeschalteter Zündung, Anlasser dreht langsam durch, Motor springt nicht an
Mögliche Gründe:
- Batterie leer, zu niedrige Spannung (nicht aufgeladen) → *Kapitel* 22
- Säurestand zu niedrig, spezifische Säuredichte zu gering → *Kapitel* 22

Säurestand auf vorgeschriebenen Stand bringen.

- Störung im Ladesystem → *Kapitel* 23
- Batterieanschlüsse lose → *Kapitel* 22
- Anlasserkabel lose → *Kapitel* 26

Fehler: Schwacher Strom bei laufendem Motor
Mögliche Gründe:
- Batterie unzureichend geladen → *Kapitel* 22
- Säurestand zu niedrig, spezifische Säuredichte zu gering → *Kapitel* 22
- Batterie hat eine oder mehrere »tote« Zellen → *Kapitel* 22
- Störung im Ladekreis → *Kapitel* 23
- Kontakte der Steckverbindungen korrodiert → *Kapitel* 23 24

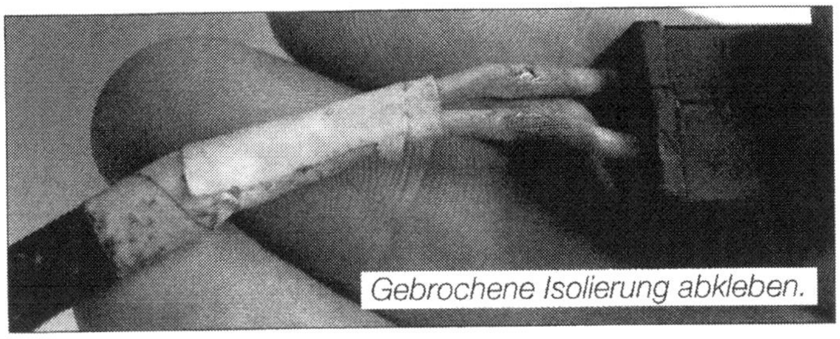
Gebrochene Isolierung abkleben.

- Regler/Gleichrichter defekt → *Kapitel* 23

Fehler: Zeitweilig aussetzender Strom
Mögliche Gründe:
- lose Kabelanschlüsse (»Wackelkontakte«) → *Kapitel* 23
- Sicherung(en) defekt → *Kapitel* 24
- Kurzschluss in der Anlage: Kabelbaum. Stecker um Stecker trennen, bis der entsprechende Kabelbaumabschnitt lokalisiert ist.

Fehler: Störung im Ladekreis
Mögliche Gründe:
- Kabel oder Anschlüsse lose, gerissen oder kurzgeschlossen (Isolation durchgescheuert) → *Kapitel* 23
- Regler oder Generator defekt → *Kapitel* 23

Fehler: Kein Funke an den Zündkerzen
Mögliche Gründe:
- Motorabstellschalter auf »Off«/defekt
- Stromkreisunterbrechung bzw. Kontaktmangel durch schlecht angeschlossene(s) oder gerissene(s) Kabel → *Kapitel* 20 21
- Zündimpulsgeber defekt → *Kapitel* 21
- Zündschloss defekt
- Seitenständerschalter defekt → *Kapitel* 21
- Zündspule defekt → *Kapitel* 20 21
- Batterie nicht ausreichend geladen → *Kapitel* 22

BELEUCHTUNG

Fehler: Schwaches Licht
Mögliche Gründe:
- schlechte oder verschmutzte elektrische Kontakte → *Kapitel* 25
- Scheinwerferlampe mit zu hoher Nennspannung (12 Volt-Lampe in 6-Volt-Bordnetz eingebaut) → *Kapitel* 25
- Schwungrad entmagnetisiert → *Kapitel* 21

Abhilfe:
- *Verbindungen prüfen, Anschlüsse blank putzen → Kapitel* 25
- *Glühlampenstärke überprüfen, Lampe erneuern → Kapitel* 25
- *Magnete aufmagnetisieren lassen → Kapitel* 21

Fehler: Scheinwerfer-/Rücklichtlampe brennt immer wieder durch
Mögliche Gründe:
- schlechte Masseverbindungen
- Vibrationen oder Wackelkontakte in der Zuleitung
- Scheinwerferlampe mit zu geringer Wattzahl eingebaut → *Kapitel* 25
- Stromführendes Kabel hat Masseschluss

Abhilfe:
- *Masseverbindungen überprüfen, Anschlüsse blank putzen*
- *Verbindungen und Schalter prüfen*
- *Glühlampe überprüfen, Lampe mit vorgeschriebener Wattstärke einbauen → Kapitel* 25
- *Stromführendes Kabel auf Massekontakt(e) überprüfen, isolieren*

Fehler: Beleuchtung komplett ausgefallen
Mögliche Gründe:
- Zündschloss oder Ankerplatte defekt, Kabelstrang defekt, Lüsterklemmenverbindung defekt → *Kapitel* 23 25

Abhilfe:
- *Kabelstrang zum Schalter untersuchen, Zündschloss und Ankerplatte überprüfen → Kapitel* 23

Fehler: Scheinwerfer- oder Rücklichtlampe brennt nicht
Mögliche Gründe:
- Glühlampe(n) defekt, Sitz korrodiert → *Kapitel* 25
- schlechte Masseverbindung
- Kabelstrang zur Lampe unterbrochen → *Kapitel* 25

Abhilfe:
- *Glühlampe erneuern, Korrosion beseitigen → Kapitel* 25
- *Masseverbindung mit Hilfskabel überbrücken, sicheren Massekontakt schaffen*
- *Prüfung durch Hilfskabel, Kabelstrang erneuern*

Lampenglas nicht in Ordnung.

FSC
www.fsc.org
MIX
Papier | Fördert gute Waldnutzung
FSC® C083411

Kolibri 360 GmbH
Ferdinand-Jühlke-Straße 7
99095 Erfurt, Deutschland
produktsicherheit@kolibri360.de

Druck:
CPI Druckdienstleistungen GmbH
im Auftrag der
Kolibri 360 GmbH
Ferdinand-Jühlke-Str. 7
99095 Erfurt